北京理工大学"双一流"建设精品出版工程

Principle of Ammunition Guidance and Control

弹药制导控制原理

邵志宇 ◎ 编著

北京理工大学出版社
BEIJING INSTITUTE OF TECHNOLOGY PRESS

版权专有　侵权必究

图书在版编目（CIP）数据

弹药制导控制原理 / 邵志宇编著． --北京：北京理工大学出版社，2022.9
　ISBN 978-7-5763-1712-1

Ⅰ．①弹… Ⅱ．①邵… Ⅲ．①导弹制导②导弹控制 Ⅳ．①TJ765

中国版本图书馆 CIP 数据核字（2022）第 175951 号

出版发行　／　北京理工大学出版社有限责任公司
社　　址　／　北京市海淀区中关村南大街 5 号
邮　　编　／　100081
电　　话　／　（010）68914775（总编室）
　　　　　　　（010）82562903（教材售后服务热线）
　　　　　　　（010）68944723（其他图书服务热线）
网　　址　／　http：//www.bitpress.com.cn
经　　销　／　全国各地新华书店
印　　刷　／　保定市中画美凯印刷有限公司
开　　本　／　787 毫米 × 1092 毫米　1/16
印　　张　／　17.25　　　　　　　　　　　　　　　责任编辑　／　刘　派
字　　数　／　431 千字　　　　　　　　　　　　　　文案编辑　／　李丁一
版　　次　／　2022 年 9 月第 1 版　2022 年 9 月第 1 次印刷　　责任校对　／　周瑞红
定　　价　／　78.00 元　　　　　　　　　　　　　　责任印制　／　李志强

图书出现印装质量问题，请拨打售后服务热线，本社负责调换

前言

制导武器在从20世纪末至今的历次局部战争中均发挥了重要作用，有些情况下甚至成为决定战争进程和战争结果的关键因素之一。进入21世纪以来，为进一步满足精确打击以及低附带毁伤等作战需求，制导武器在投入战场使用的弹药中所占比例越来越大，种类越来越多。除各种性能优异的战术导弹外，制导炸弹、制导炮弹、制导火箭弹等由常规平台发射的制导弹药以及巡飞弹、单兵或无人机载微小型制导弹药等也大量投入实战应用，极大地压缩了各种战场目标的生存空间。此外，为提高人员和装备的安全性，"发射后不管"弹药在制导武器中的比例不断上升，在战争中的重要性日益显著。

这些弹药之所以能够做到精确打击和低附带毁伤，根本原因是其应用了制导控制技术，使弹药在飞行过程中能够按照预先规划的弹道或根据弹－目相对运动情况不断调整自身飞行弹道，直至以一定精度命中目标。对制导武器来说，"发射后不管"意味着先进的制导控制技术和复杂可靠的弹上制导控制系统。

本书以有翼导弹作为主要控制对象对弹药的制导控制原理进行编写，在此基础上兼顾弹道导弹、制导弹药以及一些新型弹药的制导与控制特点。全书共分为10章。第1章介绍具有制导控制功能的典型弹药以及制导与控制的相关概念；第2章对非旋转弹的运动特性进行分析，并得到弹体传递函数；第3章介绍经典制导律；第4章介绍制导控制系统中常用的测量装置及其原理；第5章讲述弹药控制方法与舵机执行机构；第6章介绍自动驾驶仪和稳定控制回路；第7、8、9章分别对自主制导、遥控制导和寻的制导的基本原理进行讲述；第10章对制导控制系统的数学仿真和半实物仿真试验进行简要介绍。通过这10章内容力争对弹药制导与控制涉及的基本概念和基本原理进行比较系统和全面的探讨。

本书可作为高等院校弹药、武器系统等专业的本科生教材，也可作为兵器相关专业本科生和研究生的选修课教材或者工程技术人员的参考资料。本书的先修课程为电子技术和经典自动控制理论等。对于未先修过自动控制理论的学生，教师可在授课过程中适当补充自动控制理论的相关内容，或者根据专业特点对涉及控制理论的有关章节（主要为第2章、第6章和第8章的部分内容）进行选择性讲授。

本书编写过程中参考引用了一些文献中较为成熟的部分，特别是孟秀云老师编写的教材和祁载康老师主编的著作使作者获益良多。在此对所有参考和引用文献的作者表示诚挚的感谢。书中部分成图来源于网络中的公开资料，在此对来源方表示感谢。

本书为北京理工大学"十三五"校级规划教材，在此对北京理工大学提供的出版资助表示感谢。

本书内容广泛，涉及的知识面较宽。由于作者水平有限，书中难免存在错误和不妥之处，恳请读者批评指正。

目 录
CONTENTS

第1章 绪论 ··· 001

1.1 弹药与制导控制概述 ··· 001
  1.1.1 具有制导控制功能的弹药 ··· 001
  1.1.2 弹药操纵飞行原理 ··· 007

1.2 制导控制系统的概念与组成 ··· 009

1.3 制导系统的分类 ··· 011
  1.3.1 自主制导系统 ··· 011
  1.3.2 遥控制导系统 ··· 013
  1.3.3 自动寻的制导系统 ··· 014
  1.3.4 复合制导系统 ··· 016

1.4 弹药控制方式 ··· 016
  1.4.1 单通道控制方式 ··· 016
  1.4.2 双通道控制方式 ··· 017
  1.4.3 三通道控制方式 ··· 018

1.5 对制导控制系统的基本要求 ··· 018

思考题 ··· 021

第2章 非旋转弹运动特性分析 ··· 022

2.1 运动方程组 ··· 022
  2.1.1 常用坐标系及其变换矩阵 ··· 022
  2.1.2 作用在导弹上的力和力矩 ··· 025
  2.1.3 运动方程组的建立 ··· 032
  2.1.4 机动性与过载 ··· 037

2.2 纵向扰动运动的动态特性 ··· 040
  2.2.1 扰动运动方程组的建立与求解 ··· 040

2.2.2 纵向自由扰动运动的特点 ·· 047
2.2.3 纵向短周期扰动运动方程组 ·· 050
2.2.4 侧向扰动运动方程组 ··· 051
2.3 轴对称弹体的传递函数 ·· 052
2.3.1 纵向短周期传递函数 ··· 052
2.3.2 侧向传递函数 ··· 055
2.4 动稳定性与操纵性 ··· 056
2.4.1 动稳定性 ·· 057
2.4.2 操纵性 ··· 059
思考题 ··· 065

第3章 制导规律 ·· 066

3.1 速度导引规律 ·· 067
3.1.1 速度导引的运动学方程 ··· 067
3.1.2 追踪法 ··· 068
3.1.3 平行接近法 ·· 070
3.1.4 比例导引法 ·· 071
3.2 位置导引规律 ·· 073
3.2.1 三点法 ··· 074
3.2.2 前置角法 ·· 076
思考题 ··· 078

第4章 常用测量装置及其原理 ··· 079

4.1 陀螺仪 ·· 079
4.1.1 三自由度陀螺仪 ··· 080
4.1.2 二自由度陀螺仪 ··· 084
4.1.3 新型陀螺仪 ·· 087
4.2 加速度计 ··· 089
4.2.1 重锤式加速度计 ··· 089
4.2.2 液浮摆式加速度计 ·· 090
4.2.3 挠性加速度计 ··· 091
4.2.4 振弦式加速度计 ··· 092
4.2.5 微机电加速度计 ··· 093
4.3 测角仪 ·· 094
4.3.1 红外测角仪 ·· 094
4.3.2 电视测角仪 ·· 095
4.4 制导用雷达 ··· 096
4.4.1 雷达分类 ·· 096
4.4.2 雷达的组成和基本原理 ··· 097

>   4.4.3 雷达的基本测量方法 ……………………………………………………… 098
>   4.4.4 波束扫描方法 …………………………………………………………… 105
>   4.5 导引头 ……………………………………………………………………………… 107
>   4.5.1 导引头概述 ……………………………………………………………… 107
>   4.5.2 固定式导引头 …………………………………………………………… 107
>   4.5.3 活动式导引头 …………………………………………………………… 109
>   4.5.4 导引头的稳定平台结构 ………………………………………………… 111
>   4.5.5 导引头的稳定方式 ……………………………………………………… 114
>   4.5.6 导引头的探测原理 ……………………………………………………… 116
>   4.5.7 对导引头的基本要求 …………………………………………………… 119
>   思考题 …………………………………………………………………………………… 120

第5章 弹药控制方法与执行机构 ………………………………………………… 121

  5.1 控制方法分类 ……………………………………………………………………… 121
  5.2 气动布局 …………………………………………………………………………… 122
    5.2.1 翼面沿弹身周向布置形式 ……………………………………………… 123
    5.2.2 翼面沿弹身轴向布置形式 ……………………………………………… 124
  5.3 常用控制方法 ……………………………………………………………………… 125
    5.3.1 空气动力控制方法 ……………………………………………………… 125
    5.3.2 推力矢量控制方法 ……………………………………………………… 130
    5.3.3 直接力控制方法 ………………………………………………………… 132
  5.4 旋转弹的控制方法 ………………………………………………………………… 135
    5.4.1 旋转弹控制系统原理 …………………………………………………… 136
    5.4.2 旋转弹控制力的产生 …………………………………………………… 136
  5.5 舵机控制执行机构 ………………………………………………………………… 140
    5.5.1 舵机的组成和分类 ……………………………………………………… 140
    5.5.2 电动舵机 ………………………………………………………………… 141
    5.5.3 气动舵机 ………………………………………………………………… 142
    5.5.4 液压舵机 ………………………………………………………………… 145
    5.5.5 舵回路的传递函数 ……………………………………………………… 145
    5.5.6 对舵回路的基本要求 …………………………………………………… 147
  思考题 …………………………………………………………………………………… 148

第6章 弹药控制原理 ……………………………………………………………… 149

  6.1 自动驾驶仪 ………………………………………………………………………… 149
    6.1.1 自动驾驶仪的概念与分类 ……………………………………………… 149
    6.1.2 自动驾驶仪的功能 ……………………………………………………… 151
  6.2 滚转运动的稳定 …………………………………………………………………… 154
    6.2.1 滚转角的稳定 …………………………………………………………… 155

6.2.2　滚转角速度的稳定 ·· 160
  6.3　侧向控制回路 ·· 161
　　6.3.1　由角速度陀螺仪与加速度计组成的侧向控制回路 ········· 161
　　6.3.2　由两个加速度计组成的侧向控制回路 ······················· 165
　　6.3.3　无控飞行段自动驾驶仪 ··· 167
  6.4　特殊用途的控制回路 ·· 168
　　6.4.1　俯仰角的稳定与控制 ·· 168
　　6.4.2　飞行高度的稳定与控制 ··· 169
　　6.4.3　垂直发射方式的控制回路 ······································ 171
  思考题 ·· 172

第7章　自主制导原理 ·· 173

  7.1　自主制导概述 ··· 173
  7.2　惯性制导 ··· 173
　　7.2.1　惯性制导原理 ·· 173
　　7.2.2　平台式惯性制导系统 ··· 176
　　7.2.3　捷联式惯性制导系统 ··· 179
  7.3　卫星制导 ··· 181
　　7.3.1　GPS卫星导航系统 ·· 181
　　7.3.2　北斗卫星导航系统 ·· 184
  7.4　地图匹配制导 ··· 185
　　7.4.1　地形匹配制导 ·· 185
　　7.4.2　景象匹配制导 ·· 187
  7.5　天文制导 ··· 188
  思考题 ·· 189

第8章　遥控制导原理 ·· 190

  8.1　遥控指令制导 ··· 190
　　8.1.1　遥控指令制导概述 ·· 190
　　8.1.2　遥控制导指令形成原理 ·· 195
　　8.1.3　遥控指令制导回路 ·· 201
  8.2　遥控波束制导 ··· 207
　　8.2.1　雷达波束制导 ·· 207
　　8.2.2　激光波束制导 ·· 212
  思考题 ·· 214

第9章　寻的制导原理 ·· 215

  9.1　红外寻的制导 ··· 215
　　9.1.1　红外点源寻的制导 ·· 215

9.1.2　红外成像寻的制导 ·· 234
9.2　雷达寻的制导 ··· 238
9.2.1　微波雷达自寻的制导 ·· 238
9.2.2　毫米波雷达自寻的制导 ·· 242
9.3　激光寻的制导 ··· 245
9.4　电视寻的制导 ··· 247
思考题 ·· 248

第10章　制导控制系统仿真 ·· 250

10.1　制导控制系统仿真概述 ·· 250
10.2　制导控制系统数学仿真 ·· 252
10.2.1　系统数学模型及其验证 ·· 252
10.2.2　数学仿真系统的组成 ·· 253
10.2.3　数学仿真实例 ·· 254
10.3　制导控制系统半实物仿真 ·· 256
10.3.1　半实物仿真的特点与应用 ·· 257
10.3.2　半实物仿真系统组成 ·· 257
10.3.3　半实物仿真系统实例 ·· 261
思考题 ·· 263

参考文献 ·· 264

第1章

绪　　论

弹药家族中最主要的制导控制武器是导弹。导弹的制导控制系统是为了保证导弹能够按照预先规定的弹道运动，或者根据目标的运动情况调整自身弹道，使导弹能以较高的概率命中并毁伤目标。

随着制导控制技术的发展，许多由常规武器平台发射或投放的枪弹、炮弹、迫弹、炸弹、火箭弹、子母弹等传统弹药也通过制导化改进而成为制导武器，作战使用中命中精度大幅提高，附带杀伤显著降低。此外，将无人机技术和弹药技术相结合的巡飞弹以及可供单兵使用、挂载于无人机或搭载于其他作战平台上的微小型制导弹药等也纷纷投入战场使用。这些迅速发展的具有制导控制功能的弹药与导弹等武器装备一起，在从20世纪末至今的历次局部战争中均发挥了关键性作用。

1.1　弹药与制导控制概述

1.1.1　具有制导控制功能的弹药

弹药，一般指有壳体，装有火药、炸药或其他装填物，能对目标起毁伤作用或完成其他任务的军械物品。根据这一定义，弹药包括枪弹、炮弹、手榴弹、枪榴弹、航空炸弹、火箭弹、导弹、鱼雷、深水炸弹、水雷、地雷、爆破器材等，涵盖了从无控弹药到具有先进制导控制功能的导弹、鱼雷等。

在第二次世界大战之前仅有常规弹药，这种弹药对目标射击的准确性仅依靠调整弹丸或火箭的发射角以及通过改变装药量调整初速来实现。常规弹药的命中精度很低，战争中消耗弹药量很大。第二次世界大战中，德国研制出V-1和V-2导弹并投入使用，导弹武器正式登上历史舞台。第二次世界大战之后，随着科学技术和工业水平的发展，导弹成为发展最快的现代武器。导弹之所以能够准确地命中目标，是由于其制导控制系统能够按照一定的制导规律对导弹实施控制。

20世纪六七十年代，随着制导控制理论与技术的不断发展以及现代化战争对低附带毁伤弹药的需要，制导控制技术开始向常规弹药延伸。常规弹药如航空炸弹、炮弹甚至枪弹等通过制导化改进而具有了制导控制功能，命中精度显著提高。这类弹药一般称为制导弹药（Guided Munition）。与常规弹药相比，制导弹药最大的特点是具有精确打击功能，作战效能呈几十倍甚至数百倍地增大。

除了对常规弹药进行制导化改进之外，弹药领域还涌现出大量具有制导控制功能的新型弹药，其中具有代表性的如将无人机技术和弹药技术相结合的巡飞弹、微小型无人机载弹药以及由布撒器或子母弹抛撒的微小型制导弹药等。这些新型弹药主要用于打击轻型装甲车辆、人员、工事和建筑物等。由于战斗部威力有限，这类弹药对制导精度提出了很高的要求。

本书的控制原理主要以具有"十"字形或"×"形弹翼及控制舵面的有翼式、轴对称弹药及其采用的直角坐标控制方式为例进行说明。与没有弹翼的弹道导弹不同，有翼弹药主要依靠飞行时产生的空气动力进行机动飞行。"十"字形或"×"形弹翼（包括控制舵面）是最常用的翼面周向布置形式，而大部分弹药的轴向一般采用正常式或鸭式气动布局。正常式气动布局的弹翼位于弹体中部附近，控制面位于弹体尾部；鸭式气动布局则正好相反，控制面位于弹体前部，弹翼位于中后部。下面简要介绍几种具有这种气动布局特点的弹药。

1. 导弹

导弹是精确制导武器家族中的典型代表，它是一种携带战斗部系统、依靠自身动力装置推进、由制导控制系统引导并控制其飞行路线而导向目标的飞行器。

从20世纪40年代到现在，各国发展的导弹已达数百种。为了便于导弹武器系统的研究、设计、制造、运用及管理，人们从多种不同角度对导弹进行了分类。例如，按作战使命分为战略导弹和战术导弹；按发射点和目标位置分为面对面、面对空、空对面、空对空（空空）导弹；按飞行弹道特征分为有翼导弹和弹道导弹；按攻击目标分为反坦克导弹、反舰导弹、反雷达（反辐射）导弹、反飞机导弹、反卫星导弹、反导弹导弹；按制导方式分为遥控指令制导导弹、寻的制导导弹、复合制导导弹和自主式制导导弹等。

下面简单介绍常见的防空导弹、空空导弹和反坦克导弹等有翼导弹。

1）防空导弹

防空导弹是从陆地或者海面发射用于攻击空中目标的导弹，属于面对空导弹。这类导弹的攻击目标包括飞机、导弹等，其射高为几十米到几百千米。图1-1所示为美国"毒刺"单兵便携式防空导弹，弹体采用鸭式气动布局，制导方式为红外寻的制导。图1-2所示为俄罗斯S-300防空导弹，弹体采用鸭式气动布局，制导方式为程序+无线电指令+末段TVM制导。

图1-1 美国"毒刺"单兵便携式防空导弹

图1-2 俄罗斯S-300防空导弹

2）空空导弹

空空导弹是由飞机发射攻击空中目标的导弹。当前，近程空空导弹大多采用红外寻的制导方式，中远程空空导弹大多采用雷达自动寻的制导系统。图1-3所示为美国"响尾蛇"空空导弹，其制导方式为红外寻的制导，有的型号还复合了雷达寻的制导。美国AIM-9L"响尾蛇"空空导弹及其先前型号美国AIM-9B"响尾蛇"空空导弹等均采用鸭式气动布局，通过尾翼上安装的陀螺舵稳定弹体；美国AIM-9X"响尾蛇"空空导弹采用正常式气动布局，尾部发动机喷口内安装有能进行推力矢量控制的燃气舵，通过自动驾驶仪实现弹体的稳定和运动控制。

图 1-3 美国"响尾蛇"空空导弹

(a) AIM-9L 空空导弹；(b) AIM-9X 空空导弹

3) 反坦克导弹

反坦克导弹是用来摧毁坦克和其他装甲目标的精确制导武器，主要由战斗部、动力装置、弹上制导装置和弹体组成。按技术水平的先进性及制导技术发展的历史阶段，反坦克导弹可分为三代。

第一代反坦克导弹采用目视瞄准，手动操纵。由于射手的反应能力低，故弹速只允许在 150 m/s 以下，致使射手暴露时间长，安全性低。第一代反坦克导弹目前已基本淘汰。

第二代反坦克导弹采用了三点法半自动指令制导方式，攻击过程中射手需保持将测角仪瞄具"十"字线压在目标上。该制导方式的主要缺点除了射手的安全性问题外，由于目标和弹标同时存在于测角仪视场内，因此对方可通过施放红外诱饵对导弹进行干扰。

二代半反坦克导弹采用激光驾束制导和激光半主动制导。激光驾束制导反坦克导弹同样为三点法制导方式，导弹偏离瞄准线的偏差由导弹从调制后的激光束得到，因此导弹的抗干扰能力强。激光半主动制导的反坦克导弹需要由前方观察站的激光照射器指示目标。

第三代反坦克导弹的主要特点是"发射后不管"（Fire and forget），射手安全性高，此外可实现曲射攻顶。目前，第三代反坦克导弹主要有两种制导方式，分别为电视或红外图像制导以及毫米波制导。红外图像制导的典型例子是美国"标枪"（Javelin）反坦克导弹和以色列 NT-G、NT-S 及 NT-D 反坦克导弹。毫米波制导的典型例子是美国"长弓"（Longbow）反坦克导弹和英国"硫磺石"（Brimstone）反坦克导弹。

反坦克导弹按照发射平台可分类为便携式、车载式、直升机载式及固定翼飞机载式。图 1-4 所示为采用三点法有线指令制导的中国"红箭"-8L 便携式反坦克导弹，属于第二代反坦克导弹，它通过电视或热成像仪测量导弹（尾部曳光管）偏离瞄准线的偏差，根据偏差产生制导指令并由导线传输到弹上控制导弹飞行。该反坦克导弹为旋转弹，以燃气扰流片作为操纵元件，采用鸭式气动布局和单通道控制方式。图 1-5 所示为采用红外图像制导的美国"标枪"便携式反坦克导弹，属于第三代反坦克导弹，该导弹为正常式气动布局，具有直瞄和攻顶两种攻击模式。

图 1-4 中国"红箭"-8L 反坦克导弹

图 1-5　美国"标枪"便携式反坦克导弹

2. 制导弹药

制导弹药主要是指由常规武器平台发射的制导航弹、制导炮弹、制导迫弹、制导火箭弹、制导子弹等弹药。有的文献将反坦克导弹也归类到制导弹药的范畴当中。

1）制导航弹

制导航弹或称为制导炸弹,是指在常规炸弹上加装制导系统和气动控制面后形成的一种制导弹药。通常由轰炸机、攻击机和武装直升机作载体,从空中发射,用于攻击海上或陆上目标。

制导炸弹从第二次世界大战期间开始发展,到 20 世纪 90 年代中期,其命中精度已达到 1~3 m,投掷高度达到上万米,投掷距离达到约 40 km。制导炸弹本身没有动力装置,主要依靠飞机投射后的惯性飞行和通过控制系统调整弹翼来实现滑翔攻击弹道。按照制导方式,目前的制导炸弹主要有激光半主动制导炸弹、电视成像制导炸弹和卫星定位制导炸弹等。此外,还发展了某些复合制导炸弹,如激光 + 电视制导炸弹、捷联式惯性制导 + 全球定位系统(GPS)制导炸弹等。

激光半主动制导炸弹的激光接收器接收由目标反射回来的特定波长的激光,经处理形成控制信号把炸弹导向目标。激光半主动制导炸弹的典型代表是美国"宝石路"(Paveway)激光制导炸弹,如图 1-6 所示。最初的"宝石路"Ⅰ、Ⅱ型制导炸弹通过风标头实现速度追踪导引律,只能攻击低速或静止目标且风速对制导精度影响较大。为克服这一缺点,"宝石路"Ⅲ型制导炸弹采用了激光半主动导引头和比例导引律。

(a)　　　　　　　　　　　　　　　(b)

图 1-6　美国"宝石路"激光半主动制导炸弹

电视成像制导炸弹利用电视成像技术进行制导,主要用于摧毁桥梁、电站、指挥所、机场跑道等坚固目标,其典型代表如美国"白星眼"(Walleye)电视制导炸弹。"白星眼"制导炸弹初期采用了发射前锁定、"发射后不管"的制导方案,改进型增加了双向传输、指令制导以及发射后锁定功能。

美国 JDAM（Joint Direct Attack Munition）是一种由普通常规炸弹升级发展产生的全天候、自动寻的制导炸弹（图1-7）。JDAM 制导炸弹通常由 MK-80 等常规炸弹改造而成，采用 GPS/INS 惯性导系统复合制导方案。

图1-7 美国 JDAM GPS 制导炸弹
(a) 实物图；(b) 分解图

JDAM 制导炸弹的 GPS/INS 制导控制装置安装于炸弹尾部，其在外形和尺寸上与普通航空炸弹的尾翼装置相同。JDAM 的制导控制部件包括 GPS 接收机、惯性测量部件（IMU）、任务计算机和电源模块。惯性测量部件由两个速率陀螺和三个加速度计以及相应电子线路构成。任务计算机根据来自 GPS 接收机和惯性测量部件的信息完成制导控制解算，输出相应的舵面偏转信息，操纵炸弹攻击预定目标。

2）制导炮弹

制导炮弹主要用于攻击装甲目标。根据制导方式不同，制导炮弹可分为激光半主动制导炮弹、红外成像制导炮弹、毫米波制导炮弹等。制导炮弹的典型代表有美国"铜斑蛇"（Copperhead）155 mm 激光半主动末制导炮弹和俄罗斯"红土地"152 mm 激光半主动末制导炮弹。"铜斑蛇"采用了正常式气动布局和半捷联式导引头，"红土地"末制导炮弹则采用了鸭式气动布局和全稳式导引头。"铜斑蛇"末制导炮弹为非旋转弹，采用双通道控制，通过尾翼控制炮弹的俯仰和偏航运动；"红土地"末制导炮弹为旋转弹，采用单通道控制，通过头部的两对鸭翼进行炮弹的俯仰和偏航控制。图1-8 所示为"铜斑蛇"激光半主动末制导炮弹的结构示意图，图1-9 为"红土地"激光半主动末制导炮弹的结构示意图。

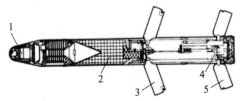 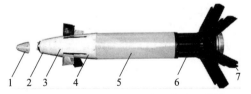

图1-8 美国"铜斑蛇"末制导炮弹
1—导引头；2—战斗部；3—弹翼；
4—控制装置；5—稳定尾翼

图1-9 俄罗斯"红土地"末制导炮弹
1—风帽；2—激光半主动导引头；3—减振装置；
4—自动驾驶装置；5—战斗部；
6—气体发生器；7—稳定尾翼

美国 XM982"亚瑟王神剑"（Excalibur）155 mm 制导炮弹是由身管火炮发射的"发射后不管"弹药，采用 GPS/INS 复合制导。如图 1-10 所示，XM982"亚瑟王神剑"末制导炸弹采用鸭式控制布局和旋转尾翼稳定，具有较强的弹道修正能力，能够以接近竖直的弹道下落，落点精度高于 10 m，可用于近距离支援，尤其适合城区作战。

3）制导子弹

制导控制技术的发展已经使人们能够实现对枪弹这种类型的弹药进行制导。图 1-11 所示为 2012 年美国的一种直径 12.7 mm、长度 10.16 cm 的自动制导子弹，该子弹采用激光半主动制导方式，对目标的照射采用美军超轻型激光指示器（ULD）。与常规子弹的旋转稳定方式不同，制导子弹通过加重头部（钨头或贫铀头）使得质心位于压心之前，实现空气动力稳定。控制弹翼具有三个方位：与弹轴平行的方位以及与弹轴夹角为 3°的正负两个方位。制导过程中弹上计算机每秒给四个舵机发送约 30 次指令，驱动弹翼使其位于三个方位中的一个上，调整子弹的弹道使其飞向目标。

图 1-10 美国 XM982 制导炮弹

1—引信；2—GPS/INS；3—鸭式翼；4—战斗部；
5—滑动闭气弹带；6—旋转尾翼；7—底部排气装置

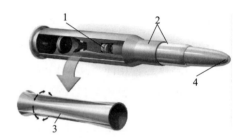

图 1-11 美国制导子弹

1—计算机和电池；2—弹壳和弹托；
3—弹翼和舵面；4—光学器件

3. 巡飞弹

巡飞弹是先进的小型无人机技术与精确制导弹药技术相融合的产物，它可采用地面筒式发射，也可搭载于其他武器平台进行投放，能够在目标区执行巡回飞行、战场侦察监视、毁伤效果评估、精确打击目标等任务。

巡飞弹发射后一般会经历展开、巡飞和攻击三个阶段。展开段需完成弹翼和控制舵的展开，并在展开后控制弹体稳定，确保其能平稳进入巡飞；巡飞段的控制类似无人机，一般采用 GPS/INS 复合制导方式；攻击段采用制导控制技术，人工参与完成观察、识别及锁定目标等任务，目标锁定后转为弹上设备自动跟踪。

当前已装备或发展中的巡飞弹种类很多，如美国"弹簧刀"（Switchblade）单兵巡飞弹、"妖鲨"巡飞弹，以色列"英雄"（Hero）系列巡飞弹，英国"火影"巡飞弹等。

美国"弹簧刀"巡飞弹，或称为"弹簧刀无人机"（Switchblade Drone），公开资料显示有 Switchblade 300 和 Switchblade 600 两种型号。"弹簧刀"单兵巡飞弹的作战示意图和实物图如图 1-12 所示。

4. 微小型无人机载弹药

无人机载弹药是随着无人机的快速发展而出现的。自 2005 年开始，为满足打击分散目标、机动目标和低附带毁伤的作战需求，并使轻型战术无人机具备察打一体作战能力，同时提高大型无人机的挂弹量，许多国家开始研制全新的无人机载弹药。公开资料显示，属于该

第1章 绪 论

(a)   (b)

图 1-12 美国"弹簧刀"单兵巡飞弹作战示意图和实物图

(a) 作战示意图；(b) 实物图

①巡飞弹从发射器发射后弹翼和尾翼展开，飞向目标区域；②操作员通过控制面板、操纵杆和视频图像远程操纵巡飞弹；③确认目标后，解除巡飞弹保险，巡飞弹收回弹翼，俯冲攻击目标。

类型的弹药有美国"圣火"制导弹药、"长钉"(Spike)制导弹药（图 1-13）、"短柄斧"制导弹药、"影子鹰"制导弹药，欧洲"军刀"制导弹药，南非"班图武士"无人机载弹药以及土耳其灵巧微型弹药等。这些弹药体积小，质量小于 10 kg，一般采用成熟的激光半主动、GPS/INS 以及可见光图像等制导方式。

(a)   (b)

图 1-13 美国"圣火"(Pyros)和"长钉"(Spike)微小型制导弹药

(a) "圣火"制导弹药；(b) "长钉"制导弹药

1.1.2 弹药操纵飞行原理

具有制导控制系统的弹药在飞行过程中需要根据自身以及目标的运动参数不断调整飞行弹道，以便以所需的精度打击目标。简单来说，在这一过程中，制导系统的主要任务是首先对弹药自身运动参数或（和）目标运动参数进行测量，并以此为依据产生弹道修正指令；然后将该指令发送给控制系统。控制系统则要执行该修正指令，通过改变弹体的受力状态来改变弹药的飞行状态，完成弹道调整工作。

如果把飞行中的弹药当作刚体，则弹体在空间的三维运动可以看作是弹体质心的平移运动和绕质心旋转运动的合成，其中弹体的质心运动轨迹即形成飞行弹道。为了改变弹药的飞行弹道，需要对弹体施加垂直于弹药飞行速度方向的法向作用力。对于在大气层中飞行的有翼弹药，其改变飞行弹道的方法一般通过改变作用在弹体上的气动法向力来实现。

如图 1-14（a）所示，假设弹药在水平面上以速度 V 作匀速直线运动，运动方向与某惯性参考方向之间的夹角为 ψ，此时弹体受到的推力 P 与空气阻力 X 达到平衡状态，在垂直于速度 V 的方向上没有作用力。

假设在某时刻弹药绕质心旋转了角度 β 并于此后保持该角度不变，如图 1-14（b）所示，这里不考虑弹体的旋转过程，即认为弹体旋转是瞬间完成的，此时弹体受到与速度 V 方向垂直的空气动力 Z、与速度 V 方向相反的空气阻力 X' 以及推力 P 的作用。

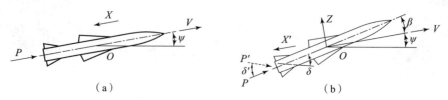

图 1-14　弹药操纵飞行示意图
(a) 弹体受力平衡状态；(b) 弹体偏转后的受力状态

将弹体的受力沿速度方向以及与速度垂直的方向进行分解。沿速度 V 方向弹体受到的合外力为 $P\cos\beta - X'$，该力将使速度 V 的大小发生变化，不会改变弹药的飞行方向。下面分析与速度垂直方向的合外力 F_z，在该力作用下速度 V 的方向将发生改变。F_z 可表示为

$$F_z = P\sin\beta + Z \tag{1.1}$$

当角度 β 很小时，$\sin\beta \approx \beta$，并且法向空气动力 Z 近似与 β 成正比，即 $Z \approx k\beta$（k 为常数），于是式（1.1）变为

$$F_z \approx P\beta + k\beta = (P + k)\beta \tag{1.2}$$

根据牛顿第二定律可知

$$F_z = ma_n = mV\dot{\psi} \tag{1.3}$$

式中：$\dot{\psi}$ 为速度矢量 V 的旋转角速度；m 为弹体的质量；a_n 为弹体质心的法向加速度。

将式（1.3）代入式（1.2）可得

$$\dot{\psi} = \frac{a_n}{V} = \frac{(P+k)\beta}{mV} \tag{1.4}$$

弹道的曲率半径 ρ 可以表示为

$$\rho = \frac{dS}{d\psi} = \frac{dS/dt}{d\psi/dt} = \frac{V}{\dot{\psi}} \tag{1.5}$$

式中：S 代表弹药的弹道曲线。

根据式（1.4）和式（1.5）可知，改变弹药的弹道可以通过改变推力 P 或者弹体纵轴与速度方向的夹角 β 来实现。通常推力 P 的大小不能随意改变。因此，对于在大气层中飞行的弹药，其飞行弹道一般通过改变角度 β 来实现。β 越大，则速度矢量的旋转角速度越大，弹药的转弯速度越快，在同样的速度下弹药的转弯半径越小。

在第 2 章将会讲到，当弹药在水平面内运动时，β 即为弹体的侧滑角，相应的法向力 Z 为侧向力，ψ 为弹道偏角；若弹药在竖直面内运动，则 β 相当于弹体的攻角（准确地说应为实际攻角减去平衡攻角），相应的法向力 Z 为升力，ψ 为弹道倾角。

对于有翼式导弹来说，为了产生角度 β，多数情况下可通过两种方法来对导弹进行操纵：气动舵面和推力矢量。

当通过气动舵面的方法进行操纵时 [图 1-14（b）]，假设操纵舵面位于弹体尾部，即弹药为正常式气动布局，则当舵面按照图示方向偏转角度 δ 时，将产生使弹药抬头的操纵力矩，使弹体绕质心旋转。如果能够达到稳定状态，弹体纵轴与速度方向之间就将产生角度 β。

当通过推力矢量的方法进行操纵时[图1-14（b）]，假设推力矢量 P 转过角度 δ'，则同样将产生使弹药抬头的操纵力矩，若弹体是动稳定的，将产生角度 β。

由此可见，通过气动舵面或推力矢量对有翼式弹药进行操纵的原理本质上是相同的，都是先产生操纵力矩使弹体的姿态发生改变，从而产生相应的攻角或侧滑角；攻角或侧滑角产生法向力，使弹药的速度方向发生变化，弹药的飞行弹道也将发生相应变化。

由弹药制导控制系统的发展历程可知，从常规弹药的制导化改进开始，制导控制已不再是导弹的专用技术，制导控制的相关内容也不再仅仅局限于导弹，而是已扩展到导弹之外的其他常规以及新型弹药领域。尽管如此，在目前的大多数文献中，与制导控制有关的术语一般总是与"导弹"联系在一起的，如"导弹制导系统""导弹的气动布局""导弹的传递函数""导弹控制方式"等。在本书的其他章节中，为避免与这些约定俗成的概念或表达方式产生冲突，同时也为了与参考的其他文献的描述保持一致，还将继续沿用"导弹"这一称谓，只是从制导控制的角度来说，本书中的"导弹"多数情况下是具有制导控制功能的"弹药"的代名词。

1.2　制导控制系统的概念与组成

为了能够准确地打击目标，导弹必须具备测量自身或自身相对于目标的运动信息，并根据这些信息按照一定的规律控制导弹改变飞行轨迹（也称为弹道）的能力。这些能力的实现需要依靠导弹的制导控制系统。

导弹的制导控制系统可分为制导系统和控制系统两个部分。

制导系统的作用是测量导弹自身运动信息或其与目标的相对运动信息，并按照一定的规律（称为制导规律）形成改变导弹速度方向的指令，即制导指令（有的文献称为控制指令、引导指令等，本书中统一称为制导指令。）。对于测量导弹与目标的运动信息的功能，可通过导弹自身携带的测量设备完成，也可通过制导站或导弹外其他探测设备完成。

控制系统的作用是根据制导指令要求，驱动导弹的执行机构动作，产生法向力以改变弹体的速度方向，使导弹飞向目标。在大气层内飞行的导弹通常利用气动力改变飞行速度的方向，而气动力的改变一般通过弹体姿态的变化来实现，此时的制导指令就是发送给弹体姿态控制执行机构（如舵系统或推力矢量控制系统等）的姿态控制指令。

具有制导控制功能的弹药种类很多，一般情况下，绝大多数制导控制系统的一般组成如图1-15所示。

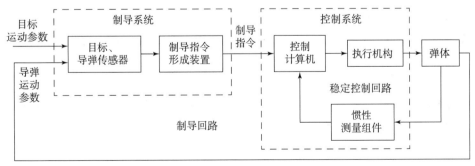

图1-15　制导控制系统的一般组成

制导系统由导弹和目标的运动信息测量传感器及制导指令形成装置等组成。根据制导系统的类型不同，目标和导弹的传感器可以是制导站上的测角仪或雷达，也可能是安装在导弹上的导引头、探测器，或者惯性测量器件等，需要获得的信息可能是导弹或目标的加速度、角速度、速度、位置或者弹-目视线角速度、弹-目相对运动速度等运动参数中的一种或多种。获得的信息传送到制导指令形成装置，按照一定的制导规律和校正方法形成制导指令，然后发送给控制系统。

控制系统一般由控制计算机、执行机构和弹体惯性测量组件等组成。控制计算机收到制导系统送达的制导指令后，按照一定的控制方法形成控制指令，通过执行机构改变弹体的姿态，进而改变气动力或侧向推力，使导弹改变飞行方向，实现预期弹道或制导规律要求的弹道。控制系统的另一项重要任务是保证导弹在每一飞行段稳定地飞行，所以控制系统回路也常称为稳定控制回路（有的文献称为稳定回路）。稳定控制回路中通常含有校正装置，用以保证较高的控制质量。

一般情况下，制导系统是一个多回路系统，稳定控制回路作为制导系统大回路的一个环节，它本身也是闭环回路而且可能是多回路。例如，包括阻尼回路和加速度计反馈回路等，而执行机构（舵机等）也通常采用位置或速度反馈形成闭环回路。当然，并不是所有的制导系统都要求具备上述回路，例如有些小型导弹就可能没有加速度反馈回路，也有些导弹的执行机构采用开环控制。但是，所有导弹以及其他具有制导功能的弹药都具备制导系统大回路。

控制系统是制导控制系统的重要环节，它的性质直接影响制导系统的制导准确度。弹上控制系统应既能保证导弹飞行的稳定性，又能保证导弹的机动性，即对飞行有稳定和控制的作用。

制导系统从工作流程上还可以划分为不同的阶段。对于射程较远的导弹，如巡航导弹、远程空地导弹、地空导弹和空空导弹等，通常需要在不同的阶段采用不同的制导方式，即初制导、中制导和末制导。

（1）初制导。初制导是指导弹发射后的初始阶段的制导。初制导的目的是使导弹具备预定的飞行高度、速度和姿态，以便转入后续制导阶段。初制导阶段的时间较短，速度变化较大，通常利用弹上惯性测量系统的信息控制导弹按照预定的程序弹道飞行，其制导规律不需要目标的实时位置和运动状态，所以这一阶段也称为程序制导。

（2）中制导。中制导是指初制导结束后、末制导开始前这一阶段的制导。中制导的目的是控制导弹在长距离飞行中的运动状态，如飞行高度和速度等，同时保证导引头容易捕获目标并以合适的飞行状态转入末制导。中制导阶段的飞行时间较长，速度变化不大，通常依靠惯性制导、卫星定位制导、天文制导或者地图匹配制导等制导方式进行制导。

（3）末制导。对于具有自寻的功能的导弹，末制导是指在弹道末段导引头捕获目标并导引导弹飞向目标的制导过程。末制导的目的是将导弹导向目标以提高命中精度。末制导阶段的时间不长，多采用自动跟踪或者遥控飞向目标。

制导系统的三个工作阶段根据导弹的类型、飞行距离和制导方式的不同，其组合方式也会有一定的区别。例如，对于某些射程较短的导弹来说，可能只存在初制导和末制导两个制导阶段。

1.3 制导系统的分类

根据作战用途、攻击目标的特性和射程远近等因素的不同,导弹的制导设备和体制差别很大。一般情况下,导弹的控制系统和执行机构都在弹上,工作原理也大致相同。但是,制导系统的设备可能位于弹上,也可能位于制导站,其信息获取的手段也各不相同。

导弹的制导系统可分为非自主制导系统和自主制导系统两大类,如图1-16所示。自主制导系统包括惯性制导系统、卫星制导系统、地图匹配制导系统、天文制导系统、方案制导系统等;非自主制导系统包括遥控制导系统和自动寻的制导系统两类。为了提高制导性能和抗干扰能力,将几种制导方式组合起来使用的制导系统称为复合制导系统。

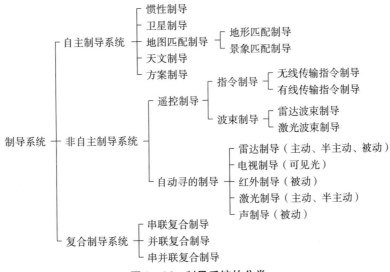

图1-16 制导系统的分类

1.3.1 自主制导系统

自主制导是指导弹发射后,控制导弹飞行的制导信号的产生不依赖于目标和制导站,而仅由导弹本身安装的测量仪器来测量地球或宇宙空间的物理特性,从而决定导弹的飞行轨迹。

导弹在发射前,事先拟定好一条弹道。导弹发射后,弹上制导系统的敏感元件不断测量预定的参数,如导弹的加速度、导弹的姿态、天体位置、地貌特征等。这些参数在弹上经适当处理,与在预定弹道运动时的参数进行比较,一旦出现偏差,便产生制导指令,使导弹飞向预定目标。

采用自主制导系统的导弹与目标及制导站之间不发生任何联系,因此导弹的隐蔽性好,不易被干扰。但导弹一旦发射出去,就不能再改变其预定弹道,因而全程采用自主制导系统的导弹只能攻击固定目标或将导弹引向预定区域。

自主制导一般用于弹道导弹、巡航导弹和某些战术导弹(如地空导弹)的初始飞行段。

按控制信号生成方法的不同,自主制导可分为惯性制导、方案制导、天文制导、地图匹配制导、卫星制导等。

1. 惯性制导系统

惯性制导是指利用弹上惯性元件测量导弹相对于惯性空间的运动参数,并在给定的运动初始条件下,由制导计算机计算出导弹的速度、位置及姿态等参数,形成控制信号,控制导弹完成预定飞行任务。惯性导航系统是一个自主式的空间基准保持系统,一般具有两种形式:平台式惯性制导系统和捷联式惯性制导系统。

平台式惯性制导系统的惯性元件安装在陀螺稳定平台上,通过平台框架隔离弹体姿态运动,可以直接获取导航坐标系各轴向的加速度。稳定平台用于模拟某种导航坐标系,如惯性坐标系或当地水平坐标系。稳定平台框架角传感器直接测量的角度就是飞行器相对导航坐标系的姿态角信息。

捷联式惯性制导系统的惯性元件直接固联安装在弹体上。由于惯性器件随弹体运动,加速度计测量轴指向随弹体姿态变化。这种方式不能直接获得相对于导航坐标系的加速度,需要通过姿态解算将测量加速度转换到导航坐标系中。因此,捷联式惯性制导系统需要实时获得弹体的姿态信息,这一般通过在弹上安装角位置或角速度陀螺来实现。

2. 方案制导系统

所谓方案,就是根据导弹飞向目标的既定轨迹拟订的一种飞行计划,方案制导系统能导引导弹按这种预先拟订好的计划飞行。

方案制导系统一般由方案机构和弹上控制系统两个基本部分组成,如图 1 – 17 所示。方案制导的核心是方案机构,它由传感器和方案元件组成。传感器是一种测量元件,可以是测量导弹飞行时间的计时机构,或测量导弹飞行高度的高度表等,它按一定规律控制方案元件运动。方案元件可以是机械的、电气的、电磁的或电子的,方案元件的输出信号可以代表俯仰角、弹道倾角、攻角、飞行高度及法向过载等随飞行时间变化的预定规律。在制导中,方案机构按一定程序产生控制信号,送入弹上控制系统,控制导弹飞行。

图 1 – 17　方案制导系统简化框图

方案制导的情况是经常遇到的。许多导弹的弹道除了引向目标的末制导段之外,还具有方案飞行段。例如,攻击静止或缓慢运动目标的飞航式导弹,其弹道的爬升段、平飞段,甚至在俯冲攻击的初段都是方案飞行段,如图 1 – 18 所示。反坦克导弹的某些飞行段也可能会按方案弹道飞行。某些垂直发射的地空导弹的初始段、空地导弹的下滑段以及弹道式导弹的主动段通常也采用方案制导。

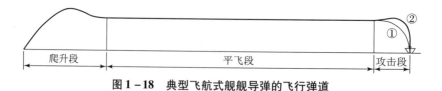

图 1 – 18　典型飞航式舰舰导弹的飞行弹道

3. 天文制导系统

天文制导是根据导弹、地球、星体三者之间的运动关系来确定导弹的运动参量，将导弹引向目标的一种自主制导方式。导弹天文制导系统一般有两种：一种是由光电六分仪或无线电六分仪观测并跟踪一个星体，引导导弹飞向目标；另一种是用两部光电六分仪或无线电六分仪分别观测并跟踪两个星体确定导弹的位置，引导导弹飞向目标。六分仪是天文制导的观测装置，它借助于观测天空中的星体来确定导弹的地理位置。

4. 卫星制导系统

卫星制导系统是利用定位导航卫星确定导弹的运动参数形成导引信息的制导系统。卫星制导系统主要由空间部分、地面控制部分以及用户设备三部分组成。目前，投入运营的卫星导航系统包括美国的 GPS、俄罗斯的格罗纳斯全球卫星导航系统（GLONASS）、欧洲的伽利略全球卫星导航系统（GALILEO）以及中国的北斗卫星导航系统等。

5. 地图匹配制导系统

地图匹配制导通常包括地形匹配制导和景象匹配制导两种。地形匹配制导是利用地形信息进行制导，也称为地形等高线匹配制导；景象匹配制导也称为景象匹配区域相关器制导，是利用景象信息进行制导。它们的基本原理相同，都是利用弹上计算机（相关处理机）预存的地形图或景象图与导弹飞行到预定位置时探测出的地形图或景象图进行相关处理，确定出导弹当前位置偏离预定位置的纵向和横向偏差，形成制导指令，将导弹引向预定的区域或目标。

地图匹配制导系统必须依赖于数字地图，而这种数字地图又需要靠卫星等侦察手段来获得。地图匹配制导不适合在平坦地带和海面工作，并且即使在有起伏变化的陆地上，也并非从导弹发射到飞抵目标的全过程都采用地图匹配制导。通常将地图匹配制导和惯性制导结合在一起使用，构成复合制导系统，用地图匹配系统得到的精确位置信息修正陀螺漂移和加速度计误差所造成的惯性制导的累积误差，提高制导精度。

1.3.2　遥控制导系统

由导弹以外的制导站向导弹发出引导信息的制导系统称为遥控制导系统。遥控制导系统一般通过制导站对目标和导弹进行测量，从而形成相应的制导指令。根据制导指令在制导系统中形成的部位不同，遥控制导可分为指令制导和波束制导。

1. 指令制导

遥控指令制导系统中，由制导站同时测量目标、导弹的位置和其他运动参数，并在制导站形成制导指令，该指令通过无线电波或传输线传送到导弹上，弹上控制系统操纵导弹飞向目标。

早期的无线电指令制导系统往往使用两部雷达分别对目标和导弹进行跟踪测量，现在多用一部雷达同时跟踪测量目标和导弹的运动，这样不仅可以简化地面设备，而且由于采用了相对坐标体制，大大提高了测量精度，减小了制导误差。图 1-19 所示为通过两部雷达进行指令制导的示意图。

2. 波束制导

波束制导系统中，制导站发出波束（无线电波束、激光波束），导弹在波束内飞行，弹上的制导设备感受导弹偏离波束中心的方向和距离，产生制导指令，通过控制系统操纵导弹

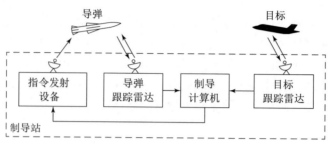

图 1-19　无线电指令制导系统示意图

沿波束中心线飞行。由于波束中心线一直是跟踪目标或指向前置命中点的，因此能够引导导弹飞向目标，如图 1-20 所示。

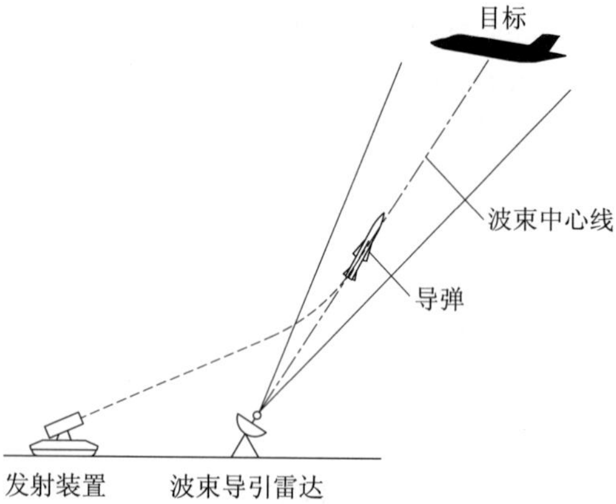

无线电波束制导系统可用一部雷达（单波束式）或两部雷达（双波束式）进行制导。单波束系统通常采用三点法导引，通过一部雷达照射目标，导弹沿波束中心线飞行；双波束系统是利用两条波束分别照射目标和导弹，因此可以采用前置角法进行导引，使导弹能够攻击机动性较强的目标。

遥控制导系统的制导精度较高，作用距离可以比自寻的系统稍远些，弹上制导设备比较简单。但是，其制导精度一般随着导弹与制导站的距离增大而降低；此外，制导站需要全程主动照射目标和导弹，容易被干扰和攻击。

图 1-20　无线电波束制导系统示意图

遥控制导系统多用于地空导弹和一些空空、空地导弹，有些战术巡航导弹也用遥控指令制导来修正其航向。早期的反坦克导弹多采用有线遥控指令制导或激光驾束（波束）制导。

1.3.3　自动寻的制导系统

自动寻的制导系统是利用弹上导引头感受目标辐射或反射的能量，如无线电波、红外线、激光、可见光、声音等，测量目标、导弹的相对运动参数，并形成相应的制导指令控制导弹飞行，使导弹飞向目标的系统，简称自寻的制导系统。

为了使自寻的制导系统正常工作，首先必须能够准确地从目标背景中发现目标，为此要求目标的物理特性与背景的物理特性有所不同，即要求目标相对于背景具有足够的能量对比性。

利用目标辐射的红外能量使导弹飞向目标的自寻的制导系统称为红外自寻的制导系统。相对于背景具有明显红外辐射的目标很多，如运动中的飞机、舰船、装甲车辆、导弹等。这种系统的作用距离主要取决于目标辐射（或反射）面的面积和温度、接收装置的灵敏度和气象条件。

有些目标能辐射本身固有的光线，或者反射太阳、月亮或人工照明的光线，从而与背景相区别。利用目标的可见光信息进行自动寻的制导的系统称为电视寻的制导系统，其作用距离主要取决于目标与背景的对比特性、昼夜时间和气象条件。

利用目标辐射或反射的无线电波进行制导的系统称为雷达自动寻的制导系统，其应用十分广泛。很多重要的军事目标本身就是强大的电磁辐射源，如雷达站、无线电干扰站、导航站、飞机等；大部分金属目标对于无线电波具有很强的反射特性，通过对其进行无线电照射可以获得足够的反射波用于制导。

有些水中目标是强大的声源，如军舰、潜艇等。由于声波在水中具有良好的传播特性，相比之下电磁波在水中传输距离有限。此外，水中目标的运动速度一般较低，因此水中的弹药如鱼雷等一般利用声信息进行制导。

根据导弹所利用能量的能源所在位置的不同，自寻的制导系统可分为主动式、半主动式和被动式三种。

1. 主动式自寻的制导

主动式自寻的制导是指照射目标的能源在弹上，导弹对目标辐射能量，同时由导引头接收目标反射回来的能量的寻的制导方式，如图 1 – 21 所示。

采用主动式寻的制导的导弹，当弹上的主动导引头截获目标并转入正常跟踪后，就可以完全独立地工作，不需要导弹以外的制导信息。

能量发射装置的功率越大，系统的作用距离将越大，但同时弹上设备的体积和质量也将越大。由于弹上空间有限，弹上不可能有功率太大的发射装置，主动式导引头的作用距离也不会太远。典型的主动式寻的制导系统是雷达自寻的制导系统。

2. 半主动式自寻的制导

半主动式自寻的制导是指照射目标的能源不在弹上，而是在导弹以外的制导站或其他位置，弹上只有接收装置，如图 1 – 22 所示。由于照射源不在弹上，其功率和体积限制较少，因此半主动式寻的制导系统的作用距离比主动式的要远。

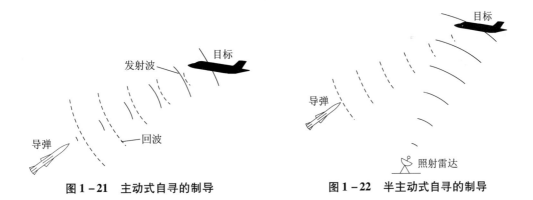

图 1 – 21　主动式自寻的制导　　　　图 1 – 22　半主动式自寻的制导

3. 被动式自寻的制导

利用目标本身辐射（或反射）的能量进行制导，不需要能量发射装置，如图 1 – 23 所示。典型的被动式自寻的制导有红外自寻的制导、电视寻的制导和被动式雷达自寻的制导等。应用被动式雷达进行自寻的制导的导弹常称为反辐射导弹或反雷达导弹。

被动式自寻的制导的特点是导弹不需要照射源照射，因此隐蔽性好，能够实现"发射后不管"。主要缺点是由于利用目标向外辐射的能量，因此作用距离受到目标辐射特性的影响。

自寻的制导系统由导引头、弹上信号处理装置与弹上控制系统等组成。导引头实际上是制导系统的探测装置，当它对目标形成稳定跟踪后，即可输出导弹和目标的有关相对运动参数。弹上信号处理装置综合导引头以及其他弹上敏感元件的测量信息形成制导指令，发送给控制系统，把导弹导向目标。

自寻的制导系统的目标探测和指令形成装置均位于弹上，绝大多数可以实现"发射后不管"，可

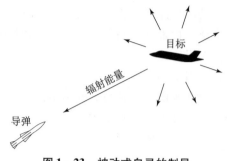

图 1-23　被动式自寻的制导

攻击高速目标，而且探测和制导精度不会随着射程的增加而降低。自动寻的制导系统的主要缺点是弹上设备组成复杂，成本较高，并且由于依靠目标辐射或反射的能量来制导，因此作用距离有限，抗干扰能力差。

1.3.4　复合制导系统

在现代战争中，单一的制导方式很难满足复杂战场环境的要求。此外，导弹武器也向着远程、全天候、多用途、高精度和"发射后不管"等方向发展，这些都迫使导弹的制导系统向复合制导的方向发展。例如，在导弹飞行的初始段采用自主制导，将导弹引导到要求的区域；中段采用遥控指令制导，比较精确地将导弹引导到目标附近；末段采用自寻的制导，提高制导精度。

根据导弹在整个飞行过程中，或在不同飞行段上制导方法的组合方式不同，复合制导可分为串联复合制导、并联复合制导和串并联复合制导三种。串联复合制导是指导弹飞行弹道的不同段上采用不同的制导方法；并联复合制导是指在导弹的整个飞行过程中或者在弹道的某一段上，同时采用几种制导方式；串并联复合制导就是在导弹的飞行过程中，既有串联又有并联的复合制导方式。

在转换制导方式过程中，参与复合制导的各种制导设备需要协调工作，使弹的制导过程和弹道能够平滑地衔接起来。

1.4　弹药控制方式

为提高毁伤效果，对导弹进行控制的最终目标是使导弹质心与目标足够接近，有时还要求有合适的弹着角。为完成这一任务，需要对导弹的质心运动与姿态运动同时进行控制。但是，目前大部分导弹都是通过对弹体姿态的控制间接实现对导弹的质心控制。导弹的姿态运动有三个自由度，即俯仰、偏航和滚转，在导弹控制上通常称为三个通道。如果以控制通道的选择作为分类原则，控制方式可分为三类，即单通道控制、双通道控制和三通道控制。

1.4.1　单通道控制方式

一些小型导弹弹体直径小，在导弹以较大的角速度绕纵轴旋转的情况下，可用一个控制通道实现对导弹的运动控制，这种控制方式称为单通道控制。单通道控制方式的导弹可采用

"一"字形舵面，继电式舵机，一般利用尾喷管斜置和尾翼斜置产生绕弹体纵轴的自旋，利用舵面按一定规律从一个极限位置向另一个极限位置的交替偏转以及弹体的旋转产生控制力，使导弹飞向目标。

在单通道控制方式中，弹体的旋转是必要的。如果导弹不绕其纵轴旋转，则一个通道只能使导弹的某一个姿态发生变化，因此不能实现对导弹三维空间运动的控制。

由于只有一套执行机构，采用单通道控制方式的导弹其弹上设备较少，结构简单，质量小，可靠性较高。但是，由于仅通过一对舵面控制导弹在空间的运动，单通道控制方式存在一些特殊问题需要考虑。

1.4.2 双通道控制方式

通常制导控制系统对导弹实施横向机动控制，故可将其分解为在互相垂直的俯仰和偏航两个通道内进行的控制，对于滚转通道仅由稳定系统对其进行稳定，而不进行滚转控制，这种控制方式称为双通道控制方式，即直角坐标控制。

双通道控制方式的制导系统组成原理图如图1-24所示。其工作原理是：测量跟踪装置测量出弹和目标在测量坐标系中的运动参数，按制导规律分别形成俯仰和偏航两个通道的制导指令。这部分工作一般包括导引律计算、动态误差和重力误差补偿计算及滤波校正等内容。导弹控制系统将两个通道的控制信号传送到执行坐标系的两对舵面上（"十"字形或"×"形），控制导弹向减少误差的方向运动。

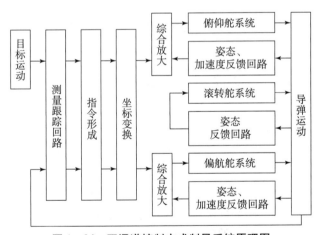

图1-24 双通道控制方式制导系统原理图

双通道控制方式中的滚转回路分为滚转角位置稳定和滚转角速度稳定两类。在遥控制导方式中，制导指令在制导站形成，为保证在制导站的测量坐标系中形成的制导指令正确地转换到弹上控制（执行）坐标系中，一般采用滚转角位置稳定。若弹上有姿态测量装置，而且制导指令在弹上形成，可以不采用滚转角位置稳定。在主动式寻的制导方式中，测量坐标系与控制坐标系的关系是确定的，制导指令的形成对滚转角位置没有要求。

双通道控制方式中的滚转稳定实际上是在控制系统作用下使滚转角或滚转角速度为零来实现的，因此，也有一些文献将双通道控制方式称为三通道控制方式。

1.4.3 三通道控制方式

制导控制系统对导弹实施控制时，对俯仰、偏航和滚转三个通道都进行控制的方式称为三通道控制方式，如垂直发射导弹的发射段的控制及倾斜转弯控制等。

三通道控制方式制导系统组成原理图如图 1-25 所示，其工作原理是：测量跟踪装置首先测量出导弹和目标的运动参数；然后形成三个控制通道的制导指令，包括姿态控制的参量计算及相应的坐标转换、导引律计算、误差补偿计算及制导指令形成等，所形成的三个通道的制导指令与三个通道的某些状态量的反馈信号综合，发送给执行机构。

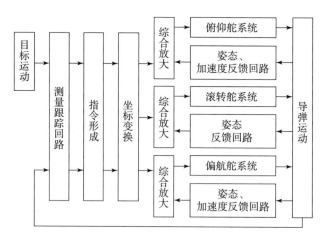

图 1-25 三通道控制方式制导系统组成原理图

1.5 对制导控制系统的基本要求

为了完成导弹的制导任务，对导弹制导系统的要求有很多，最基本的要求是制导系统的制导准确度、对目标的鉴别力、可靠性和抗干扰能力等几个方面。

1. 制导准确度

导弹与无制导弹药之间的差别在效果上看是导弹具有很高的命中概率，而其实质上的不同在于导弹是被控制的，所以制导准确度是对制导系统最基本也是最重要的要求。

制导系统的准确度通常用导弹的脱靶量表示。脱靶量是指导弹在制导过程中与目标之间的最短距离。从误差性质看，造成导弹脱靶量的误差分为两种：一种是系统误差；另一种是随机误差。系统误差在所有导弹攻击目标过程中是固定不变的，因此系统误差为脱靶量的常值分量；随机误差分量是一个随机量，其平均值等于零。

导弹的脱靶量允许值取决于很多因素，主要取决于给出的命中概率、导弹战斗部的重量和性质、目标的类型及其防御能力。目前，战术导弹的脱靶量可以达到几米，有的甚至可与目标相碰；战略导弹由于其战斗部威力大，目前脱靶量可达几十米。

为了使脱靶量小于允许值，就要提高制导系统的制导准确度，也就是减小制导误差。下面从误差来源角度分析制导误差。从误差来源看，导弹制导系统的制导误差分为动态误差、起伏误差和仪器误差。

1) 动态误差

动态误差主要是由于制导系统受到系统的惯性、导弹机动性能、引导方法的不完善以及目标的机动等因素的影响，不能保证导弹按理想弹道飞行而引起的误差。例如，当目标机动时，由于制导系统的惯性，导弹的飞行方向不能立即随之改变，中间有一定的延迟，因而使导弹离开基准弹道，产生一定的偏差。

引导方法不完善所引起的误差，是指当所采用的引导方法完全正确地实现时所产生的误差，它是引导方法本身所固有的误差，这是一种系统误差。

导弹的可用过载有限也会引起动态误差。在导弹飞行的被动段，飞行速度较低时或理想弹道弯曲度较大、导弹飞行高度较高时，可能会发生导弹的可用过载小于需用过载的情况，这时导弹只能沿可用过载决定的弹道飞行，使实际弹道与理想弹道间出现偏差。

2) 起伏误差

起伏误差是由于制导系统内部仪器或外部环境的随机干扰所引起的误差。随机干扰包括目标信号起伏、制导回路内部电子设备的噪声、敌方干扰、背景杂波、大气紊流等。当制导系统受到随机干扰时，制导回路中的控制信号便附加了干扰成分，导弹的运动便加上了干扰运动，使导弹偏离基准弹道，造成飞行偏差。

3) 仪器误差

由于制造工艺不完善造成制导设备固有精度和工作稳定的局限性及制导系统维护不良等原因造成的制导误差，称为仪器误差。

仪器误差具有随时间变化很小或保持某个常值的特点，其对制导准确度的影响可通过建立模型进行分析。

要保证和提高制导系统的制导准确度，除了在设计、制造时应尽量减小各种误差外，还要对导弹的制导设备进行正确使用和精心维护，使制导系统保持最佳的工作性能。

2. 作战反应时间

作战反应时间，是指从发现目标起到第一枚导弹起飞为止的一段时间，一般来说应由防御的指挥、控制、通信系统和制导系统的性能决定。但是，对攻击活动目标的战术导弹，则主要由制导系统决定。当导弹系统的搜索探测设备对目标识别和进行威胁判定后，立即计算目标诸元并选定应射击的目标。制导系统便对被指定的目标进行跟踪，并转动发射设备、捕获目标、计算发射数据、执行发射操作等。制导系统执行上述操作所需要的时间称为作战反应时间。

3. 制导系统对目标的鉴别力

如果要使导弹去攻击相邻几个目标中的某一个指定目标，导弹制导系统就必须具有较高的距离鉴别力和角度鉴别力。距离鉴别力是制导系统对同一个方位上不同距离的两个目标的分辨能力，一般用能够分辨出的两个目标间的最短距离表示；角度鉴别力是制导系统对同一个距离上不同方位的两个目标的分辨能力，一般用能够分辨出的两个目标与控制点连线间的最小夹角表示。

如果导弹的制导系统是基于接受目标本身辐射或者反射信号进行控制的，那么鉴别力较高的制导系统就能从相邻的几个目标中分辨出指定目标；如果制导系统对目标的鉴别力较低，就可能出现下面的情况。

(1) 当某一个目标辐射或反射信号的强度远大于指定目标辐射或反射信号的强度时，

制导系统便不能把导弹引向指定的目标，而是引向信号较强的目标。

（2）当目标群中多个目标辐射或反射信号的强度相差不大时，制导系统便不能把导弹引向指定目标，因而导弹摧毁指定目标的概率将显著降低。

制导系统对目标的鉴别力，主要由其传感器的测量精度决定。要提高制导系统对目标的鉴别力，必须采用高分辨能力的目标传感器。

4. 制导系统的抗干扰能力

制导系统的抗干扰能力是指在遭到敌方袭击、电子对抗、反导对抗和受到内部、外部干扰时，该制导系统保持其正常工作的能力。

不同的制导系统受干扰的情况不相同。雷达遥控制导系统容易受到电子干扰，特别是敌方施放的各种干扰。为提高制导系统的抗干扰能力：一是不断采用新技术，使制导系统对干扰不敏感；二是要在使用过程中加强制导系统工作的隐蔽性、突然性，使敌方不易察觉制导系统是否在工作；三是制导系统可以采用多种工作模式，一种工作模式被干扰则立即转换到另一种工作模式。

5. 制导系统的可靠性

可靠性是指产品在规定的条件下和规定的时间内完成规定功能的能力。制导系统的可靠性可以看作是在给定使用和维护条件下，制导系统各种设备能保持其参数不超过给定范围的性能。制导系统的可靠性通常用制导系统在允许工作时间内不发生故障的概率来表示。这个概率越大，表明系统发生故障的可能性越小，也就是系统的可靠性越高。

规定的条件是指使用条件、维护条件、环境条件和操作技术，这些条件对产品可靠性都会有直接的影响。在不同的条件下，同一种产品的可靠性也不一样。例如，实验室条件与现场使用条件不一样，它们的可靠性有时可能相近，有时可能会相差几倍到几十倍。所以，不在规定条件下谈论可靠性，就失去比较产品质量的前提。

制导系统的工作环境很复杂，影响制导系统工作的因素很多。例如，在运输、发射和飞行过程中，制导系统要受到振动、冲击和加速度等的影响；在保管、储存和工作过程中，制导系统要受到温度、湿度和大气压力变化以及有害气体、灰尘等环境的影响。由于受到材料和制造工艺的限制，在外界因素的影响下，制导系统的每个元器件都可能产生变质和失效，影响制导系统的可靠性。为了保证和提高制导系统的可靠性，在研制过程中必须对制导系统进行可靠性设计，采用优质耐用的元器件、合理的结构和精密的制造工艺。除此之外，还应正确地使用和科学地维护制导系统。

规定的时间是可靠性定义中的核心。因为不谈时间就无可靠性可言，而规定时间的长短又随着产品对象不同和使用目的的不同而异。例如，导弹、火箭（成败性系统）是要求在几秒或几分钟内可靠，地下电缆、海底电缆系统则要求几十年内可靠，一般的电视机、通信设备则要求几千小时到几万小时内可靠。一般来说，产品的可靠性随着使用时间的延长而逐渐降低，所以，一定的可靠性是对一定时间而言的。

规定的功能经常用产品的各种性能指标来评估。通过试验，产品的各项规定的性能指标都已达到，则称该产品完成规定的功能，否则称该产品丧失规定功能。产品丧失规定功能的状态称为产品发生"故障"或"失效"，相应的各项性能指标就称为"故障判据"或"失效判据"。

关于可靠性定义中的能力，由于产品在工作中发生故障带有偶然性，所以不能仅看产品的工作情况，而应在观察大量的同类产品之后才能确定其可靠性的高低。由此可见，可靠性定义中的"能力"具有统计学的意义。例如，产品在规定的条件下和规定的时间内，失效数与产品总量之比越小，可靠性就越高；或者产品在规定的条件下，平均无故障工作时间越长，可靠性也就越高。

6. 体积小、质量小、成本低

在满足上述基本要求的前提下，尽可能地使制导系统的仪器设备结构简单、体积小、质量小、成本低。对位于弹上的制导仪器设备来说，这些要求尤为重要。

思 考 题

1. 列举一些经制导化改进的弹药、具有制导控制功能的新型弹药以及典型战术导弹，分析其外形特点以及制导控制特点。
2. 简述弹药的操纵飞行原理。
3. 制导系统一般由哪几部分组成？各部分的作用是什么？制导系统一般包括哪些回路？
4. 制导系统有哪些主要分类？
5. 什么是单通道控制、双通道控制和三通道控制？
6. 对制导系统的基本要求有哪些？

第 2 章

非旋转弹运动特性分析

以导弹飞行过程中是否绕纵轴连续旋转可将导弹分为旋转弹和非旋转弹。旋转弹在飞行时以比较低的转速绕纵轴旋转，常采用控制舵面位于弹体头部的鸭式控制布局和单通道控制方式，通过鸭翼对导弹实施飞行控制；非旋转弹一般采用双通道或三通道控制方式，导弹在飞行过程中通过对滚转通道的控制使弹体保持滚转稳定（滚转角为零或滚转角速度为零），或者通过对弹体的滚转控制使导弹在水平方向机动。对于旋转弹，弹体绕纵轴的旋转会带来一些特殊的动力学问题，本书不作讨论。本章将以非旋转弹作为研究对象，在建立其运动方程组的基础上讨论导弹特别是轴对称有翼导弹的动态特性以及稳定性、操纵性等问题，并求得导弹的传递函数，为后续制导控制原理的学习打下基础。

2.1 运动方程组

导弹运动方程组是描述作用在导弹上的力、力矩与导弹运动参数之间关系的一组方程，是导弹运动特性分析的基础。下面以非旋转弹为研究对象，首先介绍建立运动方程组所需的坐标系及其变换矩阵；其次介绍作用在导弹上的力和力矩；最后介绍描述导弹质心运动和弹体姿态变化的导弹运动方程组。

2.1.1 常用坐标系及其变换矩阵

1. 常用坐标系

导弹在飞行中受到的力和力矩以及各种测量信息都是基于不同的坐标系定义的，在制导控制系统中常用的坐标系有以下几种。

1) 地面坐标系 $Axyz$

如图 2-1 所示，地面坐标系 $Axyz$ 与地球固联，原点 A 常取为导弹质心在地面（水平面）上的投影，Ax 轴在水平面内，指向目标为正；Ay 轴与地面垂直，向上为正；Az 轴按右手定则确定。

2) 弹体坐标系 $Ox_1y_1z_1$

如图 2-2 所示，弹体坐标系的原点 O 取在导弹的质心上；Ox_1 轴与弹体纵轴重合，指向头部为正；Oy_1 轴

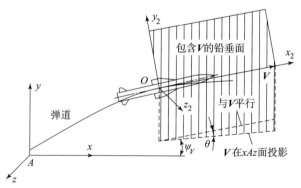

图 2-1 地面坐标系与弹道坐标系

位于弹体纵向对称平面内，与 Ox_1 轴垂直，向上为正；Oz_1 轴方向按右手定则确定。

3) 弹道坐标系 $Ox_2y_2z_2$

如图 2-1 所示，弹道坐标系的原点 O 取在导弹的质心上；Ox_2 轴与导弹质心的速度矢量 V 重合；Oy_2 轴位于包含速度矢量 V 的铅垂面内，垂直于 Ox_2 轴，向上为正；Oz_2 轴方向按右手定则确定。

4) 速度坐标系 $Ox_3y_3z_3$

如图 2-2 所示，速度坐标系的原点 O 取在导弹的质心上；Ox_3 轴与导弹速度矢量 V 重合；Oy_3 轴位于弹体纵向对称平面内，与 Ox_3 轴垂直，向上为正；Oz_3 轴方向按右手定则确定。

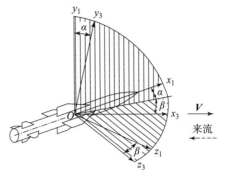

图 2-2 弹体坐标系与速度坐标系

对于近程战术导弹，地面坐标系常看作是不考虑地球自转和运动的惯性坐标系。弹体坐标系、弹道坐标系和速度坐标系都是随弹体质心运动的动坐标系。

2. 坐标变换矩阵

1) 地面坐标系与弹体坐标系之间的变换矩阵

弹体坐标系 $Ox_1y_1z_1$ 相对地面坐标系 $Axyz$ 的方位可用三个姿态角来确定，分别称为偏航角 ψ、俯仰角 ϑ、滚转角 γ（又称倾斜角），其定义如下。

(1) 偏航角 ψ：弹体的纵轴 Ox_1 在水平面上的投影与地面坐标系 Ax 轴之间的夹角。由 Ax 轴逆时针方向转至弹体纵轴的投影线时，偏航角 ψ 为正。

(2) 俯仰角 ϑ：弹体的纵轴 Ox_1 与水平面之间的夹角。若弹体纵轴在水平面之上，则俯仰角为正。

(3) 滚转角 γ：弹体的 Oy_1 轴与包含弹体纵轴 Ox_1 的铅垂面之间的夹角。从弹体尾部顺 Ox_1 轴向弹体头部看，若 Oy_1 轴位于铅垂面的右侧，则 γ 为正。

以上定义的三个角度通常称为欧拉角或弹体的姿态角。根据这三个角度可以推导出地面坐标系 $Axyz$ 到弹体坐标系 $Ox_1y_1z_1$ 的坐标变换矩阵 $L(\psi,\vartheta,\gamma)$，其变换过程可以按以下三步完成：

(1) 将地面坐标系 $Axyz$ 绕 y 轴旋转 ψ 角，形成一个过渡坐标系 $(Axyz)'$。若某矢量在地面坐标系中的分量为 x、y、z，则在坐标系 $(Axyz)'$ 中的坐标分量 x'、y'、z' 为

$$\begin{pmatrix} x' \\ y' \\ z' \end{pmatrix} = L_y(\psi) \begin{pmatrix} x \\ y \\ z \end{pmatrix} = \begin{bmatrix} \cos\psi & 0 & -\sin\psi \\ 0 & 1 & 0 \\ \sin\psi & 0 & \cos\psi \end{bmatrix} \begin{pmatrix} x \\ y \\ z \end{pmatrix} \quad (2.1)$$

(2) 将坐标系 $(Axyz)'$ 绕其 z 轴旋转 ϑ 角，形成另一个过渡坐标系 $(Axyz)''$，则对于坐标系 $(Axyz)'$ 中的坐标分量 x'、y'、z'，在坐标系 $(Axyz)''$ 中的分量 x''、y''、z'' 为

$$\begin{pmatrix} x'' \\ y'' \\ z'' \end{pmatrix} = L_z(\vartheta) \begin{pmatrix} x' \\ y' \\ z' \end{pmatrix} = \begin{bmatrix} \cos\vartheta & \sin\vartheta & 0 \\ -\sin\vartheta & \cos\vartheta & 0 \\ 0 & 0 & 1 \end{bmatrix} \begin{pmatrix} x' \\ y' \\ z' \end{pmatrix} \quad (2.2)$$

(3) 将坐标系 $(Axyz)''$ 绕其 x 轴转过 γ 角，即得到一个原点位于 A 点、各坐标轴与弹体坐标系 $Ox_1y_1z_1$ 各相应坐标轴平行的坐标系，此时分量 x''、y''、z'' 在弹体坐标系 $Ox_1y_1z_1$ 中的分量 x_1、y_1、z_1 为

$$\begin{pmatrix} x_1 \\ y_1 \\ z_1 \end{pmatrix} = L_x(\gamma) \begin{pmatrix} x'' \\ y'' \\ z'' \end{pmatrix} = \begin{bmatrix} 1 & 0 & 0 \\ 0 & \cos\gamma & \sin\gamma \\ 0 & -\sin\gamma & \cos\gamma \end{bmatrix} \begin{pmatrix} x'' \\ y'' \\ z'' \end{pmatrix} \quad (2.3)$$

将式 (2.1) 代入式 (2.2)、式 (2.2) 代入式 (2.3),即可将地面坐标系 $Axyz$ 中的分量 x、y、z 转换到弹体坐标系 $Ox_1y_1z_1$ 中:

$$\begin{pmatrix} x_1 \\ y_1 \\ z_1 \end{pmatrix} = \boldsymbol{L}_x(\gamma)\boldsymbol{L}_z(\vartheta)\boldsymbol{L}_y(\psi) \begin{pmatrix} x \\ y \\ z \end{pmatrix} = \boldsymbol{L}(\psi,\vartheta,\gamma) \begin{pmatrix} x \\ y \\ z \end{pmatrix} \quad (2.4)$$

式中:$\boldsymbol{L}(\psi,\vartheta,\gamma) = \boldsymbol{L}_x(\gamma)\boldsymbol{L}_z(\vartheta)\boldsymbol{L}_y(\psi)$ 为地面坐标系到弹体坐标系的坐标变换矩阵,其具体表达式为

$$\boldsymbol{L}(\psi,\vartheta,\gamma) = \begin{pmatrix} \cos\vartheta\cos\psi & \sin\vartheta & -\cos\vartheta\sin\psi \\ -\sin\vartheta\cos\psi\cos\gamma + \sin\psi\sin\gamma & \cos\vartheta\cos\gamma & \sin\vartheta\sin\psi\cos\gamma + \cos\psi\sin\gamma \\ \sin\vartheta\cos\psi\sin\gamma + \sin\psi\cos\gamma & -\cos\vartheta\sin\gamma & -\sin\vartheta\sin\psi\sin\gamma + \cos\psi\cos\gamma \end{pmatrix}$$
$$(2.5)$$

2) 地面坐标系与弹道坐标系之间的变换矩阵

地面坐标系 $Axyz$ 与弹道坐标系 $Ox_2y_2z_2$ 之间的方位关系可由两个角度确定(图 2-1)。

(1) 弹道倾角 θ:导弹的速度矢量 V 与水平面之间的夹角。速度矢量 V 指向水平面上方 θ 为正。

(2) 弹道偏角 ψ_V:导弹的速度矢量 V 在水平面内的投影与地面坐标系 Ax 轴之间的夹角。向 Ay 轴的负方向看,当 Ax 轴逆时针方向转到投影线上时,弹道偏角 ψ_V 为正。

由弹道倾角 θ 和弹道偏角 ψ_V 的定义可知,地面坐标系到弹道坐标系的变换矩阵可通过两次旋转求得:首先将地面坐标系绕 y 轴旋转 ψ_V 角;然后再绕 z 轴旋转 θ 角。因此,地面坐标系到弹道坐标系的变换矩阵为

$$\boldsymbol{L}(\psi_V,\theta) = \begin{bmatrix} \cos\theta & \sin\theta & 0 \\ -\sin\theta & \cos\theta & 0 \\ 0 & 0 & 1 \end{bmatrix} \begin{bmatrix} \cos\psi_V & 0 & -\sin\psi_V \\ 0 & 1 & 0 \\ \sin\psi_V & 0 & \cos\psi_V \end{bmatrix} = \begin{pmatrix} \cos\theta\cos\psi_V & \sin\theta & -\cos\theta\sin\psi_V \\ -\sin\theta\cos\psi_V & \cos\theta & \sin\theta\sin\psi_V \\ \sin\psi_V & 0 & \cos\psi_V \end{pmatrix}$$
$$(2.6)$$

3) 速度坐标系与弹体坐标系之间的变换矩阵

速度坐标系 $Ox_3y_3z_3$ 与弹体坐标系 $Ox_1y_1z_1$ 之间的方位关系可由两个角度确定(图 2-2)。

(1) 攻角 α:速度矢量 V 在纵向对称平面上的投影与纵轴 Ox_1 的夹角,当纵轴位于投影线的上方时,攻角 α 为正。

(2) 侧滑角 β:速度矢量 V 与纵向对称平面之间的夹角,若来流从右侧(沿飞行方向观察)流向弹体,则所对应的侧滑角 β 为正。

根据攻角 α 和侧滑角 β 的定义,速度坐标系到弹体坐标系的变换矩阵可通过两次旋转求得:首先将速度坐标系绕 y 轴旋转 β 角;然后再绕 z 轴旋转 α 角。因此,速度坐标系到弹体坐标系的变换矩阵为

$$L(\beta,\alpha) = \begin{bmatrix} \cos\alpha & \sin\alpha & 0 \\ -\sin\alpha & \cos\alpha & 0 \\ 0 & 0 & 1 \end{bmatrix} \begin{bmatrix} \cos\beta & 0 & -\sin\beta \\ 0 & 1 & 0 \\ \sin\beta & 0 & \cos\beta \end{bmatrix} = \begin{pmatrix} \cos\alpha\cos\beta & \sin\alpha & -\cos\alpha\sin\beta \\ -\sin\alpha\cos\beta & \cos\alpha & \sin\alpha\sin\beta \\ \sin\beta & 0 & \cos\beta \end{pmatrix}$$
(2.7)

4) 弹道坐标系与速度坐标系之间的变换矩阵

由弹道坐标系 $Ox_2y_2z_2$ 与速度坐标系 $Ox_3y_3z_3$ 的定义可知，Ox_2 轴和 Ox_3 轴都与速度矢量 V 重合。因此，它们之间的相互方位只用一个角参数 γ_V 即可确定，称为速度滚转角。沿着速度方向（从导弹尾部）看，Oy_2 轴顺时针方向转到 Oy_3 轴时，γ_V 为正。由速度滚转角确定的从弹道坐标系到速度坐标系的变换矩阵为

$$L(\gamma_V) = \begin{pmatrix} 1 & 0 & 0 \\ 0 & \cos\gamma_V & \sin\gamma_V \\ 0 & -\sin\gamma_V & \cos\gamma_V \end{pmatrix}$$
(2.8)

2.1.2 作用在导弹上的力和力矩

在飞行过程中，作用在导弹上的力主要有空气动力、发动机推力和重力。空气动力的作用线一般不通过导弹的质心，因此将形成对质心的气动力矩；推力矢量通常与弹体纵轴重合，若推力矢量的作用线不通过导弹的质心，将形成对质心的推力矩。

1. 空气动力

空气动力的大小与气流相对于弹体的方位有关。其相对方位可用速度坐标系和弹体系之间的两个角度来确定。习惯上常把作用在导弹上的空气动力 R 沿速度坐标系的轴分解成三个分量来进行研究。

空气动力 R 沿速度坐标系 $Ox_3y_3z_3$ 分解为三个分量，分别称为阻力 X、升力 Y 和侧向力 Z，阻力的正方向与 Ox_3 轴的正方向相反，升力和侧向力的正方向与 Oy_3 轴和 Oz_3 轴的正方向相同。试验和分析表明，空气动力的大小与来流的动压头 q 和导弹的特征面积 S 成正比，即

$$\begin{cases} X = C_x qS \\ Y = C_y qS \\ Z = C_z qS \end{cases}$$
(2.9)

式中：C_x、C_y、C_z 为无量纲比例因数，分别称为阻力因数、升力因数和侧向力因数，统称为气动力因数；$q = \rho V^2/2$，ρ 为空气密度，V 为导弹飞行速度；S 为特征面积，也称参考面积，通常取为弹翼面积或弹身的最大横截面积。

由式（2.9）可知，在导弹外形尺寸、飞行速度和高度给定的情况下，导弹飞行中所受的气动力由气动力因数 C_x、C_y 和 C_z 确定。

1) 升力

全弹的升力可以看作弹翼、弹身、尾翼（或舵面）等各部件产生的升力之和，再加上各部件之间的相互干扰所引起的附加升力。弹翼是提供升力的最主要部件，而导弹的尾翼和弹身产生的升力较小。

在导弹气动布局和外形尺寸给定的条件下，升力系数 C_y 基本上取决于马赫数 Ma、攻角 α 和升降舵的舵偏角 δ_z，即

$$C_y = f(Ma, \alpha, \delta_z)$$

按照通常的符号规则，升降舵的后缘相对于中立位置向下偏转时，舵偏角为正。在攻角和舵偏角不大的情况下，升力系数可以表示为 α 和 δ_z 的线性函数，即

$$C_y = C_{y0} + C_y^\alpha \alpha + C_y^{\delta_z} \delta_z \qquad (2.10)$$

式中：C_{y0} 为攻角和升降舵偏角均为零时的升力系数，简称零升力系数，主要是由导弹气动外形不对称产生的。

对于气动外形轴对称的导弹而言，$C_{y0} = 0$，则

$$C_y = C_y^\alpha \alpha + C_y^{\delta_z} \delta_z \qquad (2.11)$$

式中：C_y^α 为表示当攻角变化单位角度时升力系数的变化量。当导弹外形尺寸给定时，C_y^α、$C_y^{\delta_z}$ 是马赫数 Ma 的函数。

当马赫数 Ma 固定时，升力系数 C_y 随着攻角 α 的增大而呈线性增大，但升力曲线的线性关系只能保持在攻角不大的范围内。而且，随着攻角的继续增大，升力线斜率可能还会下降。当攻角增至一定程度时，升力系数将达到其极值。与极值相对应的攻角，称为临界攻角。超过临界攻角以后，由于气流分离迅速加剧，升力急剧下降，这种现象称为失速。

系数 C_y^α 和 $C_y^{\delta_z}$ 的数值可以通过理论计算得到，也可由风洞试验或飞行试验确定。

已知系数 C_y^α、$C_y^{\delta_z}$、飞行高度 H 和速度 V，以及导弹的飞行攻角 α 和舵偏角 δ_z 之后，根据式（2.9）和式（2.10）就可以确定升力的大小，即

$$Y = Y_0 + Y^\alpha \alpha + Y^{\delta_z} \delta_z \qquad (2.12)$$

式中：$Y_0 = C_{y0} qS$；$Y^\alpha = C_y^\alpha qS$；$Y^{\delta_z} = C_y^{\delta_z} qS$。

空气动力的作用线与导弹纵轴的交点称为全弹的压力中心，简称压心。在攻角不大的情况下，常近似地把全弹升力作用线与纵轴的交点作为全弹的压力中心。压心位置常用压力中心至导弹头部顶点的距离 x_p 来表示。

在升力公式（2.12）中，由攻角所引起的那部分升力 $Y^\alpha \alpha$ 的作用点，称为导弹的焦点。一般情况下，焦点并不与压力中心重合，仅当 $\delta_z = 0$ 且导弹相对于 $x_1 O z_1$ 平面完全对称时，焦点才与压力中心重合。

对于有翼导弹，弹翼是产生升力的主要部件，因此，这类导弹的压心位置在很大程度上取决于弹翼相对于弹身的安装位置。此外，压心位置还与飞行马赫数 Ma、攻角 α、舵偏角 δ_z 等参数有关，因为这些参数的变化将改变导弹上的压力分布。

2）侧向力

侧向力 Z 与升力 Y 类似，在导弹气动布局和外形尺寸给定的情况下，侧向力因数基本上取决于马赫数 Ma、侧滑角 β 和方向舵的偏转角 δ_y（后缘向右偏转为正）。当 β、δ_y 较小时，侧向力因数可以表示为

$$C_z = C_z^\beta \beta + C_z^{\delta_y} \delta_y \qquad (2.13)$$

根据所采用的符号规则，正的 β 值对应于负的 C_z 值，正的 δ_y 值也对应于负的 C_z 值。因此，因数 C_z^β 和 $C_z^{\delta_y}$ 为负值。对气动轴对称的导弹，有 $C_z^\beta = -C_y^\alpha$，$C_z^{\delta_y} = -C_y^{\delta_z}$。

3）阻力

作用在导弹上的空气动力在速度方向的分量称为阻力，它总是与速度方向相反，起阻碍导弹运动的作用。阻力受空气的黏性影响最为显著，用理论方法计算阻力必须考虑空气黏性的影响。但是，无论采用理论方法还是风洞试验方法，要求得精确的阻力都比较困难。

导弹阻力的计算方法是:首先分别计算出弹翼、弹身、尾翼(或舵面)等部件的阻力,再求和;然后加以适当的修正(一般是放大10%)。

导弹的空气阻力中与升力无关的部分称为零升阻力(升力为零时的阻力);另一部分取决于升力的大小,称为诱导阻力。相应地,阻力系数也表示成两部分,即

$$C_x = C_{x0} + C_{xi} \tag{2.14}$$

式中:C_{x0}为零升阻力系数;C_{xi}为诱导阻力系数。

阻力系数C_x可通过理论计算或试验确定。在导弹气动布局和外形尺寸给定的条件下,阻力系数C_x主要取决于马赫数Ma、雷诺数Re、攻角α和侧滑角β。当马赫数Ma接近于1时,阻力系数C_x急剧增大。这种现象可由在导弹的局部位置和头部形成的激波来解释,即这些激波产生了波阻。随着马赫数的增加,阻力系数C_x逐渐减小。

在导弹气动布局和外形尺寸给定的情况下,阻力随着导弹的速度、攻角和侧滑角的增大而增大。随着飞行高度的增加,阻力将减小。

2. 气动力矩

气动力矩$\boldsymbol{M}$沿弹体坐标系$Ox_1y_1z_1$分解为三个分量,分别称为滚转力矩M_{x1}、偏航力矩M_{y1}和俯仰力矩M_{z1},各分量与弹体坐标系的各相应坐标轴的正向一致时定义为正。省略下标"1",气动力矩用力矩因数表示为

$$\begin{cases} m_x = M_x/(qSL) \\ m_y = M_y/(qSL) \\ m_z = M_z/(qSL) \end{cases} \tag{2.15}$$

式中:m_x、m_y、m_z为无量纲的比例因数,分别称为滚转力矩因数、偏航力矩因数和俯仰力矩因数;L为特征长度。

工程应用中,通常选用弹身长度为特征长度,有的情况下也将弹翼的翼展长度或平均气动力弦长作为特征长度。

1) 俯仰力矩

俯仰力矩M_z的作用是使导弹绕横轴Oz_1做抬头或低头的转动。在气动布局和外形参数给定的情况下,俯仰力矩的大小不仅与飞行马赫数Ma、飞行高度H有关,还与飞行攻角α、升降舵偏转角δ_z、导弹绕Oz_1轴的旋转角速度ω_z、攻角的变化率以及升降舵的偏转角速度等有关。因此,俯仰力矩的函数形式为

$$M_z = f(Ma, H, \alpha, \delta_z, \omega_z, \dot{\alpha}, \dot{\delta}_z)$$

当α、δ_z、$\dot{\alpha}$、$\dot{\delta}_z$和ω_z较小时,俯仰力矩与这些量的关系是近似线性的,其一般表达式为

$$M_z = M_{z0} + M_z^{\alpha}\alpha + M_z^{\delta_z}\delta_z + M_z^{\omega_z}\omega_z + M_z^{\dot{\alpha}}\dot{\alpha} + M_z^{\dot{\delta}_z}\dot{\delta}_z \tag{2.16}$$

式(2.16)一般用无量纲力矩因数来表示,即

$$m_z = m_{z0} + m_z^{\alpha}\alpha + m_z^{\delta_z}\delta_z + m_z^{\bar{\omega}_z}\bar{\omega}_z + m_z^{\bar{\dot{\alpha}}}\bar{\dot{\alpha}} + m_z^{\bar{\dot{\delta}}_z}\bar{\dot{\delta}}_z \tag{2.17}$$

式中:$\bar{\omega}_z = \omega_z L/V$、$\bar{\dot{\alpha}} = \dot{\alpha}L/V$、$\bar{\dot{\delta}}_z = \dot{\delta}_z L/V$分别是与旋转角速度$\omega_z$、攻角变化率$\dot{\alpha}$以及升降舵的偏转角速度$\dot{\delta}_z$对应的无量纲参数;$m_{z0}$是当$\alpha$、$\delta_z$、$\bar{\omega}_z$、$\bar{\dot{\alpha}}$、$\bar{\dot{\delta}}_z$均为零时的俯仰力矩因数,是由导弹气动外形不对称引起的。

(1) 平衡攻角、平衡舵偏角和纵向静稳定性。为了使导弹在某一个飞行攻角下处于纵向静平衡状态(俯仰力矩平衡,导弹做定常飞行,此时$\omega_z = \dot{\alpha} = \dot{\delta}_z = 0$),必须使升降舵偏

转一个相应的角度,这个角度称为升降舵的平衡舵偏角;或者说,在某一个舵偏角下,为保持导弹的纵向静平衡所需的攻角就是平衡攻角。

由攻角 α 引起的力矩 $M_z^\alpha \alpha$ 是作用在焦点的导弹升力 $Y_z^\alpha \alpha$ 对质心的力矩,即

$$M_z^\alpha \alpha = Y_z^\alpha \alpha(x_g - x_F) = C_y^\alpha qS\alpha(x_g - x_F)$$

式中:x_F 为导弹的焦点至头部顶点的距离;x_g 为质心至头部顶点的距离。

由于 $M_z^\alpha \alpha = m_z^\alpha qSL\alpha$,则

$$m_z^\alpha = C_y^\alpha(x_g/L - x_F/L) = C_y^\alpha(\bar{x}_g - \bar{x}_F) \tag{2.18}$$

式中:$\bar{x}_F$、$\bar{x}_g$ 分别为导弹的焦点、质心位置对应的无量纲值。

m_z^α 能够表征导弹的纵向静稳定性。导弹在平衡状态下飞行时,受到外界干扰作用而偏离原来的平衡状态。在外界干扰消失的瞬间,若导弹不经操纵能产生附加气动力矩,使导弹具有恢复到原来平衡状态的趋势,则称导弹是静稳定的;若产生的附加气动力矩使导弹更加偏离平衡状态,则称导弹是静不稳定的;若附加气动力矩为零,导弹既无恢复到原平衡状态的趋势,也不再继续偏离,则称导弹是静中立稳定的。通过 m_z^α 判断纵向静稳定性的方法为:若 $m_z^\alpha|_{\alpha=\alpha_b} < 0$,为纵向静稳定,如图 2-3(a)中曲线①和图(b)所示;$m_z^\alpha|_{\alpha=\alpha_b} > 0$,为纵向静不稳定,如图 2-3(a)中曲线②和图(c)所示;$m_z^\alpha|_{\alpha=\alpha_b} = 0$,为纵向中立稳定,如图 2-3(a)中曲线③和图(d)所示。其中,α_b 为平衡攻角。

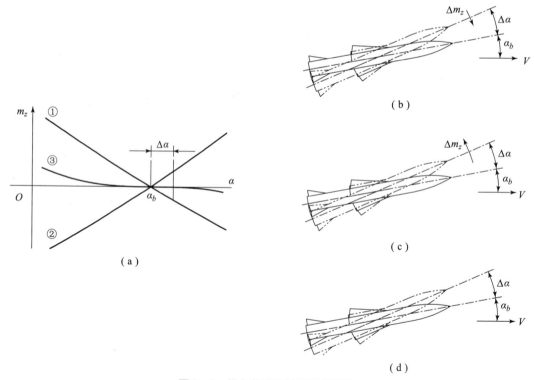

图 2-3 纵向静稳定性判断示意图
(a) $m_z = f(\alpha)$ 的三种典型情况;(b) 对应曲线①:附加力矩 $\Delta m_z < 0$;
(c) 对应曲线②:附加力矩 $\Delta m_z > 0$;(d) 对应曲线③:附加力矩 $\Delta m_z = 0$

以图 2-3（a）中曲线①为例，如果导弹在平衡状态下飞行，此时导弹的平衡攻角为 α_b。如果由于某一个微小扰动的瞬时作用使攻角偏离平衡攻角 α_b，例如，增加了 $\Delta\alpha$，则弹体将产生一个负的附加俯仰力矩 Δm_z，使导弹低头，即力图使攻角减小，使导弹恢复到原来的平衡状态。这种情况称导弹具有纵向静稳定性。

根据式（2.18），对于具有纵向静稳定性的导弹，$m_z^\alpha < 0$，则 $\bar{x}_g < \bar{x}_F$，质心位于焦点之前。当质心逐渐向焦点靠近时，静稳定性逐渐降低。当质心移到与焦点重合时，$\bar{x}_g = \bar{x}_F$，导弹是中立稳定的。当质心移到焦点之后时，$\bar{x}_g > \bar{x}_F$，导弹是静不稳定的。因此，把焦点无量纲坐标与质心的无量纲坐标之间的差值 $\bar{x}_F - \bar{x}_g$ 称为静稳定度。

导弹的静稳定度影响飞行性能。为了保证导弹具有适当的静稳定度，设计过程中常采用两种方法：一是改变导弹的气动布局，从而改变焦点的位置，如改变弹翼的外形、面积以及相对弹身的安装位置，改变尾翼面积，添置小前翼等；二是改变导弹内部器件的位置安排，以调整质心位置。

（2）俯仰操纵力矩。舵面偏转产生的气动力对质心形成的力矩称为操纵力矩。俯仰操纵力矩可表示为

$$M_z^{\delta_z}\delta_z = m_z^{\delta_z}\delta_z qSL \tag{2.19}$$

式中：$m_z^{\delta_z}$ 为舵面偏转单位角度时引起的操纵力矩因数，称为舵面效率。

对于正常式布局的导弹，质心总是在舵面之前，$m_z^{\delta_z} < 0$；对于鸭式布局的导弹，$m_z^{\delta_z} > 0$。

（3）俯仰阻尼力矩。俯仰阻尼力矩是由导弹绕 Oz_1 轴的旋转运动引起的，该力矩总是阻止导弹的旋转运动。俯仰阻尼力矩常用无量纲俯仰阻尼力矩因数表示，即

$$M_z(\omega_z) = m_z^{\bar{\omega}_z}\bar{\omega}_z qSL \tag{2.20}$$

式中：$m_z^{\bar{\omega}_z}$ 为负值，即 $m_z^{\bar{\omega}_z} < 0$，它的大小主要取决于飞行马赫数、导弹的几何外形和质心位置。

（4）下洗延迟俯仰力矩。所谓"下洗"，是指流经弹翼和弹身的气流受到弹翼、弹身的反作用力作用，导致气流速度方向发生偏斜。若导弹以随时间变化的攻角飞行，则弹翼后的气流也是随时间变化的，但是被弹翼下压了的气流不可能瞬时到达尾翼，而需经过一段时间间隔，这就是"下洗延迟"现象。"下洗延迟"引起的附加气动力矩 $m_z^{\bar{\dot{\alpha}}}\bar{\dot{\alpha}}$ 相当于一种阻尼力矩，力图阻止攻角 α 的变化。在 $\dot{\alpha} > 0$ 情况下，由于"下洗延迟"的影响，实际作用于弹体的俯仰力矩将比 $\dot{\alpha} = 0$ 时的俯仰力矩要小，因此由"下洗延迟"产生的附加气动力矩应为负值，即 $m_z^{\bar{\dot{\alpha}}}\bar{\dot{\alpha}} < 0$。其作用效果相当于使导弹低头，阻止攻角增加。当 $\dot{\alpha} < 0$ 时，"下洗延迟"引起的附加气动力矩的作用效果相当于使导弹抬头，$m_z^{\bar{\dot{\alpha}}}\bar{\dot{\alpha}} > 0$。由此可知，$m_z^{\bar{\dot{\alpha}}} < 0$。

同样，对于气动布局为鸭式或全动弹翼式的导弹，当鸭舵或旋转弹翼的偏转角速度 $\dot{\delta}_z \neq 0$ 时，还将产生下洗延迟附加气动力矩 $m_z^{\bar{\dot{\delta}}_z}\bar{\dot{\delta}}_z$。同理，由 $\dot{\delta}_z$ 引起的附加气动力矩也是一种阻尼力矩，以阻止俯仰角的变化，因此同样有 $m_z^{\bar{\dot{\delta}}_z} < 0$。

由前面所述的俯仰力矩的各项组成来看，虽然影响俯仰力矩的因素很多，在通常情况下起主要作用的是由攻角引起的 $m_z^\alpha\alpha$ 和由舵偏角引起的 $m_z^{\delta_z}\delta_z$。

为了书写方便，常将 $m_z^{\bar{\omega}_z}\bar{\omega}_z$、$m_z^{\bar{\dot{\alpha}}}\bar{\dot{\alpha}}$、$m_z^{\bar{\dot{\delta}}_z}\bar{\dot{\delta}}_z$ 等表达式中的上划线（-）去掉，简记为 $m_z^{\omega_z}\omega_z$、$m_z^{\dot{\alpha}}\dot{\alpha}$、$m_z^{\dot{\delta}_z}\dot{\delta}_z$，但是其意义并未因此改变。

2) 偏航力矩

偏航力矩 M_y 是空气动力矩在弹体坐标系 Oy_1 轴上的分量,它使导弹绕 Oy_1 轴转动。偏航力矩与俯仰力矩产生的物理成因是相同的。

对于轴对称导弹而言,偏航力矩特性与俯仰力矩类似。当侧滑角 β、方向舵偏转角 δ_y、$\dot{\alpha}$、$\dot{\delta}_y$ 和导弹绕 y_1 轴的旋转角速度 ω_y 较小时,偏航力矩因数的一般表达式为

$$m_y = m_y^\beta \beta + m_y^{\delta_y} \delta_y + m_y^{\omega_y} \omega_y + m_y^{\dot{\beta}} \dot{\beta} + m_y^{\dot{\delta}_y} \dot{\delta}_y \tag{2.21}$$

式中:ω_y、$\dot{\beta}$、$\dot{\delta}_y$ 均为无量纲参数。

由于导弹外形相对于 x_1Oy_1 平面一般是对称的,因而在偏航力矩因数中不存在 m_{y0} 这一项。

m_y^β 表征着导弹航向静稳定性。若 $m_y^\beta < 0$,则导弹是航向静稳定的;若 $m_y^\beta > 0$,则导弹是航向静不稳定的;若 $m_y^\beta = 0$,则导弹是航向中立稳定的。

对于正常式布局的导弹,$m_y^{\delta_y} < 0$;对于鸭式布局的导弹,$m_y^{\delta_y} > 0$。

3) 滚转力矩

滚转力矩 M_x 是绕导弹纵轴 Ox_1 的气动力矩,它是由于迎面气流不对称地流过导弹产生的。当存在侧滑角或操纵机构偏转或导弹绕 Ox_1、Oy_1 轴旋转时,均会使气流流动的对称性受到破坏。此外,因生产工艺误差造成的弹翼(或安定面)不对称安装或尺寸大小的不一致,也会破坏气流流动的对称性。因此,滚动力矩的大小取决于导弹的形状和尺寸、飞行速度和高度、攻角、侧滑角、舵面偏转角、角速度及制造误差等多种因素。

当弹体运动参数变化不大时,滚转力矩因数可表示为线性形式,即

$$m_x = m_{x0} + m_x^\beta \beta + m_x^{\delta_x} \delta_x + m_x^{\delta_y} \delta_y + m_x^{\omega_x} \omega_x + m_x^{\omega_y} \omega_y \tag{2.22}$$

式中:m_{x0} 为由制造误差引起的外形不对称产生的;$m_x^{\omega_y}$ 为交叉导数;$m_x^{\omega_y} \omega_y qSL$ 表示因弹体绕 Oy_1 轴旋转而产生的绕 Ox_1 轴的滚动力矩,并且 $m_x^{\omega_y} < 0$。

(1) 横向静稳定性。偏导数 m_x^β 表征导弹的横向静稳定性。如图 2-4 所示,假设导弹来流方向突然发生了变化,从弹体正前方变为从弹体右侧流向弹体(在弹上顺着飞行方向观察),即弹体突然产生了一个正的侧滑角 β。若 $m_x^\beta < 0$,则 $m_x^\beta \beta < 0$,于是该力矩具有使弹体绕纵轴旋转从而使来流落入导弹左、右对称面内的趋势,即具有消除弹体侧滑的趋势,则导弹具有横向静稳定性;若 $m_x^\beta > 0$,则导弹具有增大侧滑的趋势,导弹是横向静不稳定的。

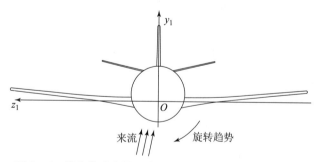

图 2-4 横向静稳定性示意图(从头部向尾部方向投影)

横向静稳定性有使弹体绕纵轴向来流方向旋转以消除弹体侧滑的趋势,这对具有一对主升力面的面对称导弹或飞行器来说具有较重要的意义。轴对称导弹不具有横向静稳定性。

影响面对称导弹横向静稳定性的因素比较复杂,但静稳定性主要是由弹翼和垂直尾翼产

生的。

(2) 滚动操纵力矩。面对称导弹绕纵轴转动或保持滚转稳定主要由一对副翼产生滚转操纵力矩来实现。副翼一般安装在弹翼后缘翼梢处，两边副翼的偏转角方向相反。

轴对称导弹则利用升降舵或方向舵的差动实现副翼的功能。如果升降舵的一对舵面上下对称偏转，将产生俯仰力矩；如果方向舵的一对舵面左右对称偏转，将产生偏航力矩；如果升降舵或方向舵不对称偏转（方向相反或大小不同），则将产生滚转力矩。

假设副翼偏转一个 δ_x 角，则将对弹体产生滚动操纵力矩，该力矩一般与副翼的偏转角 δ_x 成比例，即

$$M_x(\delta_x) = m_x^{\delta_x} \delta_x qSL \tag{2.23}$$

式中：$m_x^{\delta_x}$ 为副翼的操纵效率。

通常定义右副翼下偏、左副翼上偏时 δ_x 为正，因此 $m_x^{\delta_x} < 0$。

对于面对称导弹，垂直尾翼相对于 x_1Oz_1 平面是不对称的，如果在垂直尾翼后缘安装有方向舵，则当舵面偏转 δ_y 角时，作用在舵面上的侧向力不仅使导弹绕 Oy_1 轴转动，还将产生滚动力矩 $m_x^{\delta_y} \delta_y$。

(3) 滚动阻尼力矩。当导弹绕纵轴 Ox_1 旋转时，将产生滚动阻尼力矩，该力矩总是阻止弹体绕纵轴转动。滚动阻尼力矩主要由弹翼产生，该力矩用滚动阻尼力矩因数与无量纲角速度表示为

$$M_x(\omega_x) = m_x^{\omega_x} \omega_x qSL \tag{2.24}$$

式中：$m_x^{\omega_x} < 0$。

3. 铰链力矩

对于使用气动力控制面的导弹，当操纵面（舵面）在飞行过程中偏转时，将产生对导弹质心的操纵力矩。同时，对舵系统来说，操纵面还将产生对于铰链轴（转轴）的力矩，称为铰链力矩，其表达式为

$$M_h = m_h q_r S_r b_r \tag{2.25}$$

式中：m_h 为铰链力矩因数；q_r 为流经舵面气流的动压头；S_r 为舵面面积；b_r 为舵面弦长。

导弹操纵面偏转的舵机功率取决于铰链力矩的大小。以升降舵为例，如图 2 - 5 所示，当舵面处的攻角为 α、舵偏角为 δ_z 时，铰链力矩主要由舵面上的升力 Y_r 产生。当攻角和舵偏角较小时，铰链力矩可近似看作与攻角和舵偏角呈线性关系，即

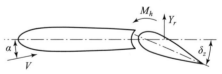

图 2 - 5 铰链力矩示意图

$$M_h = M_h^\alpha \alpha + M_h^{\delta_z} \delta_z \tag{2.26}$$

相应地，铰链力矩因数也可写为

$$m_h = m_h^\alpha \alpha + m_h^{\delta_z} \delta_z \tag{2.27}$$

铰链力矩因数主要取决于操纵面的类型及形状、马赫数、攻角（或侧滑角）、操纵面的偏转角以及铰链轴的位置等因素。

舵面的压力中心位置与马赫数 Ma 有关。当从亚声速变到超声速时，压心向后移。为了在马赫数变化时使铰链力矩值比较小，可把转轴设计在压力中心变化范围的中点附近。

4. 发动机推力

推力是导弹飞行的动力，常用的发动机有固体火箭发动机、空气喷气发动机、螺旋桨发

动机等。发动机的种类不同,推力特性也不一样。

大多数情况下,发动机推力矢量 P 的作用线一般沿弹体纵轴方向并通过导弹质心,因此不存在推力矩,此时推力矢量 P 只在弹体坐标系 $Ox_1y_1z_1$ 的 Ox_1 轴存在投影分量 P。

5. 重力

对于近程战术导弹,在整个飞行过程中,重力加速度可认为是常量,且可视航程内的地面为平面,即重力场为平行力场。此时,重力与地面坐标系的 Ay 轴平行,在地面坐标系 Ay 轴的投影分量为 $-mg$,m 为弹体质量,g 为重力加速度。

2.1.3 运动方程组的建立

导弹运动方程组由描述导弹质心运动和弹体姿态变化的动力学方程、运动学方程、导弹质量变化方程、角度几何关系方程和描述控制系统工作的方程组成。

1. 动力学方程

1)导弹质心运动的动力学方程

对于近程战术导弹,建立质心运动的动力学方程时,一般将地面坐标系视为惯性坐标系,并将矢量方程投影到弹道坐标系 $Ox_2y_2z_2$。弹道坐标系是动坐标系,它相对地面坐标系既有位移运动,又有转动运动。

导弹质心运动方程可写为

$$\frac{dV}{dt} = m\left(\frac{\partial V}{\partial t} + \Omega \times V\right) = F \tag{2.28}$$

式中:V 为导弹的速度矢量,Ω 为角速度矢量;dV/dt 为速度矢量 V 在惯性坐标系(地面坐标系)中的绝对导数;$\partial V/\partial t$ 为速度矢量 V 在弹道坐标系中的相对导数;F 为弹体受到的合外力。

将式(2.28)在弹道坐标系上投影并展开,可得

$$\begin{pmatrix} m\dfrac{dV}{dt} \\ mV\dfrac{d\theta}{dt} \\ -mV\cos\theta\dfrac{d\psi_V}{dt} \end{pmatrix} = \begin{pmatrix} F_{x2} \\ F_{y2} \\ F_{z2} \end{pmatrix} \tag{2.29}$$

式中,dV/dt 为加速度矢量在弹道切线(Ox_2 轴)方向的投影,又称为切向加速度;$Vd\theta/dt$ 为加速度矢量在弹道法线(Oy_2 轴)方向的投影,又称为法向加速度;$-mV\cos\theta(d\psi_V/dt)$ 为加速度矢量在 Oz_2 轴上的投影分量,也称为侧向加速度。

式(2.29)等号右边各项为合外力在弹道坐标系各轴上的投影分量。作用在导弹上的力一般包括空气动力、推力和重力等。它们在弹道坐标系各轴上的投影分量可利用前述的坐标变换矩阵得到。这样,得到描述导弹质心运动的动力学方程为

$$\begin{cases} m\dfrac{dV}{dt} = P\cos\alpha\cos\beta - X - mg\sin\theta \\ mV\dfrac{d\theta}{dt} = P(\sin\alpha\cos\gamma_V + \cos\alpha\sin\beta\sin\gamma_V) + Y\cos\gamma_V - Z\sin\gamma_V - mg\cos\theta \\ -mV\cos\theta\dfrac{d\psi_V}{dt} = P(\sin\alpha\sin\gamma_V - \cos\alpha\sin\beta\cos\gamma_V) + Y\sin\gamma_V + Z\cos\gamma_V \end{cases} \tag{2.30}$$

2）导弹绕质心转动的动力学方程

建立导弹绕质心转动的动力学方程时将矢量方程投影到弹体坐标系 $Ox_1y_1z_1$ 上。弹体坐标系为动坐标系，假设弹体坐标系相对地面坐标系的转动角速度为 ω，则

$$\frac{d\boldsymbol{H}}{dt} = \frac{\partial \boldsymbol{H}}{\partial t} + \boldsymbol{\omega} \times \boldsymbol{H} = \boldsymbol{M} \tag{2.31}$$

式中：$d\boldsymbol{H}/dt$ 为动量矩 $\boldsymbol{H}$ 的绝对导数；$\partial \boldsymbol{H}/\partial t$ 为动量矩的相对导数。

若导弹为轴对称型，则弹体坐标系的 Ox_1、Oy_1、Oz_1 轴就是导弹的惯性主轴，此时导弹对弹体坐标系各轴的惯性积为零，则导弹绕质心转动的动力学方程可表示为

$$\begin{cases} J_x \dfrac{d\omega_x}{dt} + (J_z - J_y)\omega_z\omega_y = M_x \\ J_y \dfrac{d\omega_y}{dt} + (J_x - J_z)\omega_x\omega_z = M_y \\ J_z \dfrac{d\omega_z}{dt} + (J_y - J_x)\omega_y\omega_x = M_z \end{cases} \tag{2.32}$$

式中：M_x、M_y、M_z 分别为作用于导弹上的所有外力对质心的力矩在弹体坐标系各轴上的分量；J_x、J_y、J_z 分别为导弹对弹体坐标系各轴的转动惯量。

若推力矢量 $\boldsymbol{P}$ 与 Ox_1 轴重合，则 M_x、M_y、M_z 这三个分量仅为气动力矩分量，其计算如前所述。

2. 运动学方程

导弹质心运动的运动学方程和绕质心转动的运动学方程用于确定质心每一瞬时的坐标位置以及导弹相对地面坐标系的瞬时姿态。

1）导弹质心运动的运动学方程

根据弹道坐标系 $Ox_2y_2z_2$ 的定义可知，速度矢量 $\boldsymbol{V}$ 与 Ox_2 轴重合，利用弹道坐标系和地面坐标系之间的变换矩阵可得到导弹质心的运动学方程为

$$\begin{cases} \dfrac{dx}{dt} = V\cos\theta\cos\psi_V \\ \dfrac{dy}{dt} = V\sin\theta \\ \dfrac{dz}{dt} = -V\cos\theta\sin\psi_V \end{cases} \tag{2.33}$$

通过对式（2.33）两边积分，可以求得导弹质心在地面坐标系 $Axyz$ 中的位置坐标 x、y、z。

2）导弹绕质心转动的运动学方程

要确定导弹在空间的姿态，就需要建立描述导弹相对地面坐标系姿态变化的运动学方程，即建立导弹姿态角 ψ、ϑ、γ 对时间的导数与转动角速度分量 ω_{x1}、ω_{y1}、ω_{z1} 之间的关系式。

根据弹体坐标系与地面坐标系之间的变换关系可知，导弹相对地面坐标系的旋转角速度 ω 实际上是三次旋转的转动角速度的矢量合成。经过推导，可得到导弹绕质心转动的运动学方程为（省略脚注"1"）

$$\begin{cases} \dfrac{\mathrm{d}\vartheta}{\mathrm{d}t} = \omega_y \sin\gamma + \omega_z \cos\gamma \\ \dfrac{\mathrm{d}\psi}{\mathrm{d}t} = \dfrac{1}{\cos\vartheta}(\omega_y \cos\gamma - \omega_z \sin\gamma) \\ \dfrac{\mathrm{d}\gamma}{\mathrm{d}t} = \omega_x - \tan\vartheta(\omega_y \cos\gamma - \omega_z \sin\gamma) \end{cases} \quad (2.34)$$

上述方程在某些情况下不能应用。例如，当俯仰角 $\vartheta = 90°$ 时，方程是奇异的，偏航角 ψ 不确定。此时，可采用四元数来表示导弹的姿态，并用四元数建立导弹绕质心转动的运动学方程。

3. 导弹质量变化方程

导弹飞行过程中，若发动机不断消耗燃料，则导弹的质量不断减小。所以，在描述导弹运动的方程组中，还需有描述导弹质量变化的微分方程，即

$$\dfrac{\mathrm{d}m}{\mathrm{d}t} = -m_s(t) \quad (2.35)$$

式中：$m_s(t)$ 为导弹在单位时间内的质量消耗量（燃料秒流量）。

4. 角度几何关系方程

前面定义了4个常用坐标系：地面坐标系 $Axyz$、弹体坐标系 $Ox_1y_1z_1$、弹道坐标系 $Ox_2y_2z_2$ 和速度坐标系 $Ox_3y_3z_3$，这4个坐标系之间的关系是由8个角度参数 θ、ψ_V、γ_V、ϑ、ψ、γ、α 和 β 联系起来的，这8个角度参数中，只有5个是独立的，其余3个角参数则可以由这5个独立的角度参数来表示，相应的3个表达式称为角度几何关系方程。这3个角度几何关系可以根据需要表示成不同的形式，其中的一种可表示为

$$\begin{cases} \sin\beta = \cos\theta[\cos\gamma\sin(\psi-\psi_V) + \sin\vartheta\sin\gamma\cos(\psi-\psi_V)] - \sin\theta\cos\vartheta\sin\gamma \\ \cos\alpha = [\cos\vartheta\cos\theta\cos(\psi-\psi_V) + \sin\vartheta\sin\theta]/\cos\beta \\ \cos\gamma_V = [\cos\gamma\cos(\psi-\psi_V) - \sin\vartheta\sin\gamma\sin(\psi-\psi_V)]/\cos\beta \end{cases} \quad (2.36)$$

5. 操纵关系方程

前面建立了描述导弹质心运动的动力学方程、导弹绕质心转动的动力学方程、导弹质心运动的运动学方程、导弹绕质心转动的运动学方程、质量变化方程和角度几何关系方程，这16个方程构成了无控导弹的运动方程组。如果不考虑外界干扰，只要给出初始条件，求解这组方程，就可唯一地确定一条无控弹道，并得到16个相应的运动参数 $V(t)$、$\theta(t)$、$\psi_V(t)$、$\vartheta(t)$、$\psi(t)$、$\gamma(t)$、$\omega_x(t)$、$\omega_y(t)$、$\omega_z(t)$、$x(t)$、$y(t)$、$z(t)$、$m(t)$、$\alpha(t)$、$\beta(t)$、$\gamma_V(t)$ 随时间的变化规律，故方程组是封闭的。

但是，对于可控导弹来说，上述16个方程并不能求解其飞行弹道，因为方程组中的力和力矩不仅与上述一些运动参数有关，还与操纵机构的偏转角 $\delta_x(t)$、$\delta_y(t)$、$\delta_z(t)$ 和发动机的调节参数 $\delta_p(t)$ 有关。因此，要唯一确定导弹的飞行弹道，还必须增加约束导弹运动的操纵关系方程。

当导弹的实际运动参数与导引关系所要求的运动参数不一致时，就会产生控制信号。例如，如果导弹飞行中的俯仰角与要求的俯仰角不相等，控制系统则将根据偏差的大小使升降舵偏转相应的角度。

假设 x_c 为导引关系要求的运动参数值，x_i 为实际运动参数值，则误差 $\varepsilon_i = x_i - x_c (i=1, 2, 3, 4)$，此时控制系统将偏转相应的舵面和发动机调节机构，以求消除误差。通常情况

下操纵关系方程可写为

$$\begin{cases} \delta_x = f(\varepsilon_1) \\ \delta_y = f(\varepsilon_2) \\ \delta_z = f(\varepsilon_3) \\ \delta_p = f(\varepsilon_4) \end{cases} \quad (2.37)$$

6. 运动方程组汇总

前面简单介绍了导弹运动方程组的建立过程。现将描述轴对称型导弹有控飞行运动的方程组汇总如下：

$$\begin{cases} m\dfrac{dV}{dt} = P\cos\alpha\cos\beta - X - mg\sin\theta \\ mV\dfrac{d\theta}{dt} = P(\sin\alpha\cos\gamma_V + \cos\alpha\sin\beta\sin\gamma_V) + Y\cos\gamma_V - Z\sin\gamma_V - mg\cos\theta \\ -mV\cos\theta\dfrac{d\psi_V}{dt} = P(\sin\alpha\sin\gamma_V - \cos\alpha\sin\beta\cos\gamma_V) + Y\sin\gamma_V + Z\cos\gamma_V \\ J_x\dfrac{d\omega_x}{dt} + (J_z - J_y)\omega_z\omega_y = M_x \\ J_y\dfrac{d\omega_y}{dt} + (J_x - J_z)\omega_x\omega_z = M_y \\ J_z\dfrac{d\omega_z}{dt} + (J_y - J_x)\omega_y\omega_x = M_z \\ \dfrac{dx}{dt} = V\cos\theta\cos\psi_V \\ \dfrac{dy}{dt} = V\sin\theta \\ \dfrac{dz}{dt} = -V\cos\theta\sin\psi_V \\ \dfrac{d\vartheta}{dt} = \omega_y\sin\gamma + \omega_z\cos\gamma \\ \dfrac{d\psi}{dt} = \dfrac{1}{\cos\vartheta}(\omega_y\cos\gamma - \omega_z\sin\gamma) \\ \dfrac{d\gamma}{dt} = \omega_x - \tan\vartheta(\omega_y\cos\gamma - \omega_z\sin\gamma) \\ \dfrac{dm}{dt} = -m_s(t) \\ \sin\beta = \cos\theta[\cos\gamma\sin(\psi - \psi_V) + \sin\vartheta\sin\gamma\cos(\psi - \psi_V)] - \sin\theta\cos\vartheta\sin\gamma \\ \cos\alpha = [\cos\vartheta\cos\theta\cos(\psi - \psi_V) + \sin\vartheta\sin\theta]/\cos\beta \\ \cos\gamma_V = [\cos\gamma\cos(\psi - \psi_V) - \sin\vartheta\sin\gamma\sin(\psi - \psi_V)]/\cos\beta \\ \delta_x = f(\varepsilon_1) \\ \delta_y = f(\varepsilon_2) \\ \delta_z = f(\varepsilon_3) \\ \delta_p = f(\varepsilon_4) \end{cases} \quad (2.38)$$

方程组（2.38）所表示的导弹空间运动方程组是一组非线性微分方程组。这20个方程中包含有20个未知参数 $V(t)$、$\theta(t)$、$\psi_V(t)$、$\vartheta(t)$、$\psi(t)$、$\gamma(t)$、$\omega_x(t)$、$\omega_y(t)$、$\omega_z(t)$、$x(t)$、$y(t)$、$z(t)$、$m(t)$、$\alpha(t)$、$\beta(t)$、$\gamma_V(t)$、$\delta_x(t)$、$\delta_y(t)$、$\delta_z(t)$、$\delta_p(t)$，因此可以封闭求解。在给定各参数的初始条件后，即可用数值积分方法求解，从而获得控制弹道及其相应参数的变化规律。

在工程上，实际用于弹道计算的导弹运动方程个数远不止这些。一般而言，运动方程组的方程数目越多，导弹运动就描述得越完整、越准确，但分析和解算也就越困难。在导弹设计的某些阶段，特别是在导弹和制导系统的初步设计阶段，通常在求解精度允许范围内，应用一些近似方法对导弹运动方程组进行简化求解。实践证明，在一定的假设条件下，把导弹运动方程组（2.38）分解为纵向运动和侧向运动方程组，或简化为在铅垂面和水平面内的运动方程组，都具有一定的实用价值。

纵向运动是指导弹运动参数 β、γ、γ_V、ψ、ψ_V、ω_x、ω_y、z 恒为零的运动。导弹的纵向运动是由导弹质心在飞行平面或对称平面 x_1Oy_1 内的平移运动和绕 Oz_1 轴的旋转运动组成。在纵向运动中，参数 V、θ、ϑ、ω_z、α、x、y 是随时间变化的，通常称为纵向运动参数。

侧向运动是指侧向运动参数随时间变化的运动。在纵向运动中等于零的参数 β、γ、γ_V、ψ、ψ_V、ω_x、ω_y、z 称为侧向运动参数。它是由导弹质心沿 Oz_1 轴的平移运动和绕弹体 Ox_1 轴、Oy_1 轴的旋转运动组成。

由方程组（2.38）可以看出，导弹的飞行过程是由纵向运动和侧向运动组成，它们之间相互关联、相互影响。但是，当导弹在给定的铅垂面内运动时，只要不破坏运动的对称性（不进行偏航、滚转操纵，且无干扰），纵向运动是可以独立存在的。但是，描述侧向运动参数的方程则不能离开纵向运动而单独存在。

7. 导弹的质心运动方程组

导弹的运动是由质心运动和绕质心的转动构成。在导弹初步设计阶段，为了能够简捷地获得导弹的飞行弹道及其主要的飞行特性，一般先不考虑导弹绕质心的转动，而将导弹当作一个可操纵质点来研究，在此基础上再研究导弹绕质心的转动运动。这种简化的处理方法通常基于以下假设。

（1）导弹绕弹体轴的转动是无惯性的，即 $J_x = J_y = J_z = 0$；

（2）导弹控制系统理想地工作，既无误差，也无时间延迟；

（3）不考虑各种干扰因素对导弹的影响。

假设（1）和假设（2）的实质，就是认为导弹在整个飞行期间的任意瞬时都处于平衡状态，即导弹操纵机构偏转时，作用在导弹上的力矩在每一个瞬时都处于平衡状态，这就是"瞬时平衡"假设。

实际上，导弹的运动是一个可控过程，由于导弹控制系统及其控制对象（弹体）都存在惯性，导弹从操纵机构偏转到运动参数发生变化，并不是在瞬间完成的，而是要经过一段时间。例如，升降舵偏转一个角度后，将引起弹体相对于 Oz_1 轴产生振荡运动，攻角的变化过程也是振荡的。"瞬时平衡"假设则意味着在舵面偏转的同时，运动参数将立即达到它的稳态值，即过渡过程的时间为零。

基于"瞬时平衡"假设，根据导弹运动方程组（2.38）可以得到如下描述导弹质心运动的方程组：

$$\begin{cases} m\dfrac{\mathrm{d}V}{\mathrm{d}t} = P\cos\alpha_b\cos\beta_b - X_b - mg\sin\theta \\ mV\dfrac{\mathrm{d}\theta}{\mathrm{d}t} = P(\sin\alpha_b\cos\gamma_V + \cos\alpha_b\sin\beta_b\sin\gamma_V) + Y_b\cos\gamma_V - Z_b\sin\gamma_V - mg\cos\theta \\ -mV\cos\theta\dfrac{\mathrm{d}\psi_V}{\mathrm{d}t} = P(\sin\alpha_b\sin\gamma_V - \cos\alpha_b\sin\beta_b\cos\gamma_V) + Y_b\sin\gamma_V + Z_b\cos\gamma_V \\ \dfrac{\mathrm{d}x}{\mathrm{d}t} = V\cos\theta\cos\psi_V \\ \dfrac{\mathrm{d}y}{\mathrm{d}t} = V\sin\theta \\ \dfrac{\mathrm{d}z}{\mathrm{d}t} = -V\cos\theta\sin\psi_V \\ \dfrac{\mathrm{d}m}{\mathrm{d}t} = -m_s \\ \alpha_b = -\dfrac{m_z^{\delta_z}}{m_z^{\alpha}}\delta_{zb} \\ \beta_b = -\dfrac{m_y^{\delta_y}}{m_y^{\beta}}\delta_{yb} \\ \varepsilon_1 = 0 \\ \varepsilon_2 = 0 \\ \varepsilon_3 = 0 \\ \varepsilon_4 = 0 \end{cases} \quad (2.39)$$

式中：α_b、β_b 分别为平衡攻角、平衡侧滑角；X_b、Y_b、Z_b 分别为与 α_b、β_b 对应的平衡阻力、平衡升力和平衡侧向力；$\varepsilon_i = 0$（$i = 1, 2, 3, 4$）表示控制系统无误差地工作。

对于操纵性能比较好、绕质心转动不太剧烈的导弹，利用质心运动方程组（2.39）进行弹道计算可以得到令人满意的结果。但当导弹的操纵性能较差，并且绕质心的旋转运动比较剧烈时，必须考虑导弹旋转运动对质心运动的影响。

利用控制系统理想工作情况下的运动方程组（2.39）计算导弹飞行弹道，所得结果就是导弹运动参数的"稳态值"，它对导弹总体和导引系统设计都具有重要意义。

8. 理想弹道、理论弹道和实际弹道

（1）理想弹道：将导弹视为一个可操纵的质点，认为控制系统理想地工作，且不考虑弹体绕质心的转动以及外界的各种干扰，求解质心运动方程组得到的飞行弹道。

（2）理论弹道：将导弹视为某一力学模型（可操纵质点、刚体、弹性体），作为控制系统的一个环节（控制对象），将动力学方程、运动学方程、控制系统方程以及其他方程（质量变化方程、角度几何关系方程等）综合在一起，通过数值积分而求得的弹道，而且方程中所用的弹体结构参数、外形几何参数、发动机的特性参数均取设计值，大气参数取标准大气值；控制系统的参数取额定值；方程组的初始值符合规定条件。

由此可见，理想弹道是理论弹道的一种简化情况。

（3）实际弹道：导弹在真实情况下的飞行弹道。它与理想弹道和理论弹道的最大区别在于导弹在飞行过程中会受到各种随机干扰和误差的影响，因此每发导弹的实际弹道不可能完全相同。

2.1.4 机动性与过载

1. 机动性与过载的概念

导弹在飞行过程中受到的作用力和产生的加速度可以用过载来衡量。导弹的机动性是评价导弹飞行性能的重要指标之一。导弹的机动性也可以用过载进行评定。过载与弹体结构、制导控制系统的设计存在密切的关系。

机动性是指导弹在单位时间内改变飞行速度大小和方向的能力。如果要攻击活动目标，特别是攻击空中的机动目标，导弹必须具有良好的机动性。导弹的机动性可以用切向和法向加速度来表征。但是，人们通常用过载矢量的概念来评定导弹的机动性。

过载 n 是指作用在导弹上除重力之外的所有外力的合力 N（即控制力）与导弹重量 G 的比值：

$$n = \frac{N}{G} \tag{2.40}$$

由过载的定义可知，过载 n 是个矢量，它的方向与合力 N 的方向一致，其模值表示控制力大小为重量的多少倍。

过载除用于研究导弹的运动之外，在弹体结构强度和控制系统设计中也常用到。因为过载矢量决定了弹上各个部件或仪表所承受的作用力。例如，导弹以加速度 a 做平移运动时，相对弹体固定的某个质量为 m_i 的部件，除受到随导弹作加速运动引起的惯性力 $-m_i a$ 之外，还要受到重力 $G_i = m_i g$ 和连接力 F_i 的作用，部件在这三个力的作用下处于平衡状态，即

$$-m_i a + G_i + F_i = 0$$

导弹的运动加速度 a 可表示为 $a = (N + G)/m$，则

$$F_i = m_i \frac{N + G}{m} - m_i g = m_i g \frac{N}{G} = n G_i$$

由此可以看出，导弹上任何部件所承受的连接力等于本身重量 G_i 乘以导弹的过载矢量。因此，如果已知导弹在飞行时的过载，就能确定导弹上任何部件所承受的作用力。

过载还有另外的定义，即把过载定义为作用在导弹上的所有外力的合力（包括重力）与导弹重量的比值。显然，在同样情况下，过载的定义不同，其值也不同。

2. 过载的投影

过载矢量的大小和方向，通常是由它在某坐标系上的投影来确定的。研究导弹运动的机动性时，需要给出过载矢量在弹道坐标系 $Ox_2 y_2 z_2$ 中的标量表达式；而在研究弹体或部件受力情况和进行强度分析时，又需要知道过载矢量在弹体坐标系 $Ox_1 y_1 z_1$ 中的投影。

根据过载的定义，将空气动力 R 和推力 P 投影到速度坐标系 $Ox_3 y_3 z_3$，得到过载矢量 n 在速度坐标系各轴上的投影为

$$\begin{bmatrix} n_{x3} \\ n_{y3} \\ n_{z3} \end{bmatrix} = \frac{1}{G} \begin{bmatrix} -X \\ Y \\ Z \end{bmatrix} + \frac{1}{G} L^T(\beta, \alpha) \begin{bmatrix} P \\ 0 \\ 0 \end{bmatrix} = \frac{1}{G} \begin{bmatrix} P\cos\alpha\cos\beta - X \\ P\sin\alpha + Y \\ -P\cos\alpha\sin\beta + Z \end{bmatrix}$$

式中：$L(\beta, \alpha)$ 为速度坐标系到弹体坐标系的变换矩阵 [见式（2.7）]。

过载矢量 n 在弹道坐标系 $Ox_2 y_2 z_2$ 各轴上的投影为

$$\begin{bmatrix} n_{x2} \\ n_{y2} \\ n_{z2} \end{bmatrix} = L^T(\gamma_V) \begin{bmatrix} n_{x3} \\ n_{y3} \\ n_{z3} \end{bmatrix} = \frac{1}{G} \begin{bmatrix} P\cos\alpha\cos\beta - X \\ P(\sin\alpha\cos\gamma_V + \cos\alpha\sin\beta\sin\gamma_V) + Y\cos\gamma_V - Z\sin\gamma_V \\ P(\sin\alpha\sin\gamma_V + \cos\alpha\sin\beta\cos\gamma_V) + Y\sin\gamma_V + Z\cos\gamma_V \end{bmatrix}$$

式中：$L(\gamma_V)$ 为弹道坐标系到速度坐标系的变换矩阵 [见式（2.8）]。

过载矢量在速度方向上的投影 n_{x2}、n_{x3} 分别称为切向过载；过载矢量在垂直于速度方向

上的投影 n_{y2}、n_{z3} 和 n_{y2}、n_{z3} 分别称为法向过载。导弹的机动性可以用导弹的切向和法向过载来评定。切向过载越大，导弹产生的切向加速度越大，说明导弹改变速度大小的能力越强；法向过载越大，导弹产生的法向加速度就越大，在同一速度下，导弹改变飞行方向的能力就越强，即导弹越能沿较弯曲的弹道飞行。因此，导弹过载越大，机动性就越好。

过载矢量 **n** 在弹体坐标系 $Ox_1y_1z_1$ 各轴上的投影为

$$\begin{bmatrix} n_{x1} \\ n_{y1} \\ n_{z1} \end{bmatrix} = \boldsymbol{L}(\beta,\alpha) \begin{bmatrix} n_{x3} \\ n_{y3} \\ n_{z3} \end{bmatrix} = \frac{1}{G} \begin{bmatrix} n_{x3}\cos\alpha\cos\beta + n_{y3}\sin\alpha - n_{z3}\cos\alpha\sin\beta \\ -n_{x3}\sin\alpha\cos\beta + n_{y3}\cos\alpha + n_{z3}\sin\alpha\sin\beta \\ n_{x3}\sin\beta + n_{z3}\cos\beta \end{bmatrix}$$

式中：过载 **n** 在弹体纵轴 Ox_1 上的投影分量 n_{x1} 称为纵向过载；在垂直于弹体纵轴方向上的投影分量 n_{y1}、n_{z1} 分别称为横向过载。

3. 需用过载、极限过载和可用过载

在弹体结构和控制系统设计中，常需用考虑导弹在飞行过程中能够承受的过载。根据战术技术要求的规定，飞行过程中过载不得超过某一数值。这个数值决定了弹体结构和弹上各部件能够承受的最大载荷。为保证导弹能正常飞行，飞行中的过载也必须小于这个数值。

在导弹设计过程中，经常用到需用过载、极限过载和可用过载的概念，下面分别加以叙述。

1）需用过载

需用过载是指导弹按给定的弹道飞行时所需要的法向过载，用 n_R 表示。导弹的需用过载是飞行弹道的一个重要特性。

需用过载必须满足导弹的战术技术要求。例如，一方面，导弹要攻击机动性强的空中目标，则导弹按一定的导引律飞行时必须具有较大的法向过载（需用过载）；另一方面，从设计和制造的观点来看，希望需用过载在满足导弹战术技术要求的前提下越小越好。因为需用过载越小，导弹在飞行过程中所承受的载荷越小，这对防止弹体结构破坏、保证弹上仪器和设备的正常工作以及减小制导误差都是有利的。

2）极限过载

在给定飞行速度和高度的情况下，导弹在飞行中所能产生的过载取决于攻角 α、侧滑角 β 以及操纵机构的偏转角。导弹在飞行中，当攻角达到临界值 α_L 时，对应的升力系数达到最大值 $C_{y\max}$，这是一种极限情况。若攻角继续增大，则会出现"失速"现象（见前述升力部分）。攻角或侧滑角达到临界值时的法向过载称为极限过载。

以纵向运动为例，相应的极限过载 n_L 可写为

$$n_L = \frac{1}{G}(P\sin\alpha_L + qSC_{y\max})$$

3）可用过载

当操纵机面的偏转角为最大时，导弹所能产生的法向过载称为可用过载，用 n_P 表示。它表征着导弹产生法向控制力的实际能力。若要使导弹沿着导引律所确定的弹道飞行，那么，在这条弹道的任意一点上，导弹所能产生的可用过载都应大于需用过载。

例如，在某一时刻，从 O 点向运动目标 O' 发射 1 枚导弹，采用追踪法导引（见第 3 章），即导弹的速度矢量始终跟随目标转动，T_1、T_2、… 和 D_1、D_2、… 分别为攻击过程中目标和导弹所处的位置，如图 2-6 所示。这时导弹跟踪目标所需的过载即为需用过载 n_R。如果在某时刻，操纵面偏转角达到最大允许值所产生的可用过载仍小于需用过载，则导弹速度

矢量就不可能再跟随目标转动，追踪法导引弹道无法实现，最终导致脱靶。

在实际飞行过程中，各种干扰因素总是存在的，导弹不可能完全沿着理论弹道飞行。因此，在导弹设计时，必须留有一定的过载余量，用于克服各种扰动因素导致的附加过载。

考虑到弹体结构、弹上仪器设备的承载能力，可用过载也不是越大越好。实际上，导弹的舵面偏转总是会受到一定的限制，如操纵机构的输出限幅和舵面的机械限制等。

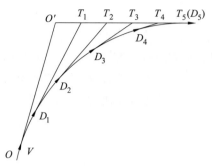

图 2-6　追踪法导引弹道示意图

由以上叙述可知，为了使导弹能够按要求的弹道攻击目标，可用过载、极限过载和需用过载三者之间的关系应为：需用过载 n_R < 可用过载 n_P < 极限过载 n_L。

2.2　纵向扰动运动的动态特性

2.2.1　扰动运动方程组的建立与求解

在规定的设计状态和标准大气条件下，求解质心运动方程组（2.39）得到的弹道称为理想弹道或基准弹道。实际上，导弹不可能在任何时候都是瞬时平衡的，也不可能没有运动参数的偏差。导弹的真实飞行总会偏离理想弹道，其原因是多种多样的，如风的作用、工艺和安装误差、发动机推力偏心和控制系统误差等，诸多原因将导致导弹在飞行过程中产生附加作用力和力矩。由于它们不是设计所需要的，而是一种干扰作用，故称为干扰力和干扰力矩。

在动态特性分析中，将导弹沿理想弹道的飞行称为基准运动或未扰动运动；当导弹受到控制和干扰作用时，导弹的飞行可近似看成是在理想弹道的基础上出现了附加运动，这种附加运动称为扰动运动。从这种含义上看，理想弹道可称为未扰动弹道，在理想弹道的基础上考虑了扰动运动得到的弹道就称为实际弹道，或称为扰动弹道。

研究导弹扰动运动常采用小扰动法。带有控制系统的导弹，如果控制系统的工作正常，实际飞行弹道总是与理想弹道相当接近的，实际飞行的运动参数也总是在理想弹道运动参数附近变化的。或者说，导弹受到控制和干扰作用而产生的扰动可以认为是一种小扰动。根据已有的经验，小扰动的提法虽然没有严格的理论证明，但应用小扰动法的分析结果与实际情况能够很好地相符。当然，扰动作用较大的情况不属于此列。

采用小扰动法，实际运动参数就可以用理想数值与其偏量之和表示，即

$$\begin{cases} V(t) = V_0(t) + \Delta V(t) \\ \theta(t) = \theta_0(t) + \Delta \theta(t) \\ \quad \vdots \\ \omega_x(t) = \omega_{x_0}(t) + \Delta \omega_x(t) \\ \quad \vdots \\ z(t) = z_0(t) + \Delta z(t) \end{cases} \quad (2.41)$$

式中：注脚"0"表示在基准运动中的参数；$\Delta V(t)$、$\Delta \theta(t)$、$\cdots$、$\Delta z(t)$ 为相应参数的偏量。

由于理想弹道上的全部运动参数可以通过计算求出，所以只要求出偏量以后，实际弹道上的运动参数也就可以按照上式确定。因此，研究扰动运动就归结为研究运动参数的偏量问题。这样的研究方法可以得到一般性的结论，因此获得了广泛应用。导弹弹体动态分析就建立在小扰动法的基础上。

1. 线性化扰动运动方程组

由式（2.41）可知，在小扰动假设的前提下，导弹的实际运动参数等于理想运动参数与参数偏量之和。因此，为了对导弹的动态特性进行分析，需要建立描述参数偏量随时间变化规律的数学模型。微分方程的线性化方法就是建立该模型的数学基础。

在采用某些假设的条件下，利用微分方程线性化的方法和气动力与力矩线性化的结果，就可以对运动方程组（2.38）进行线性化。微分方程线性化方法以泰勒级数展开为依据，具体过程可参考飞行力学或飞行动力学等方面的文献，这里不加推导地引入线性化处理结果，得到轴对称导弹的线性化扰动运动方程组如下：

$$\begin{cases} m\dfrac{\mathrm{d}\Delta V}{\mathrm{d}t} = (P^V - X^V)\Delta V - (P\alpha + X^\alpha)\Delta\alpha - G\cos\theta\Delta\theta + F'_{xd} \\[4pt]
mV\dfrac{\mathrm{d}\Delta\theta}{\mathrm{d}t} = (P^V\alpha + Y^V)\Delta V + (P + Y^\alpha)\Delta\alpha + G\sin\theta\Delta\theta + Y^{\delta_z}\Delta\delta_z + F'_{yd} \\[4pt]
-mV\cos\theta\dfrac{\mathrm{d}\Delta\psi_V}{\mathrm{d}t} = (-P + Z^\beta)\Delta\beta + (P_\alpha + Y)\Delta\gamma_V + Z^{\delta_y}\Delta\delta_y + F'_{zd} \\[4pt]
J_x\dfrac{\mathrm{d}\Delta\omega_x}{\mathrm{d}t} = M_x^\beta\Delta\beta + M_x^{\omega_x}\Delta\omega_x + M_x^{\omega_y}\Delta\omega_y + M_x^{\delta_x}\Delta\delta_x + M_x^{\delta_y}\Delta\delta_y + M'_{xd} \\[4pt]
J_y\dfrac{\mathrm{d}\Delta\omega_y}{\mathrm{d}t} = M_y^\beta\Delta\beta + M_y^{\omega_y}\Delta\omega_y + M_y^{\omega_x}\Delta\omega_x + M_y^{\dot\beta}\Delta\dot\beta + M_y^{\delta_y}\Delta\delta_y + M'_{yd} \\[4pt]
J_z\dfrac{\mathrm{d}\Delta\omega_z}{\mathrm{d}t} = M_z^V\Delta V + M_z^\alpha\Delta\alpha + M_z^{\omega_z}\Delta\omega_z + M_z^{\dot\alpha}\Delta\dot\alpha + M_z^{\delta_z}\Delta\delta_z + M'_{zd} \\[4pt]
\dfrac{\mathrm{d}\Delta x}{\mathrm{d}t} = \cos\theta\Delta V - V\sin\theta\Delta\theta \\[4pt]
\dfrac{\mathrm{d}\Delta y}{\mathrm{d}t} = \sin\theta\Delta V + V\cos\theta\Delta\theta \\[4pt]
\dfrac{\mathrm{d}\Delta z}{\mathrm{d}t} = -V\cos\theta\Delta\psi_V \\[4pt]
\dfrac{\mathrm{d}\Delta\vartheta}{\mathrm{d}t} = \Delta\omega_z \\[4pt]
\dfrac{\mathrm{d}\Delta\psi}{\mathrm{d}t} = \dfrac{1}{\cos\vartheta}\Delta\omega_y \\[4pt]
\dfrac{\mathrm{d}\Delta\gamma}{\mathrm{d}t} = \Delta\omega_x - \tan\vartheta\Delta\omega_y \\[4pt]
\Delta\psi_V = \Delta\psi + \dfrac{\alpha}{\cos\theta}\Delta\gamma - \dfrac{1}{\cos\theta}\Delta\beta \\[4pt]
\Delta\gamma_V = \tan\theta\Delta\beta + \dfrac{\cos\vartheta}{\cos\theta}\Delta\gamma \end{cases} \quad (2.42)$$

式中：P^V 为 $\partial P/\partial V$，其他以此类推；m、θ、α、ϑ 为未扰动参量；F'_{xd}、F'_{yd}、F'_{zd} 为引入的干扰力，M'_{xd}、M'_{yd}、M'_{zd} 为干扰力矩；$\Delta\delta_z$、$\Delta\delta_y$、$\Delta\delta_x$ 为弹体扰动的输入量。

2. 系数冻结法

导弹扰动运动方程组（2.42）是变系数线性微分方程组，这是由于导弹在飞行过程中，一般情况下运动参数总是随时间变化的。求解变系数线性微分方程比较复杂，只有在极简单的情况下（一般不超过二阶）才可能求得解析解。方程组（2.42）一般只能通过计算机求解，并且只能得到方程组的特解。为解决这一问题，常采用系数"冻结"法将变系数线性微分方程处理为常系数线性微分方程。

利用系数"冻结"法（或固化系数法）研究导弹的动态特性，其优点之一是可以采用常系数线性系统自动控制理论中介绍的有关方法。所谓系数"冻结"，就是在研究导弹的动态特性时，如果未扰动弹道已经给出，则该弹道上任意点的动态参数和结构参数都为已知，近似认为所研究的弹道点（或特征点）附近小范围内，未扰动运动的运动参数、气动参数、结构参数和制导系统参数都固定不变，即方程组（2.42）各方程中扰动偏量前的系数在特征点附近冻结不变。这样，就把变系数线性微分方程变为常系数线性微分方程，使求解简化。

在研究导弹动态特性时，并不是对所有可能弹道逐条逐点进行分析，而是选取典型弹道上的特征点进行分析。例如，对某导弹动态特性分析时，首先选取典型弹道；然后在典型弹道上选取特征点，如助推器脱落干扰点、控制开始点、弹道上可用过载最小点、弹道上需用过载最大点及干扰力和力矩最大的点等作为特征点。通过对典型弹道上特征点的动态分析表征导弹在整个飞行中的动态特性。

系数"冻结"法没有严格的理论依据或数学证明。在实用中发现，如果在过渡过程时间内系数的变化不超过10%，系数"冻结"法不会产生很大的误差。然而，也有例外，例如有时系数变化并不大，但用系数"冻结"法求得的常系数微分方程的解与实际情况的差别却很大。因此，在初步选择导弹和制导系统的参数时，可以采用系数"冻结"法，而在进一步设计时，应该采用非线性微分方程组，并通过计算机仿真和飞行试验等方法加以验证。

3. 纵向扰动运动方程组

在扰动运动中，如果干扰作用或者俯仰操纵机构的偏转仅使纵向运动参数有偏量，而侧向运动参数仍保持未扰动时的值，这样的扰动运动通常称为纵向扰动运动。纵向扰动运动方程组如下：

$$\begin{cases} m\dfrac{\mathrm{d}\Delta V}{\mathrm{d}t} = (P^V - X^V)\Delta V - (P\alpha + X^\alpha)\Delta\alpha - G\cos\theta\Delta\theta + F'_{xd} \\ mV\dfrac{\mathrm{d}\Delta\theta}{\mathrm{d}t} = (P^V\alpha + Y^V)\Delta V + (P + Y^\alpha)\Delta\alpha + G\sin\theta\Delta\theta + Y^{\delta_z}\Delta\delta_z + F'_{yd} \\ J_z\dfrac{\mathrm{d}\Delta\omega_z}{\mathrm{d}t} = M_z^V\Delta V + M_z^\alpha\Delta\alpha + M_z^{\omega_z}\Delta\omega_z + M_z^{\dot\alpha}\Delta\dot\alpha + M_z^{\delta_z}\Delta\delta_z + M_z^{\dot\delta_z}\Delta\dot\delta_z + M'_{zd} \\ \dfrac{\mathrm{d}\Delta\vartheta}{\mathrm{d}t} = \Delta\omega_z \\ \Delta\theta = \Delta\vartheta - \Delta\alpha \\ \dfrac{\mathrm{d}\Delta x}{\mathrm{d}t} = \cos\theta\Delta V - V\sin\theta\Delta\theta \\ \dfrac{\mathrm{d}\Delta y}{\mathrm{d}t} = \sin\theta\Delta V + V\cos\theta\Delta\theta \end{cases} \quad (2.43)$$

纵向扰动运动方程组的变量为 ΔV、$\Delta \alpha$、$\Delta \theta$、$\Delta \vartheta$、$\Delta \omega_z$、Δx、Δy。把描述偏量 Δx 和 Δy 的两个方程独立出去，并将方程组（2.43）写成用动力系数表示的标准形式，即纵向动力系数用 a_{mn} 表示，下标 m 代表方程的编号，n 代表运动参数偏量的编号，即 ΔV 为 1，$\Delta \omega_z$ 为 2，$\Delta \theta$ 为 3，$\Delta \alpha$ 为 4，$\Delta \delta_z$ 为 5 等，则

$$\begin{cases} \Delta \dot{V} + a_{11}\Delta V + a_{13}\Delta \theta + a_{14}\Delta \alpha = F_{xd} \\ \Delta \ddot{\vartheta} + a_{21}\Delta V + a_{22}\Delta \dot{\vartheta} + a'_{24}\Delta \dot{\alpha} + a_{24}\Delta \alpha = -a'_{25}\Delta \dot{\delta}_z - a_{25}\Delta \delta_z + M_{zd} \\ \Delta \dot{\theta} + a_{31}\Delta V + a_{33}\Delta \theta - a_{34}\Delta \alpha = a_{35}\Delta \delta_z + F_{yd} \\ \Delta \theta = \Delta \vartheta - \Delta \alpha \end{cases} \quad (2.44)$$

式中：$F_{xd} = F'_{xd}/m$；$M_{zd} = M'_{zd}/J_z$；$F_{yd} = F'_{yd}/(mV)$；各动力系数表达式如表 2-1 所示。

表 2-1 各动力系数表达式

速度动力系数 $a_{11} = -(P^V - X^V)/m$		重力动力系数 $a_{13} = g\cos\theta$	切向动力系数 $a_{14} = (X^\alpha + P\alpha)/m$
速度动力系数 $a_{21} = -M_z^V/J_z$	阻尼动力系数 $a_{22} = -M_z^{\omega_z}/J_z$	静稳定动力系数 $a_{24} = -M_z^\alpha/J_z$	操纵动力系数 $a_{25} = -M_z^{\delta_z}/J_z$
		下洗延迟动力系数 $a'_{24} = -M_z^{\dot{\alpha}}/J_z$	下洗延迟动力系数 $a'_{25} = -M_z^{\dot{\delta}_z}/J_z$
速度动力系数 $a_{31} = -(P^V\alpha + Y^V)/(mV)$		重力动力系数 $a_{33} = -g\sin\theta/V$	法向力动力系数 $a_{34} = (P + Y^\alpha)/(mV)$	舵面动力系数 $a_{35} = Y^{\delta_z}/(mV)$

方程组（2.44）第 1 个公式描述在纵向扰动运动中导弹质心的切向加速度，第 2 个公式描述导弹绕质心旋转的角加速度，第 3 个公式描述导弹质心的法向加速度。各式中的动力系数分别表示在与之相乘的运动参数偏量为一个单位时，引起的切向加速度分量、角加速度分量以及法向加速度分量。

一般可按照以下计算步骤求解导弹的动力系数。

（1）按气动计算的规定，选用参考面积 S 和参考长度 L。

（2）根据风洞试验或理论估算的结果，确定所需的气动力和力矩系数，以及压力中心、焦点的数值。

（3）在已知的大量基准弹道中，选择若干条典型弹道，并确定弹道上的特征点。

（4）确定飞行过程中导弹的质心位置坐标。

（5）根据质心位置的变化和弹体质量分布，计算导弹的转动惯量。

（6）将有关数值代入相应的动力系数公式，计算动力系数的值。

动力系数是有量纲的数值，计算过程中应注意所取各种参数在量纲上的一致性。

4. 纵向自由扰动运动

常系数齐次线性微分方程组描述导弹的纵向自由扰动运动，非齐次线性微分方程组代表导弹的强迫扰动运动。非齐次线性微分方程组的通解是由齐次方程组的通解和非齐次微分方程组的特解组成，前者代表了扰动运动的自由分量，后者代表了强迫分量。

自由扰动运动是指在导弹上没有引起扰动运动的经常作用力和力矩。例如，舵面没有转动，即 $\Delta \delta_z = \Delta \dot{\delta}_z = 0$，干扰力和干扰力矩也为零等。因此，产生自由扰动运动的原因只是某

种偶然干扰的作用，使一些运动参数出现了初始偏差，由此引起偶然干扰力和干扰力矩，致使导弹出现扰动运动。采用拉普拉斯变换法对自由扰动运动进行求解是一种比较简便和通用的方法。

舵面有偏转，或者有经常作用的干扰力和干扰力矩，都将引起导弹产生强迫扰动运动。这时，各运动参数在扰动过程中的变化应该等于自由扰动分量与强迫分量的叠加。

导弹运动参数的初始偏量是由偶然干扰引起的。假设导弹的攻角由于阵风的影响突然变化了 $\Delta\alpha_0$，这个攻角变化就可以看成是攻角偏量的初始值 $\Delta\alpha_0$。在导弹上出现初始值 $\Delta\alpha_0$ 时，假设弹体纵轴的方向还没有改变，于是根据方程组（2.44）中的第 4 个公式可知，导弹的弹道倾角也具有初始值 $\Delta\theta_0$，且 $\Delta\theta_0 = -\Delta\alpha_0$。以 $\Delta\alpha_0$、$\Delta\theta_0$ 为初始条件，对描述纵向自由扰动运动的方程组（2.44）的齐次微分方程组进行拉普拉斯变换，就可以得到各运动参数像函数的代数方程组，其表达式为

$$\begin{cases} (s + a_{11})\Delta V(s) + a_{13}\Delta\theta(s) + a_{14}\Delta\alpha(s) = 0 \\ a_{21}\Delta V(s) + (s^2 + a_{22}s)\Delta\vartheta(s) + (a'_{24}s + a_{24})\Delta\alpha = a'_{24}\Delta\alpha_0 \\ a_{31}\Delta V(s) + (s + a_{33})\Delta\theta(s) - a_{34}\Delta\alpha(s) = \Delta\theta_0 \\ \Delta\vartheta(s) - \Delta\theta(s) - \Delta\alpha(s) = 0 \end{cases} \quad (2.45)$$

应用克莱姆定理，求解方程组（2.45）就可得到 $\Delta V(s)$、$\Delta\vartheta(s)$、$\Delta\theta(s)$、$\Delta\alpha(s)$，可表示为

$$\begin{cases} \Delta V(s) = H_V(s)/G(s) \\ \Delta\vartheta(s) = H_\vartheta(s)/G(s) \\ \Delta\theta(s) = H_\theta(s)/G(s) \\ \Delta\alpha(s) = H_\alpha(s)/G(s) \end{cases} \quad (2.46)$$

式中：$G(s)$ 为方程组（2.45）的主行列式，可表示为

$$G(s) = \begin{vmatrix} s + a_{11} & 0 & a_{13} & a_{14} \\ a_{21} & s^2 + a_{22}s & 0 & a'_{24}s + a_{24} \\ a_{31} & 0 & s + a_{33} & -a_{34} \\ 0 & 1 & -1 & -1 \end{vmatrix} \quad (2.47)$$

展开式（2.47），可得

$$G(s) = s^4 + A_1 s^3 + A_2 s^2 + A_3 s + A_4 \quad (2.48)$$

其中，

$$\begin{cases} A_1 = a_{11} + a_{22} + a'_{24} + a_{33} + a_{34} \\ A_2 = a_{31}a_{14} - a_{31}a_{13} + a_{22}a_{33} + a_{22}a_{34} + a_{24} + a_{33}a'_{24} + a_{33}a_{11} + a_{34}a_{11} + a_{22}a_{11} + a'_{24}a_{11} \\ A_3 = -a_{21}a_{14} + a_{31}a_{22}a_{14} - a_{22}a_{31}a_{13} - a'_{24}a_{31}a_{13} + a_{24}a_{33} + a_{22}a_{33}a_{11} + a_{22}a_{34}a_{11} + \\ \qquad a_{24}a_{11} + a_{33}a_{11}a'_{24} \\ A_4 = -a_{21}a_{33}a_{14} - a_{13}a_{21}a_{34} - a_{24}a_{31}a_{13} + a_{24}a_{33}a_{11} \end{cases}$$

方程组（2.46）中的 $H_V(s)$、$H_\vartheta(s)$、$H_\theta(s)$、$H_\alpha(s)$ 为伴随行列式，它们是用方程组（2.45）等号右边的初始值分别代替主行列式内各列的数值所得的行列式。展开这些行列式，并代回到方程组（2.46）中得到各运动参数像函数的具体表达式如下：

$$\Delta V(s) = \frac{a'_{24}(a_{14}s + a_{34}a_{13} + a_{33}a_{14})\Delta\alpha_0 + [(a_{13} - a_{14})s^2 + (a_{22}a_{13} - a_{22}a_{14} + a'_{24}a_{13})s + a_{24}a_{13}]\Delta\theta_0}{G(s)}$$

$$\Delta\vartheta(s) = \frac{-a'_{24}[s^2 + (a_{33} + a_{34} + a_{11})s + a_{11}(a_{34} + a_{33}) + a_{31}(a_{14} - a_{13})]\Delta\alpha_0}{G(s)} +$$

$$\frac{[-a'_{24}s^2 - (a'_{24}a_{11} + a_{24})s - a_{24}a_{11} - a_{13} + a_{14}]\Delta\theta_0}{G(s)}$$

$$\Delta\theta(s) = \frac{-a'_{24}(a_{34}s + a_{34}a_{11} + a_{31}a_{14})\Delta\alpha_0}{G(s)} +$$

$$\frac{[-s^3 - (a_{11} + a_{22} + a'_{24})s^2 - (a_{24} + a_{22}a_{11} + a'_{24}a_{11})s - a_{24}a_{11} + a_{21}a_{14}]\Delta\theta_0}{G(s)}$$

$$\Delta\alpha(s) = \frac{-a'_{24}[s^2 + (a_{11} + a_{33})s + a_{33}a_{11} - a_{31}a_{13}]\Delta\alpha_0 + [s^3 - (a_{11} + a_{22})s^2 + a_{22}a_{11}s - a_{21}a_{13}]\Delta\theta_0}{G(s)}$$

上述各运动参数的拉普拉斯变换式代表了由初始值 $\Delta\alpha_0$、$\Delta\theta_0$ 所产生的纵向自由扰动运动参数的变化规律,对其进行拉普拉斯逆变换,就能得到运动参数用时间 t 表示的解析式。为便于说明,将上述拉普拉斯变换式写成标准形式:

$$\Delta X(s) = \frac{H(s)}{G(s)} \tag{2.49}$$

式中:$H(s)$ 和 $G(s)$ 分别为 s 的多项式。

令式(2.49)的分母多项式 $G(s) = 0$,假设其根 $s = s_1$, s_2, $\cdots$, s_n,则 $\Delta X(s)$ 可以分解为 n 个一次多项式相加的形式:

$$\Delta X(s) = \frac{H(s_1)}{\dot{G}(s_1)}\frac{1}{s-s_1} + \frac{H(s_2)}{\dot{G}(s_2)}\frac{1}{s-s_2} + \cdots + \frac{H(s_n)}{\dot{G}(s_n)}\frac{1}{s-s_n} = \sum_{i=1}^{n} \frac{H(s_i)}{\dot{G}(s_i)}\frac{1}{s-s_i}$$

$$\tag{2.50}$$

其中,

$$\dot{G}(s_i) = (s_i - s_1)(s_i - s_2)\cdots(s_i - s_{i-1})(s_i - s_{i+1})\cdots(s_i - s_n) = \left.\frac{\mathrm{d}G(s)}{\mathrm{d}s}\right|_{s=s_i} \tag{2.51}$$

对式(2.50)进行拉普拉斯逆变换即可得到运动参数以时间 t 为自变量的表达式:

$$\Delta X(t) = \sum_{i=1}^{n} \frac{H(s_i)}{\dot{G}(s_i)} \mathrm{e}^{s_i t} \tag{2.52}$$

按照上述通过拉普拉斯变换与拉普拉斯逆变换求解微分方程的方法,由方程组(2.45)描述的导弹纵向自由扰动运动偏量 ΔV、$\Delta\vartheta$、$\Delta\theta$、$\Delta\alpha$ 可表示为

$$\begin{cases} \Delta V(t) = A_{11}\mathrm{e}^{s_1 t} + A_{12}\mathrm{e}^{s_2 t} + A_{13}\mathrm{e}^{s_3 t} + A_{14}\mathrm{e}^{s_4 t} \\ \Delta\vartheta(t) = A_{21}\mathrm{e}^{s_1 t} + A_{22}\mathrm{e}^{s_2 t} + A_{23}\mathrm{e}^{s_3 t} + A_{24}\mathrm{e}^{s_4 t} \\ \Delta\theta(t) = A_{31}\mathrm{e}^{s_1 t} + A_{32}\mathrm{e}^{s_2 t} + A_{33}\mathrm{e}^{s_3 t} + A_{34}\mathrm{e}^{s_4 t} \\ \Delta\alpha(t) = A_{41}\mathrm{e}^{s_1 t} + A_{42}\mathrm{e}^{s_2 t} + A_{43}\mathrm{e}^{s_3 t} + A_{44}\mathrm{e}^{s_4 t} \end{cases} \tag{2.53}$$

式中:A_{ij}($i=1,2,3,4$;$j=1,2,3,4$)是由初始条件确定的系数;s_i($i=1,2,3,4$)为令多项式(2.48)等于零的方程式的根,即下列方程式的根:

$$s^4 + A_1 s^3 + A_2 s^2 + A_3 s + A_4 = 0 \tag{2.54}$$

式(2.54)称为特征方程式。下面分析特征方程式的根对纵向自由扰动运动的影响。

纵向扰动运动的特征方程式有四个根,它们可能是实数,也可能是共轭复数。一般而言,根据特征方程式根的形式,纵向自由扰动运动有以下三种情况。

1) 四个根都是实数

根据式(2.53)可知,这时导弹的纵向自由扰动运动是由四个非周期运动组成。如果 $s_i < 0$ $(i = 1, 2, 3, 4)$,扰动运动的参数将随时间的增加而减小,运动是稳定的;反之,即使四个根中只有一个正根,则所有偏量 ΔV、$\Delta \vartheta$、$\Delta \theta$、$\Delta \alpha$ 均随时间增加而增大,运动是不稳定的。

2) 两个根为实数,两个根为共轭复数

假设两个实根为 s_1 和 s_2,一对共轭复根为

$$s_3 = \sigma + j\upsilon, \quad s_4 = \sigma - j\upsilon \tag{2.55}$$

以式(2.53)中的第 4 个公式为例,式中 A_{43} 和 A_{44} 也是共轭复数。假设 $A_{43} = p - jq$,$A_{44} = p + jq$,则第 4 个公式中后两项的和为

$$\Delta \alpha_{3+4}(t) = A_{43}e^{s_3 t} + A_{44}e^{s_4 t} = pe^{\sigma t}(e^{j\upsilon t} + e^{-j\upsilon t}) - jqe^{\sigma t}(e^{j\upsilon t} - e^{-j\upsilon t}) \tag{2.56}$$

根据欧拉公式 $e^{j\upsilon t} + e^{-j\upsilon t} = 2\cos\upsilon t$ 和 $e^{j\upsilon t} - e^{-j\upsilon t} = 2j\sin\upsilon t$,式(2.56)可写为

$$\Delta \alpha_{3+4}(t) = 2e^{\sigma t}\sqrt{p^2+q^2}\left(\frac{p}{\sqrt{p^2+q^2}}\cos\upsilon t + \frac{q}{\sqrt{p^2+q^2}}\sin\upsilon t\right) = 2\sqrt{p^2+q^2}e^{\sigma t}\sin(\upsilon t + \varphi) \tag{2.57}$$

式中:$\varphi = \arctan(p/q)$。

由此可见,一对共轭复根形成了振荡形式的扰动运动,振幅为 $2\sqrt{p^2+q^2}e^{\sigma t}$,角频率为 υ,相位为 φ。如果复根的实部 $\sigma < 0$,则振幅随时间增长而减小,扰动运动是减幅振荡运动,如图2-7(a)所示;若实部 $\sigma > 0$,扰动运动则是增幅振荡运动,如图2-7(b)所示;若实部 $\sigma = 0$,扰动运动是简谐运动,如图2-7(c)所示。

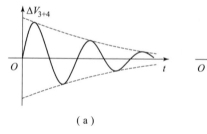
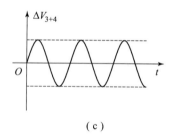

(a)　　　　　　　　　　(b)　　　　　　　　　　(c)

图 2-7　过渡过程曲线

3) 二对共轭复根

此时纵向扰动运动是形如式(2.57)的两个振荡运动的叠加。因此,若两对共轭复根的实部都为负值,则纵向扰动运动是稳定的。反之,只要有一对共轭复根的实部为正,纵向扰动运动将是不稳定的。

由此可见,导弹运动的纵向稳定性可以由特征方程式(2.54)的根来描述。

(1) 所有实根或复根的实部都是负的,则运动是稳定的。

(2) 只要有一个实根或一对复根的实部为正,则运动是不稳定的。

(3) 有一个实根或一对复根的实部为零,其余实根或根的实部为负,则运动是中立稳

定的。

也就是说，如果特征方程式的根均位于复平面上虚轴左边，则扰动运动是衰减的，也就是稳定的；反之，则是不稳定的。

2.2.2 纵向自由扰动运动的特点

在理想弹道的特征点上，导弹纵向扰动运动的形态和性质均由这个特征点上特征方程式的根值来决定。大量的实践经验证明，无论飞行器的外形怎样变化，尽管飞行器的飞行高度和速度各不相同，其特征方程的根在量级上一般都遵循某种规律。下面通过几个例子加以说明。

例 2.1 某地空导弹在 $H = 5\,000$ m 高度上飞行，飞行速度 $V = 641$ m/s，在某特征点上动力系数为下列数值：$a_{11} = -0.003\,98$ s^{-1}，$a_{13} = -7.73$ m·s^{-2}，$a_{14} = -32.05$ m·s^{-2}，$a_{21} \approx 0$，$a_{22} = -1.01$ s^{-1}，$a_{24} = -102.2$ s^{-2}，$a'_{24} = -0.153\,3$ s^{-1}，$a_{31} = 0.000\,061\,5$ s^{-1}，$a_{33} = -0.009\,41$ s^{-1}，$a_{34} = 1.152$ s^{-1}，$a_{35} = 0.014\,35$ s^{-1}。

根据式（2.48）得到特征方程式为

$$s^4 + 2.329s^3 + 103.385s^2 + 1.375s - 0.044\,8 = 0$$

求得特征方程的根为

$$s_{1,2} = -1.158 \pm j10.01,\ s_3 = -0.028\,5,\ s_4 = 0.015\,2$$

特征方程的根为一对具有负实部的共轭复根，一个负小实根和一个正小实根。因此，导弹的运动从正小实根来看是不稳定的。

例 2.2 某反坦克导弹在贴近地面并接近水平飞行的某时刻，飞行速度 $V = 118$ m/s，在某特征点上动力系数经计算为下列数值：$a_{11} = -0.110\,2$ s^{-1}，$a_{13} = -9.786$ m·s^{-2}，$a_{14} = -17.256$ m·s^{-2}，$a_{21} = -0.000\,487$ m^{-1}·s^{-1}，$a_{22} = -1.341\,5$ s^{-1}，$a_{24} = -126.78$ s^{-2}，$a'_{24} \approx 0$，$a_{31} = 0.001\,62$ s^{-1}，$a_{33} = 0.005\,82$ s^{-1}，$a_{34} = 1.476\,4$ s^{-1}，$a_{35} = 0.019\,35$ s^{-1}。

特征方程式可表示为

$$s^4 + 2.922s^3 + 129.07s^2 + 13.426s + 1.922 = 0$$

求得特征方程的根为

$$s_{1,2} = -1.409 \pm j11.26,\ s_{3,4} = -0.052 \pm j0.11$$

特征方程的根为两对具有负实部的共轭复根，因此，导弹弹体的运动是稳定的。此外，可以看出，一对复根实部与虚部的绝对值比另一对复根实部与虚部的绝对值大得多。

例 2.3 某无人驾驶飞行器在 $H = 18\,000$ m 高度上飞行，飞行速度 $V = 200$ m/s，在某特征点上动力系数经计算为下列数值：$a_{11} = -0.007\,4$ s^{-1}，$a_{13} = -9.8$ m·s^{-2}，$a_{14} = -9.17$ m·s^{-2}，$a_{21} = -0.001$ m^{-1}·s^{-1}，$a_{22} = -0.28$ s^{-1}，$a_{24} = -5.9$ s^{-2}，$a'_{24} \approx 0$，$a_{31} = 0.000\,66$ s^{-1}，$a_{33} \approx 0$，$a_{34} = 0.47$ s^{-1}，$a_{35} = 0.019\,35$ s^{-1}。

特征方程式可表示为

$$s^4 + 0.757s^3 + 6.038s^2 + 0.036s + 0.034 = 0$$

求得特征方程的根为

$$s_{1,2} = -0.376 \pm j2.426,\ s_{3,4} = -0.003 \pm j0.076$$

特征方程的根是两对具有负实部的共轭复根，因此，飞行器的运动是稳定的。这两对根的实部绝对值相差很大，虚部绝对值相差也很大，表明这个飞行器纵向自由扰动运动是由两个特性相差很大的振荡运动合成的。

例 2.4 某飞机外形飞行器飞行高度 $H=1\ 000$ m，以 $V=450$ km/h 做定态下滑飞行，经计算求得特征方程式后，可求出其共轭复根为

$$s_{1,2} = -2.56 \pm j1.99, s_{3,4} = -0.015 \pm j0.087$$

共轭复根的特性同例 2.3。

上述例子具有以下特点。

（1）所列飞行器的纵向自由扰动运动均包含振荡运动的成分。

（2）两个振荡运动分量彼此间的振幅和频率相差很大。

根据对大量导弹的分析可知，在基准弹道的一些特征点上，同一类气动外形的导弹其纵向自由扰动运动的形态存在相同的规律性。

特征方程式的根为共轭复根时，扰动运动的形态表现为振荡形式。式（2.57）所示的攻角偏量 $\Delta\alpha$ 的振荡周期为

$$T = \frac{2\pi}{v} \tag{2.58}$$

为了定量地评价扰动运动参数衰减的快慢，引入衰减程度的概念。衰减程度是指振幅（如果是实根则为扰动值）衰减 1/2 所需要的时间。当 $\sigma<0$ 时，有

$$e^{\sigma\Delta t} = e^{\sigma(t_2-t_1)} = \frac{1}{2}$$

因此衰减程度为

$$\Delta t = t_2 - t_1 = -\frac{0.693}{\sigma} \tag{2.59}$$

表 2-2 所列为例 2.2、例 2.3、例 2.4 的振荡周期和衰减程度。

表 2-2 例 2.2、例 2.3、例 2.4 的纵向自由扰动运动计算结果

计算示例	特征方程的根	振荡周期	衰减程度
例 2.2	-1.409 ± j11.26 -0.052 ± j0.11	0.558s 57.12s	0.492s 13.327s
例 2.3	-0.376 ± j2.426 -0.003 ± j0.076	2.59s 83.78s	1.843s 231s
例 2.4	-2.56 ± j1.99 -0.015 ± j0.087	3.157s 72.22s	0.271s 46.2s

由于共轭复根的实数部分决定着扰动运动的衰减程度，而虚数部分决定着角频率，所以当纵向自由扰动运动的性质由两对共轭复根来表示时，由表 2-2 可以看出，一对大复根决定的扰动运动分量，其形态是周期短，衰减快，属于一种振荡频率高而振幅衰减快的运动，称为短周期扰动运动；而另一对小复根所决定的扰动运动分量，则是振动频率很低，衰减很慢的运动，称为长周期扰动运动。图 2-8 所示为例 2.3 短周期和长周期扰动运动的示意图。

通过以上例子可以看出，纵向自由扰动运动特征方程式的根一般由一对大复根和一对小复根构成，大小复根分别代表了自由扰动运动中的高频快衰减的短周期运动分量和低频慢衰减的长周期运动分量。通过对大量不同形式飞行器进行分析的结果表明，上述特点具有普遍

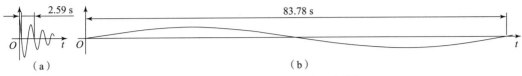

图 2-8 例 2.3 的长、短扰动运动周期

性,只是在有些情况下,一对小值的共轭复根由两个数值很小的实根来代替,振荡型的长周期运动变为两个衰减(或发散)很慢的非周期运动,其实质与长周期运动并没有太大区别。

导弹纵向扰动运动除了上述特性之外,对不同的特征根而言,其运动参数的变化特点也不相同。为了进一步显示纵向自由扰动运动的本质,再分析比较例 2.3 所得的过渡过程函数(攻角偏量的初始值 $\Delta\alpha = 2°$),即

$$\begin{cases} \Delta\alpha(t) = 2.003°\mathrm{e}^{-0.376t}\sin(139.01°t + 87.823°) - 0.05°\mathrm{e}^{-0.003t}\sin(4.297°t + 2.979°) \\ \Delta\vartheta(t) = 1.98°\mathrm{e}^{-0.376t}\sin(139.01°t + 81.116°) - 1.964°\mathrm{e}^{-0.003t}\sin(4.297°t + 85.708°) \\ \Delta V(t) = 0.129°\mathrm{e}^{-0.376t}\sin(139.01°t - 19.884°) + 4.495°\mathrm{e}^{-0.003t}\sin(4.297°t + 0.572°) \end{cases} \quad (2.60)$$

式(2.60)由两个分量组成,其中一对大根 $s_{1,2}$ 决定了周期短而衰减快的短周期运动分量,即

$$\begin{cases} \Delta\alpha_{1,2}(t) = 2.003°\mathrm{e}^{-0.376t}\sin(139.01°t + 87.823°) \\ \Delta\vartheta_{1,2}(t) = 1.98°\mathrm{e}^{-0.376t}\sin(139.01°t + 81.116°) \\ \Delta V_{1,2}(t) = 0.129°\mathrm{e}^{-0.376t}\sin(139.01°t - 19.884°) \end{cases} \quad (2.61)$$

由式(2.61)看出,在纵向短周期扰动运动中,各运动参数随时间变化的特性也不相同。攻角 $\Delta\alpha$ 和俯仰角 $\Delta\vartheta$ 的矢量模值要比速度矢量模值大得多。这表明由大根 $s_{1,2}$ 决定的运动形态中,攻角 $\Delta\alpha$ 和俯仰角 $\Delta\vartheta$ 的变化是主要的。攻角 $\Delta\alpha$ 很快由初始值 $\Delta\alpha_0$ 衰减到零,与此同时因弹体也要绕质心急剧转动,于是俯仰角 $\Delta\vartheta$ 也有很大变化,但是飞行速度的变化则近似为零。

再来分析由一对小根所决定的扰动运动形态。一对小根决定的运动分量的过渡过程函数表达式为

$$\begin{cases} \Delta\alpha_{3,4}(t) = -0.05°\mathrm{e}^{-0.003t}\sin(4.297°t + 2.979°) \\ \Delta\vartheta_{3,4}(t) = -1.964°\mathrm{e}^{-0.003t}\sin(4.297°t + 85.708°) \\ \Delta V_{3,4}(t) = 4.495°\mathrm{e}^{-0.003t}\sin(4.297°t + 0.572°) \end{cases} \quad (2.62)$$

式(2.62)与式(2.61)相比较,周期比值为 32.4 倍,振幅减小 1/2 的时间比值为 125.3 倍,因此式(2.62)表示的是一个周期长、衰减慢的长周期扰动运动(或称沉浮运动)。在这种扰动运动的形态中,主要是飞行速度 ΔV 和俯仰角 $\Delta\vartheta$ 发生缓慢的变化,变化一个周期需 83.78 s。

由式(2.60)可见,长、短两个周期的扰动运动是同时存在的,其作用效果相互叠加。为了简化应用,常将导弹纵向自由扰动运动的长、短周期运动近似看成两个独立的、顺次起作用的阶段。在第一阶段,即短周期阶段,主要是攻角 $\Delta\alpha$ 和俯仰角 $\Delta\vartheta$ 的变化,速度 ΔV 变化不大,可视为零。短周期扰动运动之后是长周期阶段,该阶段主要是速度 ΔV 和俯仰角

$\Delta\vartheta$ 发生缓慢变化，攻角 $\Delta\alpha$ 几乎不变。

纵向自由扰动运动之所以能划分为两个独立阶段并且最初阶段为短周期运动，其原因是：导弹受到偶然干扰作用产生初始偏量（如攻角偏量）后，力矩平衡状态立刻遭到破坏，导弹产生较大的绕 Oz_1 轴旋转的角加速度，攻角和俯仰角随即发生迅速变化；但是，由于导弹的力平衡状态在短时间内并未改变，因此质心运动的加速度开始时还很小，导弹的速度在短时间内几乎不发生变化。

在短周期扰动运动阶段，即第一阶段，如果导弹具有稳定性，它绕 Oz_1 轴旋转的结果，将使攻角 $\Delta\alpha$ 逐渐恢复到与舵偏角相对应的平衡位置上。由于在旋转过程中又要受到阻尼力矩的作用，弹体的旋转振荡一般仅需 1～3 s 即可达到稳定，所以这一阶段是高频快衰减的运动。因为这一阶段的运动主要由力矩作用决定，是角运动的力学过程，所以当力矩已经基本恢复平衡时，短周期运动也就结束了。

在第二阶段运动中法向力和切向力起主要作用，还包括重力的作用，于是将改变导弹飞行速度的大小和方向。由于导弹具有一定的惯性，而法向力和切向力相对基准运动来说其值变化不大，所以导致速度 ΔV 和弹道倾角 $\Delta\theta$ 的变化十分缓慢。

操纵飞行需要对法向力进行控制。对于通过气动力控制飞行的导弹，法向力的控制一般通过改变攻角和侧滑角来实现，而攻角和侧滑角的响应与变化主要体现在短周期阶段，因此，当设计导弹及其控制系统时，一般只研究扰动运动短周期阶段。

2.2.3 纵向短周期扰动运动方程组

导弹纵向扰动运动方程组（2.44）是一个四阶微分方程组，求解和应用比较困难。根据前面的分析可知，纵向扰动运动可以分为长、短周期的两个独立过程，而对导弹控制系统来说短周期运动更为重要。因此，可以采取措施对纵向扰动运动方程组进行简化，使其仅反映导弹的短周期扰动运动。

由于在短周期运动阶段主要是由力矩变化引起弹体产生角运动，而近似认为长周期运动还没来得及表现出来，所以取 $\Delta\dot{V}=0$，$\Delta V=0$，于是忽略方程组（2.44）中的第 1 个公式以及其他式中包含 ΔV 的项，得到简化后的扰动运动方程组：

$$\begin{cases} \Delta\ddot{\vartheta} + a_{22}\Delta\dot{\vartheta} + a'_{24}\Delta\dot{\alpha} + a_{24}\Delta\alpha = -a'_{25}\Delta\dot{\delta}_z - a_{25}\Delta\delta_z + M_{zd} \\ \Delta\dot{\theta} + a_{33}\Delta\theta - a_{34}\Delta\alpha = a_{35}\Delta\delta_z + F_{yd} \\ -\Delta\vartheta + \Delta\theta + \Delta\alpha = 0 \end{cases} \quad (2.63)$$

方程组（2.63）主要描述导弹的角运动。该方程组的假设前提为：小扰动且未扰动运动的侧向参数及纵向角速度足够小。此外，该方程组只适用于不超过几秒钟的短暂时间。

由方程组（2.63）可得纵向短周期扰动运动的特征方程式为

$$D(s) = \begin{vmatrix} s(s+a_{22}) & 0 & a'_{24}s + a_{24} \\ 0 & s+a_{33} & -a_{34} \\ -1 & 1 & 1 \end{vmatrix} = s^3 + A_1 s^2 + A_2 s + A_3 = 0 \quad (2.64)$$

其中，

$$\begin{cases} A_1 = a_{22} + a'_{24} + a_{33} + a_{34} \\ A_2 = a_{22}(a_{33} + a_{34}) + a_{24} + a'_{24}a_{33} \\ A_3 = a_{24}a_{33} \end{cases} \quad (2.65)$$

重力对于弹道切线转动角速度 $d\theta/dt$ 的影响取决于弹道倾角 θ。当未扰动运动是水平运动时，$a_{33}=0$；当未扰动运动弹道倾角很大时，a_{33} 接近于 g/V。如果系数 a_{33} 与 a_{34} 或 a_{35} 相比很小，则在扰动运动中重力对于 $\Delta\theta$ 的影响可以忽略，有翼式导弹就属于这种情况。

对于弹道式导弹，由于重力 G 大，而 Y^α 又较小，当飞行速度不很大的情况下，不能忽略 a_{33} 这一项。

对于有翼式导弹，舵面升力相对翼面升力为小量，这时 $a_{35}\approx 0$，于是在描述弹道倾角变化的方程中可以忽略 $a_{35}\Delta\delta_z$ 项。

在方程组（2.63）的第 1 个公式中，$a'_{24}\Delta\dot\alpha$ 表征气流下洗延迟对导弹转动的影响，其值远比 a_{22} 和 a_{24} 小得多，为简化研究，可在该方程中忽略 $a'_{24}\Delta\dot\alpha$ 项。

于是，有翼式导弹纵向扰动运动方程组的最简化形式为

$$\begin{cases}\Delta\ddot\vartheta + a_{22}\Delta\dot\vartheta + a_{24}\Delta\alpha = -a_{25}\Delta\delta_z + M_{zd} \\ \Delta\dot\theta - a_{34}\Delta\alpha = F_{zd} \\ -\Delta\vartheta + \Delta\theta + \Delta\alpha = 0\end{cases} \quad (2.66)$$

导弹作为控制对象，为达到操纵飞行的目的，在大气层内飞行时采用的主要方法是改变导弹的攻角；此外，导弹控制系统一般都有足够快的响应速度，所以短周期运动具有重要的实际意义。为了获得满意的控制效果，不但要求短周期运动具有稳定性，而且必须具备较好的动态品质。对于长周期运动，其是否稳定对导弹飞行来说并不重要，因为自动驾驶仪的测量装置测出俯仰角的缓慢变化后，能有足够的时间通过偏转升降舵改善长周期运动的特性。

2.2.4 侧向扰动运动方程组

在扰动运动中，如果基准运动的纵向参数不变，控制和干扰作用仅使侧向运动参数发生变化的扰动运动，称为侧向扰动运动。对于轴对称导弹，侧向扰动运动又可以分为偏航和倾斜两个相互独立的扰动运动，而偏航扰动运动的特性与纵向扰动运动完全一致。但是，对于面对称导弹，其侧向扰动运动不能独立分解为偏航和倾斜扰动运动，其动态特性比较复杂。

由线性化扰动运动方程组和侧向扰动运动的概念，可得侧向扰动运动方程组为

$$\begin{cases}-mV\cos\theta\dfrac{d\Delta\psi_V}{dt} = (-P+Z^\beta)\Delta\beta + (P_\alpha+Y)\Delta\gamma_V + Z^{\delta_y}\Delta\delta_y \\ J_x\dfrac{d\Delta\omega_x}{dt} = M_x^\beta\Delta\beta + M_x^{\omega_x}\Delta\omega_x + M_x^{\omega_y}\Delta\omega_y + M_x^{\delta_x}\Delta\delta_x + M_x^{\delta_y}\Delta\delta_y \\ J_y\dfrac{d\Delta\omega_y}{dt} = M_y^\beta\Delta\beta + M_y^{\omega_y}\Delta\omega_y + M_y^{\omega_x}\Delta\omega_x + M_y^{\dot\beta}\Delta\dot\beta + M_y^{\delta_y}\Delta\delta_y \\ \dfrac{d\Delta z}{dt} = -V\cos\theta\Delta\psi_V \\ \dfrac{d\Delta\psi}{dt} = \dfrac{1}{\cos\vartheta}\Delta\omega_y \\ \dfrac{d\Delta\gamma}{dt} = \Delta\omega_x - \tan\vartheta\Delta\omega_y \\ \Delta\psi_V = \Delta\psi + \dfrac{\alpha}{\cos\theta}\Delta\gamma - \dfrac{1}{\cos\theta}\Delta\beta \\ \Delta\gamma_V = \tan\theta\Delta\beta + \dfrac{\cos\vartheta}{\cos\theta}\Delta\gamma\end{cases} \quad (2.67)$$

省略方程组（2.67）中与其他式无关的第4、5、6、7式，引入方程系数的简化表示，用 b_{ij} 表示侧向动力系数，注脚"i"表示方程式序号，注脚"j"表示运动参数偏量序号。经过一系列化简（可参看飞行力学和飞行动力学等方面的文献，此处略），侧向扰动运动方程组可简化为

$$\begin{cases} \Delta\dot{\omega}_x + b_{11}\Delta\omega_x + b_{12}\Delta\omega_y + b_{14}\Delta\beta = -b_{17}\Delta\delta_y - b_{18}\Delta\delta_x + M_{xd} \\ \Delta\dot{\omega}_y + b_{22}\Delta\omega_y + b_{24}\Delta\beta + b'_{24}\Delta\dot{\beta} + b_{21}\Delta\omega_x = -b_{27}\Delta\delta_y + M_{yd} \\ \Delta\dot{\beta} + (b_{34} + a_{33})\Delta\beta + b_{36}\Delta\omega_y - \alpha\Delta\dot{\gamma} + b_{35}\Delta\gamma = -b_{37}\Delta\delta_y + F_{zd} \\ \Delta\dot{\gamma} = \Delta\omega_x + b_{56}\Delta\omega_y \end{cases} \quad (2.68)$$

式中：$b_{11} = -\dfrac{M_x^{\omega_x}}{J_x}$，$b_{12} = -\dfrac{M_y^{\omega_x}}{J_x}$，$b_{14} = -\dfrac{M_x^{\beta}}{J_x}$，$b_{17} = -\dfrac{M_x^{\delta_y}}{J_x}$，$b_{18} = -\dfrac{M_x^{\delta_x}}{J_x}$，$b_{21} = -\dfrac{M_y^{\omega_x}}{J_y}$，$b_{22} = -\dfrac{M_y^{\omega_y}}{J_y}$，$b_{24} = -\dfrac{M_y^{\beta}}{J_y}$，$b'_{24} = -\dfrac{M_y^{\dot{\beta}}}{J_y}$，$b_{27} = -\dfrac{M_y^{\delta_y}}{J_y}$，$b_{34} = \dfrac{P - Z^{\beta}}{mV}$，$b_{35} = -\dfrac{g\cos\vartheta}{V}$，$b_{36} = -\dfrac{\cos\theta}{\cos\vartheta}$，$b_{37} = -\dfrac{Z^{\delta_y}}{mV}$，$b_{56} = -\tan\vartheta$，$M_{xd} = -\dfrac{M'_{xd}}{J_x}$，$M_{yd} = -\dfrac{M'_{yd}}{J_y}$，$F_{zd} = -\dfrac{F'_{zd}}{mV}$。

如果导弹的气动外形是轴对称的，一般情况下导弹的倾斜运动和偏航运动又可以分开进行控制。这样，就可以将导弹的倾斜运动和偏航运动分开进行研究。这时由方程组（2.68）可以得到描述偏航扰动运动的方程组。

对于轴对称气动外形的导弹，在理想滚转稳定条件下，偏航扰动运动的动态特性和纵向扰动运动的动态特性是相同的。

倾斜运动又称滚转运动。对于轴对称气动外形的导弹，在通道分离的情况下，根据方程组（2.68）的第1和第4个公式，弹体绕 O_{x1} 轴的滚转扰动运动方程式为

$$\Delta\ddot{\gamma} + b_{11}\Delta\dot{\gamma} = -b_{18}\Delta\delta_x + M_{xd} \quad (2.69)$$

2.3 轴对称弹体的传递函数

在导弹的制导系统中，导弹弹体是其中的一个环节，也是控制对象。在设计导弹制导控制系统时，需要使包括弹体在内的控制系统具有良好的动态特性，能够快速准确地执行制导指令。在以经典控制理论为基础的自动控制系统中，对动态特性的研究可通过系统的传递函数获得。

2.3.1 纵向短周期传递函数

在自动控制理论中，传递函数定义为输出量和输入量的拉普拉斯变换式之比。这里只给出常用的纵向短周期扰动运动传递函数。求传递函数时令所有的初始值等于零，这样导弹纵向短周期扰动运动方程组（2.63）的拉普拉斯变换式为

$$\begin{cases} (s^2 + a_{22}s)\Delta\vartheta(s) + (a'_{24}s + a_{24})\Delta\alpha(s) = (-a'_{25}s - a_{25})\Delta\delta_z(s) + M_{zd}(s) \\ (s + a_{33})\Delta\theta(s) - a_{34}\Delta\alpha(s) = a_{35}\Delta\delta_z(s) + F_{yd}(s) \\ -\Delta\vartheta(s) + \Delta\theta(s) + \Delta\alpha(s) = 0 \end{cases} \quad (2.70)$$

求解方程组（2.70），分别以像函数 $\Delta\vartheta(s)$、$\Delta\theta(s)$ 和 $\Delta\alpha(s)$ 为输出量，作为相应

传递函数的分子，以像函数 $\Delta\delta(s)$ 为输入量（此时不考虑干扰力矩 $M_{zd}(s)$ 和干扰力 $F_{yd}(s)$），作为传递函数的分母，可以得到纵向短周期扰动运动的传递函数为

$$\begin{cases} W^{\vartheta}_{\delta_z}(s) = \dfrac{\Delta\vartheta(s)}{\Delta\delta_z(s)} = -\dfrac{a'_{25}s^2 + (a'_{25}a_{33} + a'_{25}a_{34} - a'_{24}a_{35} + a_{25})s + a_{25}a_{33} + a_{25}a_{34} - a_{24}a_{35}}{s^3 + A_1 s^2 + A_2 s + A_3} \\ W^{\theta}_{\delta_z}(s) = \dfrac{\Delta\theta(s)}{\Delta\delta_z(s)} = -\dfrac{-a_{35}s^2 + (a'_{25}a_{34} - a_{22}a_{35} - a'_{24}a_{35})s + a_{25}a_{34} - a_{24}a_{35}}{s^3 + A_1 s^2 + A_2 s + A_3} \\ W^{\alpha}_{\delta_z}(s) = \dfrac{\Delta\alpha(s)}{\Delta\delta_z(s)} = -\dfrac{(a'_{25} + a_{35})s^2 + (a_{22}a_{35} + a'_{25}a_{33} + a_{25})s + a_{25}a_{33}}{s^3 + A_1 s^2 + A_2 s + A_3} \end{cases}$$

(2.71)

式中：A_1、A_2、A_3 含义见式（2.65）。

在纵向短周期扰动运动中若不计重力动力系数 a_{33}，也不考虑舵面气流下洗延迟产生的动力系数 a'_{25}，由式（2.71）可得纵向短周期扰动运动的近似传递函数为

$$\begin{cases} W^{\vartheta}_{\delta_z}(s) = \dfrac{\Delta\vartheta(s)}{\Delta\delta_z(s)} = -\dfrac{(a_{25} - a'_{24}a_{35})s + a_{25}a_{34} - a_{24}a_{35}}{s[s^2 + (a_{22} + a'_{24} + a_{34})s + (a_{24} + a_{22}a_{34})]} = \dfrac{K_D(T_1 s + 1)}{s(T_D^2 s^2 + 2\xi_D T_D s + 1)} \\ W^{\theta}_{\delta_z}(s) = \dfrac{\Delta\theta(s)}{\Delta\delta_z(s)} = -\dfrac{-a_{35}s^2 - a_{35}(a_{22} + a'_{24})s + a_{25}a_{34} - a_{24}a_{35}}{s[s^2 + (a_{22} + a'_{24} + a_{34})s + (a_{24} + a_{22}a_{34})]} = \dfrac{K_D(T_{1\theta} s + 1)(T_{2\theta} s + 1)}{s(T_D^2 s^2 + 2\xi_D T_D s + 1)} \\ W^{\alpha}_{\delta_z}(s) = \dfrac{\Delta\alpha(s)}{\Delta\delta_z(s)} = -\dfrac{a_{35}s + (a_{25} + a_{22}a_{35})}{s^2 + (a_{22} + a'_{24} + a_{34})s + (a_{24} + a_{22}a_{34})} = \dfrac{K_{2\alpha}(T_{2\alpha} s + 1)}{T_D^2 s^2 + 2\xi_D T_D s + 1} \end{cases}$$

(2.72)

式中：$K_D = \dfrac{a_{24}a_{35} - a_{25}a_{34}}{a_{24} + a_{22}a_{34}}$ 为纵向传递系数；$T_D = \dfrac{1}{\sqrt{a_{24} + a_{22}a_{34}}}$ 为纵向时间常数；$\xi_D = \dfrac{a_{22} + a'_{24} + a_{34}}{2\sqrt{a_{24} + a_{22}a_{34}}}$ 为纵向相对阻尼系数；$T_1 = \dfrac{a'_{24}a_{35} - a_{25}}{a_{24}a_{35} - a_{25}a_{34}}$ 为纵向气动力时间常数；$K_{2\alpha} = \dfrac{-a_{25} - a_{22}a_{35}}{a_{24} + a_{22}a_{35}}$ 为攻角传递系数；$T_{2\alpha} = \dfrac{a_{35}}{a_{25} + a_{22}a_{35}}$ 为攻角时间常数；$T_{1\theta}$ 和 $T_{2\theta}$ 由 $T_{1\theta} + T_{2\theta} = \dfrac{-a_{35}(a_{22} + a'_{24})}{a_{25}a_{34} - a_{24}a_{35}}$ 和 $T_{1\theta} T_{2\theta} = \dfrac{-a_{35}}{a_{25}a_{34} - a_{24}a_{35}}$ 求得。

由式（2.72）可知，攻角的传递函数具有一般振荡环节的特性，俯仰角和弹道倾角的分母多项式除二阶环节外，还含有一个积分环节。

如果导弹气流下洗延迟现象不明显，动力系数 a'_{24} 与 a_{22} 相比可以忽略不计，或者 $a'_{24}a_{35}$ 与 a_{25} 相比可以忽略不计，就可略去下洗延迟的影响，纵向短周期传递函数式（2.72）可进一步化简为

$$\begin{cases} W^{\vartheta}_{\delta_z}(s) = \dfrac{\Delta\vartheta(s)}{\Delta\delta_z(s)} = \dfrac{K_D(T_1 s + 1)}{s(T_D^2 s^2 + 2\xi_D T_D s + 1)} \\ W^{\theta}_{\delta_z}(s) = \dfrac{\Delta\theta(s)}{\Delta\delta_z(s)} = \dfrac{K_D[1 - T_1 a_{35} s(s + a_{22})/a_{25}]}{s(T_D^2 s^2 + 2\xi_D T_D s + 1)} \\ W^{\alpha}_{\delta_z}(s) = \dfrac{\Delta\alpha(s)}{\Delta\delta_z(s)} = \dfrac{K_D T_1[1 + a_{35}(s + a_{22})/a_{25}]}{T_D^2 s^2 + 2\xi_D T_D s + 1} \end{cases}$$

(2.73)

式中：$K_D = \dfrac{a_{24}a_{35} - a_{25}a_{34}}{a_{24} + a_{22}a_{34}}$；$T_D = \dfrac{1}{\sqrt{a_{24} + a_{22}a_{34}}}$；$\xi_D = \dfrac{a_{22} + a_{34}}{2\sqrt{a_{24} + a_{22}a_{34}}}$ 或 $\xi_D = \dfrac{a_{22} + a'_{24} + a_{34}}{2\sqrt{a_{24} + a_{22}a_{34}}}$；

$T_1 = \dfrac{-a_{25}}{a_{24}a_{35} - a_{25}a_{34}}$。

对于有翼式导弹，舵面升力相对翼面升力为小量，这时 $a_{35} \approx 0$，于是式（2.73）还可以继续化简为

$$\begin{cases} W^{\vartheta}_{\delta_z}(s) = \dfrac{\Delta\vartheta(s)}{\Delta\delta_z(s)} = \dfrac{K_D(T_1 s + 1)}{s(T_D^2 s^2 + 2\xi_D T_D s + 1)} \\ W^{\theta}_{\delta_z}(s) = \dfrac{\Delta\theta(s)}{\Delta\delta_z(s)} = \dfrac{K_D}{s(T_D^2 s^2 + 2\xi_D T_D s + 1)} \\ W^{\alpha}_{\delta_z}(s) = \dfrac{\Delta\alpha(s)}{\Delta\delta_z(s)} = \dfrac{K_D T_1}{T_D^2 s^2 + 2\xi_D T_D s + 1} \end{cases} \quad (2.74)$$

式中：$K_D = \dfrac{-a_{25}a_{34}}{a_{24} + a_{22}a_{34}}$；$T_D = \dfrac{1}{\sqrt{a_{24} + a_{22}a_{34}}}$；$\xi_D = \dfrac{a_{22} + a_{34}}{2\sqrt{a_{24} + a_{22}a_{34}}}$ 或 $\xi_D = \dfrac{a_{22} + a'_{24} + a_{34}}{2\sqrt{a_{24} + a_{22}a_{34}}}$；

$T_1 = \dfrac{1}{a_{34}}$。

式（2.74）中，当 $\xi_D = (a_{22} + a_{34})/(2\sqrt{a_{24} + a_{22}a_{34}})$ 时，其传递函数与直接对有翼导弹纵向短周期扰动运动的微分方程组（2.66）进行拉普拉斯变换后再求解得到的传递函数一致。根据方程组（2.74）中对弹道倾角的传递函数可得对弹道倾角角速度的传递函数为

$$W^{\dot{\theta}}_{\delta_z}(s) = \dfrac{\Delta\dot{\theta}(s)}{\Delta\delta_z(s)} = \dfrac{K_D}{T_D^2 s^2 + 2\xi_D T_D s + 1} \quad (2.75)$$

舵面偏转的目的是对导弹的飞行进行控制，从而改变导弹的飞行状态。衡量导弹跟随舵面偏转的操纵性，除了上述攻角、俯仰角和弹道倾角外，法向过载也是一个重要的参数。在基准运动中法向过载为

$$n_{y0} = \dfrac{V_0}{g}\dfrac{\mathrm{d}\theta}{\mathrm{d}t} + \cos\theta_0 \quad (2.76)$$

对式（2.76）线性化，可以求出法向过载偏量的表达式为

$$\Delta n_y = \dfrac{\Delta V}{g}\dfrac{\mathrm{d}\theta_0}{\mathrm{d}t} + \dfrac{V_0}{g}\dfrac{\mathrm{d}\Delta\theta}{\mathrm{d}t} - \sin\theta_0 \Delta\theta \quad (2.77)$$

略去式（2.77）中的二次微量 $\sin\theta_0 \Delta\theta$ 和偏量 ΔV，并省略偏量符号"Δ"和下标"0"，式（2.77）变为

$$n_y \approx \dfrac{V}{g}\dfrac{\mathrm{d}\theta}{\mathrm{d}t}$$

因此，法向过载 Δn_y 的传递函数为

$$W^{n_y}_{\delta_z}(s) = \dfrac{\Delta n_y(s)}{\Delta\delta_z(s)} = \dfrac{s\Delta\theta(s)}{\Delta\delta_z(s)}\dfrac{V}{g} = \dfrac{V}{g}W^{\dot{\theta}}_{\delta_z}(s) = \dfrac{K_D \dfrac{V}{g}}{T_D^2 s^2 + 2\xi_D T_D s + 1} \quad (2.78)$$

应用传递函数式（2.74）、式（2.75）和（2.78），各传递函数之间的关系可用图 2-9

所示的方块图表示,图中省略了偏量符号"Δ"。图 2-9 中由弹道倾角角速度 $\dot{\theta}$ 到法向过载 n_y 的传递函数中除以 57.3 的目的是进行单位转换,即把 θ 的单位度(°)转换为弧度(rad)。

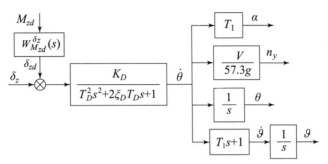

图 2-9 有翼导弹纵向短周期传递函数结构图

作为输入作用的除舵面偏转外,还有干扰作用,它对短周期扰动运动的影响主要是干扰力矩 M_{zd}($M_{zd} = M'_{zd}/J_z$,为简单起见,将 M_{zd} 称为干扰力矩)。根据拉普拉斯变换得到的方程组(2.70),不考虑舵偏角 $\Delta\delta_z$ 和干扰力 F_{zd} 的作用,可求得纵向短周期扰动运动对干扰力矩的传递函数为

$$\begin{cases} W^{\vartheta}_{M_{zd}}(s) = \dfrac{\Delta\vartheta(s)}{M_{zd}(s)} = \dfrac{T_D^2(s + a_{34})}{s(T_D^2 s^2 + 2\xi_D T_D s + 1)} \\[2mm] W^{\theta}_{M_{zd}}(s) = \dfrac{\Delta\theta(s)}{M_{zd}(s)} = \dfrac{T_D^2 a_{34}}{s(T_D^2 s^2 + 2\xi_D T_D s + 1)} \\[2mm] W^{\alpha}_{M_{zd}}(s) = \dfrac{\Delta\alpha(s)}{M_{zd}(s)} = \dfrac{T_D^2}{T_D^2 s^2 + 2\xi_D T_D s + 1} \\[2mm] W^{n_y}_{M_{zd}}(s) = \dfrac{\Delta n_y(s)}{M_{zd}(s)} = \dfrac{V}{g}\dfrac{T_D^2 a_{34}}{T_D^2 s^2 + 2\xi_D T_D s + 1} \end{cases} \quad (2.79)$$

将干扰力矩 M_{zd} 的输入作用变换成虚拟的升降舵偏角的输入作用,这时转换函数 $W^{\delta_z}_{M_{zd}}(s)$(图 2-9)的关系式为

$$W^{\delta_z}_{M_{zd}}(s) = \frac{T_D^2 a_{34}}{K_D} = -\frac{1}{a_{25}}$$

因此,干扰力矩的作用类似于舵偏角出现相应的偏转,称为等效干扰舵偏角,其值为

$$\delta_{zd} = -\frac{M_{zd}}{a_{25}}$$

前面根据导弹的不同特点列出了几种形式的纵向短周期传递函数,这些形式的传递函数经常出现在导弹飞行控制的相关文献资料中,也应用于本书后续有关章节中。

2.3.2 侧向传递函数

与求取纵向传递函数的方法相同,可对侧向扰动运动方程组进行拉普拉斯变换求得侧向传递函数。对于气动外形为轴对称的导弹，侧向短周期扰动运动的传递函数与纵向短周期扰动运动的传递函数相同。

下面求滚转扰动运动的传递函数。在零初始条件下，对式（2.69）两边进行拉普拉斯变换，可得

$$s(s + b_{11})\Delta\gamma(s) = -b_{18}\Delta\delta_x(s) + M_{xd}(s) \quad (2.80)$$

根据式（2.80），以 $\Delta\delta_x(s)$ 为输入、以 $\Delta\gamma(s)$ 为输出（此时不考虑干扰力矩 M_{xd}）的传递函数为

$$W_{\delta_x}^{\gamma} = \frac{\Delta\gamma(s)}{\Delta\delta_x(s)} = \frac{-b_{18}}{s(s + b_{11})} = \frac{K_{DX}}{s(T_{DX}s + 1)} \quad (2.81)$$

式中：$K_{DX} = -b_{18}/b_{11}$ 为导弹的倾斜传递系数；$T_{DX} = 1/b_{11}$ 为导弹的倾斜时间常数。

式（2.81）表明，以舵偏为输入、以滚转角为输出的滚转通道的传递函数是一个积分环节和一个惯性环节的串联。惯性环节的根 $s = -b_{11} = M_x^{\omega_x}/J_x < 0$，代表稳定的非周期运动。

当副翼或差动舵做一个正的单位脉冲偏转时，即 $\Delta\delta_x(s) = 1$，可以根据拉普拉斯变换的终值定理求出滚转角偏量的稳态值为

$$\Delta\gamma_\infty = \lim_{t\to\infty}\Delta\gamma(t) = \lim_{s\to 0}s\Delta\gamma(s) = K_{DX} = -\frac{b_{18}}{b_{11}} = -\frac{M_x^{\delta_x}}{M_x^{\omega_x}}$$

由此可见，副翼做单位脉冲偏转将使导弹的倾斜角产生一个稳态误差，稳态误差的值正比于副翼操纵效率 $M_x^{\delta_x}$，反比于阻尼力矩导数 $M_x^{\omega_x}$。

根据式（2.81），滚转角速度偏量 $\Delta\dot\gamma(s)$ 对舵偏角偏量 $\Delta\delta_x(s)$ 的传递函数为

$$W_{\delta_x}^{\dot\gamma} = \frac{\Delta\dot\gamma(s)}{\Delta\delta_x(s)} = \frac{K_{DX}}{T_{DX}s + 1} \quad (2.82)$$

当副翼或差动舵有单位阶跃偏转时，即 $\Delta\delta_x(t) = 1$ 或 $\Delta\delta_x(s) = 1/s$，此时弹体将产生稳定的滚转角速度，弹体滚转角将持续增大。

根据式（2.80），以倾斜干扰力矩 M_{xd} 为输入量、以滚转角速度偏量 $\Delta\dot\gamma$ 为输出量的传递函数为

$$W_{M_{xd}}^{\dot\gamma} = \frac{\Delta\dot\gamma(s)}{M_{xd}(s)} = \frac{1}{s + b_{11}} = \frac{K'_{DX}}{T_{DX}s + 1} \quad (2.83)$$

式中：$K'_{DX} = 1/b_{11}$。

2.4 动稳定性与操纵性

导弹的动态特性（动力学特性）分析是导弹总体设计的一个核心，它联系着包括制导与控制系统设计在内的所有分系统设计，因此具有重要意义。导弹的动态特性是指当导弹受到扰动作用后或当操纵机构产生偏转时导弹产生的扰动运动特性，主要指导弹的稳定性（Stability）、操纵性（Controllability）和机动性（Manoeuverability）。

导弹的弹体本身是飞行控制系统的被控对象，控制系统对导弹的动态特性影响很大。因此，在设计导弹的自动控制系统时，必须清楚地了解导弹弹体本身的动态特性，并在此基础上采取校正措施或改变弹体设计，使导弹的动态特性满足使用要求。另外，在设计导弹弹体时，也必须经常联系到控制系统来考虑各种问题。

2.4.1 动稳定性

导弹小扰动运动形态由常系数线性微分方程描述时,在扰动作用下,导弹将离开基准运动,一旦干扰作用消失,导弹又重新恢复到原来的飞行状态,则导弹的基准运动是动稳定的(图 2-10)。如果在扰动作用消失后,导弹不能恢复到原来的飞行状态,甚至偏差越来越大,则导弹的基准运动是动不稳定的(图 2-11)。

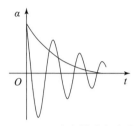

图 2-10 稳定的攻角变化

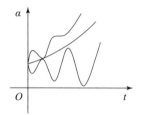

图 2-11 不稳定的攻角变化

对于导弹的动稳定性,更为确切的提法是指某些运动参数的稳定性。导弹运动参数可分为导弹质心运动参数(如 $V, x, y, \cdots$)和导弹绕质心转动的运动参数或称角运动参数(如 $\alpha, \beta, \gamma, \vartheta, \theta, \omega_x, \cdots$),因此在讨论导弹运动的动稳定性时,一般是针对某一类运动参数或某几个运动参数而言的,如导弹飞行高度的动稳定性,攻角、俯仰角、滚转角的动稳定性等。

1. 动态稳定的条件

如前所述,对于有控导弹来说,纵向短周期扰动运动的动态稳定性比长周期的更为重要,因此常根据纵向短周期扰动运动的稳定性来判断导弹的稳定性。下面讨论通过纵向短周期扰动运动特征方程式的动力系数判断导弹动稳定性的具体方法。

短周期扰动运动特征方程式如式(2.64)所示,即

$$s^3 + (a_{22} + a'_{24} + a_{33} + a_{34})s^2 + [a_{22}(a_{33} + a_{34}) + a_{24} + a'_{24}a_{33}]s + a_{24}a_{33} = 0$$

式中:动力系数 $a_{33} = -g\sin\theta/V$。有翼式导弹的飞行速度 V 一般较大,因此 a_{33} 的值很小,与其他动力系数相比可以忽略不计。

实践证明 $a_{33} \neq 0$,上述特征方程式有一个小根,可能会导致导弹的基准运动不稳定。令 $a_{33} = 0$ 相当于这个小根为零,其余两个根变化不大。由前述讨论可知,特征方程式的小根代表长周期运动,对导弹的制导控制几乎不产生影响,因此在动态稳定性分析中略去动力系数 a_{33} 是合理的。

略去动力系数 a_{33} 和零根后,短周期扰动运动的特征方程式变为

$$s^2 + (a_{22} + a'_{24} + a_{34})s + (a_{24} + a_{22}a_{34}) = 0 \tag{2.84}$$

式(2.84)相当于一个二阶系统的特征方程式。下面按照特征方程式的根为共轭复数或实数两种情况对系统的稳定性进行讨论。

1) $(a_{22} + a'_{24} + a_{34})^2 - 4(a_{24} + a_{22}a_{34}) < 0$

此时特征方程式的根 $s_{1,2}$ 为一对共轭复根,即

$$s_{1,2} = \sigma \pm j\upsilon = -\frac{1}{2}(a_{22} + a'_{24} + a_{34}) \pm j\frac{1}{2}\sqrt{4(a_{24} + a_{22}a_{34}) - (a_{22} + a'_{24} + a_{34})^2}$$

$$\tag{2.85}$$

由于 $a_{22}>0$，$a'_{24}>0$，$a_{34}>0$，所以共轭复根的实部 $\sigma<0$，因此短周期扰动运动稳定。也就是说，在振荡运动的情况下，纵向短周期扰动运动总是稳定的。该情况下的稳定性条件为

$$a_{24} + a_{22}a_{34} > (a_{22} + a'_{24} + a_{34})^2/4 \tag{2.86}$$

2) $(a_{22} + a'_{24} + a_{34})^2 - 4(a_{24} + a_{22}a_{34}) \geqslant 0$

此时 $s_{1,2}$ 为两个实根，即

$$s_{1,2} = -\frac{1}{2}(a_{22} + a'_{24} + a_{34}) \pm \frac{1}{2}\sqrt{(a_{22} + a'_{24} + a_{34})^2 - 4(a_{24} + a_{22}a_{34})} \tag{2.87}$$

(1) 当 $a_{24} + a_{22}a_{34} = 0$ 时，出现一个零根，导弹的基准运动是中立稳定的。

(2) 当 $a_{24} + a_{22}a_{34} < 0$ 时，必然出现一个正实根，导弹的基准运动是不稳定的。

(3) 当 $a_{24} + a_{22}a_{34} > 0$ 时，全为负根，导弹的基准运动是稳定的。

因此，该情况下的稳定性条件为

$$0 < a_{24} + a_{22}a_{34} \leqslant (a_{22} + a'_{24} + a_{34})^2/4 \tag{2.88}$$

综合上述两种情况，根据式（2.86）和式（2.88）可得导弹具有纵向动态稳定性的条件为

$$a_{24} + a_{22}a_{34} > 0 \tag{2.89}$$

共轭复根的实部代表了短周期运动的衰减程度，而且实部的绝对值越大，扰动运动衰减越快。式（2.85）实部为

$$\sigma = -\frac{1}{2}(a_{22} + a'_{24} + a_{34}) \tag{2.90}$$

式中：各动力系数的表达式分别为

$$a_{22} = \frac{-m_z^{\omega_z}\rho VSL^2}{2J_z}, a'_{24} = \frac{-m_z^{\dot\alpha}\rho VSL^2}{2J_z}, a_{34} = \frac{2P + C_y^\alpha \rho V^2 S}{2mV}$$

上述动力系数 a_{22}、a'_{24}、a_{34} 都为正值。当"下洗延迟"现象不明显时，可取 $m_z^{\dot\alpha} = 0$。由这些动力系数可见，增大飞行速度 V，实部 σ 增加。另外，增大速度 V，马赫数 Ma 也会增加。当 $Ma>1$ 时，$m_z^{\omega_z}$ 和 C_y^α 可能会减小。但马赫数对实部 σ 所产生的影响小于速度 V，所以增大速度 V 能够增大实部 σ，从而增大短周期扰动运动的衰减程度。

增加飞行高度，空气密度 ρ 减小。高度 $H=10$ km 时，空气密度为海平面的 0.337 倍；$H=20$ km 时，空气密度为海平面的 0.072 5 倍。因此，导弹纵向短周期扰动运动的衰减程度随高度增加而迅速减小，导弹的高空稳定性比低空稳定性差得多。

由式（2.85）可得根的虚部，它决定了弹体的振荡频率 ω_D，即

$$\omega_D = v = \frac{1}{2}\sqrt{4(a_{24} + a_{22}a_{34}) - (a_{22} + a'_{24} + a_{34})^2} \tag{2.91}$$

增大飞行速度 V 将提高弹体的振荡频率，增加高度 H 将降低弹体的振荡频率。在一定的相对阻尼系数下，弹体的振荡频率越高，对扰动或输入的响应速度越快。

2. 静稳定性与动稳定性的关系

将 a_{22}、a_{24} 和 a_{34} 代入短周期扰动运动动态稳定条件式（2.89），可得

$$-\frac{m_z^{\omega_z}L}{V}\frac{2P + C_y^\alpha \rho VS}{2mV} > m_z^\alpha \tag{2.92}$$

式（2.92）中，由于气动阻尼 $m_z^{\omega_z} < 0$，所以不等式左边始终为正。如果导弹是静稳定的，则 $m_z^\alpha < 0$，式（2.92）一定成立。由此可见，导弹具有静稳定性时，一定具有动态稳定性。

当 $m_z^\alpha > 0$ 时，式（2.92）仍可能成立，这时导弹是静不稳定的，但仍然可以是动态稳定的。当然，由于不等式左边的数值是有限的，因此导弹的静不稳定度不能太大，否则导弹将变为纵向动态不稳定。

由此可见，静稳定并不是动态稳定的必要条件。导弹是静不稳定的，但只要静不稳定度不大，满足动态稳定条件式（2.92），同样可以是动态稳定的。所以，不能简单地说为了具有动态稳定性，导弹必须是静稳定的。当然，也不能认为具有静稳定性的导弹，它的长、短周期运动都是稳定的。

有些文献从严格意义上理解稳定性一词的含义，将静稳定性称为正俯仰刚度，以便与动态稳定性相区别。

2.4.2 操纵性

1. 操纵性概念

为了使导弹按预定的弹道飞行，操纵机构需要按照控制系统的要求进行偏转。导弹的操纵性可以理解为当操纵机构偏转后，导弹改变其原来飞行状态的能力。导弹操纵性能的优劣是由过渡过程品质来评定的，其主要指标包括超调量、稳态值、调整时间、过渡过程中的最大偏量和振荡频率等。

一般来说，研究导弹弹体的操纵性时不考虑控制系统对导弹的控制作用，也就是假设导弹开环飞行。对于纵向操纵性，需要在给定舵偏角 $\Delta\delta_z(t)$ 的条件下求解非齐次线性微分方程组（2.44），其一般解是由齐次方程组的通解与非齐次方程组的特解组成。齐次方程组的通解对应于导弹的自由运动，非齐次方程组的特解对应于导弹的强迫运动。因此，操纵机构偏转时所产生的扰动运动是由自由运动和强迫运动组合而成。

在研究导弹弹体操纵时，通常研究导弹对操纵机构的三种典型偏转方式的反应，分别为单位阶跃偏转、谐波偏转和脉冲偏转。

1) 单位阶跃偏转

即操纵机构偏转单位角度。图 2-12 所示为操纵机构作阶跃偏转时导弹的攻角响应过程。

研究操纵机构作阶跃偏转的必要性是因为在这种情况下，导弹的响应最强烈，过渡过程中的超调量最大。实际上操纵机构不可能作瞬时的阶跃偏转，图 2-12 中所示为理想情况，因为如果操纵机构瞬间偏转单位角度，其偏转速度将无限大，从而舵机的功率也需要无限大。

2) 谐波偏转

操纵机构的偏转角度按照正弦规律变化，在这种情况下，导弹的响应称为导弹对操纵机构偏转的跟随性。图 2-13 所示为攻角对舵面谐波输入的响应示意图。当操纵机构作谐波偏转时，导弹的响应具有延迟、放大（或缩小）现象。

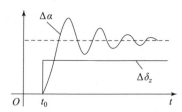
图 2-12 舵面阶跃偏转时攻角的响应

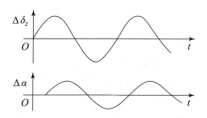
图 2-13 舵面谐波偏转时攻角的响应

在实际飞行过程中,操纵机构不可能出现谐波偏转规律。自动控制理论中用频率法研究动力学系统时,需要知道各环节的频率特性,而规定操纵机构作谐波偏转正是为了求得导弹的频率特性,以便利用频域法研究导弹在闭环飞行时的动态特性。

3)舵面脉冲偏转

图 2-14 所示为具有动稳定性的导弹其操纵机构作脉冲偏转时攻角的响应情况。

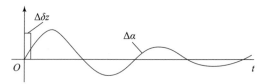
图 2-14 舵面脉冲偏转时攻角的响应

2. 舵面阶跃偏转时的纵向操纵性

针对上述的三种典型偏转方式,下面仅分析舵面阶跃偏转时导弹的纵向操纵性。导弹开环飞行,假定导弹舵面固定偏转一个单位角度 $\Delta\delta_z$,则由导弹的纵向短周期扰动运动的传递函数如式(2.71)~式(2.75)和式(2.78)可以求解运动参数攻角 $\Delta\alpha$、弹道倾角角速度 $\Delta\dot{\theta}$ 和法向过载 Δn_y 对舵偏角 $\Delta\delta_z$ 的过渡过程函数。以 X 分别代表运动参数 $\Delta\alpha$、$\Delta\dot{\theta}$ 和 Δn_y,其对舵偏角的传递函数可表示为如下的一般形式:

$$\frac{X(s)}{\Delta\delta_z(s)} = \frac{H(s)}{G(s)}$$

阶跃舵偏角输入的拉普拉斯变换 $\Delta\delta_z(s)$ 为 $\Delta\delta_z/s$,$\Delta\delta_z$ 为舵偏角的大小,则

$$X(s) = \frac{H(s)}{G(s)}\Delta\delta_z(s) = \frac{H(s)}{G(s)}\frac{\Delta\delta_z}{s} \qquad (2.93)$$

式(2.93)与式(2.49)的差别是特征方程式 $sG(s)=0$ 的根除了 $s=s_1, s_2, \cdots, s_n$ 外,还增加了 $s=0$。式(2.93)可分解为与式(2.50)类似的多项式相加的形式:

$$X(s) = \frac{H(0)}{G(0)}\frac{\Delta\delta_z}{s} + \sum_{i=1}^{n}\frac{H(s_i)\Delta\delta_z}{s_i\dot{G}(s_i)}\frac{1}{s-s_i} \qquad (2.94)$$

式中:$\dot{G}(s_1)$ 的表达式见式(2.51)。

对式(2.94)进行拉普拉斯逆变换即可得到 X 对阶跃舵偏角输入的过渡过程函数为

$$X(t) = \frac{H(0)}{G(0)}\Delta\delta_z + \sum_{i=1}^{n}\frac{H(s_i)}{s_i\dot{G}(s_i)}\Delta\delta_z e^{s_i t} \qquad (2.95)$$

下面,简单分析式(2.74)、式(2.75)和式(2.78)中 $\Delta\alpha$、$\Delta\dot{\theta}$ 和 Δn_y 对阶跃舵偏角

输入 $\Delta\delta_z$ 的过渡过程。这三个传递函数可写成统一的表达式：

$$\frac{X(s)}{\Delta\delta_z(s)} = \frac{K}{T_D^2 s^2 + 2\xi_D T_D s + 1} \quad (2.96)$$

式中：K 分别代表 $K_D T_1$、K_D 和 $K_D V/g$。

特征方程式 $T_D^2 s^2 + 2\xi_D T_D s + 1 = 0$ 的根为

$$s_{1,2} = -\frac{\xi_D}{T_D} \pm \sqrt{\frac{\xi_D^2 - 1}{T_D^2}} \quad (2.97)$$

（1）若 $\xi_D \geq 1$，即 $(a_{22} + a'_{24} + a_{34})^2 - 4(a_{24} + a_{22}a_{34}) \geq 0$，特征方程式的根为两个实根，其动力系数表达式如式（2.87）所示。此时按照式（2.95）求得的过渡过程函数是由两个非周期运动组成，过渡过程是否稳定可由稳定性条件式（2.89）进行判断。

（2）若 $\xi_D < 1$，即 $(a_{22} + a'_{24} + a_{34})^2 - 4(a_{24} + a_{22}a_{34}) < 0$，特征方程式的根为一对共轭复根，应用式（2.95）可求得 $\Delta\alpha$、$\Delta\dot{\theta}$ 和 Δn_y 对舵偏角 $\Delta\delta_z$ 的过渡过程函数为

$$x(t) = \left[1 - \frac{e^{-(\xi_D/T_D)t}}{\sqrt{1-\xi_D^2}} \sin\left(\frac{\sqrt{1-\xi_D^2}}{T_D} t + \varphi\right)\right] K\Delta\delta_z \quad (2.98)$$

式中，$\varphi = \arctan(\sqrt{1-\xi_D^2}/\xi_D)$。

这时的过渡过程是衰减振荡的形式，因此总是稳定的，其衰减系数 ξ_D/T_D 的动力系数表达式见式（2.90），振荡频率 $\sqrt{1-\xi_D^2}/T_D$ 的动力系数表达式见式（2.91）。

图 2-15 所示为动稳定导弹的过渡过程的示意图。导弹舵面阶跃偏转后，攻角 $\Delta\alpha$、俯仰角速度 $\Delta\dot{\vartheta}$、弹道倾角角速度 $\Delta\dot{\theta}$ 能达到稳态值，而俯仰角 $\Delta\vartheta$ 和弹道倾角 $\Delta\theta$ 则是随时间增长的。

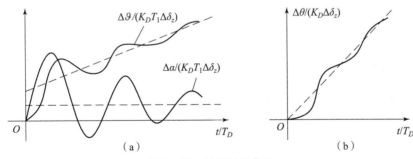

图 2-15 过渡过程曲线

对于以二阶环节表示的弹体纵向短周期扰动运动的传递函数来说，表征过渡过程品质的指标主要由纵向传递系数、时间常数和相对阻尼系数决定。

1）纵向传递系数对过渡过程的影响

传递函数式（2.72）~ 式（2.75）和式（2.78）中导弹纵向传递系数 K_D 的物理意义为：过渡过程结束时，单位舵偏角情况下导弹纵向运动参数 $\Delta\alpha$、$\Delta\dot{\vartheta}$、$\Delta\dot{\theta}$、Δn_y 的稳态值，即

$$\frac{\Delta\alpha_\infty}{\Delta\delta_z} = K_D T_1, \quad \frac{\Delta\dot{\vartheta}_\infty}{\Delta\delta_z} = K_D, \quad \frac{\Delta\dot{\theta}_\infty}{\Delta\delta_z} = K_D, \quad \frac{\Delta n_{y\infty}}{\Delta\delta_z} = \frac{V}{g} K_D \quad (2.99)$$

式（2.99）表明，传递系数 K_D 越大，导弹的攻角、俯仰角速度、弹道倾角角速度和法向过载的稳态值越大，因此导弹的操纵性越好。传递系数 K_D 的表达式为

$$K_D = \frac{a_{24}a_{35} - a_{25}a_{34}}{a_{24} + a_{22}a_{34}} \tag{2.100}$$

由式（2.100）可见，增大操纵动力系数 a_{25}，即提高操纵机构的效率；或者在具有稳定性的前提下减小静稳定动力系数 a_{24}，即降低导弹的静稳定度，均能使传递系数 K_D 增大，有利于提高导弹的操纵性。

如果阻尼动力系数 a_{22} 和舵面动力系数 a_{35} 与其他动力系数相比可以忽略不计，则传递系数 K_D 近似为

$$K_D \approx -\frac{a_{25}}{a_{24}}a_{34} = -\frac{m_z^\delta}{m_z^\alpha}\frac{P+Y^\alpha}{mV}$$

于是可得到以下近似公式：

$$\frac{\Delta\alpha_\infty}{\Delta\delta_z} = K_D T_1 \approx -\frac{a_{25}}{a_{24}} = -\frac{m_z^\delta}{m_z^\alpha} \tag{2.101}$$

$$\frac{\Delta\dot{\theta}_\infty}{\Delta\delta_z} = K_D \approx -\frac{a_{25}}{a_{24}}a_{34} = -\frac{m_z^\delta}{m_z^\alpha}\frac{P+Y^\alpha}{mV} \tag{2.102}$$

$$\frac{\Delta\dot{\theta}_\infty}{\Delta\alpha_\infty} = \frac{1}{T_1} \approx a_{34} = \frac{P+C_y^\alpha qS}{mV} \tag{2.103}$$

式（2.103）说明，过渡过程结束后，弹道倾角角速度稳态值与攻角稳态值之比取决于动力系数 a_{34}。也就是说，如果式（2.103）所示的力矩系数之比已定，在单位舵偏角作用下，虽然攻角的稳态值［见式（2.101）］不变，但随着动力系数 a_{34} 的增大，弹道倾角角速度的稳态值则可增加，即导弹改变速度方向的能力将增加，其结果不仅增大了导弹的操纵性，同时也增大了导弹的机动性。

对于同一个导弹，由于飞行情况不同，其传递系数也会有很大的变化。例如，某地空导弹在低空飞行时，$H=1\,067.7$ m，传递系数 $K_D=0.681\,5$；而在高空下，$H=22\,038$ m，传递系数 $K_D=0.080\,5$。高空传递系数下降为低空的 1/8.47，所以导弹的低空操纵性要比高空操纵性好得多。因此，对飞行高度较高的导弹来说，应着重采取措施提高导弹的高空操纵性。

对于多数有翼式导弹，通常推力 P 要比升力导数 Y^α 小得多，于是可将传递系数 K_D 进一步简化为

$$K_D \approx -\frac{m_z^\delta}{m_z^\alpha}\frac{Y^\alpha}{mV} = -\frac{m_z^\delta}{m_z^\alpha}\frac{\rho V C_y^\alpha S}{2m} \tag{2.104}$$

由式（2.104）可见，当飞行高度增加时，由于空气密度 ρ 减小，传递系数 K_D 将减小，而增大速度 V 又将使传递系数 K_D 增大。以前面提到的地空导弹为例，其在高空的飞行速度约为低空时的 2 倍，但由于飞行到 $H=22\,038$ m 时，空气密度约下降为低空时的 1/17，其结果还是使传递系数 K_D 降低。所以，对于飞行高度和速度同时变化的导弹，飞行高度对传递系数 K_D 的影响是主要的。飞行高度不变时，传递系数 K_D 则随飞行速度的增大而增大。

由于传递系数 K_D 决定着导弹的操纵性，为了减小飞行高度和速度对操纵性的影响，使传递系数 K_D 大致保持不变，通常可以采取以下两种方法。

（1）对弹体进行部位安排时，使质心位置和焦点位置的变化可以抵消飞行速度和高度变化的影响。

（2）在飞行过程中改变弹翼的形状和位置，以便调节导弹焦点来适应飞行速度和高度

的改变。例如,"奥利康"地空导弹在主动段飞行时,使弹翼沿着弹体纵轴移动。

2) 时间常数对过渡过程的影响

由前述可知,导弹纵向扰动运动作为短周期运动来处理,运动参数 $\Delta\alpha$、$\Delta\dot{\theta}$ 和 Δn_y 的特性可由一个二阶环节表示。在相对阻尼系数 $0<\xi_D<0.9$ 时,其阶跃输入的过渡过程调整时间与时间常数 T_D 近似成正比关系。时间常数 T_D 用动力系数表示为

$$T_D = \frac{1}{\omega_n} = \frac{1}{\sqrt{a_{24}+a_{22}a_{34}}} \qquad (2.105)$$

由式(2.105)可知,增大动力系数 a_{22}、a_{24} 和 a_{34},将使时间常数 T_D 减小,使过渡过程响应加快,提高操纵性。其中,增大动力系数 a_{24} 使导弹的静稳定性增加,有利于缩短过渡过程时间而提高操纵性,但将降低传递系数 K_D,这对操纵性又是不利的。

弹体的无阻尼自然频率 ω_n 与时间常数 T_D 成反比。在相对阻尼系数一定的情况下,无阻尼自然频率越大,过渡过程的响应越迅速。增大导弹的静稳定性有利于提高 ω_n,但设计导弹的控制系统时,一般要求弹体的无阻尼自然频率(或称为固有频率、自振频率)低于自动驾驶仪的频率,以免出现共振,因此静稳定性的大小从这一角度来说也是有限制的。

3) 相对阻尼系数对过渡过程的影响

根据自动控制理论可知,二阶环节的过渡过程形态取决于相对阻尼系数 ξ_D。$\xi_D \geq 1$ 时,过渡过程是非周期的,没有超调量;$\xi_D<1$ 时,过渡过程是振荡的,将出现超调量。根据式(2.98)所示的攻角 $\Delta\alpha$、弹道倾角角速度 $\Delta\dot{\theta}$ 和法向过载 Δn_y 对舵面阶跃输入的过渡过程表达式可求得最大超调量为

$$M = \frac{x_{\max} - x_{\infty}}{x_{\infty}} = e^{-\pi\xi_D/\sqrt{1-\xi_D^2}} \qquad (2.106)$$

最大超调量 M 与相对阻尼系数 ξ_D 之间的关系如图 2-16 所示。由图可见,相对阻尼系数越小则最大超调量越大。若相对阻尼系数为 0.4~0.8,则阶跃响应的最大超调量百分比为 25%~2.5%。

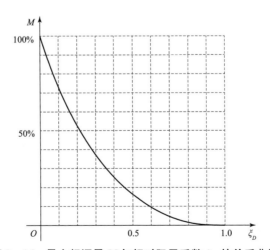

图 2-16 最大超调量 M 与相对阻尼系数 ξ_D 的关系曲线

因此,当弹体的相对阻尼系数 ξ_D 较小时,法向过载的最大超调量将较大。如果导弹的

基准运动是在可用过载下飞行,则导弹在飞行过程中的全部法向过载除了可用过载外,还要加上由超调量引起的最大法向过载,因此全部过载的最大值可能会比可用过载大得多。

此外,对于二阶系统,当 $\xi_D \approx 0.68$(对于5%允许误差标准)或 $\xi_D \approx 0.76$(对于2%允许误差标准)时,过渡过程的时间达到最小值,之后随 ξ_D 的增大过渡过程时间几乎呈线性增大。

为了减小过载的最大值并使过渡过程的时间较短,往往希望导弹具有比较大的相对阻尼系数 ξ_D。相对阻尼系数与动力系数的关系为

$$\xi_D = \frac{a_{22} + a'_{24} + a_{34}}{2\sqrt{a_{24} + a_{22}a_{34}}} \approx \frac{a_{22} + a_{34}}{2\sqrt{a_{24}}} \tag{2.107}$$

式(2.107)说明,增大导弹的气动阻尼动力系数 a_{22} 和法向动力系数 a_{34} 能够提高 ξ_D。此外,减小 a_{24} 即降低弹体的静稳定性,也能增大 ξ_D。这一点与传递系数 K_D 对静稳定性的要求相同,但是静稳定性太小时,将使时间常数 T_D 增大,降低操纵性,这又是不希望的。因此,在选择静稳定动力系数 a_{24} 时,或者说,在进行导弹总体设计时,需要综合考虑静稳定性和操纵性之间的关系。

将相应的动力系数表达式代入式(2.107),可得

$$\xi_D \approx \frac{-\frac{1}{J_z}\frac{1}{2}m_z^{\omega_z}\rho VSL^2 + \frac{P}{mV} + \frac{1}{2m}C_y^\alpha \rho VS}{2\sqrt{-\frac{1}{J_z}\frac{1}{2}m_z^\alpha \rho V^2 SL}} \approx \frac{-m_z^{\omega_z}\sqrt{\rho S L^2/J_z} + C_y^\alpha \sqrt{\rho S/m}}{\sqrt{-m_z^\alpha L/J_z}} \tag{2.108}$$

应用式(2.108)对不同类型的导弹进行分析可知,导弹因受到气动布局外形的限制,以及不可能选择过大的弹翼面积,相对阻尼系数 ξ_D 的数值不可能接近0.7,某些导弹甚至只在0.1左右,想依靠导弹的气动布局进一步提高 ξ_D 的数值很难实现。

由式(2.108)还可以看出,相对阻尼系数 ξ_D 与飞行速度无直接关系,因此超调量也不随飞行速度的变化而发生明显的变化。但是,ξ_D 与空气密度有关,随着飞行高度的增加,ξ_D 将明显下降。例如,前面提到的某地空导弹,其相对阻尼系数随高度变化情况如表2-3所示。

表2-3 某地空导弹的相对阻尼系数 ξ_D 随高度的变化

H/km	5.027	9.187	13.098	16.174	19.699	22.000
ξ_D	0.121	0.095	0.072	0.056	0.044	0.035

考虑上述情况,为了提高相对阻尼系数 ξ_D 以便改善过渡过程的品质,特别是减小超调量,多数导弹都是通过自动驾驶仪来补偿弹体阻尼的不足,这部分内容将在第5章介绍。

在相对阻尼系数 ξ_D 较小的情况下,为了减小过载最大值,就需要限制舵偏角的极限位置。如果舵偏角的最大值是为了保证在高空时获得较大的机动性,那么在低空时为了防止过载太大,就要设法减小舵偏角的最大值。例如,某地空导弹是采用改变舵面传动比的方法,使舵偏角与一定的动压头成反比变化,以便在高空提高导弹的机动性,而在低空时减小法向过载的最大值。

由上述对纵向传递系数 K_D、时间常数 T_D 和相对阻尼系数 ξ_D 的分析可知,在导弹设计过程中,对动力系数的调整可能导致 K_D、T_D 和 ξ_D 发生变化,并且对 K_D、T_D 或 ξ_D 中任何一

个参数进行调整都可能对其他参数造成影响,从而改变导弹的稳定性和操纵性。对同一个导弹而言,导弹飞行环境和速度等运动参数的变化以及质心位置等的变化也将对 K_D、T_D 或 ξ_D 产生影响,改变导弹的稳定性和操纵性。此外,稳定性和操纵性一般是相互矛盾的,静稳定性和动稳定性好的导弹操纵性往往较差,而提高导弹的操纵性则意味着降低导弹的稳定性。在导弹的总体设计中,需要根据导弹的用途和战术技术指标要求等对稳定性和操纵性进行权衡考虑。

思 考 题

1. 弹体坐标系、速度坐标系、弹道坐标系和地面坐标系如何定义?什么是攻角和侧滑角?导弹的姿态角是如何定义的?
2. 作用在导弹上的空气动力和空气动力矩有哪些?是如何定义的?
3. 压力中心和焦点的定义是什么?
4. 什么是纵向静稳定性?什么是横向静稳定性?改变纵向静稳定性的途径有哪些?
5. 什么是铰链力矩?为什么要研究铰链力矩?
6. 导弹的运动方程组由哪些方程构成?
7. 什么是"瞬时平衡"假设?
8. 什么是理想弹道、理论弹道和实际弹道?
9. 机动性和过载是如何定义的?二者有何联系?
10. 需用过载、可用过载和极限过载是如何定义的?它们之间有什么关系?
11. "系数冻结法"的含义是什么?为什么要采用"系数冻结法"?
12. 叙述纵向扰动运动的特点。导弹的纵向自由扰动运动分成长、短周期模态的物理成因是什么?
13. 解释传递函数、过渡过程时间、相对阻尼系数、超调量的含义。
14. 什么是导弹的动稳定性?静稳定性对动稳定性有什么影响?飞行高度对导弹的稳定性有什么影响?
15. 什么是导弹的操纵性?飞行高度对导弹的操纵性有什么影响?

第 3 章
制导规律

制导系统的任务是保证导弹击中目标或者以最小脱靶量截获目标。为完成这个任务，制导系统产生指令信号，控制导弹飞向目标。从理论上来说，可以有很多甚至无数条弹道保证导弹与目标相遇，但实际上每一种导弹只选取一条在特定条件下的最佳弹道，所以导弹的弹道不能是任意的，而是受一定条件的限制，有一定的规律，这个规律就是制导规律（简称制导律），也称为导引规律（简称导引律）或导引方法。

从运动学观点来看，导引方法能确定导弹飞行的理想弹道，所以选择导引方法就是选择理想弹道，即在制导系统理想工作情况下，导弹向目标运动过程中所应经历的轨迹。

选择导引方法的依据是目标的运动特性、环境和制导设备的性能以及使用要求。对导引方法一般有以下要求。

(1) 保证系统有足够的精确度。

(2) 导弹的整个飞行弹道，特别是攻击区内，理想弹道曲率应尽量小，保证所需的导弹过载小。

(3) 保证飞行的稳定性，导弹的运动对目标运动参数的变化不敏感。

(4) 制导设备尽可能简单。

制导规律的研究中通常应用相对运动方程来描述导弹、目标及制导站之间的相对运动关系。在制导规律的设计阶段，为简化研究一般作以下假设。

(1) 将导弹、目标和制导站均视为几何质点，并选取各自的质量中心或几何中心作为其位置。

(2) 制导系统的工作是理想的，即制导系统能保证导弹的运动在每一瞬间都符合制导律的要求。

(3) 导弹速度是已知函数。

(4) 目标和制导站的运动规律是已知的。

制导规律的分类方法较多，按照运动学特性可将其划分为速度导引规律和位置导引规律两大类，如图 3-1 所示，其中速度导引主要包括追踪法、平行接近法和比例导引法，位置导引主要包括三点法和前置角法。

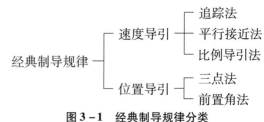

图 3-1 经典制导规律分类

属于速度导引的制导规律是对导弹的速度矢量给出某种特定的约束，一般用于寻的制导；属于位置导引的制导规律是对导弹在空间的运动位置给出某种约束，一般用于遥控制导。

图 3-1 所示的导引方法都属于经典制导律。一般而言，经典制导律需要的信息量少，

结构简单,易于实现,因此,现役的战术导弹大多数使用经典的制导规律或其改进形式。但是,对于高性能的大机动目标,尤其是目标采用各种干扰措施的情况下,经典制导规律往往难以满足要求。

随着计算机技术的迅速发展,基于现代控制理论的现代制导律如线性二次型最优制导律、自适应制导律、微分对策制导律等得到迅速发展。与经典制导规律相比,现代制导律有许多优点,如脱靶量小、导弹命中目标时姿态角满足特定要求、对抗目标机动和干扰能力强、弹道平直、弹道需用法向过载分布合理、作战空域增大等。但是,现代制导律结构复杂,需用测量的参数较多,因此实现起来比经典导引规律更困难。

本章仅对图 3-1 中所示的经典速度导引规律和位置导引规律进行简要介绍。

3.1 速度导引规律

速度导引规律多用于自动寻的制导。自动寻的制导是一种仅涉及导弹与目标相对运动的制导方式。速度导引所需设备大都设置在弹上,因此弹上设备较复杂,但是在改善制导精度方面,速度导引方法具有显著优点。

3.1.1 速度导引的运动学方程

建立相对运动方程时,常采用极坐标 (r,q) 来表示导弹和目标的相对位置,如图 3-2 所示。图中目标位于 T 点,导弹位于 D 点,连线 DT 称为目标瞄准线,简称目标线、瞄准线或弹-目视线。V、V_T 分别为导弹、目标的速度矢量。Dx 为角度参考基准线,通常可以选取水平线、惯性基准线或发射坐标系的一个轴等。

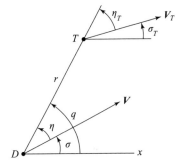

图 3-2 自动寻的制导的相对运动关系

图中:r 为导弹与目标的相对距离,当导弹命中目标时,$r=0$。

q 为目标瞄准线与攻击平面内基准线 Dx 之间的夹角,称为目标线方位角(简称视角),从基准线逆时针转向目标线为正。

σ、σ_T 分别为导弹和目标速度矢量与参考基准线的夹角,从基准线逆时针转向速度矢量为正。当攻角平面为竖直面时,σ 为弹道倾角 θ;当攻角平面为水平面时,σ 为弹道偏角 ψ_V。

η、η_T 分别为导弹、目标速度矢量与弹-目视线方向夹角,称为导弹前置角和目标前置角,速度矢量逆时针方向转到视线方向时,前置角为正。

通常为了研究方便,将导弹和目标的运动分解到弹-目视线方向和其法线两个方向,因此其相对运动方程组可以写为

$$\begin{cases} \dfrac{\mathrm{d}r}{\mathrm{d}t} = V_T\cos\eta_T - V\cos\eta \\ r\dfrac{\mathrm{d}q}{\mathrm{d}t} = V\sin\eta - V_T\sin\eta_T \\ q = \sigma + \eta \\ q = \sigma_T + \eta_T \\ \varepsilon = 0 \end{cases} \quad (3.1)$$

式中：$\mathrm{d}r/\mathrm{d}t$ 表示导弹与目标之间的距离变化率；$\mathrm{d}q/\mathrm{d}t$ 表示目标视线的旋转角速度；$\varepsilon = 0$ 为描述导引方法的导引关系方程。

3.1.2 追踪法

追踪法是最早提出的一种导引方法，它的原理是在制导过程中使导弹的速度矢量始终指向目标。其制导关系方程为 $\varepsilon = \eta = 0$，相对运动方程组可以写为

$$\begin{cases} \dot r = V_T\cos\eta_T - V \\ r\dot q = -V_T\sin\eta_T \\ q = \sigma_T + \eta_T \end{cases} \quad (3.2)$$

若 V、V_T 和 σ_T 为已知的时间函数，则方程组（3.2）还包括三个未知参数：r、q 和 η_T。给出初始值 r_0、q_0 和 η_{T0}，用数值积分法可以得到相应的特解。

为得到解析解以便了解追踪法的一般特性，作以下假设：目标做等速直线运动，导弹做等速运动。这种情况下在制导平面内形成的导引弹道如图 2-6 所示。取基准线平行于目标的运动轨迹，即 $\sigma_T = 0$，$q = \eta_T$，则运动关系方程组（3.2）可化简为

$$\begin{cases} \dot r = V_T\cos q - V \\ r\dot q = -V_T\sin q \end{cases} \quad (3.3)$$

由方程组（3.3）可以推导出以目标为原点的极坐标形式的导弹相对弹道方程为

$$r = r_0 \frac{\sin q_0}{\tan^p(q_0/2)} \frac{\sin^{p-1}(q/2)}{2\cos^{p+1}(q/2)} \quad (3.4)$$

式中：p 为速度比，$p = V/V_T$；(r_0, q_0) 为开始导引瞬时导弹相对目标的位置。由于此处假设导弹和目标做等速运动，所以速度比 p 为一个常数。

1. 直接命中目标的条件

由方程组（3.3）的第 2 个公式可以看出，q 和 $\mathrm{d}q/\mathrm{d}t$ 的符号总是相反的，这表明在整个导引过程中，q 的大小是不断减小的，即导弹总是绕到目标正后方去命中目标。因此导弹命中目标时，$q \to 0$。由式（3.4）可以看出：

若 $p > 1$，且 $q \to 0$，则 $r \to 0$；

若 $p = 1$，且 $q \to 0$，则 $r \to r_0 \sin q_0 / [2\tan(q_0/2)]$；

若 $p < 1$，且 $q \to 0$，则 $r \to \infty$。

显然，只有导弹的速度大于目标的速度才有可能直接命中目标。若导弹的速度等于或小于目标的速度，则导弹与目标最终将保持一定的距离或距离越来越远而不能直接命中目标。由此可见，导弹直接命中目标的必要条件是导弹的速度大于目标的速度，即 $p > 1$。

2. 导弹的法向过载

追踪法导引弹道的法向加速度为

$$a_n = V\frac{d\sigma}{dt} = V\frac{dq}{dt} = -\frac{VV_T\sin q}{r} \tag{3.5}$$

将式（3.4）代入式（3.5）并整理，可得

$$a_n = -\frac{4VV_T}{r_0}\frac{\tan^p\frac{q_0}{2}}{\sin q_0}\cos^{2+p}\frac{q}{2}\sin^{2-p}\frac{q}{2} \tag{3.6}$$

追踪法导弹法向过载大小 n 可表示为

$$n = \left|\frac{a_n}{g}\right| = \frac{4VV_T}{gr_0}\left|\frac{\tan^p\frac{q_0}{2}}{\sin q_0}\cos^{p+2}\frac{q}{2}\sin^{2-p}\frac{q}{2}\right| \tag{3.7}$$

导弹命中目标时，$q\to 0$，由式（3.7）可以看出：

当 $p>2$ 时，$\lim\limits_{q\to 0}n = \infty$；

当 $p=2$ 时，$\lim\limits_{q\to 0}n = \frac{4VV_T}{gr_0}\left|\frac{\tan^p\frac{q_0}{2}}{\sin q_0}\right|$；

当 $p<2$ 时，$\lim\limits_{q\to 0}n = 0$。

由此可见，对于追踪法导引，考虑到命中点的法向过载，只有当速度比满足 $1<p\leqslant 2$ 时，导弹才有可能直接命中目标。

追踪法在弹道特性上存在着严重缺点。由于导弹的绝对速度总是指向目标，因此相对速度总是落后于弹－目视线，导弹总是要绕到目标的后方尾追攻击，这就造成攻击弹道比较弯曲，弹道需用法向过载大。由于受到可用法向过载的限制，导弹不能实现全向攻击。同时，考虑到追踪法导引命中点的法向过载，速度比受到严格的限制（$1<p\leqslant 2$）。

追踪法在技术上比较容易实现，因此在早期的导弹和一些低成本炸弹上获得了广泛应用。例如，美国"宝石路"（Paveway）激光半主动制导炸弹，它的弹体头部安装了一个风标，如图3-3所示，导引头光轴与风标轴线重合。在飞行中由于风标轴线始终指向气流来流方向，因此在忽略风速的情况下，可认为导引头的光轴始终指向弹体速度方向。在制导过程中，只要目标偏离了导引头光轴，也就认为弹体速度方向没有对准目标。此时，制导系统将产生制导指令，通过控制系统控制弹体的速度方向，使其重新指向目标，从而实现追踪法导引。

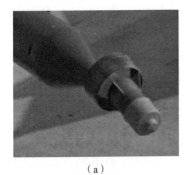
（a）

（b）

图3-3 美国"宝石路"激光制导炸弹头部的风标

3.1.3 平行接近法

平行接近法是指在整个制导过程中,目标瞄准线在空间保持平行移动的一种导引方法,其制导关系式为 $\varepsilon = \mathrm{d}q/\mathrm{d}t = 0$ 或 $q = q_0 = $ 常数。平行接近法的相对运动方程组为

$$\begin{cases} \dot{r} = V_T\cos\eta_T - V\cos\eta \\ r\dot{q} = V\sin\eta - V_T\sin\eta_T \\ q = \sigma + \eta \\ q = \sigma_T + \eta_T \\ \varepsilon = \dot{q} = 0 \end{cases} \tag{3.8}$$

由方程组 (3.8) 可知,$V\sin\eta = V_T\sin\eta_T$,即不管目标作何种机动飞行,导弹速度和目标速度在垂直于目标视线方向的分量相等。因此,导弹与目标的相对速度与弹-目视线重合且方向始终指向目标。

若目标以速度 V_T 做直线飞行,则当导弹与目标之间在某时刻 t^* 建立起平行接近法的导引关系后,由于 $\mathrm{d}q/\mathrm{d}t = 0$,目标视线将在空间平行移动,之后导弹的前置角 η^* 应满足

$$\sin\eta^* = \frac{V_T}{V}\sin\eta_T^* \tag{3.9}$$

式中:η_T^* 为 t^* 时刻目标的前置角。

由式 (3.9) 可见,若导弹与目标的速度比 $p = V/V_T$ 保持不变,则导弹将沿前置角 η^* 确定的直线弹道运动并最终与目标在空间某一点相遇,该点称为遭遇点。图3-4所示为平行接近法的运动关系示意图。

若目标做机动运动,则导弹前置角必须相应变化,此时导引弹道将是弯曲的。下面分析目标机动时飞行弹道的需用法向过载情况。

假设导弹和目标的速度大小不变,将 $V\sin\eta = V_T\sin\eta_T$ 两边对时间求导数,可得

$$V\dot{\eta}\cos\eta = V_T\dot{\eta}_T\cos\eta_T$$

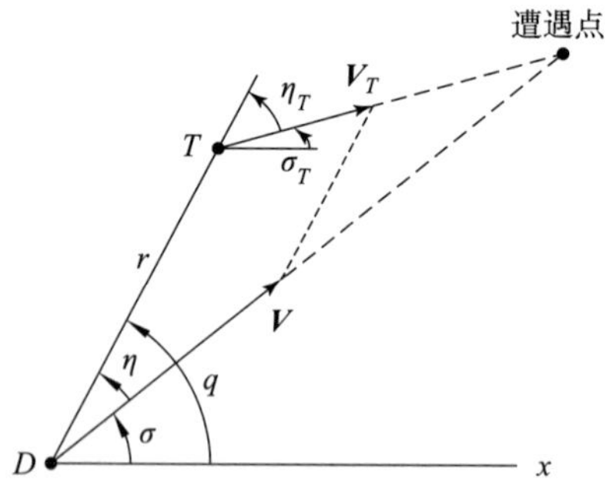

图3-4 平行接近法的运动关系示意图

由于视线角 q 不变,因此 $\dot{\eta} = -\dot{\sigma}$,$\dot{\eta}_T = -\dot{\sigma}_T$,于是导弹和目标的法向过载之比为

$$\frac{n}{n_T} = \frac{V\dot{\sigma}}{V_T\dot{\sigma}_T} = \frac{V\dot{\eta}}{V_T\dot{\eta}_T} = \frac{\cos\eta_T}{\cos\eta}$$

根据 $V\sin\eta = V_T\sin\eta_T$ 可知,若速度比 $p > 1$,有 $\cos\eta_T < \cos\eta$,则

$$n < n_T \tag{3.10}$$

由此可见,采用平行接近法导引律,当目标做机动时,只要导弹的速度比目标速度大,弹道的需用法向过载总是小于目标的法向过载,因此对导弹的机动性要求可以小于目标的机动性。进一步的分析表明,与其他导引法相比,用平行接近法导引的弹道最为平直,还可实现全向攻击。因此,从这个意义上说,平行接近法是非常理想的导引方法。

但是,平行接近法难以实际应用,其主要原因是这种导引方法对制导系统提出了严格要求,使制导系统复杂化。平行接近法要求制导系统在每一瞬时都要准确测量目标及导弹的速度和前置角,并严格保持平行接近法的制导关系。而实际制导过程中,由于发射偏差或干扰

的存在，不可能绝对保证导弹与目标的相对速度始终指向目标，因此这种导引方法很难实现。

3.1.4 比例导引法

比例导引法是指导弹飞行过程中速度矢量 V 的转动角速度与弹-目视线的转动角速度成比例的一种导引方法，其导引关系为

$$\varepsilon = \frac{d\sigma}{dt} - K\frac{dq}{dt} = 0 \tag{3.11}$$

或

$$\frac{d\sigma}{dt} = K\frac{dq}{dt} \tag{3.12}$$

式中：K 为比例系数，又称导航比。

比例导引法的相对运动方程可以写为

$$\begin{cases} \dot{r} = V_T\cos\eta_T - V\cos\eta \\ r\dot{q} = V\sin\eta - V_T\sin\eta_T \\ q = \sigma + \eta \\ q = \sigma_T + \eta_T \\ \dot{\sigma} = K\dot{q} \end{cases} \tag{3.13}$$

如果知道了 V、V_T、σ_T 的变化规律以及三个初始条件 r_0、q_0、σ_0（或 η_0），就可以用数值积分法或图解法解算这组方程。采用解析法求解该方程组则比较困难，只有当比例系数 $K=2$，而且目标等速直线飞行、导弹等速飞行时，才能得到解析解。

1. 需用法向过载

下面讨论采用比例导引法时弹道的需用法向过载。根据方程组（3.13），导弹的法向过载 n 可以表示为

$$n = \frac{V\dot{\sigma}}{g} = \frac{KV\dot{q}}{g} \tag{3.14}$$

因此，要了解弹道上各点需用法向过载的变化规律，只需讨论 $\dot{q}$ 的变化规律。将方程组（3.13）的第 2 个公式对时间求导数，可得

$$\dot{r}\dot{q} + r\ddot{q} = \dot{V}\sin\eta + V\dot{\eta}\cos\eta - \dot{V}_T\sin\eta_T - V_T\dot{\eta}_T\cos\eta_T \tag{3.15}$$

根据方程组（3.13），$\dot{\eta} = \dot{q} - \dot{\sigma} = (1-K)\dot{q}$，$\dot{\eta}_T = \dot{q} - \dot{\sigma}_T$，$\dot{r} = V_T\cos\eta_T - V\cos\eta$，将这些参数代入式（3.15），可得

$$r\ddot{q} = \dot{V}\sin\eta + 2V\dot{q}\cos\eta - 2V_T\dot{q}\cos\eta_T - KV\dot{q}\cos\eta - \dot{V}_T\sin\eta_T + V_T\dot{\sigma}_T\cos\eta_T \tag{3.16}$$

下面分两种情况讨论。

（1）假设目标等速直线飞行，导弹等速飞行，则 $\dot{V} = \dot{V}_T = \dot{\sigma}_T = 0$，于是式（3.16）可以化简为

$$\ddot{q} = -\frac{1}{r}(KV\cos\eta + 2\dot{r})\dot{q} \tag{3.17}$$

由式（3.17）可知：① 如果 $(KV\cos\eta + 2\dot{r}) > 0$，则 $\ddot{q}$ 的符号与 $\dot{q}$ 相反。当 $\dot{q} > 0$ 时，$\ddot{q} < 0$，即 $\dot{q}$ 将减小；当 $\dot{q} < 0$ 时，$\ddot{q} > 0$，即 $\dot{q}$ 将增大。因此，$\dot{q}$ 的绝对值总是减小的。$\dot{q}$ 随着时间

的增长不断向零值接近。由式（3.14）可知，弹道的需用法向过载不断减小，弹道变得平直。②如果 $(KV\cos\eta + 2\dot{r}) < 0$，$\ddot{q}$ 与 $\dot{q}$ 同号，$\dot{q}$ 的绝对值将不断增大，弹道的需用法向过载随时间增长不断增大，弹道变得弯曲。

由此可见，要使导弹转弯较为平缓，就必须使 $\dot{q}$ 收敛，这时应满足的条件为

$$K > \frac{2|\dot{r}|}{V\cos\eta} \tag{3.18}$$

因此，只要比例系数 K 选得足够大，使其满足式（3.18），$\dot{q}$ 就可逐渐趋向于零；相反，如不能满足式（3.18），则 $\dot{q}$ 的绝对值将逐渐增大。在接近目标时，导弹要以无穷大的速度转弯，这实际上是无法实现的，最终将导致脱靶。

（2）目标机动飞行，导弹变速飞行。此时式（3.16）可改写为

$$r\ddot{q} = -(KV\cos\eta + 2\dot{r})(\dot{q} - \dot{q}^*) \tag{3.19}$$

其中

$$\dot{q}^* = \frac{\dot{V}\sin\eta - \dot{V}_T\sin\eta_T + V_T\dot{\sigma}_T\cos\eta_T}{KV\cos\eta + 2\dot{r}} \tag{3.20}$$

式（3.17）相当于式（3.19）中 $\dot{q}^* = 0$ 的情况。由式（3.20）可以看出，$\dot{q}^*$ 与目标的切向加速度 $\dot{V}_T$、法向加速度 $V_T\dot{\sigma}_T$ 和导弹的切向加速度 $\dot{V}$ 有关。

由式（3.19）可知：①如果 $(KV\cos\eta + 2\dot{r}) > 0$，若 $\dot{q} < \dot{q}^*$，则 $\ddot{q} > 0$，这时 $\dot{q}$ 将不断增大；若 $\dot{q} > \dot{q}^*$，则 $\ddot{q} < 0$，这时 $\dot{q}$ 将不断减小。总之，$\dot{q}$ 有不断接近 $\dot{q}^*$ 的趋势。②如果 $(KV\cos\eta + 2\dot{r}) < 0$，$\dot{q}$ 有逐渐离开 $\dot{q}^*$ 的趋势，弹道变得弯曲。因此，目标机动飞行时，为了使导弹接近目标时转弯较为平缓，同样需要满足式（3.18）。

在命中点处有 $r = 0$，根据式（3.19）和式（3.20）可得命中点的法向过载为

$$n_f = \frac{V\sigma}{g} = \frac{KV\dot{q}}{g} = \frac{KV}{g}\dot{q}^* = \frac{1}{g}\left(\frac{\dot{V}\sin\eta - \dot{V}_T\sin\eta_T + V_T\dot{\sigma}_T\cos\eta_T}{\cos\eta - \frac{2|\dot{r}|}{KV}}\right)_{t=t_f} \tag{3.21}$$

由式（3.21）可知，导弹命中目标时的需用法向过载与命中点的导弹速度和导弹接近速度有关。如果命中点导弹的速度较小，则需用法向过载将增大。此外，目标机动对命中点导弹的法向过载也有影响。

2. 比例系数 K 的选择

由上述讨论可知，比例系数 K 的大小直接影响弹道特性，影响导弹能否命中目标。K 的选择不仅要考虑弹道特性，还要考虑导弹结构强度所允许承受的过载，以及制导系统能否稳定工作等因素。

1）$\dot{q}$ 收敛的限制

$\dot{q}$ 收敛使导弹在接近目标的过程中弹 – 目视线的旋转角速度不断减小，弹道各点的需用法向过载也不断减小。$\dot{q}$ 收敛的条件式（3.18）给出了 K 的下限。由于导弹从不同的方向攻击目标时 $\dot{r}$ 不同，因此 K 的下限也是变化的。这就要求根据具体情况选择适当的 K 值，使导弹从各个方向攻击的性能都能兼顾，或者重点考虑导弹在主攻方向上的性能。

2）可用过载的限制

式（3.18）给出了 K 的下限，但这并不意味着 K 值可以任意大。如果 K 值取得过大，由 $n = KV\dot{q}/g$ 可知，即使 $\dot{q}$ 值不大，也可能使需用法向过载值很大。若需用过载超过可用过

载，则导弹便不能沿比例导引弹道飞行。因此，可用过载限制了 K 的最大值。

3) 制导系统的要求

如果比例系数 K 选得过大，那么外界干扰信号的作用会被放大，$\dot{q}$ 的微小变化将会引起 $\dot{\sigma}$ 的很大变化，这将影响导弹的正常飞行。因此，从制导系统稳定工作的角度出发，K 值的上限也不能选得太大。

综合考虑上述因素才能选出一个合适的 K 值。K 可以是一个常数，也可以是一个变数。一般认为，K 值为 $3 \sim 6$。

3. 比例导引法和追踪法与平行接近法之间的关系

假设比例系数 K 为一常数，对式 (3.11) 进行积分，就得到比例导引关系式的另一种形式：

$$\varepsilon = (\sigma - \sigma_0) - K(q - q_0) = 0 \tag{3.22}$$

由式 (3.22) 可以看出，当比例系数 $K=1$，且 $q_0 = \sigma_0$，即为追踪法；当比例系数 $K \to \infty$ 时，由式 (3.11) 可知，$dq/dt \to 0$，即为平行接近法。

由此可见，追踪法和平行接近法可看作比例导引的两种特殊情况。由于比例导引法的比例系数在 $(1, \infty)$ 范围内，它是介于追踪法和平行接近法之间的一种导引方法，它的弹道性质也介于追踪法和平行接近法的弹道性质之间。图 3-5 所示为由追踪法、平行接近法和比例导引法形成的相对弹道（位于目标上观察导弹的运动轨迹）示意图。

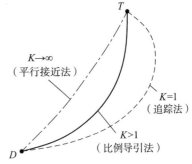

图 3-5 三种速度导引的相对弹道示意图

4. 比例导引法的优缺点

比例导引法的优点是：可以得到比较平直的弹道；在满足收敛条件式 (3.18) 的前提下，弹道前段较弯曲，充分利用了导弹的机动能力；弹道后段较平直，导弹具有较充裕的机动能力；只要 K、η_0、q_0 和 p 等参数组合适当，就可以使全弹道上的需用过载均小于可用过载，从而实现全向攻击。另外，与平行接近法相比，它对发射瞄准时的初始条件要求不严，在技术实施上可行，因为只需要测量 $\dot{q}$ 和 $\dot{\sigma}$（或法向加速度）。因此，比例导引法在实际中得到了广泛应用。美国"响尾蛇"系列空空导弹、苏联"萨姆"-7 地空导弹、法国"玛特拉" R-530 和"玛特拉" R-550 空空导弹等都采用了比例导引法这一导引律。

比例导引法存在较明显的缺点，即命中点需用法向过载受导弹速度和攻击方向的影响。为消除比例导引法的缺点，出现了改进形式的比例导引方法。例如，需用法向过载与弹-目视线角速度成比例的广义比例导引法、修正比例导引法等。

3.2 位置导引规律

位置导引规律主要用于遥控制导。位置导引规律的形成与遥控制导的特点密切相关。遥控制导的基本组成包括三个主要部分，即制导站、导弹和目标。而导弹位置在空间的变化也必然与制导站的位置以及作为攻击对象的目标的位置在空间的变化相关。位置导引规律就是对这三者位置关系的约束准则。遥控制导导弹受到制导站的照射与控制，因此遥控制导导弹的运动特性不仅与目标的运动状态有关，同时也与制导站的运动状态有关。

图 3-6 所示为位置导引中的主要运动参数示意图。图中：V_0、V、V_T 分别表示制导站 O、导弹 D 和目标 T 的速度；R、R_T 分别为导弹、目标到制导站的距离；ε、ε_T 分别为制导站-导弹连线 OD 以及制导站-目标连线 OT 与参考方向 x 之间的夹角；η、η_T 分别为导弹速度 V 和目标速度 V_T 与 OD 以及 OT 之间的夹角；θ、θ_T 分别为导弹速度 V 和目标速度 V_T 与参考方向 x 之间的夹角；$\Delta\varepsilon$ 为 OD 与 OT 之间的夹角，称为前置角。按照前置角 $\Delta\varepsilon$ 是否为零可将位置导引分为三点法和前置角法。

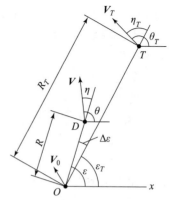

图 3-6 位置导引运动参数关系图

3.2.1 三点法

三点法是指在攻击目标的制导过程中，导弹始终处于制导站与目标的连线上，如果观察者从制导站上看，则目标和导弹的影像彼此重合，因此三点法又称为目标覆盖法或重合法。

以铅垂面内的攻击为例（图 3-6），由于三点法要求导弹始终处于目标和制导站的连线上，故导弹与制导站连线的高低角 ε 和目标与制导站连线的高低角 ε_T 必须相等，即前置角 $\Delta\varepsilon = 0$。三点法的导引关系为

$$\varepsilon = \varepsilon_T$$

图 3-7 所示为由三点法导引的导弹在铅垂面内的导引弹道示意图。当目标位于 T_1、T_2、T_3、…时，导弹的相应位置为 D_1、D_2、D_3、…，导弹的各位置相连即为导弹的导引弹道。

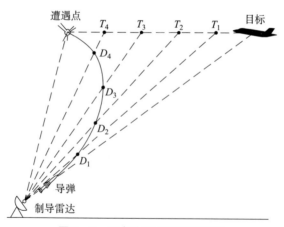

图 3-7 三点法导引弹道示意图

三点法导引在技术上比较容易实现。例如，可以用一条雷达波束或激光波束跟踪目标，同时使导弹沿波束中心线运动。若导弹偏离了波束中心线，则制导系统将给控制系统发出制导指令，控制导弹重新回到波束中心线上来。导弹偏离中心线的偏差可以通过导弹自身携带的制导设备获得，也可以通过外部制导设备测出后发送给导弹。具体见第 8 章。

以地空导弹为例，假设导弹在铅垂面内飞行，制导站固定不动，则三点法导引的相对运

动方程组为

$$\begin{cases} \dot{R} = V\cos\eta \\ R\dot{\varepsilon} = -V\sin\eta \\ \dot{R}_T = V_T\cos\eta_T \\ R_T\dot{\varepsilon}_T = -V_T\sin\eta_T \\ \varepsilon = \theta + \eta \\ \varepsilon_T = \theta_T + \eta_T \\ \varepsilon = \varepsilon_T \end{cases} \quad (3.23)$$

在解算三点法导引弹道时,方程组(3.23)中目标运动参数 V_T、θ_T 以及导弹速度 V 的变化规律是已知的。方程组的求解可用数值积分法、图解法和解析法。

弹道的需用法向过载与转弯速率 $\dot{\theta}$ 成正比(见2.3.1节),因此,在速度大小一定的情况下,转弯速率即可表征法向过载的大小。下面简单分析目标作水平等速直线飞行、导弹速度为常值情况下导弹的转弯速率 $\dot{\theta}$。设目标在铅垂面或水平面内作等速直线运动,导弹迎面拦截目标,如图3-8所示。

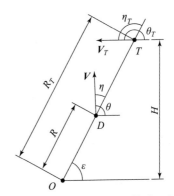

图3-8 三点法目标水平等速飞行

将运动学方程组(3.23)中的第5个公式代入第2个公式并求导数,然后将第1个公式代入式(3.23),可得

$$\dot{\theta} = 2\dot{\varepsilon} + \frac{R}{\dot{R}}\ddot{\varepsilon} \quad (3.24)$$

考虑到 $H = R_T\sin\varepsilon_T$,有

$$\dot{\varepsilon} = \dot{\varepsilon}_T = \frac{V_T}{R_T}\sin\varepsilon_T = \frac{V_T}{H}\sin^2\varepsilon_T \quad (3.25)$$

式(3.25)对时间求导数并整理可得

$$\ddot{\varepsilon} = \frac{V_T\dot{\varepsilon}_T}{H}\sin2\varepsilon_T \quad (3.26)$$

而

$$\dot{R} = V\cos\eta = V\sqrt{1-\sin^2\eta} = V\sqrt{1-(R\dot{\varepsilon}/V)^2} \quad (3.27)$$

将式(3.25)~式(3.27)代入式(3.24),经整理可得

$$\dot{\theta} = \frac{V_T}{H}\left(2 + \frac{R\sin2\varepsilon}{\sqrt{p^2H^2 - R^2\sin^4\varepsilon}}\right)\sin^2\varepsilon \quad (3.28)$$

式中: $p = V/V_T$。

式(3.28)表明,在已知 V_T、V 和 H 的情况下,导弹按三点法飞行所需要的 $\dot{\theta}$ 完全取决于导弹所处的位置 R 及 ε。在已知目标航迹和速度比 p 的情况下,$\dot{\theta}$ 是导弹矢径 R 与高低角 ε 的函数。

当目标机动时,此处不加推导地写出导弹的转弯速率为

$$\dot{\theta} = \frac{R\dot{R}_T}{R_T\dot{R}}\dot{\theta}_T + \left(2 - \frac{2R\dot{R}_T}{R_T\dot{R}} - \frac{R\dot{V}}{\dot{R}V}\right)\dot{\varepsilon} + \frac{\dot{V}_T}{V_T}\tan(\theta - \varepsilon) \tag{3.29}$$

当命中目标时有 $R = R_T$，此时导弹的转弯速率为

$$\dot{\theta}_f = \left[\frac{\dot{R}_T}{\dot{R}}\dot{\theta}_T + \left(2 - \frac{2\dot{R}_T}{\dot{R}} - \frac{R\dot{V}}{\dot{R}V}\right)\dot{\varepsilon}_T + \frac{\dot{V}_T}{V_T}\tan(\theta - \varepsilon_T)\right]_{t=t_f} \tag{3.30}$$

由此可见，导弹按三点法导引时，弹道及命中点的需用法向过载受目标机动（$\dot{V}_T$，$\dot{\theta}_T$）的影响很大，这将对导弹的制导精度产生不利影响。

三点法最显著的优点是技术实施简单，抗干扰性能好。但是，它也存在明显的缺点，主要表现在以下三个方面。

（1）弹道比较弯曲。当迎击目标时，越接近目标，弹道越弯曲，且命中点的需用法向过载较大。

（2）动态误差难以补偿。由于目标机动、外界干扰以及制导系统的惯性等影响，制导回路很难达到稳定状态。因此，导弹实际上不可能严格按照理想弹道飞行，即存在动态误差。而且，理想弹道越弯曲，相应的动态误差就越大。为了消除误差，必须在指令信号中加入补偿信号，这需要测量目标机动时的位置坐标及其一阶和二阶导数。由于来自目标的发射信号有起伏误差，以及接收机存在干扰等原因，使得制导站测量的坐标不准确；如果再引入坐标的一阶和二阶导数，就会出现更大的误差，致使形成的补偿信号不准确，甚至很难形成。因此，对于三点法导引，由目标机动引起的动态误差难以补偿，往往会形成偏离波束中心线十几米的动态误差。

（3）弹道下沉现象。按三点法导引迎击低空目标时，导弹的发射角很小，导弹离轨时的飞行速度也很小，若只靠操纵舵面进行控制，则产生的法向力也较小。因此，导弹离轨后可能会出现下沉现象而撞到地面。为了克服这一缺点，某些地空导弹采用了小高度三点法，其导引关系式为 $\varepsilon = \varepsilon_T + \Delta\varepsilon$，即在三点法的基础上加入一项前置偏差量 $\Delta\varepsilon$，并令 $\Delta\varepsilon$ 值随时间衰减，从而提高初始段弹道高度。

3.2.2 前置角法

三点法的弹道比较弯曲，需用法向过载较大。为了改善遥控制导导弹的弹道特性，使弹道特别是末段弹道比较平直，人们提出了前置角法。

前置角法也称为前置量法或矫直法等，是指在整个制导过程中，相对目标运动方向而言，导弹和制导站的连线始终超前于目标和制导站的连线，而这两条连线的夹角按照某种规律变化。

按前置角法导引时，导弹的高低角 ε 和方位角 β 应分别超前目标的高低角 ε_T 和方位角 β_T 一个角度。如图 3-6 所示，以铅垂面内的攻击为例，根据前置角法的定义，有

$$\varepsilon = \varepsilon_T + \Delta\varepsilon \tag{3.31}$$

式中，$\Delta\varepsilon$ 为前置角。显然，当 $\Delta\varepsilon = 0$ 时就是三点法的导引关系。

当导弹命中目标时，R_T 与 R 之差 $\Delta R = R_T - R = 0$ 并且 $\Delta\varepsilon$ 也应该等于零。因此，可以令 $\Delta\varepsilon$ 与 ΔR 按一定的比例关系变化，这样前置角法的导引关系式（3.31）可以表示为

$$\varepsilon = \varepsilon_T + F(\varepsilon,t)\Delta R \tag{3.32}$$

式中：$F(\varepsilon,t)$ 为与 ε、t 有关的函数。

在前置角法中，对 $F(\varepsilon,t)$ 的选择应尽量使得弹道平直。若导弹高低角的变化率 $\dot{\varepsilon}$ 为零，则弹道是一条直线弹道。当然，要求整条弹道上 $\dot{\varepsilon}\equiv 0$ 是不现实的，只能要求导弹在接近目标时 $\dot{\varepsilon}\to 0$，使得弹道末段平直一些。下面根据这一要求确定 $F(\varepsilon,t)$ 的表达式。

对式（3.32）求一阶导数，得

$$\dot{\varepsilon} = \dot{\varepsilon}_T + \dot{F}(\varepsilon,t)\Delta R + F(\varepsilon,t)\Delta \dot{R} \tag{3.33}$$

在命中点 $\Delta R=0$，此时使 $\dot{\varepsilon}=0$，将其代入式（3.33）可到

$$F(\varepsilon,t) = -\frac{\dot{\varepsilon}_T}{\Delta \dot{R}} \tag{3.34}$$

将式（3.34）代入式（3.32），可得前置角法的导引关系式：

$$\varepsilon = \varepsilon_T - \frac{\dot{\varepsilon}_T}{\Delta \dot{R}}\Delta R \tag{3.35}$$

按前置点法导引时，导弹在命中点的法向过载仍受目标机动的影响。但是，目标机动参数不易测量，难以形成补偿信号来修正弹道，从而引起动态误差，这对制导是不利的。

为了使目标机动对导弹命中点的转弯速率影响为零，又产生了半前置角法。此处，不加推导地写出半前置角法的导引关系式为

$$\varepsilon = \varepsilon_T - \frac{1}{2}\frac{\dot{\varepsilon}_T}{\Delta \dot{R}}\Delta R \tag{3.36}$$

命中点的转弯速率为

$$\dot{\theta}_f = \left[\left(1 - \frac{\dot{R}\dot{V}}{2\dot{R}V} + \frac{R\Delta \ddot{R}}{\dot{R}\Delta \dot{R}}\right)\dot{\varepsilon}_T\right]_{t=t_f} \tag{3.37}$$

由式（3.37）可知，半前置角法中不包含影响导弹命中点法向过载的目标机动参数 $\dot{V}_T$ 和 $\dot{\theta}_T$，因而能够减小动态误差，提高制导精度。

半前置角法的主要优点是命中点的过载不受目标机动的影响。但是，要实现这种导引方法，就必须不断地测量导弹和目标的位置矢径 R、R_T，高低角 ε、ε_T 以及导数 $\dot{R}$、$\dot{R}_T$、$\dot{\varepsilon}_T$ 等参数，以便不断形成制导指令信号。这就使得制导系统比较复杂，技术实施难度较高。

图 3-9 所示为由三点法、前置角法和半前置角法形成的理想导引弹道示意图。由图可知，半前置角法的理想弹道比三点法的理想弹道平直，并且半前置角法飞行时间也较短；前置角法的理想弹道比半前置角法更为平直。

由于采用半前置角导引时命中点的需用法向过载与目标的机动参数无关，对拦截机动目标更为有利，因此遥控制导时常采用半前置角法。

实现前置角法导引一般采用双波束制导，即由制导站发出两条引导波束：一条波束用于跟踪目标，测量目标位置；另一条波束用于跟踪和控制导弹，测量导弹的位置和偏差。

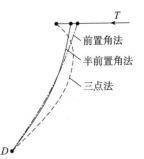

图 3-9　三点法、前置角法理想弹道示意图

思 考 题

1. 什么是制导律？对制导律的选取一般有什么要求？
2. 速度导引规律主要包括哪些导引方法？各导引方法的含义和特点是什么？
3. 位置导引规律主要包括哪些导引方法？各导引方法的含义和特点是什么？

第 4 章
常用测量装置及其原理

导弹的制导控制系统包括制导和控制两部分。大多数导弹控制系统的组成及结构基本相同,其中应用的测量装置主要为陀螺仪和加速度计等;制导系统则与导弹的类型以及所采用的制导方式等有关,其中应用的测量装置在遥控制导中主要包括测角仪和制导雷达等,在自寻的制导中主要是导引头,在惯性自主制导中主要是陀螺仪和加速度计等。本章主要对这些测量装置的分类、组成和测量原理等进行简要介绍。

4.1 陀 螺 仪

陀螺仪是用来敏感运动载体在惯性空间中的角运动的一种装置,是现代兵器惯性制导系统和姿态控制系统的核心部件。最早采用的陀螺仪是根据回转仪原理设计的机械陀螺,之后出现了机电式陀螺仪。近年来,随着光电技术的发展,集光、机、电一体化的光电惯性陀螺以及利用光电技术加工的新型惯性陀螺正不断发展并广泛应用于军事领域。

常见的机电陀螺仪有液浮陀螺仪、挠性陀螺仪和静电陀螺仪等。

液浮陀螺仪是最先研制成功的一种惯性级机电陀螺仪。陀螺仪转子用液体悬浮方法代替传统的轴承支承,是惯性技术发展史上的一个重要里程碑。液浮陀螺仪包括单自由度液浮角位置陀螺仪和双自由度角位置陀螺仪。液浮陀螺仪精度高,抗振强度高,抗振稳定性好,主要应用于潜艇惯导系统和远程导弹制导系统中。

挠性陀螺仪没有传统的框架支承结构,转子采用挠性方法支承,是一个双自由度角位置陀螺仪。目前,惯性系统中使用的挠性陀螺仪大多数是动力调谐式挠性陀螺仪。动力调谐式挠性陀螺仪具有中等精度,结构简单,可靠性高,广泛应用于航空、航天和航海惯导系统中。

静电陀螺仪属于双自由度角位置陀螺仪,转子用静电吸力支承(或悬浮)来代替传统的机械支承,是一种高精度且能承受较大的加速度、振动和冲击的惯性级陀螺仪,需要复杂的超精加工工艺制造,主要应用于航空、航海、潜艇的惯导系统和导弹制导系统。

20 世纪 70 年代,为了适应广大用户对陀螺仪价格和可靠性的需求,出现了基于光学萨格奈克(Sagnac)效应的光学陀螺仪和科里奥利(简称科氏)效应的微机电陀螺仪。

下面以带有机械转子的传统三自由度陀螺仪和二自由度陀螺仪为对象对陀螺仪的基本理论以及陀螺仪在弹上的应用进行介绍,并对光学陀螺仪和微机电陀螺仪的基本原理进行简要介绍。

4.1.1 三自由度陀螺仪

一般来说，质量轴对称分布的刚体绕自身对称轴高速旋转时，都可以称为陀螺，陀螺自转的轴称为陀螺的主轴或转子轴。把陀螺转子装在一组框架上，使其具有三个转动自由度，称为三自由度陀螺仪，如图 4-1 所示。

三自由度陀螺仪由高速旋转的陀螺转子以及内环、外环组成。由内环和外环构成的悬挂系统通常称为万向支架，转子轴线与内环轴线垂直相交，内环轴线与外环垂直相交，转子、内环和外环三者轴线相交于一点 O，该交点称为环架支点或支承中心，万向支架使陀螺转子获得绕支承中心的三个转动自由度。

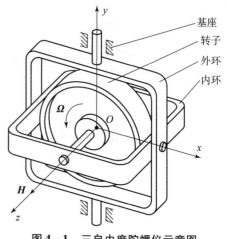

图 4-1 三自由度陀螺仪示意图

1. 陀螺仪的基本特性

陀螺仪的基本特点是转子绕主轴高速旋转而具有动量矩。正是由于这一特点，陀螺仪的运动规律与一般的刚体有所不同，这就是通常所说的陀螺仪的特性，即陀螺仪的定轴性和进动性。

陀螺仪的运动实际是刚体定点转动运动的一种形式，因此可用刚体定点转动中的动量矩定理来描述陀螺仪的运动。如图 4-1 所示，陀螺仪的转子绕主轴高速转动，转子的动量矩 $H = J_z \Omega$，其中 J_z 为转子绕转子轴的转动惯量，Ω 为转子转动角速度矢量。动量矩为矢量，其方向与转子转动角速度矢量 Ω 相同。当不考虑内、外环运动对动量矩的影响时，根据动量矩定理，有

$$\frac{dH}{dt} = M \tag{4.1}$$

式（4.1）表明，陀螺仪转子动量矩矢量对时间的导数等于作用在陀螺上的外力矩 M。当外力矩 $M = 0$ 时，H 为常值矢量。也就是说，陀螺的动量矩矢量在惯性空间的方向保持不变，这就是三自由度陀螺仪的定轴性（稳定性）。

从图 4-1 可以看出，三自由度陀螺仪的定轴性表现为基座无论如何转动，只要不使陀螺仪转子受外力矩作用，陀螺转子在惯性空间的指向将保持不变。

根据式（4.1）可知，当陀螺上有外力矩作用时，陀螺转子的动量矩矢量在空间的方向和大小将发生变化。若略去动量矩大小的相对变化率，则可得陀螺的进动方程，即

$$\omega \times H = M \tag{4.2}$$

式中：ω 为陀螺转子轴相对惯性空间的方向变化率，即进动角速度矢量。

进动角速度矢量 ω 的方向取决于外力矩和陀螺动量矩矢量的方向，按矢量运算规律确定。在进动过程中，动量矩 H 沿最短路径趋向外力矩 M 的方向即为进动方向，如图 4-2 所示。

进动角速度矢量 ω、动量矩矢量 H 与外力矩矢量 M 三者的方向可以通过右手定则确定：首先将右手四指伸向动量矩方向；然后以最短路径握向外力矩方向，拇指指向即为进动角速度方向。

当进动角速度、动量矩与外力矩三个矢量相互垂直时，进动角速度的大小为

$$\omega = \frac{M}{H} \quad (4.3)$$

当陀螺转子轴绕内环轴从垂直位置转过一个角度 θ，或者当在外环轴上施加力矩使陀螺转子（连同内环）绕内环轴进动并偏离角度 θ 时，如图 4-3（a）所示，转子轴与外环轴不再垂直，则当施加外力矩 M 时进动角速度为

$$\omega = \frac{M}{H\cos\theta}$$

式中：$H\cos\theta$ 为动量矩在外环轴垂直方向的有效分量。

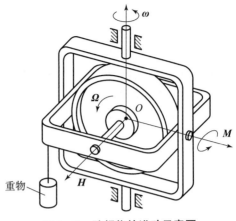

图 4-2 陀螺仪的进动示意图

随着 θ 角的增大，动量矩的有效分量降低。当 $\theta=90°$ 时，进动角速度将达到无穷大，此时陀螺转子轴将与外环轴重合，陀螺仪就会失去一个自由度，这种现象称为环架自锁，如图 4-3（b）所示。一旦出现环架自锁，陀螺仪即失去绕外框架轴的进动性。

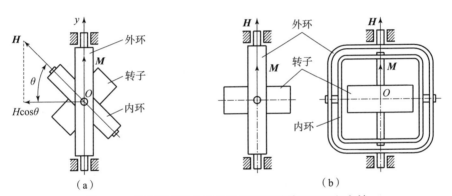

图 4-3 陀螺转子轴与外环轴不垂直的情况及环架自锁
(a) 动量矩分量；(b) 环架自锁

陀螺仪进动的根本原因是转子受外力矩的作用。外力矩作用于陀螺仪的瞬间，陀螺转子就立即出现进动；外力矩除去的瞬间，转子立即停止进动。外力矩的大小与方向发生改变，进动角速度的大小与方向也立刻发生相应的改变。也就是说，陀螺仪的进动是没有惯性的。当然，完全的无惯性是不可能的，只是因为陀螺转子的动量矩较大，其惯性表现不明显。

陀螺仪定轴性的前提条件是没有外力矩作用。实际上，由于轴承与传感器存在摩擦，以及陀螺仪本身制造上的不对称和不平衡等原因，陀螺仪不可避免地要受外力矩的作用，引起转子轴的缓慢进动，使之渐渐偏离其原始方向，这种现象称为陀螺仪的漂移。陀螺仪的这种缓慢进动角速度称为漂移率或漂移速度，通常用每小时漂移的度数来表示。漂移率是衡量陀螺稳定性和工作精度的重要指标，它显著地影响惯性制导的制导精度。例如，射程为 10 000 km 的洲际导弹，其陀螺稳定平台的漂移率为 0.02°/h，将引起约 400 m 的落点偏差。

由式（4.3）可知，减小漂移率可采用增加转子动量矩和减小干扰力矩的办法。为了减小支承轴承导致的摩擦力矩，在实际应用中人们研制出液浮陀螺仪、气浮陀螺仪、挠性陀螺

仪、静电陀螺仪等。

2. 三自由度陀螺仪在导弹上的应用

陀螺仪的定轴性使得三自由度陀螺仪的转子轴能够在弹上实体重现惯性坐标系的某个坐标方向。根据这一特性，三自由度陀螺仪能够测量弹体的姿态角。三自由度陀螺仪在不同的应用中常称为自由陀螺仪、位置陀螺仪或姿态陀螺仪等。

姿态陀螺仪对弹体的姿态角测量是通过安装在陀螺仪内环与外环之间、外环与基座之间的角度传感器来实现的。为了实现对弹体姿态角的正确测量，需要考虑陀螺仪在弹体上的安装及初始对准等问题。下面分析姿态陀螺仪在弹体上的不同安装方式对姿态角测量的影响。姿态陀螺仪在弹体上一般有6种安装方式，如图4-4所示。

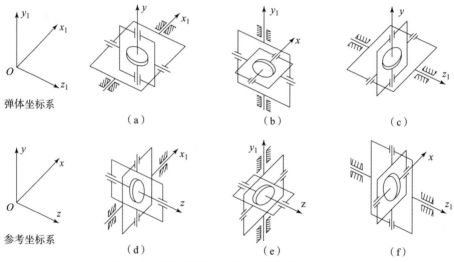

图4-4 姿态陀螺仪在弹上的安装方式示意图

现分析以图4-4（a）方式安装时弹体姿态角的测量情况。采用这种安装方式的陀螺仪其外环轴与弹体坐标系 $Ox_1y_1z_1$ 的 Ox_1 轴重合。在导弹发射瞬间，使陀螺转子轴及内环轴的正方向分别与弹体坐标系的 Oy_1 轴和 Oz_1 轴重合，并且弹体坐标系 $Ox_1y_1z_1$ 与惯性参考坐标系 $Axyz$（姿态角的测量基准）重合。导弹飞行时，由于陀螺转子轴的指向始终与惯性参考坐标系的 Ay 轴平行，因此，若以陀螺转子轴作为 y 轴在陀螺仪上建立一个参考坐标系 $Oxyz$，该坐标系的 x 轴和 z 轴分别与惯性参考坐标系 $Axyz$ 的相应坐标轴平行，则坐标系 $Oxyz$ 即可作为弹体姿态角的测量基准。

设某一时刻，陀螺仪的外环与基座之间的转角为 α，内环与外环之间的转角为 β，内环与 y 轴之间的转角为 φ，此时弹体的各姿态角为偏航角 ψ、俯仰角 ϑ 和滚转角 γ。根据陀螺仪的框架角 α、β 以及转角 φ 求取参考坐标系 $Oxyz$ 与弹体坐标系的坐标变换矩阵的变换过程为：首先使参考坐标系 $Oxyz$ 绕 y 轴旋转角度 φ；然后绕陀螺仪内环轴（z 方向）旋转角度 β；最后绕外环轴（x_1 轴）旋转角度 α，则参考坐标系 $Oxyz$ 与弹体坐标系 $Ox_1y_1z_1$ 重合。该变换过程与根据弹体的姿态角 γ、ϑ 和 ψ 求取参考坐标系与弹体坐标系的坐标变换矩阵的变换过程一致（见2.1节），因此，陀螺仪的转角 α 为弹体的滚转角 γ，转角 β 为弹体的俯仰角 ϑ。由于陀螺仪无法对角度 φ 进行测量，因此这种安装方式不能获得弹体的偏航角 ψ。

图 4-4（a）的安装方式能够测量滚转角和俯仰角的根本原因是由陀螺仪所建立的惯性参考坐标系与弹体坐标系之间的变换关系与弹体姿态角定义中的变换关系一致。在该安装方式下，当弹体姿态任意变化时，只要陀螺仪不因环架自锁而破坏其定轴性，总能测得弹体滚转角和俯仰角的实际值。

下面分析图 4-4（b）的安装方式。以该方式安装的陀螺仪其外环轴与弹体坐标系的 Oy_1 轴重合，发射瞬间陀螺转子轴及内环轴的正方向分别与弹体坐标系的 Ox_1 轴和 Oz_1 轴重合。假设某一时刻陀螺仪的外环转角为 α，内环转角为 β，内环与 x 轴之间的转角为 φ，则求取参考坐标系 $Oxyz$ 与弹体坐标系 $Ox_1y_1z_1$ 的坐标变换矩阵的变换过程为：首先使参考坐标系绕 x 轴旋转角度 φ；然后绕陀螺仪内环轴（z 方向）旋转角度 β；最后绕 y_1 轴旋转角度 α，则参考坐标系与弹体坐标系重合。根据这一变换过程写出参考坐标系与弹体坐标系的变换矩阵 $L(\varphi,\beta,\alpha)$ 可表示为

$$L(\varphi,\beta,\alpha) = \begin{bmatrix} \cos\alpha & 0 & -\sin\alpha \\ 0 & 1 & 0 \\ \sin\alpha & 0 & \cos\alpha \end{bmatrix} \begin{bmatrix} \cos\beta & \sin\beta & 0 \\ -\sin\beta & \cos\beta & 0 \\ 0 & 0 & 1 \end{bmatrix} \begin{bmatrix} 1 & 0 & 0 \\ 0 & \cos\varphi & \sin\varphi \\ 0 & -\sin\varphi & \cos\varphi \end{bmatrix} =$$
$$\begin{pmatrix} \cos\alpha\cos\beta & \cos\alpha\sin\beta\cos\varphi + \sin\alpha\sin\varphi & \cos\alpha\sin\beta\sin\varphi - \sin\alpha\cos\varphi \\ -\sin\beta & \cos\beta\cos\varphi & \cos\beta\sin\varphi \\ \sin\alpha\cos\beta & \sin\alpha\sin\beta\cos\varphi - \cos\alpha\sin\varphi & \sin\alpha\sin\beta\sin\varphi + \cos\alpha\cos\varphi \end{pmatrix}$$
(4.4)

由弹体的姿态角 γ、ϑ 和 ψ 求得的参考坐标系与弹体坐标系的坐标变换矩阵 $L(\psi,\vartheta,\gamma)$ 见式（2.5），此处重写出如下：

$$L(\psi,\vartheta,\gamma) = \begin{pmatrix} \cos\vartheta\cos\psi & \sin\vartheta & -\cos\vartheta\cos\psi \\ -\sin\vartheta\cos\psi\cos\gamma + \sin\psi\sin\gamma & \cos\vartheta\cos\gamma & \sin\vartheta\sin\psi\cos\gamma + \cos\psi\sin\gamma \\ \sin\vartheta\cos\psi\sin\gamma + \sin\psi\cos\gamma & -\cos\vartheta\sin\gamma & -\sin\vartheta\sin\psi\sin\gamma + \cos\psi\cos\gamma \end{pmatrix}$$
(4.5)

令式（4.4）中不包含 φ 的项与式（4.5）中相应的项相等，可得

$$\begin{cases} \cos\alpha\cos\beta = \cos\vartheta\cos\psi \\ -\sin\beta = -\sin\vartheta\cos\psi\cos\gamma + \sin\psi\sin\gamma \\ \sin\alpha\cos\beta = \sin\vartheta\cos\psi\sin\gamma + \sin\psi\cos\gamma \end{cases}$$
(4.6)

由式（4.6）可得

$$\begin{cases} \tan\alpha = \dfrac{\cos\gamma}{\cos\vartheta}\tan\psi + \tan\vartheta\sin\gamma \\ \sin\beta = \sin\vartheta\cos\psi\cos\gamma - \sin\psi\sin\gamma \end{cases}$$
(4.7)

由式（4.7）可知，只有当 $\vartheta = \gamma = 0°$ 时，才有 $\tan\alpha = \tan\psi$，即 $\alpha = \psi$，此时 $\beta = 0°$。这说明，只有在俯仰角和滚转角都为零的情况下，外环轴所测得的角度值才是真实的偏航角，否则将存在测量误差；当 $\psi = \gamma = 0°$ 时，有 $\beta = \vartheta$，此时 $\alpha = 0°$，即只有在偏航角和滚转角都为零的情况下，内环轴所测得的角度值才是真实的俯仰角，否则同样存在测量误差。由此可见，图 4-4（b）的安装方式能够测量弹体俯仰角和偏航角的实际值，但仅限于弹体滚转角为零的情况，且此时陀螺仪的两个输出中总有一个输出为零。

图 4-4 中其他安装情况的分析过程与图 4-4（b）安装情况的分析过程类似。通过上述分析可知，姿态陀螺仪在弹体上的不同安装方式将带来不同的测量结果，并且一个姿态陀

螺仪最多只能测得两个姿态角。在图4-4所示的6种陀螺仪安装方式中，除了图4-4（a）以外，其他5种安装方式只有在某些特殊情况下才能测得某个或某两个姿态角的真实值。

姿态陀螺仪在弹上的安装方式的确定：首先应考虑导弹的各种使用条件，在工作角度很大的情况下，陀螺仪的安装方式要确保陀螺仪能正常工作，避免由于环架自锁而导致陀螺仪失去定轴性和进动性；然后根据对不同安装方式的比较并针对实际使用条件，选用使测量误差最小的一种安装方式。

根据在导弹上安装方式和使用要求的不同，三自由度陀螺仪可分为垂直陀螺仪和方向陀螺仪。垂直陀螺仪的功能是测量弹体的俯仰角和滚转角，按照图4-4（a）的安装方式进行安装和初始对准，其在弹上的安装和初始对准示意图如图4-5（a）所示；方向陀螺仪的功能是测量弹体的俯仰角和偏航角，按照图4-4（b）的安装方式进行安装和初始对准，其在弹上的安装和初始对准示意图如图4-5（b）所示。图中的角度传感器采用电位计。在电位计安装时，外环与陀螺仪基座之间的电位计其滑臂与外环轴固联，绕组与基座固联；内环与外环之间的电位计其滑臂与内环固联，绕组与外环固联。

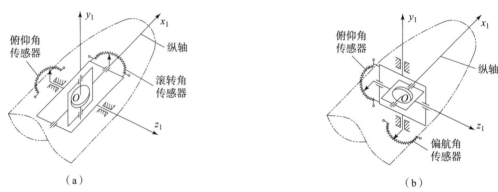

图4-5 垂直陀螺仪与方向陀螺仪在弹上的安装示意图
（a）垂直陀螺仪；（b）方向陀螺仪

垂直陀螺仪常用于地空导弹和空空导弹，确保导弹在大范围机动的情况下仍能测得弹体俯仰角和滚转角的真实值。方向陀螺仪用于地对地导弹，导弹可通过对俯仰角的控制实现方案弹道。为了测得俯仰角的真实值，导弹在飞行过程中需保持偏航角和滚转角为零。

4.1.2 二自由度陀螺仪

如果将三自由度陀螺仪的外环固定，陀螺转子便失去了一个自由度，成为二自由度陀螺仪，如图4-6所示。在陀螺仪上建立相对基座固定的坐标系$Oxyz$，z轴与陀螺转子的动量矩H方向一致，y轴沿环架轴方向，x轴按照右手定则确定。当基座绕y轴或z轴旋转时，陀螺仪转子轴仍稳定在原来方向不变。也可以说，对于基座绕这两个轴的转动，环架仍然起到隔

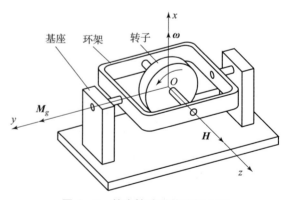

图4-6 基座转动时的陀螺力矩

离角运动的作用。但是,当基座以角速度 ω 绕 x 轴旋转时,由于支承陀螺转子的环架没有绕该轴转动的自由度,基座将带动环架连同陀螺转子一起绕 x 轴旋转,称为"强迫进动"。这时陀螺转子将产生 y 轴方向的陀螺力矩 $\boldsymbol{M}_g$,其大小为 $\boldsymbol{H\omega}$。在陀螺力矩作用下,陀螺转子将绕环架轴进动,直至陀螺转子轴与 x 轴重合。若基座旋转方向相反,则陀螺力矩的方向也将改变到相反方向,陀螺转子绕环架轴进动的角速度方向也随之改变。这表明,二自由度陀螺仪具有敏感绕其缺少自由度轴方向的角运动的特性。

根据测量功能的不同,二自由度陀螺仪可分为角速度陀螺仪、测速积分陀螺仪等。

1. 角速度陀螺仪

在不同应用中,角速度陀螺仪又称测速陀螺仪、速率陀螺仪、微分陀螺仪或阻尼陀螺仪等。给二自由度陀螺仪加上弹性元件、阻尼器和角度传感器就组成一个角速度陀螺仪。角速度陀螺仪的输入为绕 x 轴方向的角速度。图 4-7 所示为角速度陀螺仪的工作原理示意图。

当导弹绕 x 轴以角速度 ω 旋转时,陀螺转子轴将发生进动。由于进动过程中弹簧与阻尼器产生与进动方向相反的弹性力矩和阻

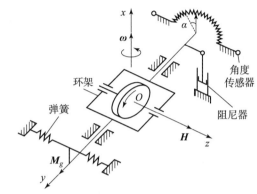

图 4-7 角速度陀螺仪工作原理示意图

尼力矩,陀螺环架并不能持续旋转,而是最终稳定在某一个角度上。阻尼器的作用是引入阻尼力矩,减小陀螺进动过程中的振荡。下面推导角速度陀螺仪环架绕 y 轴转动的微分方程和角速度陀螺仪的传递函数。

设陀螺转子的进动角度为 α,则陀螺力矩为

$$\boldsymbol{M}_g = \boldsymbol{H}(\cos\alpha)\boldsymbol{\omega} \tag{4.8}$$

如果转子进动的角度 α 很小,则式(4.8)可改写为

$$\boldsymbol{M}_g = \boldsymbol{H\omega} \tag{4.9}$$

弹簧的恢复力矩 M_S 为

$$M_S = K_S \alpha \tag{4.10}$$

式中:K_S 为弹簧力矩的传递系数。

阻尼器的阻尼力矩 M_D 与进动角速度 $\dot\alpha$ 成比例,即

$$M_D = K_D \dot\alpha \tag{4.11}$$

式中:K_D 为阻尼力矩的传递系数。

如果不考虑轴承的摩擦力矩、电位计的反作用力矩等,对于小角度 α 的运动,绕 y 轴的力矩平衡方程为

$$J_y \ddot\alpha + K_D \dot\alpha + K_S \alpha = H\omega \tag{4.12}$$

式中:J_y 为环架、转子和轴等绕 y 轴的转动惯量。

对式(4.12)进行零初始条件下的拉普拉斯变换,可得角速度陀螺仪的传递函数为

$$\frac{\alpha(s)}{\omega(s)} = \frac{H}{J_y s^2 + K_D s + K_S} \tag{4.13}$$

将式(4.13)写成一般形式,即

$$G_{NT}(s) = \frac{\alpha(s)}{\omega(s)} = \frac{K_{NT}}{T_{NT}^2 s^2 + 2\xi_{NT}T_{NT}s + 1} \tag{4.14}$$

式中：K_{NT} 为角速度陀螺仪的传递系数，$K_{NT} = H/K_S$；T_{NT} 为时间常数，$T_{NT} = \sqrt{J_y/K_S}$；ξ_{NT} 为相对阻尼系数，$\xi_{NT} = K_D/(2\sqrt{K_S J_y})$。

由式（4.14）可知，陀螺仪环架绕 y 轴的运动是一个二阶振荡环节，通过对各传递系数、转动惯量等参数的合理选取能够使陀螺仪的输出响应具有良好的快速性和准确性。对于角速度输入 ω，角度 α 的稳态输出为

$$\alpha = (H/K_S)\omega \tag{4.15}$$

式（4.15）表明，角速度陀螺仪环架的转动角度与输入角速度成正比，因此，通过对陀螺仪环架转角的测量即可实现对角速度的测量。

如果用电位计作为角度 α 的测量传感器，设其传递系数为 K_u，则角速度陀螺仪的输出电压信号为

$$U = K_u\alpha = (HK_u/K_S)\omega \tag{4.16}$$

2. 积分陀螺仪

积分陀螺仪是在二自由度陀螺仪基础上增设阻尼器和角度传感器而构成的。积分陀螺仪与角速度陀螺仪的差别是其在内环上取消了恢复弹簧，但却有较大的阻尼约束。实际中应用的积分陀螺仪为液浮式结构，典型的液浮式积分陀螺仪的结构示意图如图 4-8 所示。陀螺转子装在浮筒内，浮筒与壳体间充有液体，浮筒受到的浮力与其重力相等。

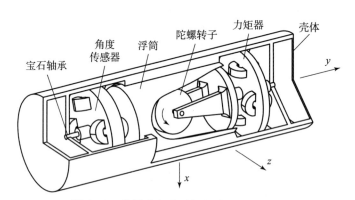

图 4-8 液浮式积分陀螺仪的结构示意图

当陀螺仪绕 x 轴以角速度 ω 转动时，陀螺仪产生一个与角速度成比例的陀螺力矩，这个力矩使浮筒绕 y 轴进动，悬浮液的黏性对浮筒产生阻尼力矩。如果不考虑干扰力矩，对浮筒的小角度 α 的运动，绕 y 轴的力矩平衡方程为

$$J_y\ddot{\alpha} + K_D\dot{\alpha} = H\omega \tag{4.17}$$

式中：K_D 为阻尼力矩的传递系数；J_y 为浮筒、轴和转子绕 y 轴的转动惯量；H 为陀螺转子动量矩。

对式（4.17）进行零初始条件下的拉普拉斯变换可得积分陀螺仪的传递函数为

$$\frac{\alpha(s)}{\omega(s)} = \frac{H}{J_y s^2 + K_D s} = \frac{K_{NT}}{s(T_{NT}s + 1)} \tag{4.18}$$

式中：$K_{NT} = H/K_D$；$T_{NT} = J_y/K_D$。

式（4.18）表示的传递函数为一个积分环节和一个惯性环节的串联。当传递系数 K_D 远大于转动惯量 J_y 时，惯性环节的时间常数 T_{NT} 非常小，系统响应很快，惯性环节可近似看作比例环节，则式（4.18）可以简化为一个纯积分环节：

$$\frac{\alpha(s)}{\omega(s)} = \frac{K_{NT}}{s} \tag{4.19}$$

或

$$\alpha(t) = K_{NT}\int \omega(t)\,\mathrm{d}t \tag{4.20}$$

式（4.20）表明，陀螺仪内部浮筒的旋转角度为输入角速度的积分。通过角度传感器可将该角度变换成电压信号输出。

积分陀螺仪与三自由度陀螺仪一样，能测量角位移，但积分陀螺仪应用进动性，而三自由度陀螺仪应用定轴性。积分陀螺仪只有一个敏感轴，结构比较简单。

4.1.3 新型陀螺仪

1. 光学陀螺仪

光学陀螺仪基于光学萨格奈克效应。当光束在一个环形的通道中前进时，如果环形通道相对惯性空间具有一个旋转角速度，那么光线沿着通道转动的方向前进所需要的时间比沿着这个通道转动相反的方向前进所需要的时间要多。也就是说，当光学环路转动时，在不同的前进方向上，光学环路的光程相对于环路在静止时的光程都会产生变化。利用光程的这种变化，检测出两条光路的相位差或干涉条纹的变化，就可以测出光路旋转角速度。

光学陀螺仪包括激光陀螺仪和光纤陀螺仪，是捷联式惯导系统的理想惯性器件。微电子技术及微加工技术的发展使光学陀螺向微型化方向发展。

1) 激光陀螺仪

激光陀螺仪的基本元件是一个环形激光器。在最简单的情况下，环形激光器的回路形状为三角形，如图 4-9 所示。在三角形光路中放置两个反射镜、一个半透镜和一个激光发生器，它们形成一个光学谐振腔。激光发生器在谐振腔产生沿光路相反方向传播的两束激光（驻波）。

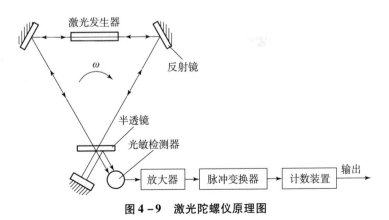

图 4-9　激光陀螺仪原理图

当环形激光器绕其环路平面的法线方向旋转时，对于相反方向上传播的两束激光便产生

频率差 Δf，该频率差即与输入的旋转角速度成正比。为了对频率差进行测量，用半透明镜片将两束激光导出环形回路，通过辅助的不透明镜片使它们的传播方向重叠，产生干涉条纹，干涉条纹以 $2\pi\Delta f$ 的角频率移动；干涉条纹进入光敏检测器后将产生相应的交变电流，经电流放大器放大后进入脉冲变换器变换成脉冲信号，计数装置对脉冲进行计数即可得到频率差 Δf，从而得到陀螺仪的旋转角速度。

2）光纤陀螺仪

如图 4-10 所示，光纤陀螺仪由光源、分束器、光纤线圈和相位检测仪等组成。由光源发出的光束通过分束器一分为二，分别从两端耦合进光纤线圈，沿顺、逆时针方向传播，并回到分束器处叠加产生干涉。当光纤线圈做旋转运动时，沿顺、逆时针方向传播的两束光产生光程差，而光程差引起相位差，并且相位差与光纤线圈的旋转角速度成正比。通过相位检测仪对相位差进行检测即可得到光纤线圈相对于惯性空间的旋转角速度。

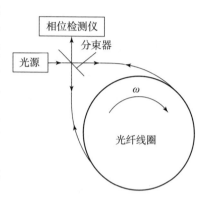

图 4-10　光纤陀螺仪原理图

光纤陀螺仪具有结构紧凑、灵敏度高、工作可靠等优点，因此在许多领域取代了机械式的传统的陀螺仪，成为现代导航仪器中的重要部件。

2. 微机电陀螺仪

微机电系统（Micro-Electro-Mechanical System，MEMS）或称为微电子机械系统，是在微电子技术（半导体加工技术）基础上发展起来的一种微小型系统，是融合了光刻、腐蚀、薄膜、LIGA（X 光深刻精密电铸模造成型）、硅微加工、非硅微加工和精密机械加工等技术制作的电子机械器件。微机电系统的尺寸通常为几毫米乃至更小，其内部结构一般在微米甚至纳米量级。

微机电陀螺仪是一种 MEMS 传感器，它应用科氏效应测量载体的角速度，其中典型的是以单晶硅为材料制作的微机电振动陀螺仪。振动陀螺仪应用科氏效应测量角速度的原理可以通过图 4-11 所示的质量块-弹簧-阻尼器系统加以说明。

图 4-11 中，陀螺仪上的质量块受激后沿角速度输入轴的法线方向振动。当有角速度输入时，质量块在科氏效应

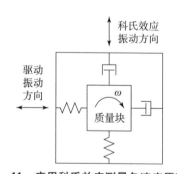

图 4-11　应用科氏效应测量角速度原理图

的作用下将产生新的振动，其方向与受激振动的方向垂直，振幅与角速度的大小成比例。通过对振动振幅的检测即可得到陀螺仪的角速度大小。

按照振动方式的不同人们研制出扭摆式振动陀螺仪和音叉式振动陀螺仪，其结构示意图分别如图 4-12（a）、（b）所示。

扭摆式振动陀螺仪采用双框架结构，内框架通过一对挠性轴与外框架连接，外框架通过一对挠性轴与壳体连接，两对挠性轴相互垂直。在内框上安装有沿框架平面法线方向向外延

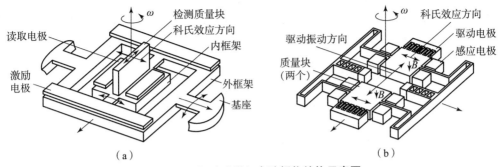

图 4-12 振动式微机电陀螺仪结构示意图
(a) 扭摆式振动陀螺仪结构示意图；(b) 音叉式振动陀螺仪结构示意图

伸的检测质量块；外框在两个电极的敏感和控制下产生扭摆振动。当绕框架平面的法线方向有角速度输入时，检测质量块在科氏效应作用下使内框产生绕挠性轴的交变力矩，使内框绕外框振动。内框振动的幅值和相位通过两个读取电极敏感后即可得到角速度的大小和方向。

音叉式振动陀螺仪通过在一个平面上做反相振动的两个检测质量块来工作，音叉结构使质量块的振动不会传递到壳体上，因而损失的能量少，仅需很少的能量即可维持振动。两个质量块的反相振动由质量块上的金属导体内的交变电流与磁场之间产生的洛伦兹力驱动。每个质量块由两个 L 形梁支承，该支承使质量块在框架平面两个相互垂直的方向上具有较低的刚度。当沿陀螺仪输入轴方向有角速度输入时，质量块在科氏效应作用下在与驱动振动方向垂直的方向上振动。通过感应电极对该振动进行检测即可获得载体在陀螺仪输入轴方向的角速度。

4.2 加速度计

加速度计是导弹制导与控制系统中一种重要的惯性敏感器件，用于测量运动载体相对惯性空间的线加速度。

现有的加速度计产品种类繁多，要进行严格的分类比较困难，通常有以下一些分类方法：①按测量系统组成形式分为开环加速度计和闭环加速度计；②按检测质量运动方式分为线位移加速度计和摆式加速度计；③按检测质量支承方式分为宝石支承加速度计、液浮加速度计、挠性支承加速度计、气浮加速度计、磁悬浮加速度计和静电加速度计等；④按结构原理分为重锤式加速度计、摆式加速度计、陀螺积分加速度计、压阻加速度计、压电加速度计、振弦加速度计、振梁加速度计、激光加速度计、光纤加速度计等；⑤按加工工艺可分为传统加速度计和微机电加速度计等。

本节主要讲述重锤式加速度计、液浮摆式加速度计、挠性加速度计、振弦式加速度计以及微机电加速度计的基本原理。

4.2.1 重锤式加速度计

重锤式加速度计的原理如图 4-13 所示。重锤式加速度计可以简化为质量块-弹簧-阻尼器系统。图中质量块的质量为 m，弹簧刚度为 k_S，阻尼器的传递系数为 k_D，假设某一时刻加速度计基座相对于惯性空间的加速度为 a，此时质量块从其平衡位置即图中虚线处移动到实线处，相对位移为 x，质量块的绝对位移为 X。

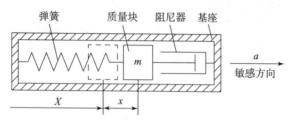

图 4-13 重锤式加速度计原理图

根据牛顿定律可得质量块的运动方程为

$$m(\ddot{X} + \ddot{x}) + k_D \dot{x} + k_S x = 0 \tag{4.21}$$

式（4.21）可写为

$$m\ddot{x} + k_D \dot{x} + k_S x = -ma \tag{4.22}$$

对式（4.22）进行零初始条件下的拉普拉斯变换，可得加速度计的传递函数为

$$G_{xj}(s) = \frac{x(s)}{a(s)} = -\frac{m}{ms^2 + k_D s + k_S}$$

式中：负号（-）表示质量块偏离其平衡位置的位移方向与基座加速运动的方向相反。省略负号，并将传递函数写成一般形式，即

$$G_{xj}(s) = \frac{x(s)}{a(s)} = \frac{K_{xj}}{T_{xj}^2 s^2 + 2 T_{xj} \xi_{xj} s + 1} \tag{4.23}$$

式中：K_{xj} 为加速度计的传递系数，$K_{xj} = m/k_S$；T_{xj} 为时间常数，$T_{xj} = \sqrt{m/k_S}$；ξ_{xj} 为相对阻尼系数，$\xi_{xj} = k_D/(2\sqrt{mk_S})$。

由此可见，加速度计的传递函数是一个二阶振荡环节。当达到稳态时，质量块的位移 $x = K_{xj} a$，因此通过对质量块位移的测量即可得到基座的加速度。将加速度计的基座与载体固联即可测量载体的线加速度。

加速度计测量的是载体受到的除重力之外的合外力所产生的加速度在加速度计测量轴方向的分量，也就是说，加速度计不能测量重力加速度。在地球重力场中测量时，对加速度计的输出应进行地球重力加速度补偿后才能获得载体的实际运动加速度。具体参考 7.1 节惯性制导中的相关内容。

4.2.2 液浮摆式加速度计

液浮摆式加速度计的结构与液浮式陀螺仪类似，如图 4-14 所示。壳体内充有浮液，将浮筒悬浮。浮筒内有一个失衡检验质量块 m，偏离旋转轴的距离为 L，加速度计的输入轴即敏感方向为 z 轴方向。

当沿加速度计的输入轴 z 轴方向有加速度 a 时，质量块产生绕 x 轴的惯性力矩 $M_x = Lma$，使得质量块偏离其平衡位置 θ 角，该角度由传感器敏感后，产生与 θ 角成比例的电信号，经放大器放大后送给力矩器，力矩器产生一个回转力矩，使质量块向原平衡位置回转。

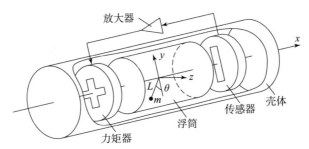

图 4-14　液浮式加速度计原理图

当达到平衡后，质量块将稳定在某一个偏角上，该偏角即与输入加速度成正比。该偏角的大小同样与力矩器的驱动信号成比例，因此对力矩器的驱动信号采样即可测得加速度。

由传感器、放大器和力矩器所组成的闭合回路通常称为力矩再平衡回路，所产生的力矩 M 通常称为再平衡力矩，其表达式为

$$M = K\theta \tag{4.24}$$

式中：K 为再平衡回路的增益。

4.2.3　挠性加速度计

挠性加速度计是一种摆式加速度计，它的主要特点是摆组件弹性地连接在挠性支承上。挠性加速度计摆组件的偏转角很小，由此引入的弹性回复力矩可以忽略不计。图 4-15 所示为一种挠性加速度计的原理图，该加速度计主要由摆组件、信号传感器、力矩器和挠性杆等组成，其中摆组件为加速度的敏感质量。

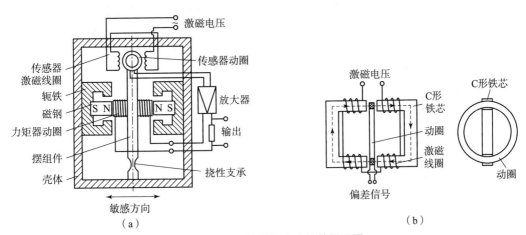

图 4-15　一种挠性加速度计的原理图
（a）原理示意图；（b）双 C 形动圈式传感器

挠性加速度计的工作原理与液浮摆式加速度计相类似，同样是由力矩再平衡回路产生的力矩来平衡加速度引起的惯性力矩。图 4-15（a）所示的力矩器采用永磁动圈式力矩器，两个力矩器的磁钢以同极性相对的方式安装在轭铁上，两个特性相同的力产生器组成推挽式永磁力矩器。当力矩器动圈中有电流时，一个力产生器产生吸力；另一个力产生器产生

斥力。

信号传感器为双 C 形动圈式传感器，具体结构如图 4 – 15（b）所示，其定子（包括激磁线圈、C 形铁芯等）固定在壳体上，动圈固定在摆组件的顶端。当摆组件由于加速度产生的惯性力转动时，引起动圈相对于定子的偏移，动圈即输出与转角成比例的电压信号，该电压信号经放大器放大后进入力矩器动圈，在力矩器作用下产生反转力矩，使摆组件回转，并最终达到平衡。对力矩器动圈电流采样即可得到加速度输出。

按内部是否充有液体可将挠性加速度计分为充油式和干式两种。充油式加速度计的内部充以高黏性液体作为阻尼液体，用于改善加速度计的动态特性并提高抗振和抗冲击能力；干式加速度计采用电磁阻尼或空气膜阻尼，便于小型化、降低成本和缩短启动时间。

挠性支承通常由某种低迟滞、高稳定性的弹性材料制成，在敏感轴方向的刚度很小，在其他方向上的刚度较大。根据弹性材料的种类，挠性加速度计可分为金属挠性加速度计和石英挠性加速度计，其中金属挠性加速度计采用的挠性材料一般为铍青铜、铜钨单晶和铌基合金等。

4.2.4 振弦式加速度计

振弦式加速度计是一种以弦的横向振动理论为基础的力 – 频率变换器。弦是一条具有一定长度而横截面很小的丝材，当被张紧的弦丝两端固定时，经激励后，就能发生横向振动，其固有频率为

$$f_0 = \frac{1}{2L}\sqrt{\frac{F_0}{\rho}} \tag{4.25}$$

式中：F_0 为弦丝的张力；L 为弦丝的长度；ρ 为弦丝的线密度。

如果弦丝的一端固定一个检测质量，另一端固定在壳体上，并用张力弹簧提供原始张力 F_0，如图 4 – 16（a）所示。当有加速度 a 作用时，检测质量 m 受惯性力 ma 的作用使弦丝张力从 F_0 增大到 $F_0 + ma$，弦丝的频率也从 f_0 变为 f_1，则频率差 $f_1 - f_0$ 就可以作为被测加速度的量度，这就是振弦式加速度计测量加速度的基本原理。

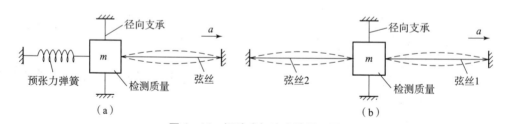

图 4 – 16　振弦式加速度计原理图
（a）单弦丝结构示意图；（b）双弦丝结构示意图

在实际应用中，振弦式加速度计一般都采用双弦结构。它是在同一轴线上两根弦丝对称地拉着一个检测质量 m，如图 4 – 16（b）所示。设两根弦丝的特性完全相同，当有加速度 a 作用时，作用在检测质量上的惯性力 ma 使弦丝1上的张力增大了 $ma/2$，使弦丝2上的张力减小了 $ma/2$，则两根弦丝的振动频率可表示为

$$\begin{cases} f_1 = \dfrac{1}{2L}\sqrt{\dfrac{F_0 + ma/2}{\rho}} = f_0\sqrt{1+e} \\ f_2 = \dfrac{1}{2L}\sqrt{\dfrac{F_0 - ma/2}{\rho}} = f_0\sqrt{1-e} \end{cases} \quad (4.26)$$

式中：$e = ma/(2F_0)$。

对式（4.26）中的两个根式分别按照级数展开，可得

$$\begin{cases} \sqrt{1+e} = 1 + \dfrac{e}{2} - \dfrac{e^2}{8} + \dfrac{e^3}{16} - \cdots \\ \sqrt{1-e} = 1 - \dfrac{e}{2} - \dfrac{e^2}{8} - \dfrac{e^3}{16} - \cdots \end{cases} \quad (4.27)$$

式（4.27）中的两式相减，略去 e 的三阶以上小量，可得两根弦丝的差频表达式为

$$f_1 - f_2 = f_0 e\left(1 + \dfrac{e^3}{8}\right) = Ka(1 + \Delta)$$

式中：$K = f_0 m/(2F_0)$ 为加速度计的标度因数；$\Delta = e^3/8 = (ma/F_0)^3/64$ 为仪表输出非线性误差的相对值。该误差比单弦式小得多，这也是振弦式加速度计采用双弦结构的原因之一。

4.2.5 微机电加速度计

微机电加速度计是一种以半导体硅为材料，采用微电子和微机械加工制造的固态惯性传感器。微机电加速度计的测量原理在结构上同样可以简化为图 4-13 所示的质量块-弹簧-阻尼器系统，当有加速度作用在加速度计的输入轴方向时，质量块将产生位移，其稳态值与输入加速度的大小成比例；将稳态位移值转化为某种形式的电信号输出，即可得到输入加速度的测量值。按照偏差信号产生原理的不同，可将硅微加速度计分为压阻式、电容式和压电式等，其中应用较广泛的为压阻式和电容式。

压阻式加速度计的质量块由悬臂梁支承，悬臂梁与基体上制作电阻，连接成测量电桥，如图 4-17（a）所示。当有惯性力作用时，质量块摆动，悬臂梁上电阻的阻值发生变化，引起测量电桥输出电压变化，实现对加速度的测量。

电容式加速度传感器采用质量块作为电容半桥的中间板极，质量块由弹性梁支承连接在基体上，检测电容的一个极板一般配置在质量块上，另一个极板配置在基体上，如图 4-17（b）所示。当质量块受到加速度作用而偏离零位时，会产生与其位移成比例的电容变化。利用静电力实现闭环反馈控制可提高传感器的性能。

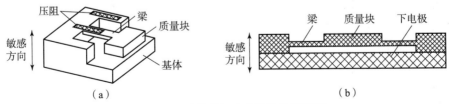

图 4-17 硅微型加速度计结构示意图
（a）压阻式加速度计；（b）电容式加速度计

4.3 测角仪

测角仪是具有测量坐标系并可用来测定空间运动体在该坐标系中所处位置的仪器,它的输入量是被测物坐标变化的信息,生成与角误差信号相对应的电信号。

常用的测角仪包括红外测角仪和电视测角仪。这两种测角仪均应用光学成像原理进行探测,即把光学系统等效为一个凸透镜系统,物空间某位置的一个点状物,在像空间或焦平面的相应位置有唯一的像点与其对应。因此,测角仪要探测被测物相对于光轴的角偏差,只需获得该物体在焦平面上的像点相对于光轴的偏差。

4.3.1 红外测角仪

对于应用红外测角仪进行遥控制导的导弹,红外测角仪一般具有两方面功能:①供射手瞄准目标;②测量导弹偏离瞄准线的角偏差,向制导系统提供偏差信号,从而控制导弹沿瞄准线飞行。

红外测角仪有三个主光学系统,分别为红外大视场、红外小视场和可见光瞄准镜,它们的光轴平行。红外大视场用于导弹飞行的初始阶段,便于导弹进入视场接受控制;红外小视场用于导弹飞行的中后段,其作用是远距离精确控制导弹。

应用红外测角仪进行遥控制导的导弹尾部安装有热标。导弹在空中飞行过程中,热标发出红外辐射,测角仪通过对红外辐射的探测实现对导弹的探测。

红外测角仪采用调制盘和红外探测器作为红外成像信息的接收器件。调制盘置于焦平面上,其作用是对像点的红外能量进行调制,将汇聚于焦平面上的红外能量转换为包含像点方位信息的交变能量。红外探测器为光敏电阻,位于调制盘之后,能够将调制后的红外光信号转换为电信号。

调制盘等分为若干个黑白相间的扇形,黑色不透光,白色透光,调制盘图案如图4-18所示。测角仪观测目标时,调制盘做章动转动,即调制盘在其盘面所在的平面上平动,其上任何一点的运动轨迹都是半径为R的圆,各点绕各自旋转中心具有相同的旋转角速度ω。

图4-18中的视场圆是调制盘章动运动过程始终覆盖的区域。只有当红外像点落在该区域内时,调制盘才能对像点能量进行调制。红外像点经调制盘调制后被光敏电阻接收,将光信号转换为电信号,经放大、整形电路,形成调频等幅脉冲信号;调频脉冲信号加到鉴频器,鉴频器输出正弦信号,其频率为调制盘的章动转动频率ω,幅值与导弹偏离测角仪光轴的偏差成正比,相位则反映导弹偏离测角仪光轴的方位。

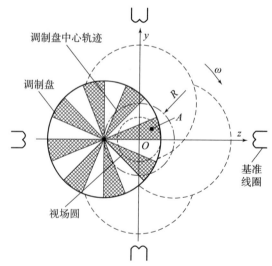

图4-18 红外调制盘运动示意图

为了判定红外像点在测量坐标系中的方位，在测量坐标系的坐标轴上设置有基准信号线圈，如图 4-18 所示。当调制盘在运动过程中靠近线圈时，基准线圈中感应出基准脉冲，分别作为高低和方位方向的信号基准。

当红外像点位于测角仪的视场圆内时，调制盘切割像点的章动运动可看作是调制盘不动而像点做与调制盘相同旋转方向、相同旋转半径 R 的切割运动。当像点位于光轴，即图 4-18 中的原点 O 时，像点切割调制盘的轨迹圆与调制盘同心。因此，调制盘输出的信号为等周期的脉冲信号，此信号输入到鉴频器中，鉴频器的输出电压为零，这种情况下高低角和方位角误差均为零，如图 4-19 所示。

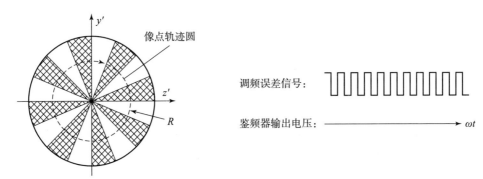

图 4-19　像点位于光轴时信号波形示意图

当像点偏离光轴时，调制盘输出的信号为调频脉冲信号，在像点距离调制盘中心距离最远时，信号频率最高，反之信号频率最低。假设像点位于图 4-18 中的 A 点，在调制盘绕 O 点章动转动一周的过程中，A 点相对于调制盘的轨迹圆、调频误差信号和鉴频器输出电压波形分别如图 4-20 中各图所示。鉴频器输出电压信号的幅值正比于像点轨迹圆中心偏离 O 点的距离，它与基准信号的相位关系则代表了像点在测量坐标系中的方位。

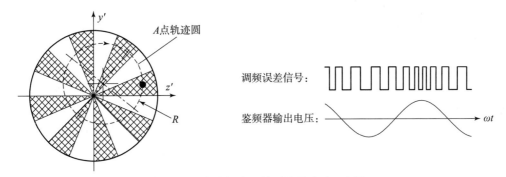

图 4-20　像点偏离光轴时信号波形示意图

遥控制导的导弹常采用直角坐标控制，而鉴频器输出的信号代表像点的极坐标偏量，因此需要将极坐标偏差信号分解为直角坐标信号。在红外测角仪中，偏差信号的正交分解可通过相位检波器、滤波器等共同完成。

4.3.2　电视测角仪

电视测角仪采用 CCD（Charge Coupled Device，电荷耦合器件）作为接收器件，在像空间探测像点距视场中心的偏差量。

导弹及其飞行空间的景物通过光学系统在电视摄像机CCD靶面上形成光学图像，它是一个随时间和波长变化的光强分布。由于CCD的光电转换特性和扫描作用，靶面上的光学图像被转变成按时间顺序传送的电视信号，并与行场同步脉冲和消隐脉冲混合形成全视频信号输出。

图4-21所示为导弹通过电视测角光学系统成像于CCD靶面示意图，其中O点表示光轴，则导弹像点相对于光轴的直角坐标偏差量Δz和Δy可通过CCD器件输出。根据这两个偏差量也可求得极坐标形式的偏差量。

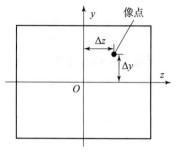

图4-21 电视测角示意图

4.4 制导用雷达

雷达利用无线电波对目标进行探测和定位。物体在受到电磁波照射时，都会对照射波产生反射作用。绝大多数的军事机动目标都采用金属外壳，而金属对无线电波的反射能力比周围的地面、海面和天空背景强得多，因此雷达制导导弹成为打击远距离军事机动目标的重要武器。

4.4.1 雷达分类

雷达的分类方法很多，如按照雷达的战术用途、功能、信号形式、工作波段、工作特点等进行分类。

按照功能，可将雷达分为搜索雷达和跟踪雷达。

1. 搜索雷达

搜索雷达的任务是在尽可能大的空域范围内尽早发现军事目标，主要用于警戒等目的。因此，搜索雷达的发射功率一般很大，无线电波束需要在全空域按一定的方式扫描。

用于战略防御的远程预警雷达和用于防空系统中的搜索警戒雷达都是典型的搜索雷达。最广泛使用的警戒雷达是两坐标雷达，它的天线采用扇形波束，在水平方向上很窄，在垂直面上很宽。两坐标雷达的方位分辨力可以达到零点几度到几度，能够判定目标的方位，但不能测定目标的俯仰角。由于这种雷达只能测定目标的距离和方位两个位置参数，因此称为两坐标雷达。这种雷达波束的扫描是通过天线的机械旋转来实现的。天线水平旋转一周，雷达波束就在360°方位上扫描过一次，从而覆盖以雷达为中心的圆形区域。

三坐标雷达在两坐标雷达的基础上对天线进行改进设计，使雷达增加了测量目标俯仰角的功能。三坐标雷达在水平方向上一般仍然由天线的机械旋转来使波束扫描，而在俯仰方向上一般靠电子控制使波束在观测角度内上下扫描，或者同时产生不同俯仰角度上的探测波束。

2. 跟踪雷达

跟踪雷达主要用于武器控制，为武器系统连续地提供对目标的指示数据，也用于导弹靶场测量等方面。例如，炮瞄雷达、导弹制导雷达、航天飞行器轨道测量雷达等都属于跟踪雷达。跟踪雷达首先面临的任务是捕获目标，接着对一个或几个特定的目标在距离、角度或速度上建立起跟踪过程。

距离跟踪使雷达只关注目标当前距离附近的回波，排除了对其他距离上的目标测量。对这个距离上的回波，雷达不但连续测量距离，而且连续测量目标的角度，通过自动控制系统使雷达天线波束随着目标运动而转动，始终指向目标，以获得精确的位置和速度指示。由于任务的需要，跟踪雷达对目标状态的测量精度一般比搜索雷达高得多。但是，可以跟踪的目标数目比较少。传统的跟踪雷达只能跟踪一个目标，现代相控阵雷达可以同时跟踪几个到十几个目标。

实际上，不能把所有的雷达都简单地归到搜索雷达或跟踪雷达的范畴，例如，地形测绘雷达等专用雷达具有搜索雷达或跟踪雷达以外的特征。因此，对雷达种类的划分并不是绝对的。

按照雷达信号形式，雷达可分为以下几类。

（1）脉冲雷达。这种雷达发射的是恒载频的矩形脉冲，按一定的或交错的重复周期工作，这是目前使用最广泛的雷达。

（2）连续波雷达。这种雷达发射的是连续正弦波，主要用来测量目标的速度。如果需要同时测量目标的距离，则需要对发射信号进行调制，如调频连续波。

（3）脉冲压缩雷达。这种雷达发射经过频率或相位调制的宽脉冲信号，在接收机中对接收到的回波信号加以压缩处理，从而得到窄脉冲。脉冲压缩能解决距离分辨力和作用距离之间的矛盾。

此外，还有脉冲多普勒雷达、噪声雷达、频率捷变雷达等。

雷达也可以按照其他方式分类。例如，按照雷达承载平台可分为地面雷达、机载雷达、舰载雷达、星载雷达等；按照角跟踪方式可分为单脉冲雷达、圆锥扫描雷达、隐蔽锥扫（假单脉冲）雷达等；按照测量目标的参量可分为测高雷达、两坐标雷达、三坐标雷达、测速雷达、目标识别雷达等；按信号处理方式可分为分集雷达、相参或非相参累积雷达、动目标显示雷达、合成孔径雷达等；按天线扫描方法可分为机械扫描雷达、相控阵雷达、频率扫描雷达等。

4.4.2 雷达的组成和基本原理

雷达是利用无线电波测量目标距离、速度和方位的设备，其具体用途和结构不尽相同，但组成形式基本上是一致的，主要包括发射机、发射天线、接收机、接收天线、信号处理部分以及显示器，其他的辅助设备还包括电源、角度跟踪伺服系统等。以脉冲雷达为例，其主要由天线、发射机、接收机、信号处理机、数据处理机和显示器等部分组成，如图4-22所示。

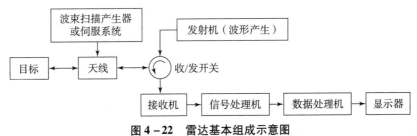

图4-22 雷达基本组成示意图

雷达发射电磁波信号时，收发开关与发射机接通，发射机产生大功率射频信号（通常是重复的窄脉冲串）经由天线辐射到空间。接收时，收发开关与接收机接通，反射物或目标反射的雷达信号沿着雷达的方向返回，被天线收集后，经接收机加以放大和滤波，再经信号处理机处理。如果经接收机、信号处理机处理后输出信号幅度足够大，则目标可以被检测（发现）。雷达通常测定目标的方位和距离，但回波信号也包含目标特性的信息。显示器显示经接收机、信号处理机处理后的输出信号，雷达操作员根据显示器的显示判断目标存在与否，或者采用电子设备处理输出结果。电子设备可以自动判断目标存在与否，并根据发现目标后一段时间内的检测结果建立目标航迹，后一项功能通常由数据处理机完成。

雷达是通过观测物体对电磁波信号的反射回波来发现目标。目标对雷达信号的反射强弱程度可以用目标的雷达截面积（Radar Cross Section，RCS）来描述。通常，目标雷达截面积越大，则反射的雷达信号功率越强，目标被发现的距离越远。雷达截面积与目标自身的材料、形状和大小等因素有关，也与照射它的电磁波的特性有关。

除目标的回波外，雷达接收机中总是存在着一些杂乱无章的信号，这些信号称为噪声（Noise），它是由外部噪声源经天线进入接收机，以及接收机本身的内部电路共同产生的。采用先进的电子元器件和精心的电路设计可以减小这些噪声，但不可能完全消除它们。由于噪声时时刻刻伴随目标回波存在，因此，当目标距离雷达很远、目标回波很弱时，回波就难以从噪声中区分出来。雷达从噪声中发现回波信号的过程称为雷达目标检测或目标的发现。由此可见，雷达对目标的发现距离是有限度的。

当雷达发射的电磁波信号照射目标的同时，也会照射到目标所在的背景物体上，这些背景物体的反射回波进入雷达接收机，成为无用的回波，称为雷达杂波（Clutter）。例如，雨雪等自然现象形成的反射回波称为气象杂波；向地面、海面观测目标时，地物和海面反射形成的杂波分别称为地杂波和海杂波。

此外，在实际战场环境中还存在人为的有意针对雷达发射的电磁波信号，这些信号进入雷达接收机后，可能起到阻止、破坏雷达对目标发现能力的作用，这样的信号称为干扰（Jamming）。噪声、杂波和干扰严重影响雷达对目标的探测。

4.4.3 雷达的基本测量方法

当雷达探测到目标后，就需要从目标回波中提取有关信息。目标位置可以用多种坐标系表示，最常用的为直角坐标系。在雷达应用中，测定目标坐标常采用极（球）坐标系统，如图 4-23 所示。这样，空间任意目标 T 所在的位置可通过下列三个坐标确定。

（1）斜距 R：雷达到目标的直线距离。

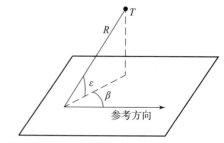

图 4-23 极（球）坐标系表示目标位置

（2）方位角 β：斜距 R 在水平面上的投影与某一个参考方向（正北、正南或其他参考方向）在水平面上的夹角。

（3）俯仰角 ε：斜距 R 与其在水平面上的投影之间的夹角，有时也称为倾角或高低角。

雷达的基本功能是对反射雷达波的目标进行测角、测距及测速，下面简要介绍雷达实现测角、测距和测速功能的常用方法。

1. 雷达测角方法

雷达发射天线发出的波束在空间是有方向性的,它的空间功率分布通常用波束方向图表示,如图 4-24 所示。主瓣中心线基本与天线指向方向重合,雷达辐射的大部分功率集中在主瓣上,而且在中心线上功率最强。主瓣的两侧有多个对称旁瓣,与主瓣相邻的一对旁瓣称为第一旁瓣,集中了发射功率的绝大部分剩余功率,而其他的旁瓣功率较小,通常可以忽略。通常将天线方向上功率等于总发射功率 1/2 的点称为半功率点(图 4-24 中 $P_{0.5}$ 的两点),两个半功率点之间的夹角称为波束宽度。

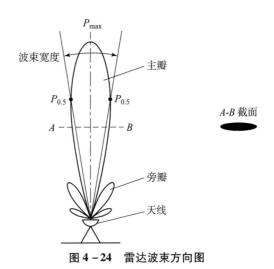

图 4-24 雷达波束方向图

以某线扫描雷达的探测波束为例,其探测天线的波束形状为扁平状,如图 4-24 中 $A-B$ 截面所示,波束宽度分别为 10°和 2°。

雷达测角有多种实现方法,其中最简单和最直接的方法是利用其辐射(和接收)带有方向性的天线波束实现,即最大强度法。这种方法是利用天线指向中心与波束最大功率方向重合的特点,当天线接收到的信号最大时,天线所指的方向就是目标方向。天线孔径越大时(相对于工作波长的比值),天线波束的方向性越强,波束宽度越窄,则测量精度越高。最大强度法受到波束对称性和目标散射稳定性的影响,测角精度较低,目前已基本不再使用。

下面介绍常见的相位法、波束转换法、圆锥扫描法以及单脉冲法的基本测量原理。

1)相位法

相位法在天线指向轴的两侧对称放置两个接收天线,假设从远距离目标反射的回波接近于平面波,则当目标偏离天线指向一个角度时,平面波到达两个接收天线的时间不同,即两个天线接收信号的相位不同。通过比较两个天线信号的相位差就可以得到目标偏离天线轴的角度。

如图 4-25 所示,设在偏离天线电轴的 θ 角方向有一个距离较远的目标,该目标发射或反射的无线电波近似为平面波。

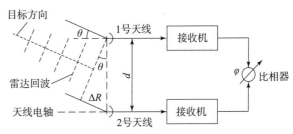

图 4-25 相位法测角原理图

由于两天线间距为 d,则二者收到的平面波信号因到达波程差 ΔR 而产生一相位差 φ,即

$$\varphi = \frac{2\pi}{\lambda}\Delta R = \frac{2\pi}{\lambda}d\sin\theta \tag{4.28}$$

式中:λ 为雷达波长。

由式(4.28)可知,通过比较两天线信号之间的相位差 φ,就可以确定目标方向 $\theta = \arcsin[\varphi\lambda/(2\pi d)]$。

由于现代微波雷达的频率较高，如果直接将这两个信号进行比相误差较大，因此通常将两天线接收到的高频信号与同一个本地信号差频后，在频率较低的中频段进行比相。

由图 4－25 及式（4.28）可知，当波程差 ΔR 大于接收信号的波长 λ 时，相位差 φ 将超过 2π，如 $\varphi = 2\pi N + \psi$，其中 N 为整数，$\psi < 2\pi$。这时两个天线接收信号的相位差经信号处理后的输出值仍为 ψ，但实际上该输出值与实际值相差了 $2\pi N$，而 N 值无法获得，这样就出现了角度的多值性（模糊）问题。表面上看这一问题似乎可以通过减小波程差 ΔR，即通过减小两天线之间的距离 d 加以解决，但间距 d 的减小又会影响测角精度，因此减小间距 d 的方法实际并不可行。常见的改进相位测角法是利用并排排列的三个天线设备接收雷达信号，如图 4－26 所示，其中间距较大的 1 号和 3 号天线通过增加间距实现高精度的相差测量，而间距较小的 1 号和 2 号天线用来解决相位测量的多值性问题。

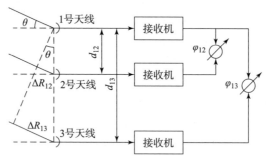

图 4－26　三天线相位法测角原理图

图 4－26 中，设目标在 θ 方向，1 号天线和 2 号天线之间的距离为 d_{12}，1 号天线和 3 号天线之间的距离为 d_{13}。适当选择 d_{12}，使 1 号天线和 2 号天线收到的信号之间的相位差在测角范围内均满足 $\varphi_{12} < 2\pi$，也就是使 ΔR_{12} 总小于信号波长 λ。这样，目标方向 θ 通过下式确定：

$$\begin{cases} \theta = \arcsin[(\varphi_{13} + 2\pi N)\lambda/(2\pi d_{13})] \\ N = 取整\left[\left(\dfrac{d_{13}}{d_{12}}\varphi_{12}\right)\bigg/(2\pi)\right] \end{cases} \quad (4.29)$$

式中：φ_{12} 为测得的 1 号天线和 2 号天线之间的相位差；φ_{13} 为测得的 1 号天线和 3 号天线之间的相位差。

2）波束转换法

波束转换法是最早应用于雷达测角的一种方法，该方法是通过快速将天线波束（主波瓣）在天线指向轴两边对称转换，测量目标相对天线指向轴的角度偏离量。这种方法的优点是设备和测量电路相对简单，但角测量和跟踪精度较差，不适合测量快速运动目标。

如图 4－27（a）所示，当目标位于天线轴上时，此时控制雷达波束指向分别在天线轴的两侧对称位置上快速切换，由于天线波束主波瓣的对称性，位于天线轴上的目标照射功率密度相同，则返回天线的回波功率也相同，因此在波束转换过程中的回波信号相等；如图 4－27（b）所示，若目标偏离雷达天线指向轴，当波束在天线轴两侧转换时，目标受到的雷达照射功率不同，则两次返回天线的回波功率不同，根据回波功率即可获得偏离角度信息。

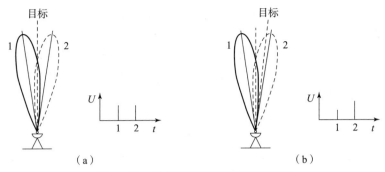

图 4-27 波束转换法测角原理示意图

(a) 目标位于天线轴上；(b) 目标偏离天线轴

3) 圆锥扫描法

圆锥扫描法是波束转换法的扩展，即由波束在天线指向轴两侧的快速转换，改变为波束围绕天线指向轴（等信号轴）偏离一定角度连续旋转，从而通过信号的包络起伏实现角度测量。

如图 4-28（a）所示的雷达波束，它的最大辐射方向 $O'B$ 偏离等信号轴（天线旋转轴）$O'O$ 一个角度 δ，当波束以一定的角速度 ω_s 绕等信号轴 $O'O$ 旋转时，波束最大辐射方向 $O'B$ 就在空间画出一个圆锥，故称圆锥扫描。图 4-28（b）、（c）所示为垂直于等信号轴的截面示意图。

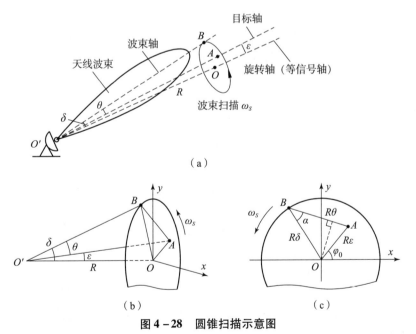

图 4-28 圆锥扫描示意图

(a) 锥扫波束示意图；(b) 锥扫截面示意图；(c) 垂直于等信号轴的截面

波束在作圆锥扫描的过程中绕着天线旋转轴旋转，由于天线旋转轴方向是等信号轴方向（图中 $O'O$ 方向），当天线对准目标时，在旋转一周过程中，接收机输出的回波信号为等幅包络的脉冲信号串。

如果目标偏离等信号轴方向，则在扫描过程中波束最大值旋转到不同位置时，目标将靠近或远离天线最大辐射方向，雷达接收到的回波信号幅度也产生相应的强弱变化。下面，证明输出信号近似为正弦波调制的脉冲串，其调制频率为天线的圆锥扫描频率 ω_s，调制深度取决于目标偏离等信号轴方向的角度 ε，而调制波的起始相位 φ 则由目标偏离等信号轴的方位角 φ_0 决定。

由图 4-28（b）可以看出，若目标偏离等信号轴的角度为 ε，等信号轴偏离波束最大值的角度（波束偏角）为 δ，在 t 时刻，波束最大值位于 B 点，此时波束最大值方向与目标方向之间的夹角为 θ。如果目标距离为 R，则可求得目标 A 所在的与等信号轴垂直的平面上各线段的长度分别为 $R\theta$、$R\delta$、$R\varepsilon$。由图 4-28（c）中的 $\triangle OAB$ 可得

$$R\theta = R\delta\cos\alpha + R\varepsilon\cos[\pi - (\omega_s t - \varphi_0) - \alpha] \tag{4.30}$$

式中：φ_0 为 OA 与 x 轴的夹角。

在跟踪状态时，误差 ε 通常很小，则图 4-28（c）中的角度 α 在波束旋转过程中为一个很小的值，由此可将式（4.30）化简为

$$\begin{aligned}\theta &= \delta\cos\alpha - \varepsilon\cos[(\omega_s t - \varphi_0) + \alpha] \\ &\approx \delta - \varepsilon\cos(\omega_s t - \varphi_0)\end{aligned} \tag{4.31}$$

设雷达天线为收发共用天线，天线波束电压方向性函数为 $F(\theta)$，则收到的信号电压振幅为

$$U(\delta,\varepsilon) = kF^2[\delta - \varepsilon\cos(\omega_s t - \varphi_0)] \tag{4.32}$$

式中：k 为比例系数，它与雷达参数、目标距离、目标特性等因素有关，这里假设对于固定距离上的目标近似为常数。

为了分析目标偏离等信号轴的角度 ε 与信号电压 U 之间的关系，将 U 在 $\varepsilon = 0$ 处展开成泰勒级数，考虑到角度 ε 很小，忽略高次项，则

$$\begin{aligned}U(\varepsilon) &\approx U(\delta,\varepsilon)\big|_{\varepsilon=0} + (\varepsilon - 0)\frac{\partial U(\delta,\varepsilon)}{\partial \varepsilon}\bigg|_{\varepsilon=0} \\ &= kF^2(\delta) + \varepsilon \cdot 2kF(\delta,\varepsilon)F'(\delta,\varepsilon)[-\cos(\omega_s t - \varphi_0)]\big|_{\varepsilon=0} \\ &= kF^2(\delta) - 2k\varepsilon F(\delta)F'(\delta)\cos(\omega_s t - \varphi_0) \\ &= U_0 + U_m\cos(\omega_s t - \varphi_0)\end{aligned} \tag{4.33}$$

式中：$U_0 = kF^2(\delta)$ 为天线等信号轴对准目标时收到的信号电压幅值，$U_m = 2k\varepsilon F(\delta)F'(\delta)$ 定义为扫描过程中的振幅峰值。

式（4.33）表明，对脉冲雷达来说，当目标处于天线等信号轴线方向时，$\varepsilon = 0°$，收到的回波信号是包络为常值 U_0 的脉冲串；当目标偏离天线等信号轴线方向时，$\varepsilon \neq 0°$，收到的回波信号是包络振幅受调制的正弦脉冲串，其调制频率等于天线锥扫频率 ω_s。图 4-29 所示为圆锥扫描测角调制信号示意图。

由图可见，输出的脉冲包络信号的幅值 U_m 表示目标偏离等信号轴的角度大小，而相角 φ_0 表示目标偏离等信号轴的方向。

调制信号的幅值 U_m 与目标偏离等信号轴线的角度 ε 成正比。仿照红外调制盘调制深度的定义（见第 9 章），定义圆锥扫描测角的调制深度为

$$M = \frac{2U_m}{2U_0} = 2\frac{F'(\delta)}{F(\delta)}\varepsilon \tag{4.34}$$

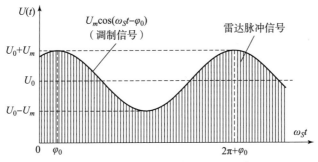

图 4-29 圆锥扫描测角调制信号示意图

由式（4.34）可见，调制深度正比于目标偏离等信号轴的误差角 ε。

在圆锥扫描体制中，波束偏角 δ 的选择对制导精度的影响很大。增大偏角 δ 时，一方面，会引起此处方向图斜率 $F'(\delta)$ 增大，有利于提高跟踪性能；另一方面，随着偏角 δ 增大，波束照射到目标的功率减小，从而会降低回波信噪比。因此对波束偏角 δ 的选择必须综合考虑，通常选 $\delta = 0.3\theta_{0.5}$ 左右较合适，其中 $\theta_{0.5}$ 为半功率波束宽度。

圆锥扫描方法的优点在于使用连续信号的包络表示目标的偏角信息，这样不仅提高了测量精度，而且便于电路信号处理。

4）单脉冲法

波束转换法和圆锥扫描法都是利用一个天线波束通过转换或旋转扫描来实现目标测角。但是，由于天线波束的转换或旋转都需要一定的时间，如果在这段时间内目标的姿态或位置发生变化，将使回波信号产生起伏，从而影响测角精度。

为避免在扫描周期内目标回波本身起伏对角度测量产生的误差，人们提出同时利用多个波束对目标进行角度测量，即单脉冲法。

最简单的单脉冲法测角是将波束转换法中的波束转换替换成两个对称偏置的波束同时照射。如图 4-30 所示，在一个测角平面内，同时发射两个方向图完全相同的雷达波束，两个波束分别向外偏开一个小角度，且波束有一部分重叠，其交叠中线方向即为等信号轴；两个接收天线同时接收回波信号，信号的不同幅值就包含了目标偏离角度的信息。

根据计算角误差信号的方法不同，单脉冲雷达的种类很多，常用的振幅和差式单脉冲雷达利用两个收发机同时发出波束并同时接收，将两个信号进行和、差处理后可以得到和信号和差信号。若目标处在天线轴线方向（等信号轴方向），此时目标偏离等信号轴的偏角 $\varepsilon = 0°$，则两天线收到的回波信号振幅相同，差信号等于零；当 $\varepsilon \neq 0°$ 时，目标接收的功率为两个照射功率的矢量和，照射功率通过发射截面积等效向全空间均匀辐射。由于两个天线接收的功率与偏角 ε 有关，因此两天线接收到的回波能量不同，能量差信号输出振幅与 ε 成正比，而其

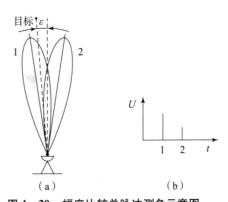

图 4-30 幅度比较单脉冲测角示意图
(a) 单脉冲法示意图；(b) 回波电压示意图

符号（相位）由偏角的方向决定。

振幅和差单脉冲雷达依靠和差比较器的作用得到和、差波束，差波束用于测角，和波束作为相位比较基准可用于发射、观察和测距。

2. 雷达测距方法

测距是雷达的基本功能之一，最简单的雷达测距方法就是发射一个脉冲信号，测量雷达信号往返目标的时间 t_R，则雷达与目标的距离 $R = ct_R/2$，其中 c 为无线电波在均匀介质中的直线传播速度（真空中等于光速）。

直接对往返时间 t 进行测量容易受到定时器精度和器件响应时间的限制，误差较大。实际中根据雷达发射信号的不同，延迟时间 t 通常采用脉冲法、频率法和相位法三种方法进行测量。脉冲法利用目标回波与发射脉冲包络的相对延迟来测量目标的距离，常用于脉冲雷达测距；频率法利用频率调制信号，比较回波信号频率与发射信号频率的相对变化量来测量目标距离，常用于调频连续波雷达测距；相位法通过比较接收回波与发射信号的相位差来测量目标距离，一般用于连续波雷达。

3. 雷达测速方法

雷达对目标运动速度的测量是雷达除测角和测距之外的重要功能。实际中并不是所有的雷达都具有测速功能。雷达测速最简单的方法是基于雷达测距，如果已经获得目标距离的连续测量，则对距离进行微分即可获得速度。这种测速方法虽然简单且无速度模糊（速度测量的多值性），但微分环节会放大距离测量噪声，造成速度测量误差很大。

现代雷达大多采用多普勒测速方式，如连续波雷达的多普勒测速和脉冲雷达的多普勒测速。下面以连续波雷达测速为例对多普勒测速原理进行简要介绍。

连续波雷达发射的信号可表示为

$$s(t) = U\sin(\omega t + \varphi_0) \tag{4.35}$$

式中：$\omega = 2\pi/T = 2\pi f$ 为发射电磁波角频率；T 为周期；f 为频率；φ_0 为发射电磁波初相位；U 为发射电磁波幅值。

若目标相对于雷达的径向距离 R_0 不变，即二者没有径向相对运动速度，则在雷达发射位置接收到由目标反射的回波信号 $s_r(t)$ 可表示为

$$\begin{cases} s_r(t) = kU\sin(\omega t + \varphi_0 + \varphi) \\ \varphi = 2\omega R_0/c = 2R_0(2\pi/\lambda) \end{cases} \tag{4.36}$$

式中：φ 为距离 R_0 产生的相位差；c 为电磁波传播速度，在真空中等于光速；λ 为电磁波的波长；k 为回波的衰减系数。

由此可见，当目标相对于雷达没有径向速度时，回波的频率不发生变化。

假设雷达 M 与目标 A 的初始距离为 R_0，目标 A 以径向相对速度 v 远离雷达 M 运动，如图 4 - 31 所示。雷达信号的波长为 λ，周期为 T，速度为 c。图中雷达发射的一个周期的电磁波形用 ab 表示。

假设在时刻①电磁波 ab 到达目标

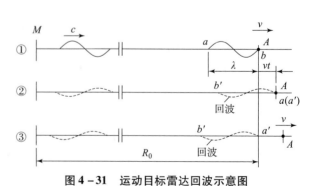

图 4 - 31 运动目标雷达回波示意图

A,电磁波 ab 从 b 点开始产生回波。若目标 A 相对于雷达没有径向运动,则在周期 T 时间后从目标 A 反射回来的回波周期与原周期相等,波长 λ 不变。当目标具有径向相对速度 v 时,整个波形 ab 从目标反射回来需要电磁波的 a 点追及目标 A(图中时刻②),则需要的时间 $t = \lambda/(c-v)$,此时比目标不运动时多花费的时间为 $t - T = \lambda/(c-v) - \lambda/c$;电磁波 ab 的 a 点追及目标 A 后,整个波形 ab 完成了从目标的反射,其 a 点回波又需比目标 A 不运动时多走 vt 的距离以达到时刻③的状态。这样,当目标与雷达以径向相对运动速度 v 相互远离时,回波波形被拉长,回波 ab 的周期从 T 延长至 $T + \Delta T$,增量 ΔT 可表示为

$$\Delta T = \frac{\lambda}{c-v} - \frac{\lambda}{c} + \frac{vt}{c} = \frac{\lambda}{c-v} - \frac{\lambda}{c} + \frac{v}{c}\frac{\lambda}{c-v} = \frac{\lambda}{c}\frac{2v}{c-v} \approx \frac{\lambda}{c}\frac{2v}{c} = \frac{2vT}{c} \quad (4.37)$$

由此可见,回波的周期 T 发生了变化,当目标远离时,回波周期变大;同理,当目标靠近时则回波周期变小。

下面,根据回波周期的变化 ΔT 求频率的变化 Δf。由 $f = 1/T$,因此有 $df = -(1/T^2)dT$,该式中的负号(-)表示频率的变化方向与周期的变化方向相反。由于 ΔT 为小量,可近似用 ΔT 代替 dT,用 Δf 代替 df,若只考虑变化量的大小,则

$$\Delta f = \frac{1}{T^2}\Delta T = \frac{1}{T^2}\frac{2vT}{c} = \frac{2v}{\lambda} \quad (4.38)$$

式(4.38)即为多普勒频率,它正比于相对运动的速度而反比于工作波长 λ。当目标飞向雷达时,接收信号频率高于发射信号频率;反之,接收信号频率低于发射信号频率。

在多数情况下,多普勒频率处于音频范围。例如,当 $\lambda = 10$ cm,$v = 300$ m/s 时,求得多普勒频率 $\Delta f = 6$ kHz,而此时的雷达工作频率 $f = 3\,000$ MHz,二者的频率相差非常大。

4.4.4 波束扫描方法

雷达波束是具有方向性的,通常由主波束和旁瓣波束构成。由于波束的覆盖范围有限,为了能够对空间一定范围内的区域进行探测,通常使波束按照一定的扫描方式依次照射指定空域,以进行目标探测和状态测量。实现波束扫描的基本方法有机械扫描和电扫描两种。

1. 机械扫描

机械扫描方式是利用整个天线系统或其某一部分的机械运动来实现波束扫描,例如环视雷达和跟踪雷达就通常采用让整个天线系统转动的方法进行扫描。

2. 电扫描

电扫描是天线反射体和馈源等不做机械运动,而波束指向采用电控方式。根据实现技术不同,电扫描可分为相位扫描法、频率扫描法、时间延迟扫描法等。下面简单介绍常用的相位扫描法,相控阵雷达使用的即为这种方法。

相位扫描法是指在阵列天线上通过控制移相器相移量的方法来改变各阵元的激励相位,从而实现波束扫描。图 4 - 32 所示为由 N 个阵元组成的一维直线移相器天线阵,阵元间距为 d。为简化分析,假设每个阵元都是无

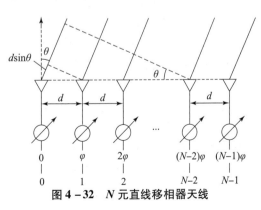

图 4 - 32 N 元直线移相器天线

方向性的点辐射源，并且所有阵元的馈线输入端都是等幅同相馈电，各移相器的相移量分别为 $0,\varphi,2\varphi,\cdots,(N-1)\varphi$，即相邻阵元激励电流之间的相位差为 φ。下面简单说明通过改变 φ 值即可改变波束指向，实现波束扫描。

偏离阵列法线 θ 方向远区 A 点（图中未标出）的场强应为各阵元在 A 点的辐射场的矢量和，即

$$E(\theta) = E_0(\theta) + E_1(\theta) + \cdots + E_{N-1}(\theta) = \sum_{k=0}^{N-1} E_k(\theta) \quad (4.39)$$

由于等幅馈电且忽略各阵元到 A 点距离上的微小差别对振幅的影响，因此可认为各阵元在 A 点辐射场的振幅相等，用 E 表示；此外，各阵元与 A 点间的连线可看作是平行的，与阵列法线方向的夹角都为 θ。若以 0 号阵元辐射场 E_0 的相位为基准，则

$$E(\theta) = E \sum_{k=0}^{N-1} e^{jk(\psi-\varphi)} \quad (4.40)$$

式中：ψ 为由于波程差引起的相邻阵元辐射场的相位差，$\psi = 2\pi d\sin\theta/\lambda$；$k\psi$ 为由波程差引起的 E_k 对 E_0 的相位超前；$k\varphi$ 为由激励电流相位差引起的 E_k 对 E_0 的相位滞后。

由式（4.40）容易看出，当 $\psi - \varphi = 0°$ 即 $2\pi d\sin\theta/\lambda - \varphi = 0$ 时，各分量同相相加，场强幅值具有最大值 NE，此时偏离阵列法线的方向角 θ_0 满足

$$\theta_0 = \arcsin\frac{\varphi\lambda}{2\pi d} \quad (4.41)$$

式（4.41）表明，在 θ_0 方向，各阵元的辐射场之间由于波程差引起的相位差正好与移相器引入的相位差相抵消，导致各分量同相相加获得最大值。

由此可见，对于图 4-32 所示的等间距 N 元直线移相器天线，若改变相邻阵元激励电流之间的相位差 φ，则场强幅值叠加的最大值方向将相应发生改变，即波束的指向角 θ_0 将发生改变，从而实现波束扫描。

相位扫描的原理也可通过图 4-33 加以说明。图中 MM' 线上各点电磁波的相位是相同的，称为同相波前，方向图最大值方向与同相波前垂直（该方向上各辐射分量同相相加）。控制移相器的相移量，改变 φ 值可以使同相波前倾斜，从而改变波束指向，达到波束扫描的目的。根据天线收发互易原理，上述天线用作接收时，以上结论依然成立。

采用电扫描的雷达由于没有传统机械扫描雷达的机械传动装置，因此扫描速度和扫描灵活度大幅提高。电扫描的主要缺点是，扫描过程中波束将展宽，因而天线增益会减小，扫描角度范围有一定限制；此外，天线系统比较复杂，造价较高。

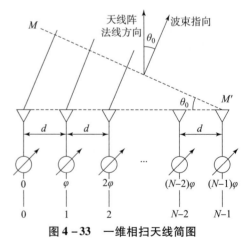

图 4-33 一维相扫天线简图

4.5 导引头

4.5.1 导引头概述

1. 导引头的功能

导引头（又称寻的器）是一种通过接收目标辐射或反射的能量，测得目标相对导弹的运动信息，用以形成导引指令的弹上装置。其主要功能如下。

（1）搜索、识别和跟踪目标。大部分寻的制导导弹在发射前锁定目标，实现对目标的跟踪。但有的情况下要求发射后锁定目标，则不但要实现跟踪，而且要实现搜索和识别。

（2）输出实现导引律所需要的信息。如对于寻的制导系统普遍采用的比例导引律，就要求导引头输出弹–目视线角速度信息。

（3）隔离弹体的姿态角运动，稳定光轴或天线电轴。由于导引头是安装在导弹上的，因此在寻的制导过程中，要求导引头具有自动稳定视线的功能，以克服弹体姿态变化对导引头测量的影响。

2. 导引头分类

按照导引头所接收能量的发射位置、物理性质以及导引头相对弹体安装方式等的不同，可将导引头分为不同的类型。

1）按照导引头所接收能量的能源位置不同，导引头可分为以下三种。

（1）主动式导引头：照射能源在弹上，导引头接收目标反射的能量。

（2）半主动式导引头：照射能源不在弹上，导引头接收目标反射的能量。

（3）被动式导引头：接收目标辐射的能量。

2）按照导引头接收能量的物理性质不同，可分为以下三种。

（1）雷达导引头：接收目标辐射或反射的无线电波，包括微波导引头和毫米波导引头。

（2）光电导引头：接收目标辐射或反射的光波，包括电视导引头、红外导引头和激光导引头。

（3）声导引头：通过接收目标辐射或反射的声能量进行制导，主要用于水中兵器，如鱼雷制导系统等。

3）按照导引头测量坐标系相对于弹体坐标系是静止的还是运动的关系，可分为固定式导引头和活动式导引头。活动式导引头又分为活动非跟踪式导引头和活动跟踪式导引头。

4.5.2 固定式导引头

固定式导引头实际上是一种探测器，其测量坐标系和弹体坐标系重合。在制导过程中探测器的轴线不跟踪目标，而只测量目标视线与弹体纵轴之间的角偏差，如图4–34所示。

根据测得的角偏差 φ，导引头形成相应的失调信号电压 $u_\varphi = K_\varphi \varphi$。对于采用直角坐标控制的导弹，根据 u_φ 形成 Oy_1、Oz_1 方向的制导指令，有

$$\begin{cases} u_{y_1} = K_{y_1} \varphi_{y_1} \\ u_{z_1} = K_{z_1} \varphi_{z_1} \end{cases} \tag{4.42}$$

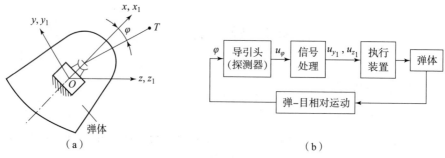

图 4-34 固定式导引头示意图
(a) 固定式雷达导引头；(b) 控制简化方框图

式中：K_{y1}、K_{z1} 为传递系数。

制导指令通过控制系统操纵导弹飞行，使导弹在空间向失调参数（角偏差 φ）接近于 0°的方向飞行，即通过对导弹的姿态控制使目标落在导弹的纵轴线上。这种制导方式也称为弹体追踪寻的制导，是结构最简单、造价最低并且精度最差的一种制导方式。采用该制导方式的导弹其弹道特性差，越接近目标弹道的曲率越大，因此法向过载越大。在实用中，可通过几发弹连射同一目标的方法提高对目标的命中概率。

采用固定式导引头的制导系统也能实现追踪法，该方法是在弹上增加速度方向测量装置，如风标器等，如图 4-35 所示。

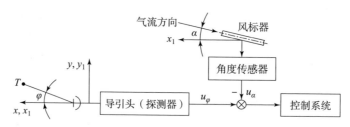

图 4-35 由固定探测器和风标装置实现追踪法导引示意图

由于导弹速度一般比干扰风速大得多，因此风标器的指向可以近似认为是导弹速度的方向，这个方向和导弹纵轴间的夹角就是导弹的攻角 α（竖直平面内）。假设经角度传感器输出的电压为 $u_\alpha = K\alpha$，探测器的输出电压为 $u_\varphi = K\varphi$，则弹上控制系统的输入控制电压为

$$u_k = u_\varphi - u_\alpha = K(\varphi - \alpha) \tag{4.43}$$

式中：K 为传递系数。

该控制电压信号经过放大变换，操纵导弹的执行装置产生控制力，使 $\varphi = \alpha$，即导弹偏转到速度方向与目标视线方向重合，因而可实现追踪法导引。

另一种通过风标器实现追踪法的典型应用是将激光探测器或摄像机装在风标头上，如图 4-36 所示，用它们测得的目标与风标头轴线间的夹角作为指令来控制弹药以追踪法攻击目标。应用该方法的典型弹药有美国的激光半主动末制导航弹"宝石路"Ⅰ、Ⅱ（Paveway Ⅰ, Ⅱ）、俄罗斯的激光半主动末制导航弹和以色列的"奥佛"（Opher）红外光机扫描成像寻的航弹等。

应用风标装置进行追踪法制导的弹药，风标装置对弹体速度方向的测量误差除受风的影

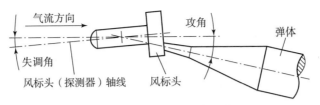

图 4-36 风标头与失调角示意图

响外,还受到弹体影响。对于弹体头部安装的风标头,由于亚声速下后弹体(相对风标头来说后弹体大得多)的非对称气动力干扰,风标头的轴线与飞行速度方向并不重合,而是有一个小的失调角存在。对制导航弹来说,失调角不大,但随攻角增大改变符号,小攻角时失调角为负值,大攻角时为正值。因此,为提高制导精度,需要在控制指令中将失调角的影响考虑进去。

由于导引头与弹体间没有隔离弹体角位移的装置,固定式导引头在弹体振动时探测器测量的角偏差值中将包含弹体的角振荡分量,致使导弹的测量精度比较低,制导误差增大。

4.5.3 活动式导引头

导引头坐标系与弹体坐标系的相对方位能够变化的导引头称为活动式导引头,一般分为活动式非跟踪导引头和活动式跟踪导引头两种。

1. 活动式非跟踪导引头

活动式非跟踪导引头可以改变导引头坐标系与弹体坐标系的相对方位,不跟踪目标视线。这种导引头可用于实现追踪法和平行接近法导引律。

当实现追踪法导引时,要求导引头的坐标轴 Ox 始终与导弹速度方向保持一致。图 4-37 所示为活动式非跟踪导引头原理示意图,其中由导引头平台、传动装置、平台角位置传感器、导弹速度方向传感器等构成的顺桨装置是一个角度跟踪系统,它通过控制导引头平台的转动使导引头的探测轴线 Ox 与导弹速度矢量 V 方向一致,即 $\alpha = \alpha'$,其中 α 为弹体攻角,α' 为弹体纵轴线 Ox_1 与导引头探测轴线 Ox 间的夹角。当 α 或者 α' 产生变化时,平台角位置传感器的输出电压 u'_α 与速度方向传感器的输出电压 u_α 之间出现电压差 u_Δ,驱动传动装置使平台转动,从而保持 α 与 α' 相等。当目标 T 偏离导引头探测轴线角度 φ 时,将产生引指令发送给导弹控制系统,操纵导弹转动使 $\varphi = 0°$。

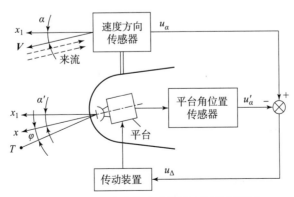

图 4-37 活动式非跟踪导引头原理示意图

当实现平行接近法导引律时,导弹发射前导引头应首先调整到使探测轴线 Ox 与目标视线重合;然后用陀螺稳定器锁定这个方向,并且在导弹飞向目标的过程中始终保持不变。导弹发射后,一旦其偏离平行接近法所确定的理想弹道,Ox 轴与目标视线之间就会出现角偏差 φ。导引头测出这个偏差并产生导引指令,发送给导弹控制系统,操纵导弹使 $\varphi = 0°$。

2. 活动式跟踪导引头

使导引头坐标系 Ox 轴连续跟踪目标视线的导引头,称为活动式跟踪导引头。图 4-38 (a) 所示为活动式导引头跟踪示意图。当目标位于探测器轴线上时,弹-目失调角 $\Delta q = 0$,导引头探测系统没有误差输出;当目标从 T 运动到 T' 位置时,弹-目失调角 $\Delta q \neq 0$,则导引头探测系统将输出相应的控制信号并送入导引头平台跟踪系统,驱动平台伺服机构使得探测器轴线向减小失调角 Δq 的方向运动,实现对目标的跟踪。

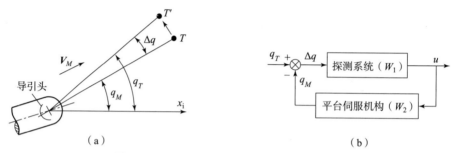

图 4-38 活动式跟踪导引头跟踪原理示意图
(a) 导引头跟踪功能示意图;(b) 导引头跟踪控制系统原理图

图 4-38 (b) 所示为导引头跟踪系统的控制原理简图。其中,q_M 为导弹的探测器轴线方向与惯性测量基准 x_i 之间的夹角,q_T 为目标视线与 x_i 之间的夹角,W_1 为导引头探测系统的传递函数,W_2 为平台伺服机构的传递函数。通常导引头探测系统可以等效为失调角 Δq 与控制信号 u 成正比的放大环节,即

$$W_1(s) = \frac{u(s)}{\Delta q(s)} = K_1 \tag{4.44}$$

式中:K_1 为比例系数。

平台伺服机构根据控制信号 u 输出探测器轴线角度 q_M,其关系可以等效为一个积分环节:

$$W_2(s) = \frac{q_M(s)}{u(s)} = \frac{K_2}{s} \tag{4.45}$$

式中:K_2 为比例系数。

以 q_T 为输入,以 u 为输出的导引头跟踪控制系统闭环传递函数为

$$\frac{u(s)}{q_T(s)} = \frac{K_1}{1 + K_1 \frac{K_2}{s}} = \frac{\frac{1}{K_2}s}{\frac{1}{K_1 K_2}s + 1} \tag{4.46}$$

将式 (4.46) 变换为

$$\dot{u}(s) = \frac{\frac{1}{K_2}s}{\frac{1}{K_1 K_2}s + 1} q_T(s) = \frac{\frac{1}{K_2}}{\frac{1}{K_1 K_2}s + 1} \dot{q}_T(s) \tag{4.47}$$

即从目标视线角速度 $\dot{q}_T$ 到探测系统输出信号 u 之间的传递函数关系为一个惯性环节。系数 K_1 通常比较大，因此惯性环节的时间常数很小，可将其忽略，这样式（4.47）可进一步化简为

$$u = \frac{1}{K_2}\dot{q}_T \tag{4.48}$$

由式（4.48）可知，探测系统输出的控制信号 u 与目标视线角速度 $\dot{q}_T$ 成正比。如果用控制信号 u 形成制导指令发送给导弹的控制系统，则可以实现比例导引制导律。以竖直面内的制导为例，比例导引方法要求导弹速度矢量转动角速度 $\dot{\theta}$ 与目标视线转动角速度 $\dot{q}_T$ 成比例，即

$$\dot{\theta} = K\dot{q}_T \tag{4.49}$$

式（4.49）如果以法向加速度 a_c 来表示，并应用式（4.48），则

$$a_c = \frac{\dot{\theta}}{V_M} = \frac{K\dot{q}_T}{V_M} = \frac{KK_2 u}{V_M} \tag{4.50}$$

式中：V_M 为导弹速度。

式（4.50）即为实现比例导引律而要求导弹应具有的法向加速度。

对于具有法向过载自动驾驶仪的导弹，可将式（4.50）得到的 a_c 作为法向加速度指令发送给自动驾驶仪。对于没有法向过载自动驾驶仪的导弹，则一般使舵偏角 δ 按照视线角速度进行变化以近似实现比例导引，即

$$\delta = k\dot{q}_T = kK_2 u \tag{4.51}$$

式中：k 为一常数。

此外，由式（4.44）还可以得到

$$u = K_1 \Delta q \tag{4.52}$$

比较式（4.49）和式（4.52）可知，对于视线角速度持续变化的弹－目相对运动，导引头探测器轴线要稳定跟踪目标，就必然有存在一定的失调角 Δq 与之对应。也就是说，采用导引头稳定平台稳定跟踪目标时，尽管想使得探测器轴线精确指向目标，但导引头跟踪控制系统只能保证探测器轴线的转动角速度与弹－目视线角速度一致，这样探测器轴线与弹－目视线之间总会存在一定的角度误差 Δq。这个误差只有当目标相对于导弹没有视线角速度时才可能消除。从控制理论的角度看，图 4－38（b）所示的一阶系统在跟踪随时间线性变化的斜坡信号（此处为视线角速度信号）时总存在一定的稳态误差。

4.5.4 导引头的稳定平台结构

活动式跟踪导引头一般都安装在稳定平台上。稳定平台既能够隔离弹体的角运动，稳定导引头的光轴或电轴，同时使导引头易于实现角度预定（装定）、搜索和跟踪功能。目前，常见的导引头稳定平台结构分为三轴平台结构和两轴平台结构两种，其中两轴平台结构又分为直角坐标式和极坐标式。

1. 三轴平台结构

三轴平台结构包含外框、中框和内框三个转动框架，如图 4－39 所示。由于具有三个自由度，三轴结构可以完全实现对弹体俯仰、偏航和滚转姿态角的隔离。

三轴平台由三个相互正交的框架构成，框架轴是每个框体的转轴，一般相交于一点。

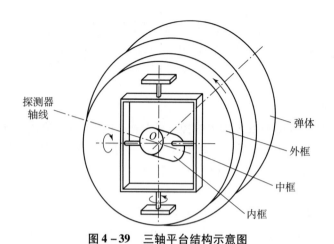

图 4-39 三轴平台结构示意图

2. 两轴平台结构

两轴平台有两个转动框架，按照保留框架的通道方式可分为直角坐标式和极坐标式两种结构。两轴平台结构只有两个转动自由度，对于弹体在姿态上的三轴扰动本质上缺少一个自由度，因此无法完全隔离弹体的姿态运动。但是，由于目标跟踪实际上是实现对目标像点运动的跟踪，因此两个自由度在对成像质量要求不是特别苛刻的情况下能够实现对目标的跟踪。

1）直角坐标结构

两轴直角坐标结构取消了三轴框架系统的滚转外框，只保留内环和外环框架，即保留俯仰和偏航通道的偏转，是一种常用的正交控制结构，如图 4-40（a）所示。由于坐标结构不能稳定滚转通道，因此常用于滚转角基本为零或者摆动很小的导弹上。

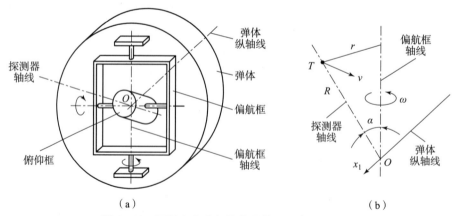

图 4-40 两轴直角坐标结构及其跟踪盲区示意图
（a）两轴直角坐标结构；（b）跟踪盲区计算示意图

两轴直角坐标结构形式在滚转通道滚转角很小时，双轴框架直接对应俯仰和偏航通道，因此便于制导控制系统的解算，提高制导效率。但是，两轴框架结构也存在固有的缺陷：一是在滚转通道上不可解耦；二是存在跟踪盲区。下面以图 4-40（a）所示的俯仰框为内框、偏航框为外框的两轴结构来简单说明跟踪盲区问题。如图 4-40（b）所示，假设导引头要

跟踪目标 T，目标 T 具有一个垂直于偏航框轴线和探测器轴线的速度分量 v。为实现跟踪，需要视线或探测器轴线绕偏航框轴线转动的角速度为

$$\omega = \frac{v}{r} = \frac{v}{R\sin\alpha} \qquad (4.53)$$

式中：r 为目标 T 到偏航框轴线的距离；R 为弹 – 目距离。

假设跟踪角速度 ω 由偏航框的驱动电动机提供。由式（4.53）可知，若探测器轴线与偏航框轴线夹角 α 很小，即导引头的探测轴线偏离弹体纵轴线的角度较大时，即使弹 – 目距离 R 较大且目标的速度分量 v 较小，跟踪角速度 ω 仍可能变得很大，超出导引头偏航框架驱动电动机的最大输出力矩范围，因而导致不能实现对目标 T 的跟踪。这就是两轴坐标结构存在的大离轴角跟踪盲区问题。图 4 – 40（a）所示的两轴结构在俯仰方向不存在该问题。

需要注意的是，跟踪盲区不是探测盲区。跟踪盲区的大小除了与框架的结构和电动机驱动能力有关外，还与目标的运动速度和距离有关。

两轴坐标结构的跟踪盲区问题主要在大离轴角跟踪时出现，而在弹体纵轴附近不存在，因此对多数攻击低速目标的导弹来说没有影响。但是，对美国 AIM – 9X "响尾蛇" 这类用于近距离格斗的空空导弹来说，由于导弹与目标间的视线角速度很大，必须考虑大离轴角情况下的快速跟踪问题。针对这种情况，AIM – 9X "响尾蛇" 空空导弹的导引头采用了两轴极坐标结构。

2）极坐标结构

两轴极坐标结构的外框为滚转框，内框为俯仰或偏航转动框，如图 4 – 41（a）所示。

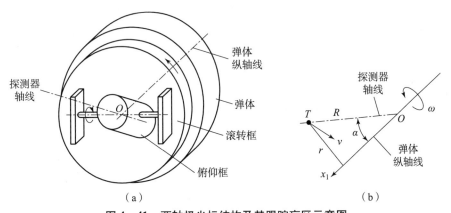

图 4 – 41　两轴极坐标结构及其跟踪盲区示意图

(a) 两轴极坐标结构示意图；(b) 跟踪盲区计算示意图

由图可以看出，对于两轴极坐标结构的导引头，只需分别控制滚转角或滚转角速度、俯仰角或俯仰角速度，即可实现对半球空间的光轴（电轴）指向或目标跟踪。在大离轴角的区域内，极坐标结构具有很好的跟踪特性。

对于两轴极坐标结构来说，导引头的跟踪盲区同样存在。如图 4 – 41（b）所示，假设目标 T 具有一个垂直于弹体纵轴线和探测器轴线的速度分量 v。为实现跟踪，需要视线绕弹体纵轴线转动的角速度 ω 的表达式同样如式（4.53）所示。由此可知，当 α 很小，即目标

位于弹体纵轴线附近时，ω 可能会很大，滚转框的驱动电动机有可能提供不了视线转动所需的驱动力矩。因此，两轴极坐标结构在弹体纵轴附近存在跟踪盲区。

为了减小跟踪盲区，一种方法是尽量提高两个框架的转动角速度，但这受到框架转动惯量、摩擦和电动机最大输出力矩的限制；另一种方法是增大探测器的瞬时视场，大的瞬时视场可以保证在框架跟踪不上目标的情况下，目标不会偏出视场，但这种方法也受到探测器光学系统和框架负载能力的限制。其他方法是通过在目标跟踪中采用预测滤波电路或路径规划等，减小所需的框架转动指令角速度，或减小目标偏出视场的概率。

从结构的小型化趋势来看，两轴平台在结构上优于三轴平台。极坐标结构跟踪盲区位于弹轴附近，大离轴角跟踪能力好，目标不容易偏出视场，从这个角度来说比直角坐标结构优越。极坐标结构已被广泛应用于各种小型战术导弹和机载光学平台中。三轴平台结构由于能真正实现探测轴线的三轴稳定，因此适用于大型高精度成像制导导弹。

4.5.5 导引头的稳定方式

导引头的角稳定功能是导引头角跟踪及其他功能的基础，因此大多数导引头都具有稳定平台。目前，能够保证在惯性空间指向保持不变的器件主要是以陀螺仪为主的惯性角度敏感器件。应用陀螺仪作为平台的角度或角速度敏感器件，并结合精密伺服控制系统，即可实现平台测量基准相对惯性空间的稳定，因此这种稳定平台多称为陀螺稳定系统。

陀螺稳定系统有两种基本作用：一是稳定作用，即能隔离载体的角运动，实现平台的空间稳定；二是修正作用，即能驱动稳定平台按照所需的角运动规律在惯性空间转动。稳定和修正是陀螺稳定系统的两个基本作用，若系统只工作在稳定模式，则称为几何稳定状态，如惯性制导中用于保持平台相对惯性空间稳定的三轴陀螺稳定平台的工作状态等；若系统在保持稳定的同时还进行修正转动，则称为空间积分状态，如惯性制导中用于对当地水平面进行跟踪的三轴陀螺稳定平台的工作状态以及活动式跟踪导引头的工作状态等。

不同的导弹由于其总体设计约束不同，其采取的平台稳定方式也不同。目前导引头平台的稳定方式主要分为动力陀螺稳定方式、速率陀螺稳定方式和捷联方式等。

1. 动力陀螺稳定方式

动力陀螺是一个可控的三自由度陀螺。当不加控制信号时，陀螺转子轴会稳定在惯性空间的某个方向上；当施加控制信号后，通过控制信号产生的力矩使陀螺转子轴进动，从而改变陀螺转子轴的指向。动力陀螺稳定方式在结构上即是将导引头光学系统的光轴与陀螺转子轴重合，通过陀螺转子的定轴性和进动性实现光轴的稳定和方向控制。

万向支架是构成陀螺仪所必需的基本部件。导引头有一定的跟踪范围，这个范围受到万向支架的结构限制。当内环与外环、外环与基座相互摆动时，应以不互相碰撞为限，这个立体的角度范围就是跟踪范围。由于弹体内空间有限，万向支架结构又不能任意缩小，所以这个角度范围是有限的。按照陀螺仪相对万向支架的位置不同，可分为内框架式陀螺稳定系统和外框架式陀螺稳定系统。

1）内框架式陀螺稳定系统

内框架式陀螺稳定系统的万向支架位于转子内部，通过在弹体周围安装的进动线圈控制陀螺转子进动的结构形式称为内框式陀螺稳定系统。图 4-42 所示为一种内框架式动力陀螺稳定方式原理示意图。

陀螺转子以及与其固联的光学系统一起支承在万向支架上，陀螺转子轴线与光学系统光轴重合。假定陀螺转子的质心恰好位于万向支架的支承中心上（消除重力矩影响），在理想情况下，陀螺转子将保持惯性空间的指向稳定，即光学系统的光轴保持稳定。

实际上陀螺转子并不是理想的，因此陀螺的定轴性是相对的，总会存在角度漂移。例如某些低精度动力陀螺的定轴稳定性约为（0.5°~1°)/h。对于飞行时间较短的导弹来说这个漂移量是容许的。

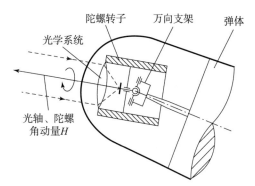

图 4-42　内框架式动力陀螺稳定示意图

动力陀螺稳定方式利用陀螺的定轴性来实现光轴稳定，而光轴的指向控制则利用陀螺的进动性。由于万向支架放在陀螺转子内部，导致驱动转子进动的能源无法接入，力矩产生器也无法放进去。在这种情况下，通常采用无接触的电磁方法，即在陀螺转子上安装由磁性材料制成的永磁体，而弹体上安装进动线圈和其他线路，通过进动线圈产生的控制磁场与陀螺转子磁场之间的相互作用对陀螺转子施加控制力矩，使陀螺转子进动，改变光轴指向（见9.1节）。

内框式陀螺稳定系统由于结构紧凑，体积和质量小，适用于小型战术导弹，典型的例子有美国 AIM-9B"响尾蛇"空空导弹和"毒刺"便携式防空导弹等。

2）外框架式陀螺稳定系统

外框式陀螺系统是将陀螺转子安装在框架的内部，如图 4-43 所示。在内、外框架上各装一个力矩产生器，控制转子轴的进动。这种方式的框架体积和质量都比较大，多用于尺寸较大的导弹中，典型的例子如英国"火光"导弹和美国 AGM-65"幼畜"空地导弹。

2. 速率陀螺稳定方式

速率陀螺稳定方式是在台体的内框架上安装角速度陀螺仪，利用角速度陀螺仪测量台体相对惯性空间的角速度，形成负反馈稳定回路，

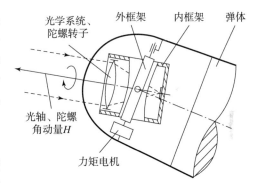

图 4-43　外框架式动力陀螺稳定示意图

以减小平台的摆动，稳定视线方向。对于图 4-40 所示的两轴直角坐标结构，可在内框（图中的俯仰框）上安装两个角速度陀螺仪，分别用于测量内框的俯仰和偏航角速度（弹体产生的干扰角速度），根据角速度产生控制指令，发送给俯仰框驱动电动机和偏航框驱动电动机，以抵消导引头平台的角速度，保持视线稳定。导引头稳定与控制的基本原理可参考 6.4.1 节。

速率陀螺稳定方式的导引头广泛应用于跟踪机动目标的导弹中，典型代表有美国 AIM-7"麻雀"空空导弹、美国"霍克"地空导弹和俄罗斯"萨姆"-6 防空导弹等。图 4-44 所示为双框架速率陀螺稳定导引头图片。

（a） （b）

图 4-44 双框架速率陀螺稳定导引头实物图

3. 捷联方式

捷联方式分为全捷联方式和半捷联方式两种形式。半捷联方式保留了平台伺服系统，但平台上没有惯性测量器件；全捷联方式取消了平台而将探测系统与弹体直接固联。这两种方式都是利用弹体上的惯性导航设备测量弹体的角速度或姿态变化，从而控制平台转动修正或者通过数学解耦矩阵消除弹体姿态变化的影响。

捷联方式的优点是取消了导引头上所使用的惯性测量设备，并复用了弹上惯性导航系统的信息。这样不仅可以降低导引头结构的复杂性，同时还能实现导引头与制导控制系统的一体化设计。捷联方式的主要缺点是视线稳定的精度不高，因此这种方式主要适用于小型短程战术导弹，如美国"长钉"可见光图像制导导弹。

4.5.6 导引头的探测原理

导弹的导引头主要利用光、电、声等信息探测目标，其中空中弹主要利用电磁波（包括光波）信息，极少数利用声信息，水中弹则主要利用声信息。下面简要介绍光学导引头和雷达导引头的探测原理，水中鱼雷上应用的声自导头的探测原理与雷达导引头的探测原理类似，本书不做介绍。

1. 光学导引头

光波包括可见光、红外线和紫外线，它们的波长比无线电波的波长短，在电磁波谱上紧密相邻，并且都能较好地服从直线传播、折射和反射等光学定律，因此这三类电磁波的发射和接收系统具有很多相似性，人们将它们的发射与接收系统统称为光学系统。下面，从光学成像系统的基本原理和光电探测器原理两方面对光学导引头的探测原理进行简要介绍。

1）光学成像系统的基本原理

导弹制导系统中使用的光学设备的主要功能是将目标的辐射能量汇聚于探测器敏感面。导弹的光学系统主要解决测角问题，即确定目标相对于导弹的角位置关系。如图 4-45 所示，光学系统通常都可以等效为一个凸透镜系统。一般来说，目标与导弹的距离比光学系统的焦距大得多，因此可以认为清晰成像的位置都在焦距附近，探测器通常放在焦点附近，称为"焦平面"。

在图 4-45 中，光学系统的等效焦距为 f，目标物平面距离光学系统光心距离为 d（物距），目标点 T' 的辐射汇聚点为 T。汇聚点在探测器坐标系中的位置可以用极坐标（ρ，θ

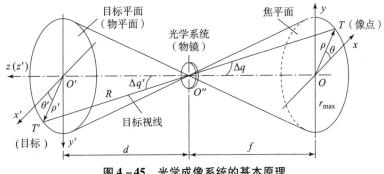

图 4-45 光学成像系统的基本原理

表示。由于焦距 f 是确定的，因此通过极坐标可以唯一确定弹-目矢量射线 $O''T$。

通常把 θ 称为方位角，ρ 称为失调量，Δq 称为失调角。失调角和失调量的关系为

$$\Delta q = \arctan(\rho/f) \tag{4.54}$$

当焦距 f 确定时，失调角和失调量具有一一对应关系，因此在工程上经常将失调角和失调量混用。在使用 CCD 成像的探测器中，探测器的像点是按直角坐标系排列和定义的，其测量值与极坐标值之间能够相互转换。

导引头的视场角表征了光学系统所能观察到的视场空间大小。视场角的大小主要取决于探测器的有效尺寸和焦距大小。如图 4-45 所示，若探测器的最大有效边缘至光轴中心的距离为 $r_{\max}$，则光学系统的瞬时视场角为

$$\Omega = \arctan(r_{\max}/f) \tag{4.55}$$

光学系统一次所能观测的最大视场范围为 2Ω。

2）光电探测器

光探测器是指能够敏感光波（可见光、红外、紫外等），并将光波信息（如辐射强度、频率等）转换为其他方便读取信号（如电信号、声信号、化学信号等）的设备。

导弹制导系统中所使用的光探测器都是将光波信号（光量子）直接或间接转换为电信号的探测器，即光电探测器。可见光、红外线和紫外线本质上都是频率不同的光波，它们使用的探测器的原理基本相同，只是采用的敏感材料响应的峰值波段不同。

光电探测器根据器件对光辐射响应的方式不同或者器件工作的机理不同可分为两类：一类是热探测器；另一类是光子探测器。

热探测器利用光波的热效应工作。当光波照射到热探测器上以后，探测器材料的温度上升，温度的变化引起材料的某些物理特性（如电阻或电动势等）发生改变。通过测量材料物理特性的改变程度来确定光波的强弱，这类探测器称为热探测器。热探测器响应时间较长，一般在毫秒级以上。热探测器的另一个特点是对全部波长的光辐射（从可见光到远红外）基本上都有相同的响应。

光子探测器是利用光辐射中光子作用于探测器材料中的束缚态电子后，引起电子状态的变化，从而产生能逸出表面的自由电子，或者使材料的电导率及电动势发生变化。光子探测器的反应时间短，能达到纳秒级。

光子探测器是基于光电效应工作的。光电效应分为外光电效应和内光电效应。外光电效应是指当光照射到某些材料的表面上时，如果入射光子的能量足够大，就能够使电子逸出材

料表面。内光电效应是指入射光子照射到探测器材料后,会在材料内部形成载流子而改变材料的电导率,或者产生电动势。

目前常见的光子探测器包括光电效应探测器、光电导探测器、光伏探测器和光磁电探测器四种。除光电效应探测器为外光电效应外,其他三种均为内光电效应。

(1) 光电效应探测器。利用外光电效应制成的探测器称为光电效应探测器。常用的光电效应探测器有光电二极管和光电倍增管。光电倍增管常用于激光制导系统中的红外激光探测器。

(2) 光电导探测器。当光照射到某些半导体材料后,光子与半导体内的电子作用形成载流子。载流子使半导体的电导率增加,这种现象称为光电导现象。利用光电导现象制成的探测器称为光电导探测器(Photo Conductive,PC)。由于光电导探测器的电阻对光线敏感,所以也称为光敏电阻。常用的光敏物质有硫化铅(PbS)、硒化铅(PbSe)、锑化铟(InSb)和碲镉汞(HgCdTe)等。光电导探测器灵敏度高,结构简单、坚固,使用时需要加工作偏压。

(3) 光伏探测器。光伏探测器利用光伏效应来探测光子,当其受到光子流照射时,产生光电压。常用的光伏探测器有锑化铟、砷化铟(InAs)和碲镉汞探测器等。这种探测器使用时不需要加工作偏压,响应速度比光电导探测器快。

(4) 光磁电探测器。光磁电探测器由一个本征半导体材料薄片和一块磁铁构成。当入射光子使本征半导体表面产生电子-空穴对向内部扩散时,它们会在磁场的作用下分开而形成电动势,利用这个电动势就可以测出光波辐射。光磁电探测器的优点是不需要制冷,不需要施加偏压;缺点是探测效率比较低,并且需要外加磁场。光磁电探测器应用较少。

对导弹制导系统来说,由于弹-目视线变化相对较快,且攻击时会选择特定光学波段特征进行识别,因此多使用光子探测器。

2. 雷达导引头

雷达导引头是指采用雷达进行目标探测的导引头,其基本功能是对目标的位置及运动信息进行测量,如测角、测距和测速等。雷达测角、测距和测速的基本原理见4.4节。

测角功能是雷达导引头的基本功能。如前所述,雷达导引头中所使用的测角方法主要包括相位法、圆锥扫描法和单脉冲法。相位法测角利用多个天线所接收回波信号之间的相位差测角,该方法不需要获知发射信号的过多信息,因此非常适合于被动式雷达导引头。

测距功能是雷达导引头相比红外导引头的重要优势,对某些现代制导律来说,弹-目相对距离信息能有效提高制导系统的精度。

雷达导引头的测速功能主要是为了满足某些制导规律和运动目标检测的需求。现代雷达导引头一般采用多普勒测速方式。对于传统的大多经典制导规律来说,弹-目相对径向速度并不是必需的。然而,对于现代制导规律而言,相对速度往往是不可或缺的重要信息,有助于提高制导精度,同时降低需用过载。具体来说,雷达制导导弹攻击的目标多为飞机、舰船、车辆等运动目标,而运动目标和固定背景与导弹之间的相对速度不同,因此导引头可以从频率上区分出目标和背景的回波信号,这就可以改善在杂波背景下检测运动目标的能力,并提高雷达的抗干扰性能。

雷达的波束扫描方式可分为机械扫描和电扫描。机械扫描的主要优点是结构简单,主要缺点是机械运动惯性大,扫描速度低,并且采用高增益极窄波束时需要的天线口径过大。电扫描是天线反射体和馈源等不做机械运动,而波束指向采用电控方式。采用电扫描的雷达例如相控阵雷达等由于没有传统机械扫描雷达的机械传动装置,因此在扫描速度和动态特性等方面得到很大提高,并且其体积小,易于在导引头上安装。现代雷达导引头大多采用电扫描方式。

4.5.7 对导引头的基本要求

导引头是寻的制导系统的关键设备,导引头对目标的高质量观测和跟踪是提高导弹制导准确度的前提条件。因此,导引头的基本性能应满足一定的要求。

1. 发现和跟踪目标的距离

发现和跟踪目标的距离 R 由导弹的最大发射距离(射程)决定(特指全程寻的制导的导弹,如果是寻的末制导导弹,导引头跟踪距离与末制导段距离有关,而不取决于最大射程),它应当满足

$$R \geqslant \sqrt{(d_{\max} + v_T t_0)^2 + H_T^2} \tag{4.56}$$

式中:R 为发现和跟踪目标的距离;$d_{\max}$ 为导弹的最大发射距离;v_T 为目标速度;H_T 为目标飞行高度;t_0 为导弹的飞行时间。

2. 视场角

导引头的视场角 Ω 是一个立体角,导引头在这个范围内观测目标。在光学导引头中,视场角的大小由光学系统的参数决定;对雷达导引头而言,视场角由其天线的特性(如扫描、多波束等)与工作波长决定。

要使导引头的分辨率高,则视场角应尽量小,而要使导引头能跟踪快速目标,则要求视场角尽量大。

对于固定式导引头,视场角的大小应满足在系统延迟时间内,目标不会超出导引头的视场,即要求

$$\Omega \geqslant \dot{\varphi}\tau \tag{4.57}$$

式中:$\dot{\varphi}$ 为目标视线角速度;τ 为系统延迟时间。

对于活动式跟踪导引头,视场角可以显著减小,因为在目标视线改变方向时,导引头的光轴(电轴)也随之改变自己的方向。如果要求导引头能够精确地跟踪目标,则视场角应尽量减小。由于目标运动参数的变化、导引头采用的信号的波动、仪器参数偏离给定值等原因,导引头将产生跟踪误差。这些误差源的存在使导引头视场角的允许值很小。

3. 中断自导引的最小距离

在寻的制导系统中,随着导弹向目标逐渐接近,目标视线角速度随之增大,这时导引头接收的信号越来越强,当导弹与目标之间的距离缩小到某个值时,大功率信号将引起导引头接收回路过载,从而不可能分离出关于目标运动参数的信号。这个最小距离,一般称为"死区"。

在导弹进入导引头最小距离前,应当中断导引头自动跟踪回路的工作。

4. 导引头框架转动范围

导引头一般安装在一组框架上,它相对于弹体的转动范围受到空间和机械结构的限制,一般在 ±40° 以内。

思 考 题

1. 什么是三自由度陀螺仪和二自由度陀螺仪？其测量原理是什么？一般如何在弹上应用？还有哪些新型的陀螺仪？
2. 加速度计的主要类型有哪些？其基本测量原理是什么？如何在弹上应用？
3. 红外测角仪的测量原理是什么？
4. 雷达有哪些基本测量方法？
5. 导引头的主要功能是什么？
6. 导引头为什么要进行视线稳定？导引头有哪些主要结构和稳定方式？
7. 简述光学导引头和雷达导引头的探测原理。
8. 如何通过导弹头部的风标头实现追踪法导引律？
9. 简述活动式跟踪导引头实现比例导引的原理。
10. 对导引头有哪些基本要求？

第 5 章
弹药控制方法与执行机构

对于在大气层中飞行的有翼式弹药,不管飞行时弹体是否旋转,其采用的控制方法一般总属于空气动力控制、推力矢量控制和直接力控制三种方法中的一种或几种联合使用,而要实现这些控制方法则离不开一种常用的执行机构——舵机。此外,弹药控制方法又与弹药的气动布局之间存在着紧密联系。本章从弹药的气动布局开始,重点讲述包括旋转弹的操纵控制在内的弹药常用控制方法以及舵机控制执行机构。

5.1 控制方法分类

对弹体施加法向控制力能够改变弹药的飞行弹道。在大气层中飞行的弹药,法向控制力大多为空气动力。此外,有少量弹药其法向控制力为直接对弹体施加的横向作用力。当采用空气动力作为法向控制力时,空气动力一般通过改变弹体姿态从而改变弹体的攻角或侧滑角得到。为改变弹体的姿态,需要对弹体施加俯仰或偏航操纵力矩,通常采用三种方法:翼面操纵、推力矢量控制以及通过弹体横向作用力直接对弹体施加操纵力矩。考虑到弹药的控制、操纵方法以及气动布局与法向控制力之间的关系,弹药控制方法可按照图 5-1 进行分类。

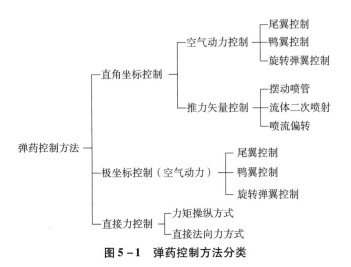

图 5-1 弹药控制方法分类

1. 直角坐标控制

导弹制导系统的任务之一是测出导弹与理想弹道之间的飞行偏差,并根据偏差形成制导指令送给控制系统,通过控制系统的作用把这些误差减到最小。如图 5-2 所示,在直角坐标控制系统中,制导系统给出的制导指令为两路控制信号:一路是弹体俯仰方向的控制信号 A_y;另一路是偏航方向的控制信号 A_z。这两路信号分别送给弹上两套独立的执行机构,使俯仰舵和偏航舵偏转,产生相应的攻角和侧滑角,进而产生所需的法向力,使导弹从当前位置向理想弹道靠近。

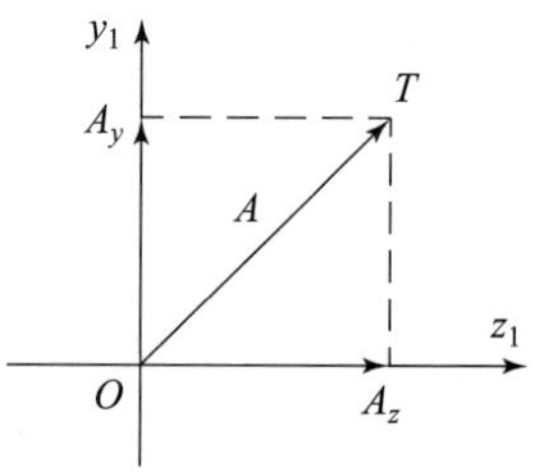

采用直角坐标控制的导弹,在弹体坐标系的 y_1 轴和 z_1 轴方向具有相同的控制性能,且任何方向的控制都可分解为沿坐标轴 y_1 和 z_1 方向的控制,弹体不滚转,因此响应迅速。直角坐标控制需要分别对应 y_1 轴和 z_1 轴方向的两对操纵面,且因弹体不滚转,因此共需三个独立的执行机构。

图 5-2 直角坐标控制

直角坐标控制多用于"+"形与"×"形舵面配置的导弹,目前气动控制的导弹大都采用直角坐标控制。

采用直角坐标控制方法对导弹进行控制的技术又称为侧滑转弯(Skid-to-Turn,STT)技术。

2. 极坐标控制

如图 5-3 所示,当采用极坐标控制方法时,制导设备测出的误差信号或制导指令是以极坐标的形式送给弹上控制系统,即分解为一个幅值信号 A 和一个相位信号 φ。此时,控制系统实现控制的通常做法是把信号 φ 作为滚转指令,首先使弹体滚转一个 φ 角;然后通过俯仰舵操纵导弹做与信号 A 相对应的机动。

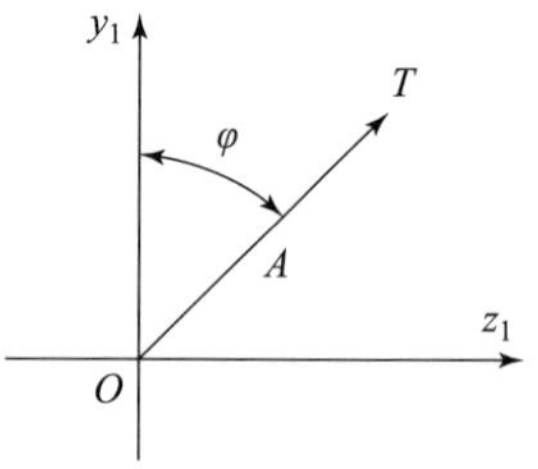

极坐标控制一般用于具有"一"字形翼的导弹,如飞航式导弹、巡飞弹等。这些面对称型弹有一对较大的水平弹翼,其升力

图 5-3 极坐标控制

要比侧向力大得多。因此,导弹在水平面内的转弯一般通过控制弹体的滚转来完成,此时升力的水平分量提供弹体转弯所需的法向力。弹体的滚转运动一般通过差动副翼或差动舵实现,弹体的俯仰运动通过升降舵实现。

采用极坐标控制方法对导弹进行控制的技术又称为倾斜转弯(Bank-to-Turn,BTT)技术。在机动过程中,采用倾斜转弯技术的导弹通过控制弹体绕纵轴转动使所要求的法向过载矢量总是落在导弹的有效升力面(左右对称面)上。

3. 直接力控制

直接力控制利用推进剂燃气的直接反作用效应产生横向机动控制力或操纵力矩,实现被控弹药的飞行控制(见 5.3 节)。

5.2 气动布局

气动布局又称为气动构型(Aerodynamic configuration),是指空气动力面(包括弹翼、尾翼、操纵面等)在弹身周向及轴向互相配置的形式以及弹身(包括头部、中段、尾部等)外形的各种变化。

与气动布局紧密联系的是气动外形设计。弹药的气动外形设计决定了弹药的动态特性。气动外形设计包括气动布局的选择、外形几何参数的确定和气动特性的预测等方面工作。气动外形设计的手段主要有理论分析和计算(包括工程计算和数值计算)、地面试验(主要是风洞试验）和飞行试验三种，是一个复杂和反复优化的过程。

具有制导控制功能的弹药与无控弹药的气动布局有很大区别。例如，常规榴弹采用陀螺稳定，利用高速旋转（转速一般在 10 000 r/min 以上）的陀螺效应使静不稳定的弹丸成为动态稳定的，从而提高落点精度。有控弹药要么不旋转，要么慢速旋转，其静稳定性等动力学特性需要依靠气动布局的设计、控制系统的设计来保证。慢速旋转弹药，如某些反坦克导弹、防空导弹、末制导炮弹等，虽然采用旋转飞行方式，但其旋转的目的在于简化控制系统和消除推力偏心、质量偏心、气动偏心等对飞行性能的影响。

5.2.1 翼面沿弹身周向布置形式

根据战术技术特性的不同需要，导弹的翼面沿弹身周向布置形式如图 5-4 所示。

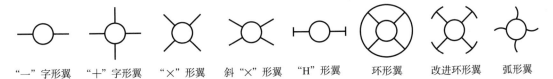

"一"字形翼　"十"字形翼　"×"形翼　斜"×"形翼　"H"形翼　环形翼　改进环形翼　弧形翼

图 5-4　翼面沿弹身周向布置形式

1. "一"字形翼或平面形翼

"一"字形布置由飞机移植而来，与其他多翼面布置相比，具有翼面少、质量小、阻力小、升阻比大的特点。由于航向机动需要依靠倾斜产生，因而航向机动能力低、响应慢，通常用于远距离飞航式导弹、机载布撒器以及巡飞弹等，如美国"战斧"（Tomahawk）巡航导弹、法国"阿帕奇"（Apache）布撒器、美国"洛卡斯"（Locust）及"弹簧刀"（Switchblade）巡飞弹等。

"一"字形布局飞行器的侧向机动需采取倾斜转弯技术。它利用差动控制面操纵弹体滚转，使"一"字形翼向要求机动的方向偏转。这样既充分利用了平面形布局升阻比大的优点，又满足了弹体在任何方向都具有相同机动过载的要求。

2. "＋"字形翼与"×"形翼

"＋"字形翼与"×"形翼这两种翼面布置的特点是各方向都能产生需要的法向过载，并且在任何方向产生法向力都具有快速的响应特性，从而简化了控制系统的设计。但是，由于翼面多，与平面形布局相比，质量大，阻力大，升阻比低，为达到相同的速度需要多损耗一部分能量。

3. 斜"×"形或"H"形翼

当导弹在俯仰方向的机动性要求高于偏航方向时，采用斜"×"形或"H"形翼比较适合。这两种配置形式在空对地导弹、航空炸弹和航空鱼雷中应用较多。

4. 环形翼

鸭式控制（见后）有很多优点，但鸭舵起副翼作用进行滚动控制时，弹体反滚严重。研究表明，环形翼具有降低反滚力矩的效果。但是，环形翼使导弹的纵向性能变差，尤其是阻力增大。试验数据表明，超声速时，环形翼的阻力要比通常弹翼增加 6%~20%。

5. 改进环形翼

由"T"形翼片组成的改进环形翼既能降低鸭舵带来的反滚力矩，又具有比环形翼大的升阻比。此外，结构简单，并使鸭舵能进行俯仰、偏航、滚转三通道控制。

6. 弧形翼

弧形翼又称为卷弧式弹翼，主要特点是折叠时翼面沿圆周方向贴合在弹身上。中国"红箭"8 反坦克导弹、美国"龙"式（Dragon）反坦克导弹等采用了这种比较少见的卷弧式弹翼。

弹药的弹体大多为轴对称型。为保证气动特性的轴对称性，一般使翼面沿弹身轴对称布置，"+"字形与"×"形是最常用的翼面周向布置形式。

5.2.2 翼面沿弹身轴向布置形式

按照弹翼与舵面沿弹身纵轴相对配置关系和控制特点，导弹通常有五种布局形式：正常式布局、鸭式布局、全动弹翼布局、无尾式布局和无翼式布局。其中，正常式布局和鸭式布局是最常采用的两种布局形式。

1. 正常式布局

弹翼布置在弹身中部质心附近，尾翼（舵面）布置在弹身尾段的布局为正常式布局。如图 5-5 所示，当尾翼（舵面）是"+"字形或与"×"形时，尾翼相对弹翼有两种配置形式：尾翼面与弹翼同方位的"++"或"××"配置；尾翼面相对弹翼面相差45°方位角的"+×"或"×+"配置。小攻角时，"+×"或"×+"配置前翼面下洗作用小，尾舵效率高。但是，"+×"或"×+"配置可能会使发射装置结构安排困难。

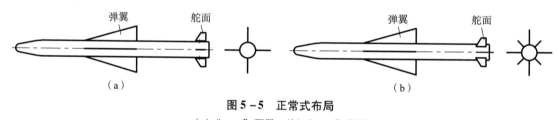

图 5-5 正常式布局
（a）"++"配置；（b）"××"配置

2. 鸭式布局

鸭式布局与正常式布局相反，鸭式布局的控制面（又称鸭翼）位于弹身靠前部位，弹翼位于弹身的中后部，布局形式如图 5-6 所示。

3. 全动弹翼式布局

全动弹翼式布局又称为弹翼控制布局，如图 5-7 所示。弹翼是主升力面，是提供法向过载的主要部件，同时又是操纵面，弹翼的偏转控制弹体的俯仰、偏航、滚转三种运动。稳定尾翼是固定的。

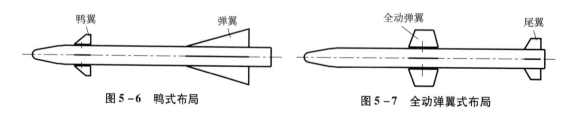

图 5-6 鸭式布局　　　　图 5-7 全动弹翼式布局

4. 无尾式布局

无尾式布局由一组布置在弹身后部的主翼（弹翼）组成，主翼后缘有操纵舵面，如图 5-8 所示。有时在弹身前部安装反安定面，以减小过大的静稳定性。

5. 无翼式布局

无翼式布局又称尾翼式布局，是由弹身和一组（3 片、4 片或 6 片）布置在弹身尾部的尾翼组成，如图 5-9 所示。

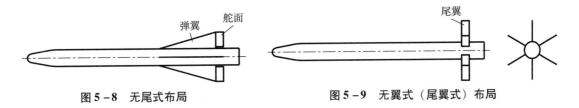

图 5-8 无尾式布局 　　　　　图 5-9 无翼式（尾翼式）布局

无翼式布局的尾翼主要起稳定作用，不能提供机动飞行所需的过载，因此尾翼式布局的导弹一般采用推力矢量控制或脉冲发动机直接力控制。采用该布局的导弹具有较小的质量、较小的气动阻力和较大的静稳定度。

5.3　常用控制方法

5.3.1　空气动力控制方法

1. 舵面配置形状

从弹体尾部向头部看，"＋"字形舵面配置如图 5-10（a）所示，两对舵面安装在弹体互相垂直的两个对称轴上。2、4 号舵在舵机操作下同向偏转，将产生俯仰力矩，用于控制导弹的爬升和下降，称为升降舵（或俯仰舵），如图 5-10（b）所示；1、3 号舵在舵机操作下同向偏转，将产生偏航力矩，用于改变导弹航向，称为方向舵（或偏航舵），如图 5-10（c）所示；若 1、3 号舵（或 2、4 号舵）不对称偏转（方向相反或大小不同）则产生滚动操纵力矩，使导弹绕纵轴滚转，此时 1、3 号舵起副翼作用，称为副翼舵（或差动舵），如图 5-10（d）所示。

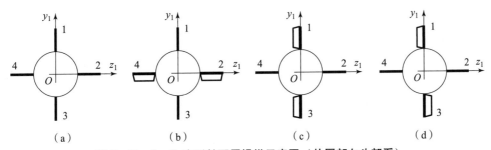

图 5-10 "＋"字形舵配置操纵示意图（从尾部向头部看）
(a) 舵面未偏转；(b) 俯仰舵偏转；(c) 方向舵偏转；(d) 舵面差动偏转

"×"形舵是由"＋"字形舵转 45°得到的。要实现偏航或俯仰运动控制，两对舵都需要偏转。如图 5-11 所示，设 $Oxyz$ 为弹体坐标系 $Ox_1y_1z_1$ 旋转 $45°$ 后得到的坐标系，Oy 轴方向的控制由 "×" 形舵的 2、4 号舵实现，Oz 方向的控制由 "×" 形舵的 1、3 号舵实现。

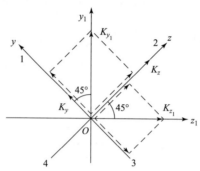

图 5-11　"×" 形舵与 "+" 字形舵控制关系示意图

假设 K_{y_1} 为沿弹体坐标系 y_1 方向的控制信号（相当于法向加速度指令，表现为舵偏角），K_{z_1} 为沿 z_1 方向的控制信号。若该控制由 "×" 形舵实现，则需将控制信号在 y 轴和 z 轴方向进行分解，即

$$\begin{bmatrix} K_y \\ K_z \end{bmatrix} = \begin{bmatrix} \cos45° & -\sin45° \\ \sin45° & \cos45° \end{bmatrix} \begin{bmatrix} K_{y_1} \\ K_{z_1} \end{bmatrix} \tag{5.1}$$

由式（5.1）可知，对于仅在水平或竖直方向进行的控制，"×" 形舵配置的导弹也需要 1、3 号舵和 2、4 号舵联合偏转来实现；或者说，由 1、3 号舵或 2、4 号舵单独实现的控制，其控制方向位于与竖直面或水平面夹角为 $45°$ 的面内，即沿 Oz 轴或 Oy 轴方向。

地空、空空和一些空地导弹、无人机挂载的微小型导弹等采用 "×" 形舵或 "+" 字形舵配置。采用 "×" 形舵的弹便于在发射装置上安装。

"一" 字形弹翼的导弹，尾舵有 "+" 字形、"×" 形、飞机形和星形等配置情况，其中 "×" 形和星形配置的示意图如图 5-12 所示。

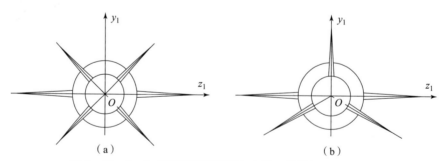

图 5-12　"一" 字形导弹舵配置示意图（从尾部向头部看）
（a）"×" 形；（b）星形

舵面互成 $120°$ 的星形配置导弹，弹体上方的舵为方向舵，控制导弹绕 Oy_1 轴的转动。由于方向舵在弹体上方，舵面偏转产生的气动操纵力对 Ox_1 轴和 Oz_1 轴不对称，因此同时会产生绕 Ox_1 轴和 Oz_1 轴的操纵力矩。其他两个舵面的转轴与 Oz_1 轴之间的夹角为 $30°$，称为升降舵，控制导弹绕 Oz_1 轴的俯仰运动。

如图 5-13 所示，对于面对称导弹，为了得到不同方向的横向控制力，应使导弹产生相应的倾斜角（滚转角）γ 和攻角 α，以改变升力 Y 的方向和大小。若要使导弹左转，制导指令控制导弹产生倾斜角 γ，若此时弹体不产生侧滑，则升力 Y 也转过相同的角度 γ，升力 Y 的水平分量为导弹提供侧向控制力，使导弹转弯，即前面介绍的极坐标控制方法和倾斜转弯控制技术。导弹铅锤面内产生控制力的情况与"＋"字形舵导弹相似。"一"字形翼配置的导弹多采用极坐标控制方法。

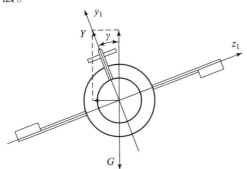

图 5-13 面对称导弹的倾斜运动示意图（从尾部向头部看）

2. 舵面（或操纵面、操纵元件）形式

1）尾翼

图 5-14 所示为正常式布局尾翼控制的法向力作用情况。静稳定情况下，在控制开始时由舵面负偏转角 $-\delta$ 产生一个使头部上仰的力矩。舵面偏转角 δ 始终与攻角 α 方向相反，舵面产生的控制力 y_δ 的方向也始终与弹体攻角产生的法向力 y_α 方向相反，因此导弹的响应特性比较差。正常式布局、鸭式布局和全动弹翼式布局三者比较，正常式布局的响应最慢，鸭式布局其次，全动弹翼式布局响应最快。

由于正常式布局舵偏角与攻角方向相反，使全弹的合成法向力受到一定损失。因此，正常式布局的升力特性也比鸭式布局和全动弹翼式布局要差。由于舵面受到前面弹翼下洗影响，其效率也有所降低。当固体火箭发动机喷口在弹身尾部时，由于尾部弹体内空间有限，可能使控制机构安排存在困难。此外，尾舵有时不能提供足够的滚转控制。

正常式布局尾翼控制的主要优点：尾翼的合成攻角小，减小了尾翼的气动载荷和舵面的铰链力矩，也减小了作用于弹身的弯矩；由于固定弹翼对其后舵面带来的洗流干扰较小，尾翼控制空气动力特性比全动弹翼式布局和鸭式布局更为线性，这一点对于以线性控制为主的设计思想具有明显优势；此外，由于舵面位于全弹尾部，离质心较远，舵面面积可以小些，在设计过程中改变舵面尺寸和位置对全弹基本气动力特性影响很小，有利于总体设计。

从操纵面与弹翼之间的前、后位置关系看，无尾式布局与正常式布局比较接近。与正常式布局一样，因舵面在质心之后，舵面偏转角始终与弹体攻角方向相反，如图 5-15 所示。

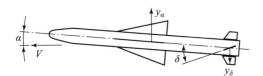

图 5-14 尾翼控制法向力作用情况

图 5-15 无尾式布局俯仰操纵示意图

无尾式布局的特点是翼面数量少,相当于弹翼与尾翼合二为一,因而减小了阻力,降低了制造成本。但是,弹翼与尾翼合并使用,给主翼位置的安排带来了困难,因为此时稳定性与操纵性的协调,由弹翼与尾翼的共同协调变成了单独主翼的位置调整。主翼安置太靠后则稳定性太大,需要大的操纵面和大的偏转角;如果主翼位置太靠前,则操纵效率降低,难以达到操纵指标,俯仰(偏航)阻尼力矩也会显著降低。

为了克服无尾式布局的缺点,可以采取加大翼根长度、在弹身前部安置反安定面、在操纵面与主翼之间留有一定间隙等方法。

2)鸭翼

鸭式布局的导弹采用鸭翼控制,其法向力作用情况如图 5-16 所示。

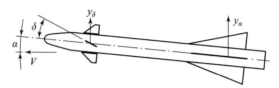

图 5-16 鸭翼控制法向力作用情况

由于鸭式舵偏转方向始终与攻角方向一致,因而其升阻比大;由于舵面直接提供升力,因而其响应比正常式布局要快;由于舵面在前面,其效率较高;由于舵面展向尺寸小,面积小,对后翼面的下洗影响较弱,下洗对纵向稳定性的影响也较弱。此外,由于舵面在翼面之前,舵面产生的法向力近乎被其对后翼面的下洗抵消,所以全弹的法向力几乎与舵面法向力无关。

鸭翼控制的主要优点:导弹质心的变化很容易从布局中得到协调;鸭式布局的舵面位于弹体头部区域,与导引头和控制系统很近,便于总体安排,也有利于减小弹药总质量。

鸭翼控制的主要缺点:鸭式舵难以进行滚转控制。鸭式舵的翼展一般小于弹翼的翼展,鸭式舵对弹翼的下洗会诱导出与鸭式舵滚转控制力矩方向相反的滚转力矩,使鸭式舵的滚转控制能力显著降低。因此,鸭式舵一般多用于"不需滚转控制的"旋转弹,导弹飞行时以低转速旋转。

此外,若鸭式布局的导弹需要进行滚转控制,通常在弹翼上附加后缘副翼或翼端副翼,这种情况下鸭式舵仅起俯仰和偏航控制作用。

3)旋转弹翼

全动弹翼式布局的导弹采用旋转弹翼控制。如图 5-17 所示,全动弹翼式布局的操纵面位于固定翼面的前面,这一点与鸭式布局相同。弹翼一般为主升力面,采用伺服机构去转动主升力面的布局并不常用,之所以使用的主要原因是有的导弹需要在最小弹体攻角的情况下获得给定的法向加速度,如使用冲压发动机的导弹以及靠无线电高度表来进行高度控制而贴近海面飞行的导弹等。有的导弹则由于结构安排困难等原因而不得不采用旋转弹翼控制方式。

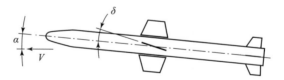

图 5-17 全动弹翼式布局俯仰操纵示意图

采用旋转弹翼控制的主要优点：弹药飞行时不需要大的攻角；对指令的反应速度比其他布局快；对质心变化的敏感程度比其他气动布局小；质心位置可以在弹翼压力中心之前，也可以在弹翼压力中心之后，降低了对气动部件的位置限制，便于安排。

旋转弹翼控制的主要缺点：气动铰链力矩大，要求舵机的功率比其他布局时大得多；全动弹翼的控制效率通常很低；攻角和弹翼偏转角的组合对尾翼引起不利的滚转力矩，降低全动弹翼的滚转控制能力。

4) 后缘舵和副翼

后缘舵和副翼安装于弹翼或尾翼后缘，如图 5-18 所示。后缘舵或副翼在亚声速下飞行的导弹上得到广泛应用。由于后缘舵或副翼的面积较小，因此其铰链力矩较小。

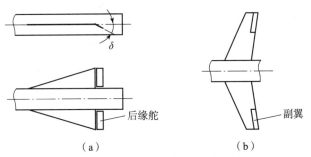

图 5-18　位于弹翼后缘的舵与副翼示意图

5) 翼尖舵和翼尖副翼

在很高的马赫数（$Ma \geqslant 3$）下，位于弹翼或尾翼后缘的舵或副翼其效率会很低，因此可改用翼尖舵或翼尖副翼，如图 5-19 所示，这种情况下升降舵或者副翼只是尾翼或者弹翼的一部分。这种操纵面在高马赫数下效率很高，但是在较薄的尾翼或弹翼上安装铰链轴的轴承和操纵机构在结构上比较困难。

6) 陀螺舵

陀螺舵或称转子副翼，如图 5-20 所示，是安装在弹翼上用来对导弹进行自动角稳定的一种装置，一般对称安装在采用鸭式控制布局的导弹的尾翼上。陀螺舵由翼片和安装在翼片中的陀螺转子组成。导弹飞行时，气流带动陀螺转子高速转动，其转速可达（30 000～50 000）r/min。

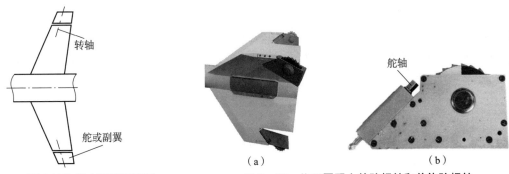

图 5-19　翼尖舵和翼尖副翼示意图　　图 5-20　位于尾翼上的陀螺舵和单体陀螺舵

如图 5-21 所示，假设陀螺舵的舵轴（进动轴）与弹体纵轴垂直。当导弹飞行时，陀螺转子的动量矩如图中 H 所示。假设某时刻弹体由于某种原因产生绕纵轴的角速度 ω，此时两个陀螺舵的陀螺转子受到与 ω 方向一致的外力矩的作用，陀螺转子将以最短路径向外力矩方向进动，导致两个陀螺舵绕各自的舵轴向相反方向旋转，对弹体产生差动副翼的作用效果，阻碍弹体绕纵轴旋转，从而对弹体的滚转角运动进行稳定。

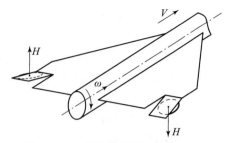

图 5-21 陀螺舵滚转角稳定示意图

实际上，陀螺舵的舵轴与导弹纵轴之间的夹角为 45°，并且每个尾翼上各安装有一个陀螺舵，如图 5-20 所示。这四个陀螺舵除了能够稳定弹体绕纵轴的滚转之外，还能够稳定弹体绕俯仰和偏航方向的角振荡。与一般的差动舵或副翼相比，陀螺舵的主要优点是其对角运动的稳定是被动的，不需要控制系统参与，因而能够简化导弹的制导控制系统。

7）空气扰流片

空气扰流片是装在弹翼或尾翼上能够探出翼面的一种薄片，如图 5-22 所示。在控制指令的作用下，薄片凸出到弹翼的上表面或下表面的气流中，凸出的高度仅为几毫米。由于扰流片的存在破坏了弹翼表面的附面层，

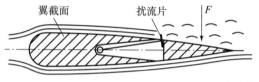

图 5-22 空气扰流片示意图

使翼面的上表面或下表面压力升高，于是产生了操纵力。例如，如果相对的两个弹翼上的扰流片同方向探出翼面，则将产生使弹体抬头或低头的操纵力矩。

空气扰流片特别适合于脉冲调宽的工作方式，扰流片按照脉冲频率持续在翼面的上、下表面凸出，通过脉宽控制扰流片位于弹翼上、下表面的时间。扰流片的机械惯性小，响应灵敏，控制扰流片的舵机比较简单。

5.3.2 推力矢量控制方法

推力矢量控制是一种通过控制主推力相对弹轴的偏移来产生改变导弹方向所需操纵力矩的控制技术。这种技术不依靠气动力，因此即使在低速、高空状态下仍可产生很大的操纵力矩。

推力矢量控制在以下场合或导弹上得到应用：①洲际弹道式导弹的垂直发射阶段；②进行近距格斗、离轴发射的空空导弹；③目标横越速度可能很高、初始弹道需要快速修正的地空导弹；④垂直发射后立即快速转弯的导弹；⑤某些发射初始弹道需要快速进入制导的反坦克导弹、地空导弹；⑥在不同海洋状态下出水的潜射导弹等。

对于采用固体火箭发动机的推力矢量控制系统，根据实现方法可分为三类。

1. 摆动喷管

摆动喷管的实现方法包括所有形式的摆动喷管及摆动出口锥的装置，在这类装置中，喷流偏转主要有以下两种。

（1）柔性喷管，其基本结构如图 5-23 所示。发动机喷管通过柔性接头安装在火箭发动机后封头上。柔性接头由许多同球心的薄金属板等结构弯曲形成柔性夹层结构。这种接头

轴向刚度很大，而侧向容易偏转。

（2）球窝喷管，其基本结构如图 5-24 所示。收敛段和扩散段被支承在万向支架上，使其可以围绕喷管中心线的某个中心点摆动。延伸管或后封头上安装筒形夹具，夹具上有球窝，使收敛段和扩散段可在其中活动。球面间装有密封圈，以防止高温高压燃气泄漏。舵机通过万向支架及驱动控制机构提供俯仰和偏航两个方向的控制。

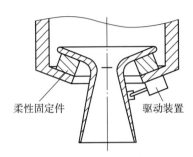
图 5-23　柔性喷管的基本结构示意图

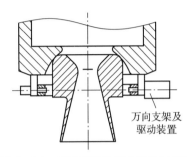
图 5-24　球窝喷管的基本结构示意图

2. 流体二次喷射

在流体二次喷射系统中，流体从喷管扩散段注入发动机喷流中。注入的流体在超声速的喷管气流中产生斜激波，引起压力分布不平衡，从而使气流偏斜。流体二次喷射主要包括以下两种。

（1）液体二次喷射。高压液体喷入火箭发动机的扩散段，产生斜激波，引起喷流偏转。液体喷射点周围形成的激波会引起推力损失，但喷射液体增加了喷流和质量，使净力略有增加。液体二次喷射的喷流偏转角较小。液体二次喷射的控制系统结构简单，质量较小。

（2）热燃气二次喷射，其基本结构如图 5-25 所示。在这种推力矢量控制系统中，燃气直接取自发动机燃烧室或者燃气发生器，然后注入扩散段。燃气的开关由装在发动机喷管上的阀门实施控制。

3. 喷流偏转

在火箭发动机的喷流中设置障碍物的系统属于这一类，主要有以下五种。

（1）偏流环喷流偏转器。如图 5-26 所示，它基本上是发动机喷管的管状延长，可绕出口平面附近喷管轴线上的一点转动。偏流环偏转时扰动燃气，引起气流偏转。偏流环通常支承在一个万向支架上。

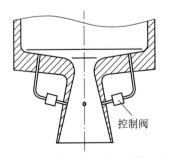
图 5-25　流体二次喷射的结构示意图

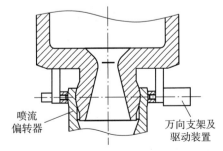
图 5-26　偏流环喷流偏转器的结构示意图

(2) 轴向喷流偏转器。在欠膨胀喷管的周围安装四个偏流叶片，叶片可沿轴向运动以插入或退出发动机尾喷流，形成激波而使喷流偏转。

(3) 臂式扰流片。如图 5-27 所示，在发动机喷管出口平面上设置四个叶片，工作时可阻塞部分出口面积。该系统在叶片插入时产生推力损失，推力损失基本是线性的。使用过程中高温高速的尾喷流会对扰流片造成烧蚀。该矢量控制结构体积小，质量小。

(4) 导流罩式致偏器。如图 5-28 所示的导流罩式致偏器是一个带圆孔的半球形拱帽，圆孔大小与喷管出口直径相等。拱帽可绕喷管轴线上的某一点转动。这种装置的功能和扰流片类似。当致偏器切入燃气流时，超声速气流形成主激波，从而引起喷流偏斜。与臂式扰流片相比，导流罩式致偏器能显著减少推力损失。

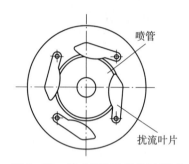

图 5-27 臂式扰流片结构示意图

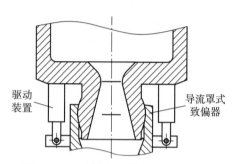

图 5-28 导流罩式致偏器结构示意图

(5) 燃气舵。燃气舵是较早应用于导弹控制的一种推力矢量式执行机构。其基本结构是在火箭发动机喷管的尾部对称地放置四个舵片，如图 5-29 所示。舵片的联合偏转可使导弹产生俯仰、偏航及滚转运动所需的控制力。燃气舵在偏转为零时也存在较大的推力损失。由于始终处于燃气流中，燃气舵会产生严重的烧蚀，因此不宜长时间工作。该矢量控制方式具有结构简单、致偏能力强、响应速度快等优点。

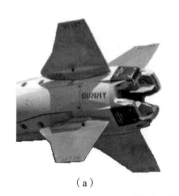

(a)

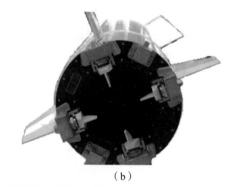

(b)

图 5-29 位于发动机喷管内的燃气舵

5.3.3 直接力控制方法

直接力控制又称为横向喷流控制，是一种利用弹上火箭发动机在弹体横向直接喷射燃气流，以燃气流的反作用力作为控制力，从而直接或间接改变导弹弹道的控制方法。

依据操纵原理不同,可将直接力控制分为力矩操纵方式和直接法向力方式,如图 5-30 所示。

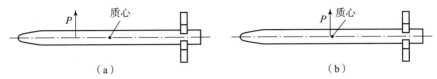

图 5-30 横向喷流装置安装位置示意图
(a) 力矩操纵方式;(b) 直接法向力方式

1. 力矩操纵方式

力矩操纵方式的横向喷流装置纵向配置在远离导弹质心的位置,因此横向喷流能够迅速改变导弹姿态,使导弹的攻角和侧滑角发生变化,从而改变导弹受到的法向力,最终改变导弹的弹道。

力矩操纵方式与推力矢量控制在控制原理上是相同的,因此同样具有响应速度快的优点。美国"爱国者"Ⅲ型(PAC-3)地空导弹武器系统的增程拦截弹(Extended Range Interceptor,ERINT)采用了力矩操纵方式直接力控制与空气动力控制复合的控制技术,在导弹的前段对称布置了 180 个固体脉冲发动机,用于导弹的快速姿态控制。

2. 直接法向力方式

直接法向力方式的横向喷流装置配置在导弹质心附近,因此横向喷流装置产生的控制力即为法向力,直接用于改变导弹的弹道。

与空气动力控制、推力矢量控制以及力矩操纵方式的直接力控制不同,直接法向力方式的横向喷流直接提供弹体机动所需的法向力,没有姿态转动的动态控制过程,因此响应迅速。

以下情况可考虑采用直接法向力方式的直接力控制:①低初速导弹的初始段控制,如法国"艾利克斯"(Eryx)近程反坦克导弹、法德英联合研制的"崔格特"(TRIGAT-MR)中程反坦克导弹等采用了这种技术;②弹药的简易制导,如俄罗斯的带风标头的"厘米"(Santimeter)152 mm 激光末修炮弹以及仅带固定探测器的 BETA120 mm 激光末修迫弹;③需要导弹快速响应的情况,如美国的高速动能弹(KEM),其飞行速度高达 $Ma3$ 以上,为保证其控制的快速性而采用该控制技术。

直接法向力方式的主要缺点:横向喷流与导弹飞行气流之间的相互干扰非常复杂,需要解决的难题较多;受弹上空间限制,横向喷流工作时间一般较短,产生的控制力与导弹气动升力相比一般较小。

实际工程中,直接法向力方式可以单独用在小型导弹上,也可以与其他控制方法构成复合控制。直接法向力方式一般只工作在关键的弹道末段。

3. 直接力控制的实现方法

直接力控制的结构方案大体可分为两类:一类是由沿弹体周围圆周分布的多台小脉冲发动机组成的系统;另一类是以燃气发生器作为控制动力源、以阀门喷嘴组件或射流阀作为执行机构组成的系统。前者多用于旋转弹(单通道控制)飞行系统,后者多用于非旋转弹。

1) 固体脉冲推力器方式

对于旋转弹,垂直施加在弹轴上的控制力必须具有很短的脉冲才能获得有效的控制效果。利用小型固体火箭发动机发出的脉冲冲量实现这种简易控制是一种较理想的技术。由于固体火箭发动机一次性工作的特点,需要有多个短脉冲的有序组合才能完成稳定控制的任务,因此需要在有限的弹体空间内排布由多台微小型发动机组成的脉冲推力器组。

推力器组的总体布局有两种形式,即中心辐射式和圆周集束式,如图5-31所示。中心辐射式每个推力器均为径向布置,其燃烧室与喷管同轴。圆周集束式燃烧室轴线与弹体纵轴平行,与喷管轴垂直。

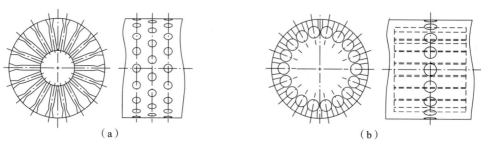

图5-31　脉冲推力器组的两种排布形式
(a) 中心辐射式；(b) 圆周集束式

采用圆周集束式排列方式的推力器可以输出较大冲量,但难以在弹体圆周上排布下很多推力器。根据控制任务的要求,采用中心辐射式的推力器组其推力器的数量可以是几十到几百个。由于中心辐射式在设计上具有很大的灵活性,加上控制舱段的利用率高,国外同类导弹推力器组的排布一般都采用这种方案。

固体脉冲推力器的主要结构形式有两种:点火具式脉冲推力器和发动机式脉冲推力器。

点火具式脉冲推力器的结构类似于固体火箭发动机的点火具。图5-32所示为一种点火具式脉冲推力器的结构示意图,该推力器主要由点火器、推进剂、燃烧室、喷管、密封膜和壳体等部分构成。该推力器的工作过程为:由点火器(发火管)在高压下直接点燃推进剂药粒,药粒产生的燃气将密封膜片冲破,然后经喷管喷出,产生反作用力。这种推力器的主要特点是工作时间极短,冲量很小。若药粒在点火具壳体内已充分燃烧,则推力器的破膜过程类似于高压发动机的排气过程。

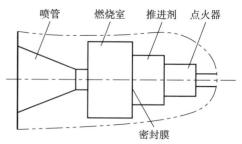

图5-32　一种点火具式脉冲推力器的结构示意图

发动机式脉冲推力器是固体火箭发动机的小型化或微型化,具有固体火箭发动机工作的全部主要功能。与点火具式脉冲推力器相比,发动机式脉冲推力器的工作时间相对较长(几毫秒到十几毫秒),冲量相对较大(几牛秒到几十牛秒),而推力器组中推力器的数量可减少。图5-33所示为一种发动机式脉冲推力器的结构示意图,该推力器主要由点火器、装药、喷管和壳体等部分构成。

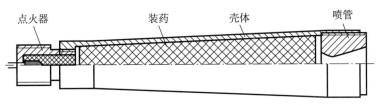

图 5-33 一种发动机式脉冲推力器的结构示意图

2）燃气发生器-阀门组件方式

若弹药飞行时采用滚转稳定控制方案，则采用上述周向均布多台小型脉冲推力器的方式将使推力器的利用效率明显降低，此时宜采用燃气发生器加多个阀门喷嘴组件或多个射流阀组件的直接力控制方式。这种方式也可用作弹体的旋转控制。

以燃气发生器加阀门喷嘴组件为例。图 5-34 所示为一种燃气发生器-阀门喷嘴组件的结构示意图，该组件主要由燃气发生器、阀门、点火装置、导管和喷嘴等部分构成。图中的燃气发生器采用固体端燃药柱，四套阀门喷嘴组件布置在弹药质心平面上。

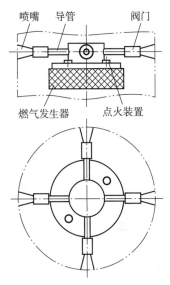

图 5-34 一种燃气发生器-阀门喷嘴组件结构示意图

美国"海神"（Poseidon）潜地导弹弹头的末助推系统采用了两个燃气发生器加四套整体阀门组件，每套阀门组件各控制四个喷嘴，实现对母舱的轴向推力和姿态的控制。其控制喷嘴的阀门多采用针栓式，用比例式调节的工作方式，通过制导系统发出的阀门调节指令改变阀门的开启度，改变所需的燃气流率和控制力。

5.4 旋转弹的控制方法

导弹的控制方式可分为单通道控制、双通道控制和三通道控制。一般对于气动外形为轴对称的战术导弹可采用双通道控制，用两套控制系统分别控制导弹的俯仰和偏航运动，同时设有滚转稳定回路。对于面对称导弹则通常采用三通道控制，通过对俯仰、偏航和滚转三个通道的联合控制来控制导弹的空间运动。某些小型、近程反坦克导弹和地空导弹则采用单通道控制，以便省去一套或两套控制系统。典型的旋转反坦克导弹有俄罗斯的"萨格尔"、德法联合研制的"米兰""霍特"，美国的"龙"、中国的"红箭"73 和"红箭"8 等反坦导弹。

为了能用一套控制系统来控制导弹的空间运动，导弹必须以较大的角速度绕纵轴旋转（每秒几转或十几转），通过弹体旋转和操纵机构的换向获得俯仰和偏航方向的操纵力，实现导弹任意方向的空间运动。

旋转弹的主要优点：①改善由于气动不对称和发动机偏心等引起的干扰；②弹上控制设备减少。但是，弹体的旋转会产生马格努斯效应和陀螺效应，使导弹的俯仰和偏航通道之间产生交叉耦合，导弹运动变得复杂，设计得不好会导致导弹制导精度降低，甚至失去飞行稳定性。

5.4.1 旋转弹控制系统原理

以某小型肩射地空导弹为例分析采用单通道控制方式的旋转弹控制系统原理。该导弹在其主发动机的喷管座上有四个小喷管，小喷管的轴线相对弹体纵轴同向偏转一个小角度。导弹发射时，主发动机的火药柱燃烧产生的燃气从四个小喷管喷出，产生轴向推力，使导弹离开发射筒，同时还产生切向力，使导弹绕其纵轴沿顺时针方向旋转（从弹尾向弹头看）。在发动机的喷管座上固定着四片尾翼，每片尾翼都有一定的安装角，导弹在发射筒内时尾翼保持折叠状态，导弹出筒后尾翼展开。在导弹飞行过程中，靠迎面气流作用在具有一定安装角的尾翼上，产生使弹绕纵轴旋转的力矩，保证导弹按一定的转速旋转。

该地空导弹采用自寻的制导体制，导引头采用活动跟踪式红外导引头（见9.1节），导引头输出与目标视线角速度成比例的信号。弹上控制系统利用一对鸭舵控制导弹的空间运动。驱动鸭舵的舵机为脉冲调宽式燃气舵机，具有继电特性，没有中间状态。当舵机输入信号为正时，舵偏角为 δ；当输入信号为负时，舵偏角为 $-\delta$。当舵机输入信号改变符号时，舵面立即从一个极限位置转变到另一个极限位置，切换时间很短，只有几毫秒。

从弹尾向弹头方向看，导引头中陀螺转子以 f_G 的转速逆时针方向旋转，弹体以 f_x 的转速顺时针方向旋转。

为了分析方便，补充准弹体坐标系 $Ox_4y_4z_4$，其定义为：坐标系的坐标原点 O 设置在导弹的质心上，Ox_4 轴与弹体纵轴重合，指向头部为正；Oy_4 轴位于包含弹体纵轴的铅锤面内，且垂直于 Ox_4 轴，向上为正；Oz_4 轴垂直于 x_4Oy_4 平面，其方向按右手法则确定。

准弹体坐标系 $Ox_4y_4z_4$ 是动坐标系，随弹体一起运动，但不随弹体旋转。当弹体滚转角为零时，准弹体坐标系 $Ox_4y_4z_4$ 与弹体坐标系 $Ox_1y_1z_1$ 重合。

当弹－目视线角速度为 $\dot{q}$ 时，导引头输出信号为

$$u = K_1 \dot{q} \sin(\omega_G t - \varphi) \tag{5.2}$$

式中：$\omega_G = 2\pi f_G$；φ 表示目标偏离导引头光轴的方位。当 $\varphi = 0°$ 时，视线位于 x_4Oz_4 平面上；当 $\varphi = 90°$ 时，视线位于 x_4Oy_4 平面上。

由于导弹以 f_x 的转速旋转，因此必须把导引头输出的频率为 f_G Hz 的信号转换成频率为 f_x Hz 的信号以控制舵面偏转。转换方法是采用混频比相器把导引头输出信号和两个基准信号线圈产生的频率为 $f_G + f_x$ Hz 的基准信号相混合，经过混频比相得出频率为 f_x Hz 的差频信号，即

$$u_k = K_2 \dot{q} \sin(\omega_x t - \varphi) \tag{5.3}$$

式中：$\omega_x = 2\pi f_x$。

控制信号 u_k 送给自动驾驶仪电路，经放大和整形后，自动驾驶仪电路输出具有正负极性的方波电压，控制舵面偏转，舵偏角的正负由方波电压的正负决定。该小型防空导弹只有一对舵面。下面讨论控制力的产生原理。

5.4.2 旋转弹控制力的产生

如图5-35（a）所示，O 为导弹质心，$Ox_1y_1z_1$ 为弹体坐标系，$Ox_4y_4z_4$ 为准弹体坐标

系。鸭舵舵轴与 Oz_1 轴平行。弹体坐标系以角速度 ω_x 绕 Ox_1 轴旋转。舵面偏转时的两个极限舵偏角如图 5-35（b）所示。当舵偏角为 δ 时，产生绕 Oz_1 正方向的操纵力矩。以 Oy_4 轴作为计算角度的起始基准，当 $\omega_x t = 0$ 时，Oy_1 轴与 Oy_4 轴重合。

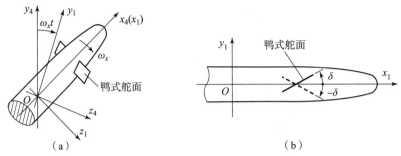

图 5-35　导弹的坐标系及控制面

为便于理解，下面讨论自动驾驶仪输入信号 u_k 为不同形式的情况。

（1）控制信号 u_k 为常值。此时舵偏角保持为 δ 不变，当导弹旋转一周时，控制力的合力为零，因此不起控制作用。

（2）控制信号 $u_k = K_2 \dot{q} \sin(\omega_x t - \varphi)$。$u_k$ 和自动驾驶仪输出的方波电压如图 5-36（a）所示。从 φ 到 $180° + \varphi$ 为正方波，舵偏角为 δ；从 $180° + \varphi$ 到 $360° + \varphi$ 为负方波，舵偏角为 $-\delta$。导弹旋转一周，控制力变化情况如图 5-36（b）所示。一周平均合成控制力 Y_{av} 的方向为 $90° + \varphi$。由图可见，平均合成控制力的方向与控制信号的相位 φ 有关，但大小不变，与控制信号的幅值无关。由此可见，当控制信号正弦波的频率与导弹旋转频率相等时，平均合成控制力与控制信号的幅值之间不是线性关系，而是继电特性关系。

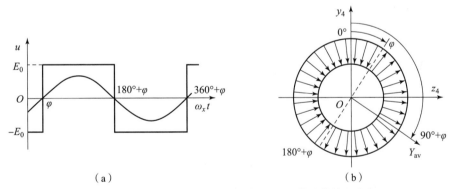

图 5-36　控制信号频率与导弹旋转频率相等时的控制力图

（3）控制信号中加入线性化振荡信号。为了使平均合成控制力的大小与控制信号的幅值成线性关系，在自动驾驶仪电路中加入由线性化振荡信号发生器产生的线性化振荡信号，其频率为控制信号频率的 2 倍左右。在实际应用中，线性化振荡信号 u_s 与控制信号 u_k 的频率和相位是互不相关的。

控制信号 u_k 与线性化振荡信号 u_s 一起输送给自动驾驶仪电路，因此自动驾驶仪的输入信号为 $u_k + u_s$。由于二者互不相关，因此合成信号非常复杂，很难用解析的方法进行分析。下面仅针对特殊情况进行分析,从中得出平均合成控制力与控制信号之间的大致关系。

假设线性化振荡信号的频率为控制信号频率的2倍,若两个信号的初始相位相同,则可以写为

$$u_k = U'_k \dot{q} \sin\omega_x t = U_k \sin\omega_x t \tag{5.4}$$

$$u_s = U_s \sin2\omega_x t \tag{5.5}$$

舵机的换向由 $u_k + u_s$ 的符号确定,当 $u_k + u_s > 0$ 时,自动驾驶仪输出正方波信号,舵偏角为 δ;当 $u_k + u_s < 0$ 时,输出负方波信号,舵偏角为 $-\delta$。下面针对 $u_k = 0$ 和 $u_k \neq 0$ 两种情况进行分析。

①控制信号 $u_k = 0$。控制信号为零对应于弹-目视线角速度 $\dot{q} = 0$ 的情况,此时方波电压波形为与 u_s 同频率的方波,舵机换向仅由 u_s 的符号决定,在弹体旋转一周过程中舵机等时间间隔换向四次,舵偏角为 δ 和 $-\delta$ 的时间相等,因此平均合成控制力为零,如图5-37所示,对导弹不产生控制作用。

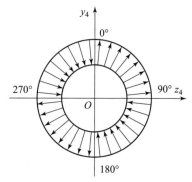

图5-37 $u_k = 0$ 时的控制力作用示意图

②控制信号 $u_k \neq 0$。此时需确定 $u_k + u_s$ 的符号。将式(5.4)和式(5.5)相加,则舵机的工作状态转换时刻根据下式确定:

$$u_k + u_s = U_k \sin\omega_x t + U_s \sin2\omega_x t = \sin\omega_x t(U_k + 2U_s \cos\omega_x t) = 0 \tag{5.6}$$

下面分 $U_k \leq 2U_s$ 和 $U_k > 2U_s$ 两种情况对式(5.6)进行求解。

当 $U_k \leq 2U_s$ 时,即控制信号的幅值 U_k 不超过线性化振荡信号的幅值 U_s 的2倍,这相当于弹-目视线角速度 $\dot{q}$ 不是很大的情况,式(5.6)成立的条件为 $\sin\omega_x t = 0$ 或 $U_k + 2U_s \cos\omega_x t = 0$,求解后对应的弹体滚转角为

$$\begin{cases} \omega_x t_1 = 0° \\ \omega_x t_2 = 90° + \alpha \\ \omega_x t_3 = 180° \\ \omega_x t_4 = 270° - \alpha \\ \omega_x t_5 = 360° \end{cases} \tag{5.7}$$

式中:$\alpha = \arcsin[U_k / (2U_s)]$。

根据式(5.5)、式(5.6)和式(5.7),画出控制信号 u_k、线性化振荡信号 u_s 以及自动驾驶仪电路输出的方波电压,如图5-38所示。

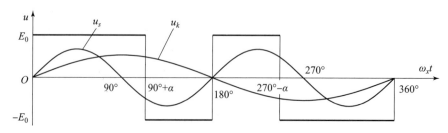

图5-38 $u_k \neq 0$、$U_k \leq 2U_s$ 时自动驾驶仪输出方波电压图

方波电压为正时舵机输出的舵偏角为正，方波电压为负时舵机输出的舵偏角为负。这样，可得出弹体旋转一周过程中控制力的作用情况如图 5-39 所示。

由图 5-39 可见，弹体旋转一周过程中平均合成控制力 Y_{av} 沿 Oz_4 轴方向，其大小与角度值 $\alpha = \arcsin[U_k/(2U_s)]$ 有关。控制信号的幅值 U_k 越大，则 α 角越大，平均合成控制力也大。设瞬时控制力为 Y_t，根据图 5-39 可求得平均控制力，即

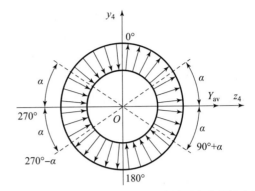

图 5-39 $u_k \neq 0$、$U_k \leq 2U_s$ 时的控制力作用示意图

$$Y_{av} = \frac{1}{\pi}\int_{90°-\alpha}^{90°+\alpha} Y_t \sin(\omega_x t)\,\mathrm{d}(\omega_x t) = -\frac{Y_t}{\pi}\cos(\omega_x t)\Big|_{90°-\alpha}^{90°+\alpha}$$

$$= -\frac{Y_t}{\pi}[\cos(90°+\alpha) - \cos(90°-\alpha)] = 2\frac{Y_t}{\pi}\sin\alpha$$

$$= \frac{Y_t}{\pi}\frac{U_k}{U_s} \tag{5.8}$$

由此可见，当控制信号的幅值 U_k 与线性化振荡信号的幅值 U_s 之间的关系为 $U_k \leq 2U_s$ 时，平均控制力 Y_{av} 与 U_k/U_s 呈线性关系，而由于 U_s 为定值，因此平均控制力 Y_{av} 与控制信号的幅值 U_k 呈线性关系。

当 $U_k = 2U_s$ 时，$\alpha = 90°$，此时平均合成控制力最大，控制力最大值为

$$Y_{av\max} = \frac{2Y_t}{\pi} \approx 0.64 Y_t \tag{5.9}$$

即弹体受到的最大平均合成控制力约为瞬时控制力的 64%。

当 $U_k > 2U_s$ 时，即控制信号的幅值 U_k 超过线性化振荡信号的幅值 U_s 的 2 倍，则式(5.6) 成立的条件只有 $\sin\omega_x t = 0$，此时舵机换向时刻对应的弹体旋转角度值 $\omega_x t$ 分别为 0°、180°、360°、…。这种情况下自动驾驶仪输出的方波电压如图 5-40 所示，导弹旋转一周过程中控制力的作用情况如图 5-41 所示。

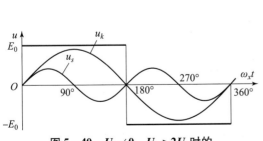

图 5-40 $U_k \neq 0$、$U_k > 2U_s$ 时的方波电压图

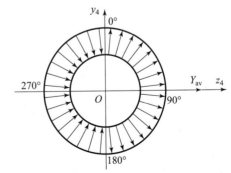

图 5-41 $U_k \neq 0$、$U_k > 2U_s$ 时的控制力作用示意图

由此可见，导弹受到的平均合成控制力在 $U_k = 2U_s$ 时达到饱和，其值为最大合成控制力 Y_{avmax}。随着控制信号幅值 $U_k = U'_k \dot{q}$ 的继续增大，平均合成控制力将保持其最大值 Y_{avmax} 不变。

根据前面的分析，可得平均合成控制力 Y_{av} 与 U_k/U_s 的关系曲线，如图 5-42 所示。

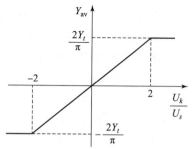

图 5-42 简化情况下平均控制力与控制信号幅值之间的关系图

在简化的线性化振荡信号下，当控制信号幅值不超过线性化振荡信号幅值的 2 倍时，周期平均控制力与控制信号幅值之间成线性正比关系；当控制信号幅值达到或超过线性化振荡信号幅值的 2 倍后，周期平均控制力保持其饱和值，不再随控制信号幅值的增大而增大。

上述计算的是较简单的情况。实际线性化振荡信号的频率可能超过弹体旋转频率的 2 倍，平均控制力与控制信号幅度之间的关系也要复杂一些，成近似的线性关系。

由此可见，单通道系统只用一个舵机和一对舵面就可以控制导弹的空间运动，控制系统的结构比较简单，但控制效果要差一些，而且最大的周期平均控制力只有瞬时控制力的 64%。因此，只有机动性比较小的导弹适合采用单通道控制方式。

5.5 舵机控制执行机构

舵机控制执行机构（也称舵机、舵系统）是弹药进行姿态控制的执行部件，它根据控制指令操纵舵面（或副翼、扰流片、摆动发动机等）偏转，改变弹药的空气动力或推力矢量，产生操纵弹药运动的控制力矩，保证弹药的稳定受控飞行。

5.5.1 舵机的组成和分类

舵机系统按照控制方式可分为闭环系统和开环系统。闭环系统一般由变换放大元件、驱动装置、操纵机构、反馈元件和舵面等组成，如图 5-43 所示。变换放大元件一般为各种阀门、变换放大电路等，驱动装置多采用作动筒、电动机、电磁铁等，操纵机构可以是曲柄、连杆、齿轮、减速器等。闭环系统的反馈形式有位置反馈、速度反馈、气动铰链力矩反馈等形式。

图 5-43 闭环舵机控制执行机构原理图

开环系统的执行装置除了没有反馈元件外，其余和闭环系统基本相同。闭环系统在控制品质上（如控制精度、响应速度等）比开环系统优越，但开环系统结构比闭环系统简单。在控制品质能达到指标要求的前提下应尽量选择开环系统。

舵机按照工作原理可分为比例式舵机、继电式（bang-bang 式）舵机和脉宽调制舵机。

比例式舵机也称线性舵机，一般是指其输出受到输入信号连续成比例控制的舵机系统。

继电式舵机是指对应于开/关输入信号，输出也是二位置的舵机。由这种舵机控制的舵面在舵偏角的两个极限位置做往复运动,舵面在两个极限位置停留的时间由指令信号控制,从而产生平均控制力以操纵导弹运动。

脉宽调制舵机将输入的模拟信号由脉宽调制器转换为宽度与输入量成正比的脉冲信号,使舵机的驱动控制系统工作在脉冲调宽状态,然后由一个低通滤波器将脉宽调制信号还原为模拟信号去控制舵面。在气动、液压舵机中,这个低通滤波器往往就是具有较大惯性的负载本身,因为它不能响应高频信号,而只能响应与输入量成正比的高频信号的平均值。

按照所采用的能源形式,舵机又可分为电动舵机、气动舵机和液压舵机。

5.5.2 电动舵机

电动舵机以电能作为能源,它是自动驾驶仪最早采用的舵机形式,这是与当时的技术水平有关的。但是,由于其自身的缺点,电动舵机随即被气动舵机取代。随着新型电磁材料和高性能电动机的问世,电动舵机的性能获得显著提高,电动舵机又重新得到应用。

电动舵机具有结构简单、质量和体积小、使用和维护方便、可靠性较高等优点,但存在输出功率较低、快速性较差等缺点,因此一般应用于一些对舵机功率和快速性要求不高的低速导弹上,如亚声速飞航导弹、反坦克导弹等。

电动舵机按结构形式可分为电磁式和电动式两类。电动式舵机按控制方式又分为直接控制式电动舵机和间接控制式电动舵机两种。

1. 电磁式舵机

电磁式舵机实际上是一个电磁机构,通常只工作在继电状态(继电式舵机),用于驱动扰流片或控制发动机喷流偏转器。电磁式舵机结构简单,质量轻,能耗小,可靠性高,但输出功率小,主要应用于小型战术导弹上,如反坦克导弹等。

图5-44(a)所示为一种扰流片式舵机的组成结构示意图,这种舵机有两个电磁铁线圈1和2,电磁铁线圈的开关由继电器控制。当电磁铁线圈1接通即$I_1 \neq 0$时,扰流片偏向上方;当电磁铁线圈2接通即$I_2 \neq 0$时,扰流片偏向下方。继电器有两组线圈W_c和W_0,从控制线路来的控制信号U_c加到线圈W_c上,锯齿波形的电压U_0加到线圈W_0上。当线圈总的安匝数$AW = AW_c + AW_0$改变符号时,继电器的触点将切换。在控制信号电压为零即$U_c = 0$的情况下,如图5-44(b)所示,继电器的触点在上、下位置停留的时间相等,流经电磁铁线圈1和2的电流脉冲I_1和I_2的大小和持续时间相等,因此扰流片位于上、下位置的时间相等,扰流片产生的平均操纵力(矩)为零。

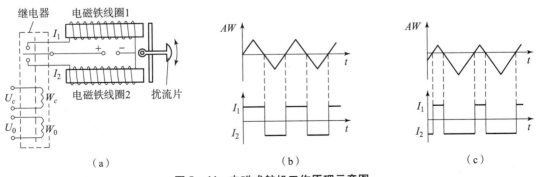

图5-44 电磁式舵机工作原理示意图
(a)电磁式舵机组成结构;(b)电磁铁线圈等间隔切换;(c)电磁铁线圈不等间隔切换

当存在控制电压 U_c 时，如图 5-44（c）所示，触点的切换时序发生了变化，触点位于两个极限位置的时间不再相等，相应的扰流片在上、下极限位置的停留时间也不再相等，于是产生了朝向某一个方向的平均作用力（矩）。

上述电磁式舵机采用的是脉冲调宽控制方式，即输出脉冲的幅值恒定，而脉冲宽度随控制信号的大小和极性的不同而变化。由于脉冲的作用时间与输入信号的大小成比例，并与其极性相对应，这样就把继电特性线性化了。这一过程也称为振荡线性化。

2. 直接控制式电动舵机

直接控制式电动舵机是由伺服电动机、减速器、反馈元件和校正元件等组成，电动机既是功率元件又是控制对象。舵系统首先通过控制伺服电动机的输入信号电压来改变电动机的输出转矩和转速；然后通过减速装置带动舵轴或扰流片运动。

伺服电动机分为交流和直流两种。由于弹上一般都有直流电源，所以常采用直流电动机。普通直流电动机存在电枢铁芯和电刷，转动惯量和启动时间常数大，换向火花干扰严重，因此近年来常采用永磁直流无刷电动机。永磁式直流无刷电动机与同功率的直流电动机相比，具有尺寸小、结构简单、使用方便、线性度好等优点。

减速传动装置一般要求结构简单、紧凑、传动间隙小和效率高。除普通圆柱直齿轮传动和蜗轮－蜗杆传动外，电动舵机中还广泛采用行星减速器、谐波减速器以及滚珠丝杠等减速传动装置。

3. 间接控制式电动舵机

一般伺服电动机存在功率低、响应慢、控制功率相对较大等缺点，液压舵机虽然快速性好，但存在液压伺服阀互换性差、工艺要求高、成本高、对油污微粒敏感等问题，这些导致了通过电磁离合器进行控制的间接控制式电动舵机的研究。间接控制式电动舵机由伺服电动机、电磁离合器和减速器等组成。伺服电动机是单方向恒速转动的功率元件，不参加舵机系统的控制；控制信号加在电磁离合器上，通过控制电磁离合器的吸合控制舵面向正、负两个方向偏转。电磁离合器可采用圆盘离合器、螺旋弹簧离合器、磁滞离合器和磁粉离合器等。

5.5.3 气动舵机

气动舵机根据气源形式不同可分为冷气舵机、燃气舵机、冲压式舵机；根据放大器的类型不同可分为滑阀式舵机、球阀式舵机、喷嘴挡板式舵机和射流管式舵机。

1. 冷气舵机

图 5-45 所示为一种射流管式气动舵机的原理图，该舵机由作动筒、射流管、接收器、电磁控制器、反馈电位计等组成。电磁控制器、射流管和接收器组成射流放大器。电磁控制器的铁芯上绕有激磁线圈，由直流电压供电，可转动的衔铁上绕有控制线圈，衔铁的轴与射流管固联，射流管可随衔铁一起摆动。接收器固定在作动筒上，接收器的两个接收孔与射流管的喷嘴相对，两个输出孔分别通过管路与作动筒的两个腔相连。作动筒的活塞杆一端连接舵轴，另一端与反馈电位计的电刷相连。控制信号与电位计输出的电压都输入到磁放大器中。

射流管式舵机是一种比例式舵机，采用舵面位置作为反馈。当没有控制信号时，电磁控制器的衔铁位于两个磁极的中间位置，射流管的喷口遮盖两个接收孔的面积相同，作动器两

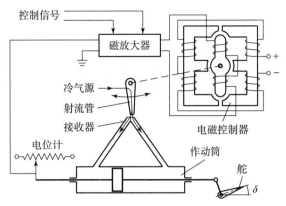

图 5-45 一种射流管式冷气舵机的工作原理图

个腔的气压相同，作动器处于中间位置不动；如果有控制信号，该信号经磁放大器放大后加到电磁控制器的控制绕组上，产生控制力矩，使衔铁带动射流管偏转，此时进入作动器两个腔内的气流量不相等，产生压力差，使作动器的活塞移动，带动舵面偏转。同时，电位计将活塞的位置反馈回输入端，形成舵面位置闭环控制，使舵面停留在指令位置上。

冷气舵机采用蓄压气瓶中贮存的高压气体作为驱动舵面偏转的初始能源。高压气体一般采用空气、氮气或氦气等。冷气舵机的优点：输出力矩与转动惯量的比值大；灵敏度高，响应速度较快；结构简单，体积小，成本低；采用压缩冷气作为能源便于长期贮存；冷气干净，无腐蚀作用，因而可靠性高。冷气舵机的缺点：效率低（一般不超过30%）；工作时间较短；由于气体的可压缩性因而承受负载刚性差，频带较窄。冷气舵机一般用于工作时间较短的中程和近程导弹上。

2. 燃气舵机

燃气舵机采用固体火药缓燃气体为能源来驱动导弹舵面运动。图 5-46 所示为一种燃气型继电控制式舵机，该舵机主要由燃气发生器、电磁阀、节流塞、摇臂、阻尼器、限压阀、活塞和缸体等部分组成。

当两个电磁阀中都没有电流信号时，则舵机本体两个气缸中的进气量和排气量相等，两个气缸中的气压也相等，此时舵面保持在中位。两个电磁阀同一时间只有一个有控制信号，当图 5-46 中下方的电磁阀通有控制电流时，电磁阀中的衔铁带动阀针向气缸方向运动，将出气孔堵塞，而上方电磁阀的阀针处在打开位置，因此造成下方气缸中的压力升高，而上方气缸中的压力保持不变，舵面便沿顺时针方向转动到最大角度位置。当两个电磁阀在继电控制信号作用下交替通断电时，舵面就在两个极限位置往复摆动，在每个极限位置的停留时间由电磁阀的通断时序决定。

舵机的阻尼器用于在活塞运动过程中产生阻尼效应，减轻舵机振荡。限压阀是一个恒压保险机构。当燃气发生器产生的燃气压力超过某一个限定值时，限压阀的阀门打开，一部分高压燃气从阀门排出，保证燃气压力恒定以及舵机安全。

燃气舵机结构紧凑，质量相对较小，但工作时间短，而且需采用耐高温的材料。由于燃气灰渣会影响舵机的工作精度、快速性和可靠性，因此需要设置多层密封过滤装置。燃气舵机多用于小型近程导弹。

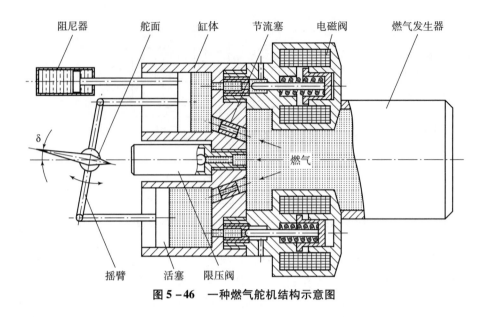

图 5-46 一种燃气舵机结构示意图

3. 冲压式舵机

导弹在大气中飞行时,可以利用高速气流转换而成的滞止压力作为舵机控制执行机构的工作能源,这种形式的能源称为冲压式能源。采用冲压能源的舵机称为冲压式舵机。冲压式舵机取消了一般气动舵机系统的能源部件,如压缩气瓶、电爆阀、减压阀、燃气发生器、过滤器等,因而质量、体积大幅减小,成本降低,系统简单,减少了导弹系统的能源需求。冲压式能源压力的高低与飞行速度成正比,从而使舵机的负载力矩与飞行速度相匹配。冲压式舵机的工作原理图如图 5-47 所示。

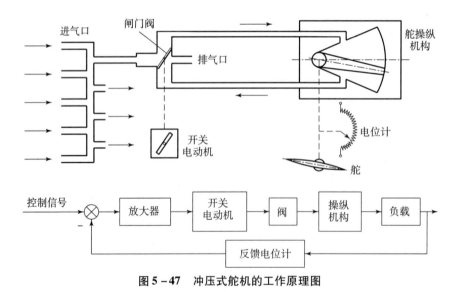

图 5-47 冲压式舵机的工作原理图

由于冲压式舵机系统一般是由弹体头部的进气口引入气流,因此大都采用鸭式气动布局。

应用冲压式舵机的导弹一般需要其飞行马赫数 $Ma > 1.5$,否则供气压力达不到要求。冲压舵机用于长时间飞行的导弹时,具有系统简单、节省能源、体积和质量小等优点。但是,在助推阶段因阻力较大将造成射程损失,因此需增加发动机装药质量以提高其推力。另外,为了进行控制,需要有一个替换能源(如一个小冷气瓶)。这些在一定程度上使冲压舵机的优势有所减弱。

5.5.4 液压舵机

液压舵机主要由电液信号转换装置、作动筒和信号反馈装置等部分组成。电液信号转换装置由力矩电动机和液压放大器等部分组成,其基本作用是将控制系统的电指令信号转换成液压信号,它是一个功率放大器,同时又是一个控制液体流量、方向的控制器。液压舵机的结构类型很多,图 5-48 所示为一种活塞式液压舵机的工作原理图,其中伺服阀为该舵机的滑阀式液压放大器。该示意图中未画出电液信号转换装置和信号反馈装置等部分。

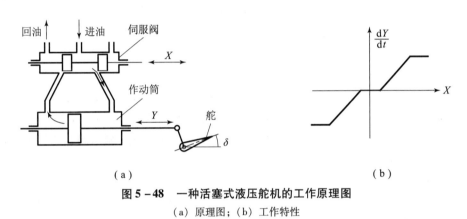

图 5-48　一种活塞式液压舵机的工作原理图
(a) 原理图;(b) 工作特性

图 5-48 中,液压舵机通过伺服阀控制恒压油源进入作动筒的流量来实现控制。当伺服阀的活塞位于中立位置时,所有油路均被堵塞,舵面不转动;当在控制信号的作用下活塞偏离中立位置时,高压油从伺服阀进入作动筒中推动活塞移动,活塞带动舵面偏转。

由于伺服阀中的阀门块总比阀门开口的面积大,因此伺服阀总存在死区,而且当阀门开口全部打开后会出现饱和,其实际工作特性如图 5-48(b)所示。

液压舵机的液压油贮存在油瓶中,气瓶内充有高压气体给液压油加压。液压舵机的主要优点为:功率增益大;力矩与转动惯量的比值大;运转平稳,快速性好,结构紧凑,体积和质量小;控制功率小;灵敏度高;承受的负载大。主要缺点包括:加工精度要求高,因此成本高;液压油受环境影响较大;需要一套液压源和管路敷设,维修较困难。液压舵机常用于中远程导弹。

5.5.5　舵回路的传递函数

对于电动舵机、气动舵机和液压舵机,在不考虑摩擦、死区等非线性因素影响并对系统的数学模型进行线性化近似后,它们的开环传递函数具有相同的形式,即

$$G_\delta(s) = \frac{\delta(s)}{u(s)} = \frac{K_\delta}{s(T_\delta s + 1)} \tag{5.10}$$

式中:δ 为舵偏角;u 表示舵机的输入量,如控制电压、控制位移、控制转角等。上式表示一个积分环节和一个惯性环节的串联。

当惯性环节的时间常数 T_δ 非常小时,舵机的传递函数可以进一步简化成一个积分环节。

前面已提过,舵机系统可以是开环的,但为了提高弹药制导控制系统的性能,弹上大部分舵机都采用闭环系统,即舵机与反馈元件构成舵回路。在舵回路中常用的反馈有位置反馈、速度反馈和均衡反馈三种。图 5-49 所示为舵回路的简化框图,图中 K_y 表示放大器增益,$G_F(s)$ 为反馈装置的传递函数,舵机的动态特性近似用一个积分环节 K_δ/s 表示,并忽略铰链力矩影响。

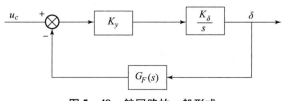

图 5-49 舵回路的一般形式

1. 位置反馈舵回路

如果用位置反馈包围舵机,即取 $G_F(s) = K_{F\delta}$,这样的舵回路称为硬反馈舵回路。由图 5-49 得舵回路的传递函数为

$$\Phi_\delta(s) = \frac{\delta(s)}{u_c(s)} = \frac{K_{\delta 0}}{T_\delta s + 1} \quad (5.11)$$

式中:$K_{\delta 0} = 1/K_{F\delta}$ 为舵机的静态增益;$T_\delta = 1/(K_y K_\delta K_{F\delta})$ 为舵回路的时间常数。

由此可见,硬反馈舵回路的传递函数近似为一个惯性环节,其特性与反馈系数 $K_{F\delta}$ 有密切关系。另外,引入位置反馈后,舵回路输出的稳态舵偏角正比于输入电压,从而使控制系统的控制信号能按比例地操纵舵偏角的大小。

2. 速度反馈舵回路

若用速度反馈包围舵机,取 $G_F(s) = K_{F\dot\delta}s$ 时,这样的舵回路称为软反馈舵回路。由图 5-49 得其传递函数为

$$\Phi_\delta(s) = \frac{\delta(s)}{u_c(s)} = \frac{K_{\dot\delta}}{s} \quad (5.12)$$

式中:$K_{\dot\delta} = K_y K_\delta / (1 + K_y K_\delta K_{F\dot\delta})$。

从式(5.12)可知,软反馈舵回路的传递函数为一个积分环节。引入速度反馈后,舵回路输出的舵偏角与输入电压的积分成正比。或者说,输出的舵面偏转角速度与输入电压成正比,因此导弹控制系统的控制信号能够操纵舵面偏转的角速度。应该指出,当考虑铰链力矩作用时,上述软反馈舵回路特性只是近似的。

3. 均衡舵回路

用弹性反馈包围舵机构成的舵回路称为弹性或均衡舵回路,弹性反馈可在位置反馈基础上串联一个均衡环节来实现,其传递函数为

$$G_F(s) = K_{F\delta} \frac{T_e s}{T_e s + 1} \quad (5.13)$$

式中:$K_{F\delta}$ 为位置反馈系数;T_e 为均衡环节的时间常数。

由图 5-49 得其传递函数为

$$\Phi_\delta(s) = \frac{\delta(s)}{u_c(s)} = \frac{\dfrac{K_y K_\delta (T_e s + 1)}{1 + K_y K_\delta K_{F\delta} T_e}}{s\left[\dfrac{T_e}{1 + K_y K_\delta K_{F\delta} T_e} s + 1\right]} \tag{5.14}$$

式中：T_e 值一般比较大，所以 $K_y K_\delta K_{F\delta} T_e \gg 1$。

当忽略时间常数很小的惯性环节时，式（5.14）近似表示为

$$\Phi_\delta(s) = \frac{\delta(s)}{u_c(s)} \approx \frac{1}{K_{F\delta} T_e} \frac{T_e s + 1}{s} \tag{5.15}$$

从式（5.15）可知，如果输入电压的角频率小于 $1/T_e$，即舵回路工作在低频率，则舵回路的传递函数近似为一个积分环节；当工作在高频率时，舵回路近似为一个比例环节。由此可见，弹性反馈舵回路的特性在低频段接近于软反馈舵回路的特性，在高频段接近于硬反馈舵回路的特性，即兼具软硬两种反馈的特性。

5.5.6 对舵回路的基本要求

舵机是导弹控制系统的重要组成部分，舵回路的性能直接影响自动驾驶仪以及整个制导控制系统的性能。对舵回路的基本要求主要包括以下几个方面。

（1）舵机能够产生足够大的输出力矩。舵机是用来操纵导弹的控制舵面的，它产生的力矩必须能够克服作用在舵面上的气动铰链力矩、摩擦力矩和惯性力矩。

（2）舵机能够使舵面产生足够的偏转角和角速度。不同的导弹对舵偏角范围的要求不同。舵偏角范围应当根据实现所需的飞行弹道以及补偿所有外部干扰力矩来确定。例如，弹道导弹舵偏角的最大值约为30°，某些防空导弹舵偏角要求不超过5°，一般战术导弹的舵偏角以15°~20°为宜。导弹的舵偏角范围不宜过大，也不宜过小，过大会增加阻力，过小则不能产生所需的控制力。

为满足控制性能方面的要求，舵面偏转要有足够的角速度。导弹的种类不同，其对舵面偏转角速度的要求也不同。例如，弹道式导弹舵面偏转角速度约为30°/s，地空导弹为（150°~200°）/s。舵面偏转对指令的响应越快，则制导系统的工作就越精确。舵面偏转的角速度越高，则舵机所需的功率就越大。

（3）舵回路应有足够的快速性。快速性是控制系统动态过程的一个指标，常以过渡过程的上升时间或通频带来衡量。舵回路的时间常数越大，过渡过程的时间就越长，系统的快速性就越差，从而降低导弹控制系统的调节质量。一般舵回路的通频带应比弹体稳定回路的通频带大 3~7 倍，但铰链力矩反馈的舵回路除外。

（4）舵回路的特性应尽量呈线性特性。设计执行装置时，一般希望输出量与输入量之间呈线性关系。但是，在实际中，由于舵回路中存在着一些非线性因素，如摩擦、磁滞、能源功率限制等，所以在舵回路中总存在非灵敏区、饱和等非线性情况。在设计执行装置时，应采取措施尽量增大舵回路的线性范围，减小非线性因素对舵回路的影响。

（5）比功率足够大。由于弹药的体积和质量有限，弹体内的大部分空间需分配给战斗部、推进系统和制导装置等。因此，希望执行装置在满足性能指标的前提下体积和质量越小越好，或者说希望执行装置单位质量产生的功率即比功率越大越好。根据系统对执行装置的基本要求，在确定执行装置时要充分注意到常用舵机的特点。

电动舵机的加工制造和维修较为方便,可以与控制系统采用同一能源,信号的传输和控制也比较容易,并且线路的敷设比液体、气体管路方便。但它需要有减速机构,因而尺寸和质量大;在同等功率的条件下,液压舵机的质量只有电动舵机的 $1/10 \sim 1/8$,如果加上液压源及附件,其质量也只有电动舵机的 $1/5 \sim 1/3$。除此之外,电动舵机的力矩与转动惯量的比值较小,快速性也较差。在实用中,电动舵机的功率一般只有几十瓦,通频带也只有几赫兹(舵偏角的幅值为最大舵偏角的 $1/5 \sim 1/4$ 时),因此电动舵机仅用于亚声速导弹上。

液压舵机具有快速性好、体积和质量小、承受负载大等优点;主要缺点是成本高、易受环境影响等。在实用中,液压舵机的功率远比电动舵机的功率大得多,且通频带可达几十赫兹以上(舵偏角的幅值为最大舵偏角的 $1/5 \sim 1/4$ 时),因此多用于超声速导弹上。

气动舵机的性能介于电动舵机和液压舵机之间,加工、装配精度和生产成本较液压舵机低,快速性较电动舵机好,体积和质量也比较小。但是,气瓶或燃气发生器的体积受到限制,因此气动舵机的工作时间短,一般用于近程或中程导弹。

思 考 题

1. 什么是气动布局?弹药的主要气动布局有哪些?
2. 常用控制方法有哪些?各具有什么特点?
3. 简述旋转弹的操纵控制原理。
4. 舵机有哪些主要分类?对舵回路的基本要求是什么?

第 6 章
弹药控制原理

传统的弹药控制系统的设计和分析是以经典自动控制理论为基础的,首先可在取得系统各组成部分传递函数的基础上设计出控制回路结构;然后通过校正、补偿等方法以及仿真、试验等手段使控制系统的性能满足设计指标要求。通过前面几章的内容已得到导弹、测量装置以及执行机构等的传递函数,在此基础上本章将进一步介绍弹药自动驾驶仪的有关概念以及弹药控制系统中常用的典型控制回路。

6.1 自动驾驶仪

6.1.1 自动驾驶仪的概念与分类

从控制系统的角度看,大多数导弹具有外回路和内回路两个基本回路。外回路是导弹质心的控制回路,通常称为制导回路,它通过探测装置确定弹-目相对关系,生成制导指令。内回路是姿态控制回路,用于稳定弹体姿态,并根据制导指令通过执行装置产生改变弹道所需的法向力。通常,把姿态控制回路中除弹体以外的部分称为自动驾驶仪。

图 6-1 所示为一个自寻的制导系统俯仰通道典型自动驾驶仪的方框图。该自动驾驶仪由舵机系统、角速度陀螺仪、加速度计以及校正网络等组成,与弹体构成两个回路:姿态控制回路(有的文献称为控制回路、稳定回路等)和稳定回路(或称阻尼回路)。姿态控制回路以加速度计测得的加速度作为反馈,稳定回路以角速度陀螺仪测得的角速度作为反馈。

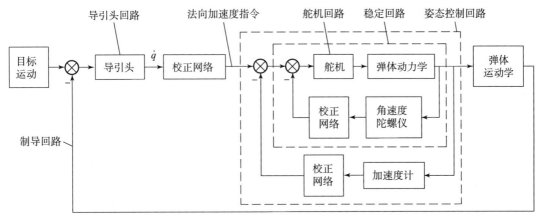

图 6-1 导弹典型自动驾驶仪方框图

自动驾驶仪的作用是控制和稳定导弹的飞行。所谓控制是指自动驾驶仪按制导指令的要求操纵舵面偏转或改变推力矢量方向，改变导弹的姿态，使导弹沿基准弹道飞行，这种工作状态称为自动驾驶仪的控制工作状态。所谓稳定是指自动驾驶仪消除因干扰引起的导弹姿态的变化，使导弹的飞行方向不受扰动的影响，这种工作状态称为自动驾驶仪的稳定工作状态。

　　自动驾驶仪一般由惯性器件、控制电路和舵机系统组成，它通常通过操纵导弹的空气动力控制面或推力矢量装置控制导弹的姿态运动。

　　常用的惯性器件有自由陀螺仪、角速度陀螺仪和线加速度计等，分别用于测量弹体的姿态角、姿态角速度和线加速度等。

　　控制电路由数字电路和（或）模拟电路组成，用于实现信号的综合运算、传递、变换、放大和自动驾驶仪工作状态的转换等功能。

　　舵机系统的功能是根据控制信号去控制相应空气动力控制面的运动或改变推力矢量的方向。

　　在自动驾驶仪中，描述舵偏角随运动参数变化的动态方程称为调节规律。

　　自动驾驶仪中控制导弹在俯仰平面内运动的部分称为俯仰通道；控制导弹在偏航平面内运动的部分称为偏航通道；控制导弹绕弹体纵轴转动运动的部分称为滚转通道。对于"＋"字形气动布局的导弹，俯仰通道上的俯仰回路与偏航通道上的偏航回路一般是相同的，通常将这两个回路统称为侧向回路或侧向控制回路；对于"×"形气动布局的导弹，偏航方向和俯仰方向的运动都是由两个相同的回路（通常称为Ⅰ回路和Ⅱ回路）的合成控制实现，习惯上将Ⅰ回路和Ⅱ回路也称为侧向回路或侧向控制回路。

　　旋转导弹的自动驾驶仪通常没有滚转通道，只用一个侧向通道控制导弹的空间运动，因而又称为单通道自动驾驶仪。

　　按所采用的控制方式分类，自动驾驶仪可分为侧滑转弯自动驾驶仪和倾斜转弯自动驾驶仪。

　　按俯仰、偏航、滚转三个通道的相互关系，自动驾驶仪可分为三个通道彼此独立的自动驾驶仪和通道之间存在耦合的自动驾驶仪。

　　对于三个通道彼此独立的自动驾驶仪，滚转通道可分为实现滚转位置稳定的自动驾驶仪和实现滚转速度稳定的自动驾驶仪；侧向通道可分为使用一个角速度陀螺仪和一个加速度计的自动驾驶仪、使用两个加速度计的自动驾驶仪以及使用一个角速度陀螺仪的自动驾驶仪等。

　　另外，还有一些特殊用途的自动驾驶仪，如高度控制自动驾驶仪、垂直发射系统自动驾驶仪以及使用惯性技术进行方位控制的自动驾驶仪等。

　　自动驾驶仪的分类如图 6-2 所示。

　　并非所有的导弹系统中都需要有自动驾驶仪。如果所设计的弹体具有很高的静稳定性（如静稳定度达到或超过弹体全长的 5%），即具有很低的操纵性，在压心或质心有小量移动时也不会造成静稳定度有很大的变化。很多飞行高度基本保持不变、攻击慢速目标的反坦克导弹就属于这一类型。这种导弹被控对象的参数变动不大，再加上目标速度不高，制导回路的响应速度不需要很快，因此不需要采用自动驾驶仪。这类弹的响应速度（相当于弹体的自振频率）主要通过弹体的适当气动设计来解决，其阻尼也主要由尾翼或后置弹翼来提供。

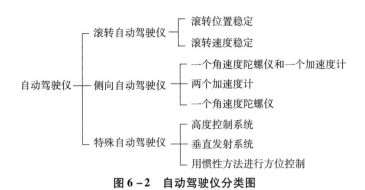

图 6-2 自动驾驶仪分类图

由于没有人工阻尼,这种弹的阻尼一般很低。在这种系统中,制导指令一般简化为舵偏角。这种简单的解决办法在满足系统要求的条件下简化了系统结构,降低了导弹成本。

与上述不使用自动驾驶仪相比,稍微复杂的设计是在自动驾驶仪中略去加速度计反馈,但设法引入阻尼以改善系统的阻尼特性。例如,美国"铜斑蛇"(Copperhead)末制导炮弹取导引头框架角信号的微分作为控制回路的阻尼信号、美国"海尔法"(Hellfire)导弹取姿态陀螺角信号的微分作为控制回路的阻尼信号等都是一些简化自动驾驶仪的成功范例。

6.1.2 自动驾驶仪的功能

自动驾驶仪的功能是稳定导弹绕质心的姿态运动,并根据制导指令正确、快速地操纵导弹使其沿理想弹道飞行。具体来说,自动驾驶仪的功能主要包括以下几方面。

1. 稳定弹体轴在空间的角位置和角速度

由第 2 章可知,纵向通道以舵偏角为输入、以俯仰姿态角速度为输出的传递函数为二阶振荡环节。一般情况下,没有任何反馈控制的自然弹体的相对阻尼系数不能在所有飞行状态下都满足制导系统要求。

滚转通道以舵偏角为输入、以滚转角速度为输出的传递函数为一阶惯性环节,这意味着在常值滚转扰动作用下,滚转角速度的稳态值会有一个常值输出,滚转角会线性增大。对于遥控制导的非旋转导弹,制导系统一般要求滚转角保持为零或接近于零。如果导弹上没有稳定滚转角的设备,那么在导弹飞行过程中发生滚转时,制导指令坐标系与弹上执行坐标系之间的相对关系将遭到破坏,从而使指令执行发生错乱,导致控制作用失效。由于导弹弹体的滚转运动是没有静稳定性的,因此必须在弹上安装滚转稳定设备。

在导弹飞行过程中,弹体轴在空间的偏转角可以用自由陀螺仪测量。要稳定导弹的姿态,可以用陀螺仪输出的与导弹的姿态角信号成比例的电压信号作为误差信号,把这个信号经过放大变换后发送给执行装置,对导弹进行操纵,使发生了偏转的弹体返回到要求的姿态。

2. 改善导弹的动态和稳态特性

由于导弹飞行的高度、速度发生变化,其气动参数也相应产生变化,导弹的动态特性(稳定系统对输入信号的瞬态响应特性)和稳态特性(稳定系统对输入信号的稳态响应特性）会随之发生变化。被控对象的变参数特性使整个制导系统的设计变得复杂。为了使制导系统正常工作，要求稳定回路能确保在所有飞行条件下，导弹的动态特性和稳态特性保持在一定范围内。

图 6-3 所示为没有自动驾驶仪的指令制导系统俯仰通道的简化框图。图中，R_D 为导弹距发射点的距离，系统输出量为导弹高低角 ε_D，输入量为目标高低角 ε_T，弹上指令接收机的增益为 K_1，乘法器将角偏差信号转化为线偏差信号，执行装置简化为增益为 K_2 的线性系统，舵偏角到弹体法向加速度间的传递系数即气动增益为 K_3，从法向加速度到高低角之间的运动学可近似简化为双积分环节。整个制导系统经负反馈形成闭合回路，制导回路的开环增益为 $K_1 K_2 K_3$。

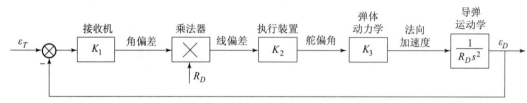

图 6-3 指令制导系统俯仰通道的简化框图

考虑气动增益 K_3 对制导系统的影响。为了使导弹在目标机动和有各种干扰的情况下脱靶量满足设计指标，要求严格限制系统开环增益 $K_1 K_2 K_3$ 的允许误差及弹体动态响应特性的变化范围。增益 K_1、K_2 在整个飞行过程中的变化可以忽略。导弹飞行过程中，推进剂的燃烧引起的质心位置变化，攻角、飞行速度变化引起的压心位置的变化都将直接引起 K_3 的变化。此外，由于飞行高度和速度的变化，动压 $\rho V^2 / 2$ 可能会有很大的变化，因而气动增益 K_3 总的变化范围可能会非常大。

大多数导弹的制导回路是条件稳定的，系统开环增益以及其他参数的变化都会使稳定裕度下降，甚至使系统变得不稳定。因此，图 6-3 所示的制导回路难以满足制导要求。为了在导弹控制系统设计时将开环增益等参数的变化范围限制在一定范围内（一般为额定值的 ±20%），在自动驾驶仪设计中通常采用加速度反馈等方法。

3. 增大弹体绕质心角运动的阻尼系数，改善制导系统的过渡过程品质

由式（2.71）～式（2.74）可知，弹体相对阻尼系数由空气阻尼动力系数、静稳定动力系数和导弹的运动参数决定。对静稳定度较大和飞行高度较高的高性能导弹，弹体相对阻尼系数一般为 0.1 左右或更小，弹体是欠阻尼的。这将产生一些不利影响：导弹在执行制导指令或受到内部、外部干扰时，即使勉强保持稳定，也会产生不能接受的动态响应，过渡过程存在严重的振荡，超调量和调节时间很大，使弹体不得不承受大约 2 倍设计要求的横向加速度，这样会导致攻角过大，增大诱导阻力，使射程减小。同时，将降低导弹的跟踪精度，在飞行弹道末段的剧烈振荡将直接增大脱靶量，降低制导准确度，波束制导中可能造成导弹脱离波束的覆盖空域，造成失控等。

为改善弹体的阻尼特性，把欠阻尼的自然弹体改造成具有适当相对阻尼系数的弹体，一般在控制系统中加入角速度陀螺仪，测量弹体的角速度，并反馈给综合放大器输入端，形成闭合回路。以俯仰通道为例，图 6-4 所示为含有角速度陀螺仪反馈的俯仰通道阻尼回路简化框图。

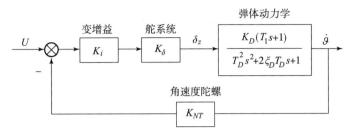

图 6-4 俯仰通道阻尼回路简化图

图 6-4 中弹体动力学环节为以舵偏角 δ_z 为输入量、以俯仰角速度 $\dot{\vartheta}$ 为输出量的弹体传递函数（见第 2 章）。由于执行装置的时间常数比弹体的时间常数小得多，这里将其看作传递系数为 K_δ 的放大环节。K_i 为可变传动比机构的传递系数。由第 4 章可知，角速度陀螺仪的传递函数为一个二阶系统，但一般情况下其时间常数比弹体的时间常数小得多，此处将其简化为传递系数为 K_{NT} 的放大环节。这样阻尼回路的闭环传递函数为

$$\frac{\dot{\vartheta}(s)}{U(s)} = \frac{K_D^*(T_1 s + 1)}{T_D^{*2} s^2 + 2\xi_D^* T_D^* s + 1} \tag{6.1}$$

式中：K_D^* 为阻尼回路的闭环传递系数，$K_D^* = \dfrac{K_\delta K_i K_D}{1 + K_\delta K_i K_D K_{NT}}$；$T_D^*$ 为阻尼回路的时间常数，$T_D^* = \dfrac{T_D}{\sqrt{1 + K_\delta K_i K_D K_{NT}}}$；$\xi_D^*$ 为阻尼回路的闭环相对阻尼系数，$\xi_D^* = \dfrac{\xi_D + \dfrac{T_1 K_\delta K_i K_D K_{NT}}{2 T_D}}{\sqrt{1 + K_\delta K_i K_D K_{NT}}}$。

由式 (6.1) 可知，阻尼回路可近似等效为二阶系统。一般相对阻尼系数在 0.5 到 0.8 之间时过渡过程时间较短，超调量较小，可以以此为依据选择反馈通路的传递系数 K_{NT}，使系统具有合适的阻尼特性。

由此可见，角速度反馈能够提高姿态控制回路的阻尼。其实现原理是，利用角速度陀螺仪测量弹体的角速度，输出与角速度成比例的电信号，并反馈到舵机回路的输入端，驱动舵机产生附加的舵偏角，使弹体产生与弹体角速度方向相反的力矩。该力矩在性质上与阻尼力矩相同，与提高空气黏度的效果相当，起到阻尼弹体摆动的作用。通过角速度反馈，使操纵机构适时地按角速度的大小去调节作用在弹体上的操纵力矩的大小，人工地增加弹体的相对阻尼系数。

4. 提高短周期振荡频率，保证导弹质心运动的稳定性

随机起伏干扰使信噪比降低，因此会对制导系统产生非常不利的影响。如果要设计一个最小相位裕度为 45°的制导回路，考虑到干扰影响，在制导回路开环对数幅频特性曲线的交界频率（系统的截止频率）处，姿态控制回路闭环频率特性曲线只允许有十几度的相位滞后，这就要求整个姿态控制回路通频带比制导回路的截止频率高出几倍甚至更多。在这种情况下，只在指令信号通路中串联超前校正网络是不够的，还需在姿态控制回路中引入超前校正。例如，在加速度计反馈通路中串联滞后校正环节，可对整个制导回路起超前校正作用。

5. 对静不稳定导弹进行稳定

自动驾驶仪的控制对象——弹体，在空气动力的作用下，可能是静稳定的，可能是中立

稳定的，也可能是静不稳定的。对于中立稳定、静不稳定甚至动不稳定的弹体，或者在导弹飞行中的某一阶段为中立稳定、静不稳定或者动不稳定的弹体，可以通过自动驾驶仪来保证飞行过程中的稳定性。

对于不稳定导弹，从舵偏角 δ 到俯仰角速度 $\dot{\vartheta}$ 之间的传递函数可表示为

$$W_\delta^{\dot{\vartheta}}(s) = \frac{K_D(T_1 s + 1)}{T_D^2 s^2 + 2\xi_D T_D s - 1} \tag{6.2}$$

其特征方程式的根为

$$\lambda_{1,2} = (-\xi_D \pm \sqrt{\xi_D^2 + 1})/T_D \tag{6.3}$$

从式（6.3）可以看出，特征方程有一个正实根，体现了侧向运动的不稳定。自动驾驶仪可通过引入角速度反馈来消除正实根。如图 6-5 所示，引入角速度反馈后，从舵偏角到俯仰角速度之间的传递函数为

$$\bar{W}_\delta^{\dot{\vartheta}}(s) = \frac{K_D(T_1 s + 1)}{T_D^2 s^2 + (2\xi_D T_D + KK_D T_1)s + (KK_D - 1)} \tag{6.4}$$

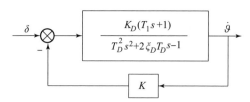

图 6-5　静不稳定导弹稳定原理图

其特征方程为

$$T_D^2 s^2 + (2\xi_D T_D + KK_D T_1)s + (KK_D - 1) = 0 \tag{6.5}$$

由式（6.5）可知，只要选取足够大的 K，使得 $KK_D - 1 > 0$ 成立，就能使不稳定的导弹通过控制作用达到稳定。或者说，要使补偿后的弹体稳定，需 $K > 1/K_D$，这表明要使不稳定的导弹在整个飞行过程中都稳定，K 要随 K_D 而变，或 K 选得较大。实际上，系数 K 也不能选得过大，因此只靠增益补偿受到很大的限制。实际应用中的通常做法是选择合适的校正网络对系统加以校正。

6. 执行制导指令，实现质心的运动控制

姿态控制回路（自动驾驶仪）接收制导指令，经过适当处理后发送给执行装置，操纵控制面偏转或改变推力矢量方向，使弹体产生所需的法向过载，操纵导弹的质心沿理想弹道飞行。

6.2　滚转运动的稳定

对于轴对称导弹，一般通过改变攻角和侧滑角的方法来获得不同方向和大小的法向控制力，即采用直角坐标控制方式的侧滑转弯自动驾驶仪。为实现对导弹的正确控制，滚转角必须稳定在一定范围内，保持测量坐标系与执行坐标系之间的相对关系，以避免俯仰和偏航信号发生混乱，这时的滚转回路是一个滚转角稳定回路。

对于"一"字形弹翼配置的面对称导弹，一般多采用极坐标控制方式的倾斜转弯自动

驾驶仪。为得到不同方向的法向控制力，应使导弹产生相应的滚转角和攻角。法向气动力的幅值取决于攻角，其方向取决于滚转角，这时的滚转回路是一个滚转控制系统。

在旋转弹中，不需要稳定滚转角位置，但滚转角速度的变化可能会导致俯仰、偏航通道之间的交叉耦合。为了尽可能减弱交叉耦合，有些滚转弹中设置了滚转角速度稳定回路。

滚转回路的作用是稳定或控制导弹的滚转角位置，或者阻尼导弹的滚转角速度。滚转回路的稳定或控制功能可以通过控制差动副翼或差动舵的偏转实现。

6.2.1 滚转角的稳定

使用角位置陀螺仪进行反馈是一种常用的滚转角稳定方案。此外，为了改善控制系统的动态品质，可引入使用角速度陀螺仪的内回路。

滚转回路使用的角位置陀螺仪是一个三自由度陀螺仪。例如，可以采用图4-4（a）的安装方式，它的壳体与弹体固联，其外环轴与导弹纵轴一致，陀螺仪的三个轴形成一个互相垂直的正交坐标系。

利用三自由度陀螺仪转子轴对惯性空间保持指向不变的定轴性，可在弹上建立一个惯性参考坐标系，以便确定弹体的姿态角。用角位置陀螺仪建立起来的惯性参考姿态基准实质上就是导弹发射瞬间的弹体坐标系，如图4-4（a）所示。这样，

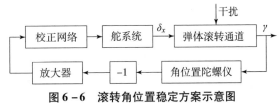

图6-6 滚转角位置稳定方案示意图

滚转回路所需的滚转角 γ 就是弹体相对于角位置陀螺仪外环轴的偏转角。图6-6所示为一种简单的滚转角位置稳定方案框图，图中 δ_x 为滚转舵偏角，是导弹的控制输入。

如图6-6所示，要保持滚转角位置的稳定，需通过自动驾驶仪使差动舵或副翼自动跟随滚转角偏转，产生阻止弹体滚转的操纵力矩。图6-6所示的滚转角位置稳定方案实质上是一个弹体滚转角负反馈控制，相当于图6-7中的滚转角输入指令为 $\gamma_c=0$。当弹体在飞行中产生滚转角 γ 时，角位置陀螺仪产生输出信号，输出信号与 γ_c 的差值（等于 $-\gamma$）经过放大和校正网络校正后输入舵系统，产生舵偏角 δ_x，控制导弹反向滚转，消除弹体的滚转角 γ。

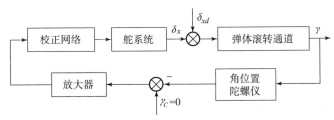

图6-7 滚转角位置稳定负反馈控制示意图

1. 具有角位置陀螺仪的滚转回路

对滚转稳定的轴对称导弹来说，滚转稳定回路的基本任务是消除干扰作用引起的滚转角误差。在具有稳定性的基础上，滚转稳定回路需要满足准确性和快速性等要求，并且过渡过

程应具备良好的品质。

利用式（2.81），轴对称导弹滚转运动传递函数可表示为

$$W_{\delta_x}^{\gamma}(s) = \frac{K_{DX}}{s(T_{DX}s+1)} \tag{6.6}$$

式中：K_{DX} 为导弹的倾斜传递系数；T_{DX} 为导弹的倾斜时间常数。

由第2章可知，弹体滚转运动参数在导弹飞行过程中是变化的。其中，传递系数 K_{DX} 仅与导弹速度有关，变化范围较小；而时间常数 T_{DX} 与弹道高度（表现为大气密度的变化）、导弹速度都有关系，对有些类型导弹如防空导弹等变化范围较大。

由弹体滚转运动的传递函数可知，在常值扰动力矩 M_{xd} 作用下，稳态时弹体将以一定转速旋转，滚转角 γ 将线性增加。扰动力矩的作用可以用等效干扰舵偏角 δ_{xd} 表示。

为分析扰动对滚转回路的影响，以等效干扰舵偏角 δ_{xd} 为输入，将图6-7所示的滚转角位置稳定负反馈控制转化为图6-8。图6-8中舵偏角 δ_{xd} 代表常值扰动作用下的等效舵偏角。

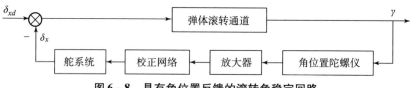

图6-8 具有角位置反馈的滚转角稳定回路

设校正网络的传递函数为 $G_c(s)$，角位置陀螺仪的传递系数为 K_{ZT}，舵回路的传递函数为 $K_\delta/(T_\delta s+1)$［参考式（5.11）］，则可画出滚转稳定回路的方框图如图6-9所示，图中 K'_δ 为舵机到副翼（差动舵）间的机械传动比，K_i 为可变传动比。

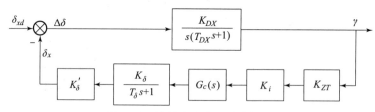

图6-9 滚转角稳定回路方框图

未引入校正网络时稳定回路开环传递函数为

$$\frac{\delta_x(s)}{\Delta\delta(s)} = \frac{K_0}{s(T_{DX}s+1)(T_\delta s+1)} \tag{6.7}$$

式中：$K_0 = K_{DX}K_A$ 为开环传递系数，$K_A = K_{ZT}K_iK_\delta K'_\delta$。

画出未引入校正网络时的开环对数频率特性曲线之后，可根据系统稳定裕度的要求确定 K_0。但是，这样选择所得的 K_0 是个很小的值，因此 K_A 将会更小，而稳定回路的闭环传递函数为

$$\frac{\gamma(s)}{\delta_{xd}(s)} = \frac{\dfrac{K_{DX}}{s(T_{DX}s+1)}}{1+\dfrac{K_0}{s(T_{DX}s+1)}\dfrac{1}{T_\delta s+1}} = \frac{K_{DX}(T_\delta s+1)}{s(T_{DX}s+1)(T_\delta s+1)+K_0} \tag{6.8}$$

利用终值定理，可求得在常值扰动舵偏角 δ_{xd} 作用下的稳态响应为

$$\gamma = \frac{K_{DX}}{K_0}\delta_{xd} = \frac{\delta_{xd}}{K_A} \tag{6.9}$$

由式（6.9）可知，K_A 越小，稳态输出滚转角 γ 将越大，难以满足稳定输出准确度的要求。为满足设计要求，应设法在保证稳定裕度的前提下，尽可能提高 K_A 的值。

分析开环对数频率特性曲线可知，舵机回路的时间常数 T_δ 在所研究的频率范围内会引起相位滞后。因此，通常要求舵机回路的时间常数要尽可能小。为简化分析，假设 T_δ 可以忽略，这时滚转稳定回路简化为二阶系统，其闭环传递函数可表示为

$$\frac{\gamma(s)}{\delta_{xd}(s)} = \frac{K_{DX}}{T_{DX}s^2 + s + K_0} = \frac{K'}{T'^2 s^2 + 2\xi' T' s + 1} \tag{6.10}$$

式中：$K' = \dfrac{K_{DX}}{K_0}$；$T' = \sqrt{\dfrac{T_{DX}}{K_0}}$；$\xi' = \dfrac{1}{2\sqrt{K_0 T_{DX}}}$。

由于 T_{DX} 较大，为满足稳态准确性要求，K_0 也应该较大，但结果会导致 ξ' 减小，使过渡过程加剧。

由上述分析可知，在不引入校正网络的条件下，要使滚转回路满足各项性能指标要求是不可能的，为此必须引入校正网络。

若引入微分校正（超前校正）网络，会使开环对数频率特性中频段的相频特性适当提高，以增加稳定裕量，同时提高穿越频率，提高快速性，但对起伏干扰的响应也会加强。在选择微分校正网络传递函数零极点时，通常考虑以下原则：用校正装置的零点去抵消弹体时间常数决定的极点以及舵回路在截止频率处的相位滞后。

设微分校正装置的传递函数为

$$G_c(s) = \frac{K_c(T_{c2}s + 1)}{T_{c1}s + 1} \tag{6.11}$$

式中：$T_{c1} < T_{c2} \approx T_{DX}$。

这样用校正装置的极点（$-1/T_{c1}$）代替了弹体的极点（$-1/T_{DX}$）。

引入校正零极点后稳定回路的开环传递函数为

$$\frac{\delta_x(s)}{\Delta\delta(s)} = \frac{K_0 K_c}{s(T_{c1}s + 1)(T_\delta s + 1)} \tag{6.12}$$

通过绘制对数频率特性曲线，可明显看出增加了裕量、展宽了频带等性能变化。若如图 6-7 所示以 γ_C 为输入，以 γ 为输出，忽略 T_δ，则系统闭环传递函数为

$$\frac{\gamma(s)}{\gamma_C(s)} = \frac{K_0 K_c / K_{ZT}}{T_{c1}s^2 + s + K_0 K_c} = \frac{1/K_{ZT}}{T_c^2 s^2 + 2T_c \xi_c s + 1} \tag{6.13}$$

式中：$T_c = \sqrt{T_{c1}/(K_0 K_c)}$；$\xi_c = 1/(2\sqrt{K_0 K_c T_{c1}})$。通过减小校正网络的参数 T_{c1} 可提高相对阻尼系数 ξ_c，这使得同时提高开环传递系数及回路阻尼系数有了可能。

若引入积分校正（滞后校正），一方面使原系统相频特性在低频段有较大的下降，在中高频段变化不大；另一方面使原系统幅频特性在中、高频段有较大下降，使系统截止频率减小，结果容易满足稳定性要求，而且抑制起伏干扰的能力增强，但使快速性有所降低。若原系统稳定裕量基本满足要求，引入积分校正可以保持原有系统穿越频率不变，同时可通过把开环传递系数提高到足够大来满足准确性要求。在对系统进行综合分析和设计时，当过渡过

程品质是主要矛盾,且要求较好的抗起伏干扰能力时,适合采用积分校正。

一般情况下,引入积分-微分校正网络(滞后-超前校正),可以同时获得两种校正网络的优点,在低频段积分校正起作用,以选择足够大的开环传递系数,在中、高频段微分校正起作用,以获得必要的稳定裕量。

描述弹体特性的参数 K_{DX}、T_{DX} 随飞行条件变化,穿越频率、相对阻尼系数都随之变化,而采用常参量校正网络,其校正零点只能抵消弹体时间常数决定的极点,不能获得弹道各特征点都满意的性能。为提高滚转稳定回路的性能,可以考虑引入变传动比装置,自动调节开环传递系数,补偿由于弹体特性变化引起的系统动态特性的变化。

有些情况下,为改善角稳定回路的动态品质,引入角速度陀螺仪反馈回路,如图 6-10 所示。

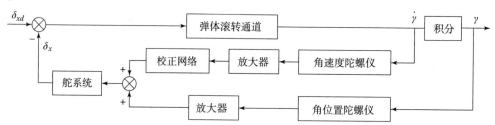

图 6-10 具有角位置和角速度反馈的滚转角稳定回路

为便于分析,假设舵系统为理想的放大环节,同时把角位置陀螺仪和角速度陀螺仪都简化为放大环节,这样可得到具有滚转角位置和滚转角速度反馈的稳定系统框图,如图 6-11 所示。

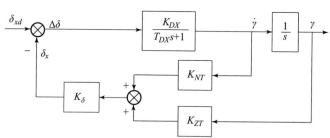

图 6-11 具有角位置和角速度反馈的滚转角稳定回路方框图

图中:δ_{xd} 为等效的扰动舵偏角;K_δ 为不计惯性的舵系统传递系数;K_{NT} 为角速度陀螺仪传递系数;K_{ZT} 为角位置陀螺仪传递系数。

未引入角速度陀螺仪时,滚转角稳定系统的闭环传递函数为

$$\frac{\gamma(s)}{\delta_{xd}(s)} = \frac{\dfrac{K_{DX}}{s(T_{DX}s+1)}}{1 + \dfrac{K_{DX}K_\delta K_{ZT}}{s(T_{DX}s+1)}} = \frac{K}{T^2 s^2 + 2\xi T s + 1} \quad (6.14)$$

式中:$K = K_{DX}/K_0$;$K_0 = K_\delta K_{DX} K_{ZT}$ 为开环传递系数;$T = \sqrt{T_{DX}/K_0}$;$\xi = 1/(2\sqrt{K_0 T_{DX}})$。

为使系统具有较好的快速性和稳态性能,K_0 应取较大的值;另外,导弹滚转运动的时间常数 T_{DX} 较大,因此相对阻尼系数 ξ 的值比较小,滚转运动的阻尼特性很差。

引入角速度反馈后,系统的闭环传递函数为

$$\frac{\gamma(s)}{\delta_{xd}(s)} = \frac{\dfrac{K_{DX}}{s(T_{DX}s+1)}}{1 + \dfrac{K_{DX}K_\delta(K_{ZT}+K_{NT}s)}{s(T_{DX}s+1)}} = \frac{K'}{T'^2 s^2 + 2\xi'T's + 1} \qquad (6.15)$$

式中：$K' = \dfrac{K_{DX}}{K_0}$；$K_0 = K_\delta K_{DX} K_{ZT}$ 为开环传递系数；$T' = \sqrt{\dfrac{T_{DX}}{K_0}}$；$\xi' = \dfrac{1 + K_\delta K_{DX} K_{NT}}{2\sqrt{K_0 T_{DX}}}$。

由式（6.15）可以看出，引入角速度反馈后，理想情况下滚转角稳定系统是一个二阶振荡环节，其相对阻尼系数 ξ' 比 ξ 增大了。选择合适的角速度陀螺仪的传递系数 K_{NT} 可以使滚转角稳定系统具有所需的阻尼特性。此外，增大位置陀螺仪的传递系数 K_{ZT}，可以减小系统的时间常数，提高系统的快速性。

由此可见，由角速度陀螺仪组成的反馈回路起阻尼作用，使系统具有良好的阻尼特性，而角位置陀螺仪组成的反馈回路用于稳定导弹的滚转角。

2. 具有角速度陀螺仪加积分器的滚转回路

自由陀螺仪一般质量大，结构复杂，造价高，耗电多，而且启动时间长，使导弹的加电准备时间约需 1 min，这就使得武器系统的反应时间加长，难以满足现代战争对制导武器的要求。角速度陀螺仪一般启动时间在 10 s 左右，若采用高压启动，则只需 3 ~ 5 s。因此，在导弹实际应用中有时采用角速度陀螺仪加电子积分器的滚转稳定方案。

具有角速度陀螺仪加积分器的滚转角稳定系统组成原理如图 6 – 12 所示。

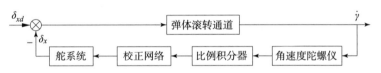

图 6 – 12　角速度陀螺仪加积分器组成的滚转角稳定回路

反馈回路的角位置信息通过对角速度陀螺仪测得的信号进行积分获得，由此构成滚转回路，如图 6 – 13 所示。

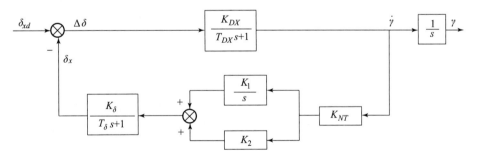

图 6 – 13　角速度陀螺仪加积分器组成的滚转稳定回路方框图

系统的闭环传递函数为

$$\frac{\gamma(s)}{\delta_{xd}(s)} = \frac{1}{s} \cdot \frac{\dfrac{K_{DX}}{T_{DX}s+1}}{1 + \dfrac{K_{NT}K_\delta(K_1+K_2 s)}{s(T_\delta s+1)} \cdot \dfrac{K_{DX}}{T_{DX}s+1}} \qquad (6.16)$$

若忽略舵系统的时间常数,式(6.16)可化简为

$$\frac{\gamma(s)}{\delta_{xd}(s)} = \frac{K_{DX}}{s(T_{DX}s+1) + K_{DX}K_\delta K_{NT}(K_1 + K_2 s)}$$

$$= \frac{K_{DX}}{T_{DX}s^2 + (1 + K_{DX}K_\delta K_{NT}K_2)s + K_{DX}K_\delta K_{NT}K_1}$$

$$= \frac{K'_{DX}}{T'^2_{DX}s^2 + 2T'_{DX}\xi'_{DX}s + 1} \qquad (6.17)$$

式中:$K'_{DX} = \dfrac{1}{K_\delta K_{NT}K_1}$;$T'_{DX} = \sqrt{\dfrac{T_{DX}}{K_{DX}K_\delta K_{NT}}}$;$\xi'_{DX} = \dfrac{1 + K_{DX}K_\delta K_{NT}K_2}{2\sqrt{K_{DX}K_\delta K_{NT}K_1 T_{DX}}}$。

由以上推导结果可以看出,这种方案与由角位置陀螺仪和角速度陀螺仪组成的滚转回路的作用是一致的。

6.2.2 滚转角速度的稳定

如果滚转通道不控制,在受到阶跃滚转干扰力矩 M_{xd} 作用时,弹体会发生绕纵轴的转动,其稳态滚转角速度根据传递函数式(2.83)应用终值定理求得:

$$\dot{\gamma} = \frac{M_{xd}}{b_{11}} = -J_x \frac{M_{xd}}{M_x^{\omega_x}} \qquad (6.18)$$

为降低扰动对滚转角速度的影响,把滚转角速度限制在一定的范围内,可采用角速度反馈或在弹翼上安装陀螺舵的方式。

以采用角速度陀螺仪反馈的方式为例,其简化框图如图 6-14 所示,图中 δ_{xd} 为等效扰动舵偏角。

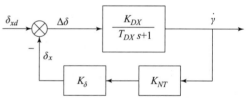

图 6-14 滚转角速度稳定回路方框图

系统的闭环传递函数为

$$\frac{\dot{\gamma}(s)}{\delta_{xd}(s)} = \frac{K_{DX}}{T_{DX}s + 1 + K_{DX}K_{NT}K_\delta} = \frac{K_{DX}}{1 + K_{DX}K_{NT}K_\delta} \cdot \frac{1}{\dfrac{T_{DX}}{1 + K_{DX}K_{NT}K_\delta}s + 1} \qquad (6.19)$$

由式(6.19)可知,由于引入滚转角速度反馈,使系统的传递系数减小为原来的 $1/(1+K_{DX}K_{NT}K_\delta)$,相当于增加了弹体阻尼;同时,时间常数也减小为原来的 $1/(1+K_{DX}K_{NT}K_\delta)$,系统过渡过程加快。

引入角速度反馈后,在阶跃扰动力矩 M_{xd} 的作用下,弹体滚转角速度的稳态值为

$$\dot{\gamma} = \frac{1}{1 + K_{DX}K_{NT}K_\delta}\left(-J_x \frac{M_{xd}}{M_x^{\omega_x}}\right) \qquad (6.20)$$

即为无角速度反馈时稳态角速度的 $1/(1+K_{DX}K_{NT}K_\delta)$。通过选择合适的陀螺仪参数和执行机构参数,如增大传递系数,可在一定程度上抑制干扰的作用。

这里为了分析的方便,对回路进行了简化。在充分考虑了执行机构和陀螺仪的动力学性

能后，如果传递系数 $K_{NT}K_\delta$ 增大到一定程度后系统不稳定，为了保证系统具有相当的稳定裕度，同时又有满意的稳态响应，可以考虑采用校正网络。

采用滚转角速度稳定的系统，由于滚转角速度的存在，可能对制导系统的工作产生影响，同时可能造成自动驾驶仪侧向回路的交叉耦合，使回路的稳定性降低。因此，对采用角速度稳定的滚转回路，应注意滚转角速度对回路的影响。

6.3 侧向控制回路

6.3.1 由角速度陀螺仪与加速度计组成的侧向控制回路

这种侧向控制回路的原理框图如图 6-15 所示，在指令制导和寻的制导系统中广泛采用这种控制回路。图 6-16 所示为这种控制回路的计算结构图。如果导弹是轴对称的，则使用两个相同的自动驾驶仪控制弹体的俯仰和偏航运动。下面以俯仰通道为例。

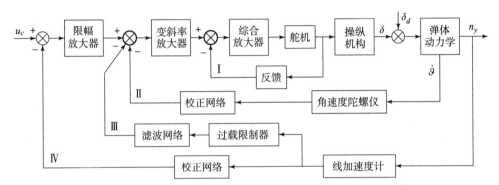

图 6-15 由角速度陀螺仪和加速度计组成的侧向控制回路原理框图

Ⅰ—舵系统；Ⅱ—阻尼回路；Ⅲ—过载限制回路；Ⅳ—控制回路

u_c—指令电压；δ—舵偏角；$\dot{\vartheta}$—俯仰角速度；n_y—过载；δ_d—等效干扰舵偏角

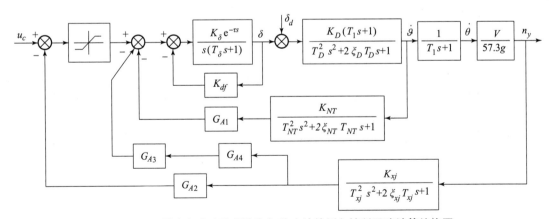

图 6-16 具有角速度陀螺仪和加速度计的侧向控制回路计算结构图

1. 阻尼回路

由第 2 章可知，纵向传递系数 K_D 越大，导弹的操纵性越好；随着飞行高度增加稳定性增加，K_D 值变小，操纵性变差。

弹体时间常数 T_D 与静稳定动力系数 a_{24} 的平方根近似成反比，静稳定性越大，T_D 越小，有利于缩短过渡过程时间；随着飞行高度的增加，T_D 增大；随着飞行速度的增加，T_D 减小。

弹体相对阻尼系数 ξ_D 几乎与飞行速度无关，但随着飞行高度增加而减小。一些飞行高度较高的导弹，弹体相对阻尼系数一般为 0.1 左右或更小，弹体是欠阻尼的。如前所述，为了把欠阻尼的自然弹体改造成具有适当阻尼系数的弹体，其方法是在姿态控制回路中增加角速度反馈包围弹体。

由角速度陀螺仪和加速度计组成的侧向回路是一个多回路系统，阻尼回路在姿态控制回路中是内回路。由于舵回路的时间常数比弹体时间常数小得多，角速度陀螺仪时间常数通常也比较小，从图 6-15 中把阻尼回路分离出来并对其进行化简，如图 6-17 所示。

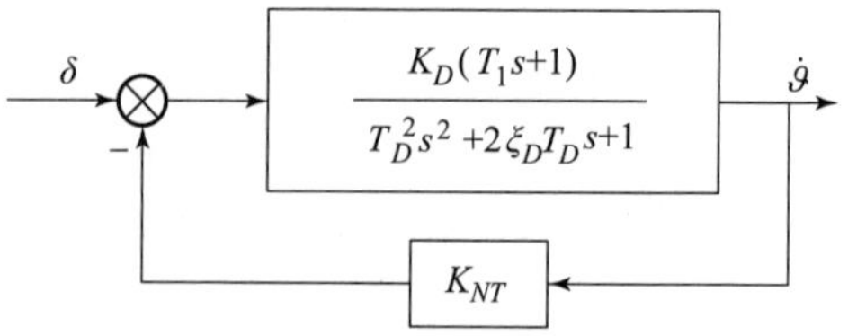

图 6-17 以传递函数表示的阻尼回路结构图

图 6-17 所示的阻尼回路的闭环传递函数为

$$\frac{\dot{\vartheta}(s)}{\delta(s)} = \frac{K_D^*(T_1 s + 1)}{T_D^{*2} s^2 + 2\xi_D^* T_D^* s + 1} \tag{6.21}$$

式中：K_D^* 为阻尼回路的闭环传递系数，$K_D^* = \dfrac{K_D}{1 + K_D K_{NT}}$；$T_D^*$ 为阻尼回路的时间常数，$T_D^* = \dfrac{T_D}{\sqrt{1 + K_D K_{NT}}}$；$\xi_D^*$ 为阻尼回路的闭环相对阻尼系数，$\xi_D^* = \dfrac{\xi_D + \dfrac{T_1 K_D K_{NT}}{2 T_D}}{\sqrt{1 + K_D K_{NT}}}$。

由上面 K_D^* 和 T_D^* 的表达式可知，当 $K_D K_{NT} \ll 1$ 时，有 $K_D \approx K_D^*$，$T_D \approx T_D^*$，也就是说阻尼回路的引入对弹体传递系数和时间常数影响不大，其作用主要体现在对相对阻尼系数的影响上。考虑到 $K_D K_{NT} \ll 1$，相对阻尼系数的表达式可写为

$$\xi_D^* \approx \xi_D + \frac{T_1 K_D K_{NT}}{2 T_D} \tag{6.22}$$

式（6.22）说明，引入阻尼回路将使补偿后的弹体俯仰运动的相对阻尼系数增加。K_{NT} 越大，ξ_D^* 增加的幅度也越大，因此阻尼回路的主要作用是用来改善弹体侧向运动的阻尼特性。

选择 K_{NT} 的原则是，该参数使阻尼回路闭环传递函数近似于一个振荡环节，且期望的相对阻尼系数在 0.5 左右。为此，对式（6.22）进行变换，求得 K_{NT} 的表达式为

$$K_{NT} = \frac{2 T_D}{T_1 K_D}(\xi_D^* - \xi_D) \tag{6.23}$$

从式（6.23）可以看出，K_{NT} 取决于弹体气动参数 K_D、T_D、T_1 和等效弹体相对阻尼系数 ξ_D^*。由于导弹飞行过程中气动参数不断变化，因此通过一个固定的 K_{NT} 使阻尼回路闭环传递函数的相对阻尼系数为 0.5 是不可能的。

在初步设计时，可以从给定的特征弹道中选取弹体相对阻尼系数 ξ_D 为最小和最大的两

个气动点进行设计,使其等效相对阻尼系数满足期望值。先取高空弹道上弹体相对阻尼系数 ξ_D 最小的气动点,若补偿后的等效相对阻尼系数为 0.5,计算出相应的 K_{NT} 值;为兼顾低空弹体阻尼特性,还需要计算出在低空弹道上 ξ_D 最大的点所对应的 K_{NT} 值。

导弹在低空或高空飞行时,若要使导弹弹体保持理想的阻尼特性,自动驾驶仪阻尼回路的开环传递系数 K_{NT} 就需要随飞行状态的变化而变化,这可通过在阻尼回路的前向通道中设置一个随飞行状态而变化的变斜率放大器来实现,如图 6-15 所示。

2. 控制回路

控制回路是在阻尼回路的基础上,增加由导弹侧向加速度负反馈组成的指令控制回路。加速度计用来测量导弹的侧向加速度 $V\dot{\theta}$,是控制回路中的重要部件,它的精度直接决定着从指令到过载的闭环传递系数的精度。

控制回路中除加速度计外,还有校正网络和限幅放大器。校正网络除了对回路本身起补偿作用外,还有对指令补偿的作用。校正网络的形式和主要参数是由系统的设计要求确定的。因为只从自动驾驶仪控制回路来看,有时不需要校正就能满足性能要求,在这种情况下,校正网络完全是为满足制导系统的要求。

根据阻尼回路的分析结果,阻尼回路的闭环传递函数可以等效成一个二阶振荡环节。假设加速度计安装在质心上,可以得到控制回路等效原理结构如图 6-18 所示。针对控制系统的类型,可以在回路的不同位置引入积分环节对系统进行校正。

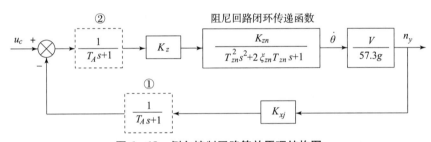

图 6-18 侧向控制回路等效原理结构图

最常见的侧向控制回路有两种基本形式:一种是在加速度计反馈通道中引入大时间常数的惯性环节,如图 6-18 中①所示,这种控制回路适用于指令制导系统;另一种是在主通道中引入大时间常数的惯性环节,如图 6-18 中②所示,这种控制回路适用于寻的制导系统。

指令制导系统的特点是,目标和导弹运动参数的测量以及制导指令的计算均由设在地面或运动载体上的制导站完成,该指令经无线电或导线传输到弹上进行控制。但是,在制导站测量、计算中,存在较大的噪声,因此要采用较强的滤波装置进行平滑滤波。对指令制导的导弹,常采用线偏差作为控制信号,从弹体过载到线偏差要经过两次积分,造成 180° 的相位滞后(见 8.1 节)。因此,要求控制回路具有一定的微分型闭环传递函数特性,以部分补偿制导回路的相位滞后。在控制回路中,只要在加速度反馈回路中引入惯性环节,就可方便地达到这个目的,这就是指令制导系统的加速度计反馈通道中常常要接入一个具有较大时间常数的惯性环节的原因。

与指令制导系统不同,在寻的制导系统中,对目标的测量及制导指令的形成均在弹上,且应用的制导律不同。因此,其相位滞后较小,而噪声直接进入自动驾驶仪,这样不仅不要求控制回路具有微分型闭环特性，相反要求有较强的滤波作用。同时，寻的制导系统要求尽量减小弹体的摆动，使姿态的变化尽可能小，以免影响导引头的工作。为了达到这个目标，在自动驾驶仪的主通道中往往要引入具有较大时间常数的惯性环节。

限幅放大器接在控制回路的前向通道中，位于阻尼回路之前，它的功能是对制导指令进行限制，防止因制导指令太大造成舵偏角饱和，使阻尼回路失去作用，具体见 8.1.3 节。在控制回路前向通道中引入限幅放大器可对制导指令起限幅作用，但它对干扰引起的过载没有限制作用。为对指令过载和干扰过载都能限制，可在控制回路中增加一条限制过载支路。

对于图 6-18 所示回路，当不考虑校正网络①、②时，可得到其闭环传递函数为

$$\frac{n_y(s)}{u_c(s)} = \frac{K_j}{T_j^2 s^2 + 2\xi_j T_j s + 1} \tag{6.24}$$

式中：$K_j = \dfrac{K_z K_{zn} V/(57.3g)}{1 + K_z K_{zn} K_{xj} \dfrac{V}{57.3g}}$；$T_j = \dfrac{T_{zn}}{\sqrt{1 + K_z K_{zn} K_{xj} \dfrac{V}{57.3g}}}$；$\xi_j = \dfrac{\xi_{zn}}{\sqrt{1 + K_z K_{zn} K_{xj} \dfrac{V}{57.3g}}}$。

由式 (6.24) 可知，加速度计反馈的控制回路可等效为一个二阶系统，且 $T_j < T_{zn}$、$\xi_j < \xi_{zn}$，这表明由于加速度反馈的引入，使系统的频带比阻尼回路有所展宽，而相对阻尼系数有所下降。在阻尼回路设计时，应充分考虑到这种影响。

当在加速度计反馈通道中串联积分环节时，可求得其闭环传递函数为

$$\frac{n_y(s)}{u_c(s)} = \frac{K_j(T_A s + 1)}{(T_{A1} s + 1)(T_A^2 s^2 + 2\xi_A T_A s + 1)} \tag{6.25}$$

式中：T_{A1}、T_A、ξ_A 由分母多项式的因式分解确定。

由式 (6.25) 可知，这种控制回路的闭环传递函数中，在分子上增加了 $T_A s + 1$ 微分项，因此具有微分作用，可以补偿指令制导系统的相位滞后。其分母可分解为一个惯性项和一个二次项。若主导极点是惯性项，则其动态品质表现为惯性环节的特性；若主导极点是二次项，则其动态品质表现为振荡特性。

当在主通道中串联积分环节时，可求得其闭环传递函数为

$$\frac{n_y(s)}{u_c(s)} = \frac{K_j}{(T_{A1} s + 1)(T_A^2 s^2 + 2\xi_A T_A s + 1)} \tag{6.26}$$

由式 (6.26) 可知，这种控制回路的闭环传递函数与式 (6.24) 相比，在分母中增加了 $T_{A1} s + 1$，与式 (6.25) 相比，分子中少了 $T_A s + 1$。因此，具有较强的滤波作用，且使弹体的振荡性减小，适合应用于自寻的制导系统中。

3. 由角速度陀螺仪和加速度计组成的侧向回路的特点

（1）采用以加速度计测得的过载 n_y 作为主反馈，因此可实现制导指令 u_c 与法向过载 n_y 之间的传递特性。

（2）采用角速度陀螺仪反馈构成阻尼回路，增大了导弹的等效阻尼，并有利于提高系统的带宽。

（3）设置了校正与限幅元件，对滤除制导指令中的高频噪声、改善回路动态品质、防

止角速度反馈回路堵塞以保证在较大制导指令作用下系统仍具有良好的阻尼等,都起到很重要的作用。

(4) 在侧向控制回路中,由于角速度陀螺仪和加速度计的负反馈作用,引入了与飞行线偏差的一阶和二阶导数成比例的信号,这两种信号能使回路的相位超前,因而能有效地补偿制导系统的滞后,增加回路的稳定裕度,改善制导系统的稳定性。

4. 角速度陀螺仪和加速度计在弹上的安装

仍然以俯仰通道为例。角速度陀螺仪不能安装在由于弹体振动引起的角运动最大的波节上(线位移最小而角速度最大的点,如图 6-19 所示)。角速度陀螺仪的敏感轴需要沿弹体坐标系的 Oz_1 轴方向,使它的稳态输出正比于俯仰角速度。

图 6-19 不同时刻弹体的弹性变形

加速度计一般安装在质心之前,它的敏感轴是弹体坐标系的 Oy_1 轴方向。要避免把加速度计安装在弹体主弯曲振型的波腹上(振荡中线位移最大的点,如图 6-19 所示),否则加速度计在这一点所敏感的弹性振动可能会导致弹体的破坏,因为如果导弹的执行机构能响应弹体弯曲振型的振荡频率,则所形成的操纵力可能会加强这种弹性振动。

在不考虑弹性振荡的情况下,加速度计测量的是质心法向加速度和绕质心的切向加速度之和。假设加速度计的敏感轴与质心的距离为 l_{xj},$\ddot{\vartheta}$ 为弹体的俯仰角加速度,则切向加速度的大小为 $l_{xj}\ddot{\vartheta}$,其符号当加速度计安装在质心之前为正,在质心之后为负。切向加速度用过载表示为

$$n'_y = \frac{l_{xj}\ddot{\vartheta}}{57.3g} = l'_{xj}\ddot{\vartheta} \tag{6.27}$$

因此,加速度计测得的过载为:①加速度计在质心之前:$n_{xj} = n_y + n'_y$;②加速度计在质心之后:$n_{xj} = n_y - n'_y$;③加速度计在质心上:$n_{xj} = n_y$。n_y 为质心的法向过载。

由此可以看出,加速度计一般安装在导弹质心之前,否则它会引入一个局部正反馈,对系统不利。

6.3.2 由两个加速度计组成的侧向控制回路

把一个增益为 K_{xj} 的加速度计安装在导弹质心之前,其敏感轴平行于弹体坐标系的 Oy_1 轴,敏感轴与质心的距离为 l_1,导弹飞行中此加速度计敏感的总加速度为质心加速度加上俯仰角加速度乘以距离 l_1,即加速度计的输出信号为

$$K_{xj}(a_y + l_1\ddot{\vartheta})$$

式中:a_y 为质心加速度在 Oy_1 轴方向上的分量;$\ddot{\vartheta}$ 为俯仰角加速度;$l_1\ddot{\vartheta}$ 为俯仰角加速度引起的线加速度。

如果同时把另一个类似的加速度计安装在导弹质心之后,其敏感轴方向与上述加速度计相同,敏感轴与质心的距离为 l_2,则此加速度计的输出信号为

$$K_{xj}(a_y - l_2\ddot{\vartheta})$$

加速度计放在质心之前,其输出信号具有稳定系统静态与动态特性的作用,而把加速度计放在质心之后所提供的信号是正反馈,从常理看是不可取的。但是,如果巧妙设计,也会取得很好的效果。例如,英国有几种型号的导弹就采用了由分别安装在质心之前和之后的两

个加速度计来提供反馈。下面介绍一种利用两个加速度计提供反馈的设计方法。

这种方法是将安装在质心之前的加速度计的传递系数设计成 $(k+1)K_{xj}$，把安装在质心之后的加速度计的传递系数设计成 kK_{xj}，把两个加速度计输出的信号相叠加，因质心之后的加速度计提供的信号是正反馈，因此总的反馈为

$$G_1(s) = (k+1)K_{xj}(a_y + l_1\ddot{\vartheta}) - kK_{xj}(a_y - l_2\ddot{\vartheta}) = a_y + [(k+1)l_1 + kl_2]K_{xj}\ddot{\vartheta} \quad (6.28)$$

叠加的结果与把一个加速度计安装在质心之前、安装位置与质心的距离为 $[(k+1)l_1 + kl_2]$ 时的情况是等效的，这个反馈起稳定作用，而这一起稳定作用的项对控制回路闭环传递函数分母中的二次及一次项的系数有影响。

系统的阻尼作用由安装在质心之前的加速度计提供，阻尼性能可通过选择 K_{xj}、l_1、l_2 等参数来调整。

为了改善这种侧向控制回路的性能，可以将装在质心之后的加速度计的信号经过一个滤波器而产生相位滞后，该滤波器的传递函数为

$$G_2(s) = \frac{1}{T_g s + 1} \quad (6.29)$$

如果不考虑俯仰角加速度引起的附加分量，这时相当于两个加速度计都安装在质心上，取 $k=2$，则总的反馈为

$$G_3(s) = 3K_{xj} - \frac{2K_{xj}}{T_g s + 1} = \frac{K_{xj}(3T_g s + 1)}{T_g s + 1} \quad (6.30)$$

这相当于引入了较大的相位超前环节。由于可以选择的参数增多，使设计变得更加灵活。

两个加速度计组成的侧向控制回路框图如图 6-20 所示。

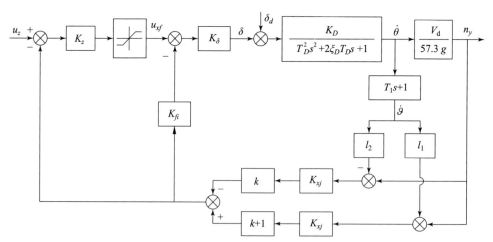

图 6-20 两个加速度计组成的侧向控制回路结构框图

还有其他的叠加两个加速度计信号的方法，从而使控制回路的设计比较灵活，易于满足设计要求，特别是这种结构能比较容易地实现快速而又良好阻尼特性的无超调系统。这在使用冲压发动机的系统中具有比较重要的意义，因为采用冲压发动机的系统由于攻角存在大的超调量时，会使进气口阻塞而导致发动机熄火。

6.3.3 无控飞行段自动驾驶仪

无控飞行段是指导弹的运动不受制导指令的控制,制导回路还没有形成闭环的这一飞行段。

目前,寻的制导系统一般都采用以比例导引为基础的导引方法。因此,在制导开始时,最重要的要求是导弹在该瞬时的飞行速度矢量的指向与要求的指向一致,或者说速度矢量的指向偏差应在允许的误差范围内。将速度矢量的指向偏差定义为初始散布,由于初始散布对寻的制导系统的制导准确度具有较显著的影响,因此减小初始散布是寻的制导系统设计的重要指标之一。

造成初始散布的原因有以下两种。

(1) 发射角误差 $\Delta\theta_f$。这种误差由发射架跟踪规律的原理误差及地面火控系统误造成。

(2) 扰动误差 $\Delta\theta_s$。这种误差由在无控飞行段受到的各种干扰作用造成。

这两部分误差基本上是相互独立且随机的。因此,总的初始散布可用下式计算:

$$\Delta\theta = \sqrt{\Delta\theta_f^2 + \Delta\theta_s^2} \tag{6.31}$$

由此可知,要减小初始散布就必须同时减小发射角误差和扰动误差。要减小发射误差,依赖于发射跟踪规律的设计和火控系统的精度;要减小扰动误差,除必须严格控制产生扰动误差的干扰源外,还要设计无控飞行段的自动驾驶仪,使扰动尽可能小。

为实现无控飞行段自动驾驶仪的功能,可供选择的侧向稳定回路方案主要有以下四种。

(1) 角位置稳定方案。初始散布实质上是一个角度误差,因此采用角位置稳定就可以减小初始散布。使用角速度陀螺仪加电子积分器作为角度敏感元件的侧向稳定回路如图 6-21 所示。

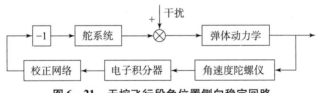

图 6-21 无控飞行段角位置侧向稳定回路

这个方案的特点如下。

①由于采用角位置稳定系统,因此初始散布比较小,与弹体的传递系数大小无关,适用于对初始散布要求严格的系统。

②由于采用角速度陀螺仪加积分器作为角位置敏感元件,必然会引入一个积分器的零漂误差,且随时间增大而增大。在无控飞行段时间较长时必须考虑该误差。

③该系统在常值干扰作用下,导弹不转动而是以一个小的误差角飞行。

④对引起质心平移的扰动无抑制作用。

(2) 角速度稳定方案。该方案仅利用角速度负反馈减小初始散布。其特点如下。

①利用角速度陀螺仪的负反馈减小扰动的影响。在常值干扰作用下,导弹将以一个较小的常值角速度旋转。因此,随着飞行时间的增长,初始散布将越来越大。

②系统比较简单,且可与有控飞行段共用。

③对引起质心平移的扰动无抑制作用。

（3）角速度反馈与加速度反馈的方案。该方案与角速度稳定方案相比，改善之处是对引起质心平移的干扰也有抑制作用。

（4）依靠导弹自身静稳定度的方案。该方案导弹的侧向运动是开环的，即不采用自动驾驶仪，仅依靠导弹自身的静稳定度来保证一定的初始散布。对要求不严格的制导系统可采用这种方案，如有些指令式制导系统在导弹射入段就采用这种形式。

6.4 特殊用途的控制回路

6.4.1 俯仰角的稳定与控制

需要定高、定向飞行的导弹，要求俯仰角或攻角保持稳定；在程序信号控制下进行爬升或下滑的导弹、鱼雷，或者在水平面内按程序控制信号改变航向的导弹或鱼雷，也都希望俯仰角或攻角不受干扰作用的影响，并能对俯仰角进行控制。

在纵向运动中，自动驾驶仪除保证飞行稳定性外，更主要的作用是执行控制信号操纵导弹飞行。假设操纵导弹飞行所需的俯仰角控制信号为 u_ϑ，它在控制系统中是电流或电压等物理量，此处代表俯仰角数值，则俯仰角稳定与控制自动驾驶仪的调节规律可表示为

$$\delta_z = K_f(u_\vartheta - K_{ZT}\vartheta) \tag{6.32}$$

式中：δ_z 为发送给舵机系统的俯仰舵偏角指令；K_f 为放大器放大系数；K_{ZT} 为俯仰角测量陀螺仪的传递系数。

如果忽略自动驾驶仪的惯性，把其所有环节都视为理想环节，根据式（6.32）构成纵向俯仰角运动的闭环回路如图 6-22 所示。图中 K_δ 为舵机传递系数，δ_{zd} 为等效干扰舵偏角。

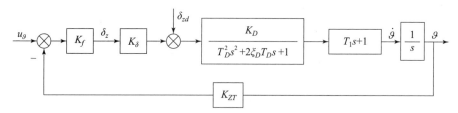

图 6-22 俯仰角稳定与控制回路方框图

导弹舵面偏转角包含两个分量：一个分量是为了传递控制信号，有目的地改变导弹的飞行；另一个分量是为了克服干扰作用，使导弹不受其影响而保持原有的飞行状态。或者说，一部分舵偏角起操纵作用，这是主要的；而另一部分舵偏角则起稳定作用。

如第 2 章所述，导弹弹体本身的相对阻尼系数一般很小，过渡过程缓慢，为改善弹体响应的动态品质，可引入俯仰角速度反馈回路，增大导弹的阻尼。若自动驾驶仪采用能测量角速度的二自由度陀螺仪，则调节规律变为

$$\delta_z = K_f(u_\vartheta - K_{NT}K_1\vartheta - K_{NT}K_2\dot{\vartheta}) \tag{6.33}$$

式中：K_1、K_2、K_{NT} 分别为反馈通道和二自由度陀螺仪的传递系数。

与式（6.33）相应的俯仰角稳定与控制回路如图 6-23 所示。

俯仰角速度的正负反映了俯仰角是在变大还是在变小，俯仰角速度的大小则反映了俯仰角变大或变小的幅度。引入俯仰角速度负反馈后，控制系统能够根据俯仰角速度产生相应的

舵偏角,该舵偏角在俯仰角变大时能够阻止其继续变大,阻止的程度或者说附加舵偏角大小与俯仰角速度的大小成正比;同样,在俯仰角变小时能够阻止其继续变小。这样,俯仰角速度反馈便对弹体振荡产生了阻尼作用,使俯仰角能更快地向其平衡状态靠近。式(6.33)和图6-23中,通过选择合理的传递系数能够使系统具有合适的阻尼特性。

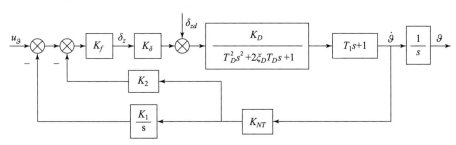

图6-23 具有角速度反馈的俯仰角稳定与控制回路方框图

6.4.2 飞行高度的稳定与控制

有些导弹,如反舰导弹、巡航导弹等,在其大部分飞行时间内,需要在敌方雷达视角下低空飞行,这就要求导弹飞得很低。为使导弹不触地(或海),并且不超出要求的飞行高度,有跟踪地形的能力,必须采用高度控制系统。此外,巡飞弹、无人机和靶机等在某些飞行阶段也需要保持一定的飞行高度,鱼雷、无人航行器等水中兵器在某些弹道阶段需保持定深航行等。

高度控制系统实际上只在铅锤面内进行,所以高度控制系统都与俯仰通道结合在一起。

1. 稳定与控制飞行高度的原理

在导弹纵向扰动运动中,根据方程组(2.42),飞行高度偏量的表达式为

$$\dot{H} = \frac{\mathrm{d}\Delta y}{\mathrm{d}t} = \sin\theta \cdot \Delta V + V\cos\theta \cdot \Delta\theta \tag{6.34}$$

因短周期扰动运动阶段不考虑飞行速度偏量,式(6.34)变为

$$\dot{H} = \Delta\dot{y} = a_{41}\Delta\theta \tag{6.35}$$

式中:动力系数 $a_{41} = V\cos\theta$。

省略符号"Δ"后式(6.35)可改写为

$$\dot{H} = a_{41}\theta \tag{6.36}$$

由式(6.36)可知,弹道倾角 θ 的变化将改变飞行速度在垂直地面方向上的大小,飞行高度随之发生变化。因此,控制飞行高度需要首先改变弹道倾角。

在俯仰角稳定与控制的过程中,由于 $\theta = \vartheta - \alpha$,飞行高度实际上也在随俯仰角 ϑ 的变化而发生变化;另外,在常值干扰力矩作用下弹体会出现弹道倾角的稳态误差,在姿态运动结束后将使飞行高度一直处于变化之中。由此可见,纯姿态的稳定与控制达不到稳定飞行高度的目的。

自动稳定和控制飞行高度必须安装高度敏感元件,如气压高度表、无线电高度表、激光高度表等。在水中保持定深航行同样需要深度敏感元件,如水压传感器等。由高度敏感元件向姿态控制回路输送高度差信号,通过改变弹道倾角来调整飞行高度差,实现飞行高度的自

动稳定与控制。图 6-24 所示为控制飞行高度的原理图。

高度敏感元件一般能测出高度差及其变化率。导弹高于预定高度，为消除高度偏差，导弹需要产生作下滑飞行的负弹道倾角；反之，导弹需要正弹道倾角。

自动控制导弹的飞行高度是设定导弹的预定高度值，因此在图 6-24 中高度给定装置给出的也可以是一个变量，其值由弹道设计确定。例如，反舰导弹可以定高 10 m，也可以定为别的高度值。

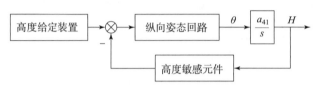

图 6-24 控制飞行高度的原理图

2. 飞行高度控制回路

高度控制系统一般是在俯仰角控制系统的基础上形成的，为了稳定或控制飞行高度，在原有自动驾驶仪的调节规律中应包括反映高度偏量的信号。一种简单的高度控制自动驾驶仪调节规律可以表示为

$$\delta_z = K_f(K_T \vartheta + K_H \Delta H) \tag{6.37}$$

式中：δ_z 为给舵机系统的俯仰舵偏角指令；K_H、K_f、K_T 为放大系数；ϑ 为俯仰角；ΔH 为高度差。

图 6-25 所示为采用该调节规律的高度控制系统结构图，图中 H_c 为高度指令，$K_\delta/(T_\delta s+1)$ 为简化为惯性环节的舵机系统的传递函数，其余为弹体传递函数及其相关参数。控制系统的俯仰角变化量 ϑ 可通过角位置陀螺仪进行测量，高度变化量 ΔH 可通过高度敏感装置获得。

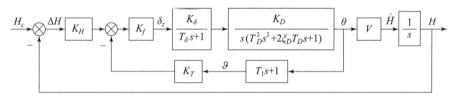

图 6-25 飞行高度控制回路方框图

在图 6-25 所示的飞行高度控制回路中，俯仰角反馈回路起到阻尼作用，能够避免或减小定高过程中的弹体振荡。其阻尼弹体振荡的过程简单描述为：当导弹从低于预定高度的位置向预定高度爬升时，若没有俯仰角反馈信号，则导弹俯仰舵偏角的大小仅由高度差控制；对于正常式布局导弹舵面后缘总是向上偏转，舵偏角为正值，攻角和俯仰角在导弹达到预定高度之前将一直保持正值，飞行弹道一直向上弯曲；当导弹达到预定高度时，因导弹存在攻角，导弹将继续爬升，弹体越过预定高度后舵偏角才开始变为负值，导弹开始在高度方向减速并在到达最高点后开始向下运动，弹体产生围绕自身以及预定高度的持续振荡。当加上俯仰角反馈信号后，随着导弹向预定高度爬升，此时决定俯仰舵偏角大小的除了高度差外，还包括弹体俯仰角负反馈信号。由于俯仰角在一定程度上反映了导弹与预定高度之间距离的变

化率，因此该俯仰角信号能够在导弹到达预定高度之前使俯仰舵偏角提前减小，甚至在导弹预定高度之前使舵偏角达到负值，使飞行弹道在达到预定高度之前就开始向下弯曲。因此，通过俯仰角反馈能够使导弹减少相对于预定高度的起伏振荡，甚至不产生振荡，起到阻尼作用。

在高度控制回路中，同样可以引入高度变化率 $\dot{H}$ 作为负反馈以起到阻尼作用。实际上，弹道倾角、俯仰角与高度变化率之间是相互关联的，这一点由式（6.36）很容易得到证明。式（6.36）可以变为

$$\dot{H} = a_{41}\theta = a_{41}(\vartheta - \alpha) \tag{6.38}$$

由式（6.38）可知，弹道倾角 θ、俯仰角 ϑ 均与 $\dot{H}$ 成正比关系，因此都能起到相同的阻尼作用。在实际应用中，由于弹体俯仰角易于测量，因此常采用俯仰角反馈作为阻尼回路。

6.4.3 垂直发射方式的控制回路

一般倾斜发射方式是地空导弹武器系统最常用的发射方式，但从武器系统的性能出发，这种发射方式存在一些缺点，如为了发射导弹必须使发射架旋转，且按一定的跟踪规律运动进行射击瞄准等。这不仅使设备复杂，而且武器系统反应时间较长；又由于发射架体积和质量都较大，影响了装备数量，降低了火力强度。这种发射方式对舰空导弹的影响更为明显，因此垂直发射的地空导弹，尤其是垂直发射的舰空导弹受到重视并获得迅速发展。

1. 垂直发射方式控制回路的特点

（1）垂直发射的地（舰）空导弹武器系统，不需要方位、高低角可控发射架装置，原来由发射架方位、高低角转动提供的射击平面和速度矢量方向均由弹上控制系统实现。射击平面和速度矢量的要求首先由地面火控系统进行预测，送到弹上；然后由控制系统存储记忆并在导弹发射后执行。

（2）由于要快速完成垂直发射的转弯，导弹将出现大攻角飞行，最大攻角可能达到50°或更大，从而引起严重的气动交叉耦合。设计控制回路时必须考虑这一问题。

（3）垂直发射导弹的控制系统需采用推力矢量控制。因为导弹初始飞行时速度低，气动舵面效率不足，只能采用推力矢量控制来达到快速转弯的目的。

（4）一般采用捷联平台系统作为敏感装置。由于导弹的俯仰角变化大于90°，若采用普通的自由陀螺仪作为姿态敏感元件，陀螺仪可能会因环架自锁而失效。

2. 垂直发射方式控制回路

图 6-26 所示为垂直发射初始转弯段控制回路的方案之一。垂直发射方式控制回路与倾斜发射控制回路功能上的最大差别是，垂直发射方式控制回路初始转弯段要实现对三个方向的角位置进行稳定与控制。图 6-26 中三个角速度陀螺仪按导弹弹体坐标系安装，它们测得的信号分别是绕弹体坐标系三个坐标轴的角速度 ω_x、ω_y、ω_z。这三个角速度信号分别通过校正网络送入推力矢量执行装置，构成三个阻尼回路；同时送入计算机进行坐标变换及积分运算，得出导弹的三个姿态角 ψ、ϑ、γ，反馈到控制回路输入端形成控制回路。俯仰、偏航、滚转等角位置指令由制导系统给出。

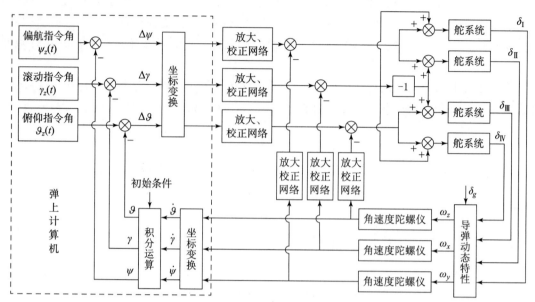

图 6-26　垂直发射初始转弯段控制回路原理图

思 考 题

1. 弹药的制导控制为什么要引入自动驾驶仪？自动驾驶仪的功能是什么？
2. 列举几种滚转角和滚转角速度的稳定方案并说明其稳定原理。
3. 角速度陀螺仪与加速度计在侧向回路中的作用是什么？
4. 侧向回路中对加速度计在弹上的安装位置有什么要求？
5. 简述俯仰角稳定与控制的方案与原理。
6. 简述飞行高度的控制方案与原理。

第 7 章
自主制导原理

7.1 自主制导概述

自主制导是指根据发射点和目标的位置事先拟定一条预定弹道，导弹飞行中依靠弹上制导设备测出导弹相对于预定弹道的偏差形成控制信号，使弹丸飞向目标。

导弹发射前，需预先确定导弹的弹道。导弹发射后，弹上制导系统的敏感元件不断测量预定的参数，如导弹的加速度、导弹的姿态、卫星或天体位置、地貌特征等。这些参数在弹上经适当处理，与在预定弹道运动时的参数进行比较，一旦出现偏差，便产生制导指令，通过控制系统的控制作用使导弹飞向预定目标。

自主制导主要用于地地导弹（如弹道导弹、巡航导弹）、空地导弹等，也常用于反坦克导弹、地空导弹的初制导和中制导。

虽然自主制导的导弹在飞行过程中不需要地面设备的支持，但其发射前需要由地面设备装定目标参数等信息。因此，自主制导的导弹不是完全意义上的自主作战。

自主制导的主要特点：①导弹发射后，发射点、导弹、目标三者间没有直接的信息联系，也不再接收地面制导站的指令，导弹的飞行方向和制导准确度完全由弹上设备决定，抗干扰能力较强，隐蔽性好；②应用自主制导的导弹发射后，一般不能再改变预定弹道，因而自主制导的导弹只能攻击固定目标或将导弹引向预定区域，不能攻击活动目标；③自主制导系统的制导准确度主要由弹上制导设备的精度决定。

根据信号拟制方法的不同，自主制导可分为惯性制导、卫星制导、地图匹配制导、天文制导、方案制导等。

7.2 惯性制导

7.2.1 惯性制导原理

惯性制导是指利用弹上惯性元件测量导弹相对于惯性空间的运动参数，并在给定的初始条件下，由制导计算机计算出导弹的速度、位置及姿态等参数，形成控制信号，引导导弹完成预定飞行任务的一种自主制导方式。

惯性制导以牛顿定律为基础，其制导基本原理：应用加速度计，在三个相互垂直的方向上测出导弹质心运动的加速度分量，然后通过相应的积分装置将加速度分量积分一次得到速度分量，再把速度分量积分一次得到坐标分量。由于导弹发射点的坐标和初始速度是已知的，因而可以计算出导弹在每一时刻的速度值和坐标值。把这些值与预定值进行比较，如有误差,则生成制导指令送给飞行控制系统,修正导弹的飞行弹道,使导弹按照预先确定的弹道飞向目标。

惯性制导是弹道导弹和巡航导弹普遍采用的一种制导方式,也常用于中远程防空导弹的中制导。

惯性制导的优点:导弹在飞行过程中不依靠外部提供信息;制导系统能独立进行工作,不受气象条件影响;具有较强的抗干扰能力和良好的隐蔽性。

惯性制导的主要缺点:制导准确度随飞行时间(距离)的增加而降低。因此,对于工作时间较长的惯性制导系统,常用其他自主制导方式修正惯性制导系统的误差,或者与其他自主制导方式相结合,构成复合自主制导系统,如 GPS/INS、地图匹配/惯性复合制导等。

1. 惯性测量

惯性制导要求的加速度是相对惯性坐标系的绝对加速度,而对于飞行中导弹,由加速度计实际测量的是除引力之外的所有力产生的非引力加速度,因此需要在加速度测量值基础上进行引力加速度补偿。

下面以图 7 - 1 所示的单轴加速度计为例进行简要分析。加速度计敏感轴方向为 x,敏感元件是质量为 m 的质量块,通过刚度为 k 的弹簧与壳体底部连接。假设安装该加速度计的弹体在引力加速度矢量为 $\boldsymbol{g}$ 的引力场中以绝对加速度矢量 $\boldsymbol{a}$ 运动。根据第 4 章对加速度计的动态特性分析可知,该单轴加速度计可看作一个二阶振荡环节,当加速度计输出达到稳定状态后,可认为质量块 m 与加速度计壳体相对静止,此时质量块 m 相对其平衡位置的偏移量 X 即代表加速度计测量出的沿 x 方向的加速度分量。下面分析加速度测量值并非弹体运动的绝对加速度 $\boldsymbol{a}$ 或其分量。

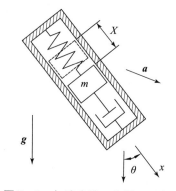

图 7 - 1 加速度计工作原理示意图

当加速度计输出达到稳定状态时,质量块 m 与弹体具有相同的绝对加速度 $\boldsymbol{a}$。按照牛顿定律,对于质量块 m,有

$$m\boldsymbol{a} = \boldsymbol{F} + m\boldsymbol{g} \tag{7.1}$$

式中:$\boldsymbol{F}$ 为质量块 m 受到的除引力之外的其他所有外力的合力。

在图 7 - 1 中,在不计摩擦的情况下,$\boldsymbol{F}$ 可看作弹簧恢复力与加速度计壳体对质量块 m 的支承力的合力。

式 (7.1) 可变换为

$$\boldsymbol{a} = \frac{\boldsymbol{F}}{m} + \boldsymbol{g} \tag{7.2}$$

或

$$\frac{\boldsymbol{F}}{m} = \boldsymbol{a} - \boldsymbol{g} \tag{7.3}$$

将式 (7.2) 沿单轴加速度计敏感轴 x 方向进行投影,可得

$$a_x = \frac{F_x}{m} + g_x \tag{7.4}$$

或

$$\frac{F_x}{m} = a_x - g_x \tag{7.5}$$

式（7.4）、式（7.5）中的 F_x/m 即为单轴加速度计测得的加速度值。如图 7-1 所示，若弹簧的偏移量为 X，则测得的加速度值为 kX/m，即与偏移量 X 成正比。

由式（7.2）~ 式（7.5）可知，加速度计测量的是弹体的绝对加速度矢量 a 中不包含引力加速度矢量 g 的部分。也就是说，加速度计不能测量出由引力场产生的引力加速度。为得到弹体的绝对加速度，需要将由加速度计测量得到的加速度矢量加上引力加速度矢量。

对导弹来说，加速度计本质上可看作是作用于导弹的所有非引力外力的量测工具。因此，加速度计也称为"比力"（specific force）计。

对于图 7-1 所示的单轴加速度计，式（7.4）可进一步表示为

$$a_x = \frac{kX}{m} + g\cos\theta \tag{7.6}$$

式中：θ 为引力加速度 g 与加速度计敏感轴 x 之间的夹角。

式（7.6）表示弹体沿测量轴 x 方向的绝对加速度等于加速度计的测量值加上引力加速度在该方向的分量。

由此可见，在引力场中，为求得弹体的绝对加速度，除加速度计测量值之外，还需设法得到导弹所处位置的引力加速度，以对测量值进行补偿。

将

$$\dot{W} = a - g \tag{7.7}$$

称为视加速度矢量。单轴加速度计只能测出视加速度矢量 $\dot{W}$ 在其敏感轴方向的投影，即

$$\dot{W}_x = a_x - g_x \tag{7.8}$$

除加速度计外，在惯性制导中还采用积分加速度计，其中广泛采用的是加速度陀螺积分仪。陀螺积分仪的进动角速度 $\dot{\varphi}$ 与进动轴（敏感轴）上视加速度分量 $\dot{W}_x$ 成正比，因此作为其输出的进动角 φ 将与 $\dot{W}_x$ 对时间的积分值 $W_x(t)$ 成比例，即

$$W_x(t) = \int_0^t \dot{W}_x(\tau)\mathrm{d}\tau \tag{7.9}$$

若陀螺积分仪在惯性空间的方向固定，则 $W_x(t)$ 表示视速度在该方向投影。视速度矢量定义为

$$W(t) = \int_0^t \dot{W}(\tau)\mathrm{d}\tau \tag{7.10}$$

则

$$W_x(t) = V_x(t) - V_x(0) - \int_0^t g_x(\tau)\mathrm{d}\tau \tag{7.11}$$

式中：$V_x(t)$ 为积分仪在敏感轴 x 方向的惯性速度分量，有

$$\frac{\mathrm{d}V_x(t)}{\mathrm{d}t} = a_x(t) \tag{7.12}$$

由于单轴加速度计只测量视加速度在其敏感轴上的投影，为了完全测量导弹飞行中的视加速度矢量 $\dot{W}(t)$，应当至少使用三个单轴加速度计，这三个单轴加速度计组成敏感轴相互正交的三轴加速度测量组件。

设三轴加速度测量组件安装在弹体质心上。在不考虑其测量的动态过程的情况下，三轴

加速度计的输出决定了视加速度矢量。三轴加速度计组件的理想量测方程可以用矢量表示为

$$\dot{W} = \ddot{r} - g(r,t) \tag{7.13}$$

式中，$g(r,t)$ 为导弹质心的引力加速度；$\ddot{r}$ 为导弹质心的惯性加速度矢量；$\dot{W}$ 为导弹的视加速度。

2. 惯性导航计算

由于加速度计只能量测敏感轴方向的视加速度分量，因此由加速度计的输出确定导弹在一定坐标系中的位置和速度就需要经过一定的计算，这个计算过程叫作惯性导航。

实现惯性导航必须解决两个问题：①引力加速度计算；②确定加速度计敏感轴的指向。

加速度计测得的视加速度需要加上引力加速度才能得到惯性加速度。引力加速度一般根据所了解的引力场模型进行计算。对简化的球形引力场模型，引力加速度只与质心的矢径有关，即

$$g(r,t) = g(r) \tag{7.14}$$

因此，导航计算的基本公式为

$$\ddot{r} = \dot{W} + g(r) \tag{7.15}$$

惯性导航计算方框图如图 7-2 所示。

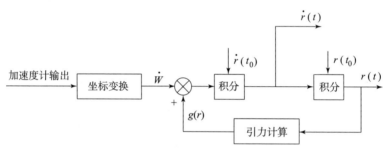

图 7-2 惯性导航计算方框图

计算引力加速度需要的矢径 r 可以通过式（7.15）两次积分得到，这使导航计算具有反馈性质。

导航计算必须在给定的坐标系——导航坐标系进行，这就要求确定或控制加速度计敏感轴相对导航坐标系的方位，也就可以解决实现惯性导航需要解决的第二个问题。

根据坐标系构建方法的不同，惯性制导系统可分为平台式惯性制导系统和捷联式惯性制导系统两类。

7.2.2 平台式惯性制导系统

1. 系统组成

平台式惯性制导系统主要由三轴陀螺稳定平台、加速度计、导航计算机、控制器等部分组成，如图 7-3 所示。

平台式惯性制导系统各组成部分的主要功能如下。

（1）三轴陀螺稳定平台：对由陀螺仪构成的平台进行稳定，模拟一个导航坐标系，该坐标系是加速度计的安装基准；从平台框架轴上安装的角度传感器可获得载体的姿态信息。

（2）加速度计：测量载体运动的线加速度。

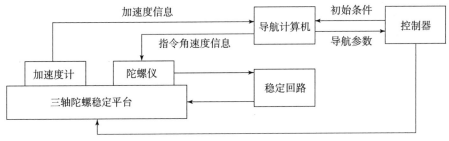

图 7-3 平台式惯性制导系统组成示意图

(3) 导航计算机：完成导航计算，基本公式见式（7.15）；进行陀螺仪和加速度计误差以及其他误差的补偿计算；对于跟踪当地水平面的平台式惯性制导系统，给陀螺仪发送控制三轴陀螺稳定平台运动的指令角速度信息。

(4) 控制器：向导航计算机输入初始条件以及系统所需的其他参数；控制执行机构或发动机推力的方向、大小和作用时间，修正弹道。

三轴陀螺稳定平台是平台式惯性制导系统的主体部分，其作用是在导弹上实现所选定的导航坐标系，为加速度计提供精确的安装和测量基准，使三个加速度计的测量轴始终沿导航坐标系的三个坐标轴方向，以测得导航计算所需的弹体沿导航坐标系三轴的加速度。图 7-4 所示为通过三个单轴陀螺仪进行稳定的三轴陀螺稳定平台结构示意图。

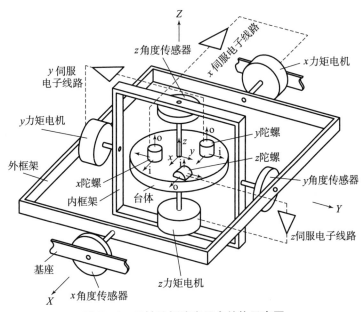

图 7-4 三轴陀螺稳定平台结构示意图

如图 7-4 所示，三轴陀螺稳定平台由台体、内框架、外框架、单轴陀螺仪、力矩电动机、角度传感器和伺服电子线路等组成。台体通过内框架和外框架支承在基座上，基座与弹体固联。假设存在沿 Y 轴方向的干扰力矩（主要是摩擦力矩），则内框架和台体将绕 Y 轴转动。台体上的单轴 y 陀螺仪（处于积分陀螺工作状态，输入方向为 i，输出方向为 o）感受到转动角速度，陀螺仪输出与台体转角成正比的信号，通过 y 伺服电子线路加给 y 力矩电动机。力矩电动机输出与干扰力矩方向相反的力矩，使台体向原方向回转。当 y 力矩电动机输出的力矩与干扰力矩相互抵消时，台体停止转动，回复到受干扰前的方位。当 X、Z 轴存在干扰力矩时作用原理相同。

陀螺稳定平台中由三个单轴陀螺仪完成的平台角度检测功能也可通过两个双轴陀螺仪（双自由度陀螺仪）或其他方式实现。

按选取的导航坐标系的不同，平台式惯性制导系统又可分为空间稳定平台式惯性制导系统和当地水平平台式惯性制导系统。

空间稳定平台式惯性制导系统的台体相对于惯性空间稳定，用于建立惯性坐标系，其上加速度计受地球自转和引力加速度的影响，测量值需要进行补偿。这种系统一般用于弹道式飞行器，如弹道导弹、运载火箭和一些航天器。

当地水平平台式惯性制导系统台体上的加速度计输入轴构成的基准平面能始终跟踪运动物体所在位置的水平面，平台所建立的是当地水平坐标系，如地理坐标系或地平坐标系，因此水平加速度计的输出不受重力加速度影响。对当地水平面的跟踪可通过给陀螺仪施加角速度指令使台体处于空间积分状态实现（见图 7-3）。这种系统多用于飞航式飞行器，如飞机和巡航导弹，还用于舰船和地面战车。

2. 陀螺稳定平台的初始对准

导弹飞行过程中的导航计算是以弹上的惯性测量装置坐标系为基准的，而导弹的初始位置和姿态是以发射惯性坐标系为基准，因此在导弹发射前必须实现这两个坐标系之间的初始对准。

根据发射惯性坐标系的定义，发射惯性坐标系在发射瞬间与地面坐标系重合，因此要实现与发射惯性坐标系对准，即要求在发射准备过程中，使惯性测量装置坐标系与地面坐标系进行对准。所谓对准，即首先确定两个坐标系之间的相对位置（用方向余弦矩阵或欧拉角、四元数来描述），求出两坐标系之间的误差角，然后给平台加转动力矩使两个坐标系重合，便实现了物理上的对准。若使两个坐标系完全重合需要较长的时间，为缩短射击准备时间，上述两个坐标系不必完全重合。当其绕各轴的差角小于允许值时便可发射，不过需将对应的方向余弦矩阵存入弹上计算机，在导航计算时进行坐标变换计算。

平台对准的方法一般有两种：一是引入外部基准，如通过光学式机电方法，把外部参考坐标系引入计算机，使平台坐标系与外部基准坐标系重合；二是依靠惯导系统自身能敏感重力加速度和地球自转角速度的功能，组成闭环控制回路，达到自动调平和寻北的目的，称为自主式对准。有时两种方法综合使用。

对准过程又分为粗对准和精对准。粗对准要求尽快地将平台调整到某一精度范围，缩短调整时间是其主要目的；精对准则是在粗对准基础上进行，以提高对准精度为目的。一般在对准过程中还要进行陀螺测漂和定标，以便进一步提高对准精度。在精对准过程中，一般先进行水平对准，然后进行方位对准。

由于地球的自转不断改变地垂线相对惯性空间的方位，因此在导弹起飞前初始对准修正系统一直处于工作状态。导弹起飞时，陀螺稳定平台以初始对准的精度为导弹提供发射点惯性坐标系的方位基准。因此，对采用陀螺稳定平台的惯性制导，初始对准的精度将直接影响导弹的射击精度。

7.2.3 捷联式惯性制导系统

平台式惯性制导系统的陀螺稳定平台为加速度计提供了测量基准,但这种平台体积大、成本高、维护困难。20世纪70年代以后,随着大容量、高速小型数字计算机和微型计算机的出现,取消陀螺稳定平台而将陀螺仪和加速度计直接安装在弹体上的捷联式惯性制导系统得到了发展和广泛应用。

在捷联式惯性制导系统中,"平台"概念依然存在,只不过是在计算机中建立一个"数学平台",通过"数学平台"模拟导航坐标系,实现物理陀螺稳定平台的功能。

1. 数学平台

在捷联式惯性制导系统中,加速度计组合直接安装在弹体上,因而单轴加速度计测量的是弹体相对惯性空间的比力矢量(视加速度矢量)在弹体坐标系上的投影。如果将该比力矢量投影到数学平台模拟出的导航坐标系上,得到导弹相对导航坐标系的视加速度分量,那么随后的导航计算将与平台式惯性制导没有区别。因此,数学平台的核心问题是解决比力矢量在导航坐标系的投影并根据需要对导航坐标系的方位进行实时修正。下面简要说明数学平台的计算过程。

将直接安装在弹上的加速度计组合测得的导弹相对惯性空间(i系)的比力矢量在弹体坐标系(b系)中的投影记为f^b,投影到导航坐标系即数学平台坐标系(p系)上后得到的比力矢量记为f^p;设弹体坐标系(b系)到导航坐标系(由数学平台模拟,这里同样用p系表示p)的坐标变换矩阵为C_b^p,则

$$f^p = C_b^p f^b \tag{7.16}$$

在计算机中完成坐标变换后得到的f^p与平台式惯性制导系统中安装在稳定平台上的加速度计组合测得的弹体坐标系(b系)相对惯性空间(i系)的比力矢量是等效的。

由于导弹的空间运动,弹体坐标系(b系)和导航坐标系(p系)的空间指向是随时变化的,因此式(7.16)中的坐标变换矩阵C_b^p也从发射时的初始值随时间持续变化。在计算机中的计算一般是以一定的计算周期循环迭代进行的,因此在每个计算周期内必须根据导弹运动的实际情况对坐标变换矩阵C_b^p中的元素进行修正,以便实时、连续地描述这两个坐标系之间的空间方位关系。对坐标变换矩阵C_b^p中的元素进行修正可通过在每个计算周期内实时计算出弹体坐标系(b系)相对于导航坐标系(p系)的旋转角速度$\omega_{pb}^b = [\omega_{pbx}^b \quad \omega_{pby}^b \quad \omega_{pbz}^b]^T$后通过下式得到:

$$\dot{C}_b^p = C_b^p \Omega_{pb}^b \tag{7.17}$$

其中,

$$\Omega_{pb}^b = \begin{bmatrix} 0 & -\omega_{pbz}^b & \omega_{pby}^b \\ \omega_{pbz}^b & 0 & -\omega_{pbx}^b \\ -\omega_{pby}^b & \omega_{pbx}^b & 0 \end{bmatrix} \tag{7.18}$$

弹体坐标系(b系)相对于导航坐标系(p系)的旋转角速度ω_{pb}^b可通过下式求取:

$$\omega_{ib}^b = \omega_{ip}^b + \omega_{pb}^b \tag{7.19}$$

式中:ω_{ib}^b为弹体坐标系(b系)相对惯性空间(i系)的绝对角速度矢量在弹体坐标系b中的投影,由捷联陀螺组直接测得;ω_{ip}^b为导航坐标系(p系)相对惯性空间i的牵连角速度

在弹体坐标系 b 中的投影。

因此，为求取 $\boldsymbol{\omega}_{pb}^b$ 需先求出 $\boldsymbol{\omega}_{ip}^b$。而导航坐标系（$p$ 系）相对惯性空间（i 系）的角速度矢量在导航坐标系（p 系）中的投影 $\boldsymbol{\omega}_{ip}^p$ 可直接通过下式求解：

$$\boldsymbol{\omega}_{ip}^p = \boldsymbol{\omega}_{ie}^p + \boldsymbol{\omega}_{ep}^p \tag{7.20}$$

式中：$\boldsymbol{\omega}_{ie}^p$ 为地球相对惯性空间（i 系）的角速度矢量在导航坐标系（p 系）中的投影，即地球自转引起的"平台"表观运动角速度；$\boldsymbol{\omega}_{ep}^p$ 为平台相对地球的角速度矢量在导航坐标系（p 系）中的投影，即导弹地理位置变化引起的"平台"表观运动角速度。这两个分量均由导航计算得到，与平台式惯导系统的计算过程完全相同。

在求得 $\boldsymbol{\omega}_{ip}^p$ 后，通过坐标变换得到 $\boldsymbol{\omega}_{ip}^b$：

$$\boldsymbol{\omega}_{ip}^b = \boldsymbol{C}_p^b \boldsymbol{\omega}_{ip}^p = [\boldsymbol{C}_b^p]^{\mathrm{T}} \boldsymbol{\omega}_{ip}^p \tag{7.21}$$

首先将式（7.21）代入式（7.19）可求得 $\boldsymbol{\omega}_{pb}^b$；然后再求解式（7.17），完成坐标变换矩阵 $\boldsymbol{C}_b^p$ 在每个计算周期的实时修正，从而解决式（7.16）所示的比力矢量在导航坐标系中的投影问题。

在求得坐标变换矩阵 $\boldsymbol{C}_b^p$ 后，可以从中提取某些元素，通过反三角函数的运算得到导弹运动的姿态角。

上述数学平台的计算过程可表示在图 7-5 所示的捷联式惯性制导原理框图中，图中虚线部分为数学平台。

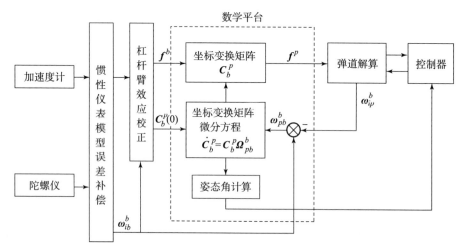

图 7-5　捷联式惯性制导系统原理框图

在进入数学平台前，加速度计输出信息需进行静态和动态误差补偿以及杠杆臂效应校正，陀螺仪输出信息需进行静态和动态误差补偿。

从计算"平台"表观运动的 $\boldsymbol{\omega}_{ie}^p$ 角速度和 $\boldsymbol{\omega}_{ep}^p$ 开始直到完成对矩阵 $\boldsymbol{C}_b^p$ 的修正为止，这个计算过程相当于平台式惯性制导系统中修正回路对三轴稳定平台施矩使其跟踪当地地平的过程（见图 7-3 中对陀螺仪的施矩指令角速度信息）。

综上所述，所建立的数学平台在功能上等效于平台式惯性制导系统的物理三轴稳定平台，因此捷联式惯性制导可以像平台式惯性制导一样进行导航计算并求得所需的导航参数。

2. 捷联式惯性制导的特点

捷联式惯性制导系统的陀螺仪和加速度计直接安装在弹体上,振动较大,工作的环境条件较差并受载体角运动影响,必须通过计算机计算才能获得所需要的运动参数。捷联式惯性制导系统具有下述特点。

(1) 捷联式系统比平台式系统体积和质量小、成本低。

(2) 捷联式系统易于采用余度技术将多个仪表组成余度惯性组件,从而提高系统的可靠性和精度。

(3) 捷联式系统提供的信息是数字信息,特别适用于数字飞行控制系统。

(4) 捷联式系统的初始对准过程简单,对准时间短(一般不超过 10 min)。

(5) 捷联式系统的维护、维修简单,维护费用低。

(6) 捷联式系统的平均故障时间(MTBF)比平台式系统长,可靠性高。

(7) 捷联式系统的"数学平台"需要高性能计算机支持。

(8) 载体角运动引起的惯性仪表动态误差是捷联式系统制导参数误差的重要误差源,需要采取有效措施进行补偿。

(9) 捷联式系统的惯性仪表需要在振动、冲击、大温度变化范围等条件下精确、稳定、可靠地工作。

目前,捷联式惯性制导系统的误差比平台式系统大,在要求精度高的场合多数采用平台式惯性制导系统。随着计算机技术和惯性仪表技术的发展,捷联式惯性制导系统的误差将越来越小,应用范围将越来越广泛。

7.3 卫星制导

卫星制导是指利用安装在弹上的导航卫星系统接收机接收多颗卫星播发的导航信息,经弹上计算机计算出导弹的位置、速度和对应时间,然后根据目标位置信息形成制导指令,通过控制系统使导弹按制导指令要求的弹道飞行。

目前投入运营的卫星导航系统包括美国的 GPS、俄罗斯的 GLONASS 全球卫星导航系统、欧洲的伽利略全球卫星导航系统(GALILEO)以及中国的北斗卫星导航系统等。北斗卫星导航系统是中国自行研制的全球卫星导航系统,也是继 GPS、GLONASS 之后第三个成熟的卫星导航系统。

卫星制导一般不单独使用,通常与惯性制导构成"卫星+惯性"复合制导。

7.3.1 GPS 卫星导航系统

1. 系统组成

GPS(Global Positioning System)是美国国防部以军事应用为目的,为彻底解决海上、空中和陆地运载工具的导航和定位问题而建立的导航系统。GPS 由导航卫星、地面监控系统和用户设备三部分组成。

现阶段 GPS 的导航卫星共 24 颗,其中 3 颗备用,分布在 6 个轨道面上,每个轨道面上有 4 颗卫星,如图 7-6 所示。各轨道在赤道面上相互间隔 60°,相对地球赤道面的倾角为 55°。轨道平均高度约 20 200 km,运行周期 11 h58 min。每颗卫星每天约有 5 h 在地平线以上，同时位于地平线以上的卫星数目随时间地点而异，最少4颗，最多11颗。

GPS 卫星发射两种测距码：C/A 码和 P 码。C/A 码可以实现卫星信号的快速截获，精度为数十米；P 码用于精确定位，精度可达几米。C/A 码向全世界公开，免费使用；P 码对外保密，用于美国及其盟国的军事领域。

导航卫星的主要功能包括：接收地面监控系统发送的各种控制指令和导航信息；向用户（GPS 接收机）不断播报导航定位信号；产生基准信号并提供精确的时间标准；进行必要的数据处理等。

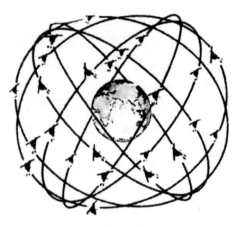

图 7-6　GPS 星座示意图

地面监控系统包括监测站、主控站和注入站。监测站在卫星过顶时收集卫星播发的导航信息，对卫星进行连续监控，并收集当地的气象数据等；主控站根据各监测站送来的信息计算各卫星的星历以及卫星钟修正量，以规定的格式编制成导航电文；注入站的任务是在卫星通过上空时，把上述导航信息注入给卫星，并负责监测注入的导航信息是否正确。

用户设备包括天线、接收机、微处理器、控制显示设备等，有时统称为 GPS 接收机。微处理器的功能包括：对接收机进行控制，选择卫星，校正大气层传播误差，估计多普勒频率，定时收集卫星数据，计算位置、速度以及控制与其他设备的联系等。

2. GPS 定位原理

GPS 接收机接收卫星发布的信号，根据星历表信息，可以求得每颗卫星发射信号时的位置。用户设备还测量卫星信号的传播时间，并求出卫星到观测点的距离。如果用户装备有与 GPS 同步的精密钟，那么仅需要 3 颗卫星就能实现三维导航定位，这时以 3 颗卫星为中心，以所求得的 3 颗卫星的距离为半径作 3 个球面，观测点就位于球面的交点上。

假设通过测量得到第 i 颗 GPS 卫星发射的测距码信号到达用户接收机的传播时间为 Δt，其与光速 c 相乘可得

$$\rho_i = c\Delta t \tag{7.22}$$

在不存在任何误差的情况下，ρ_i 即为接收机到卫星的距离。但是，由于卫星钟与用户钟之间存在误差，同时信号在传播过程中经过电离层和对流层会产生延迟。因此，由式（7.22）求出的距离并不代表卫星与接收机间真实的几何距离，与其存在偏差，因此将 ρ_i 称为伪距，它是伪距定位法的观测量。考虑到传播延迟误差以及时钟偏差等情况，有

$$\rho_i = r_i + c\Delta t_{Ai} + c(\Delta t_u - \Delta t_{si}) \tag{7.23}$$

式中：Δt_{Ai} 为第 i 颗卫星的传播延迟误差和其他误差；Δt_u 为用户钟相对于 GPS 时间的偏差；Δt_{si} 为第 i 颗卫星时钟相对于 GPS 时间的偏差；r_i 为观测点 u 到卫星 s_i 的真实距离。

设用户 u 在固联于地球的坐标系中的位置坐标为 x、y、z，卫星 s_i 的位置坐标为 x_{si}、y_{si}、z_{si}，则 r_i 可以表示为

$$r_i = \sqrt{(x_{si} - x)^2 + (y_{si} - y)^2 + (z_{si} - z)^2}$$

于是式（7.23）可以改写为

$$\rho_i = \sqrt{(x_{si} - x)^2 + (y_{si} - y)^2 + (z_{si} - z)^2} + c\Delta t_{Ai} + c(\Delta t_u - \Delta t_{si}) \tag{7.24}$$

式中：卫星位置 (x_{si}, y_{si}, z_{si}) 和卫星时钟偏差 Δt_{si} 由导航电文计算获得；传播延迟误差 Δt_{Ai} 可通过双频测量法校正，或通过电文提供的校正参数根据传播延迟误差模型估算得到；伪距 ρ_i 如式（7.22）所示。

式（7.24）中有 4 个未知数，即观测点位置（x、y、z）和用户钟偏差 Δt_u，因此应用伪距定位法需要 4 颗卫星才能实现定位，其示意图如图 7-7 所示。

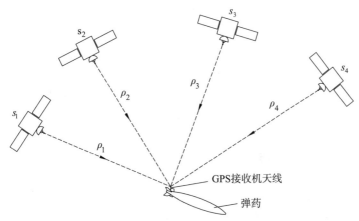

图 7-7 GPS 定位原理示意图

伪距定位法是根据 GPS 接收机在某一时刻同时测量到的至少 4 颗卫星的伪距以及卫星的位置来求解 GPS 接收机位置，其关键是进行伪距测量。基本过程是：GPS 卫星依据自己的时钟发出某一结构的测距码，该码通过一定时间到达接收机。接收机依据本身的时钟也产生一组结构完全相同的测距码，称为复制码，并通过时延器使其延迟一定时间，将延迟后的测距码与接收到的测距码进行相关运算处理；通过测量相关函数的最大值位置来测定卫星信号的传播时延，从而计算出卫星到接收机的伪距。

由计算出的卫星位置可以求得用户的位置。因为卫星位置与用户位置之间的关系为非线性的，通常采用迭代法和线性化方法计算用户位置。

速度的求取是通过对伪距变化率的测量获得的。GPS 通过观测多普勒频移能获得伪距变化率，根据伪距变化率用线性化方法求出速度。

除了上述的伪距法定位之外，还可以通过载波相位测量进行定位。伪距测量法的测距精度一般可达码元宽度的 1/100，对于 P 码约为 29 cm，C/A 码约为 2.9 m。由于伪距测量法的测距精度较低，其定位精度也较低。特别是由于美国政府对 P 码保密，民用伪距定位只能采用 C/A 码，定位精度有时不能满足需要。

载波相位测量是测量 GPS 载波信号从 GPS 卫星发射天线到 GPS 接收机接收天线的传播路程上的相位变化从而确定传播距离的方法。由于载波信号是一种周期性的正弦波，因此若能测定从发射点到接收点之间的相位变化量，如图 7-8 所示，包括整周部分和不足整周部分，则可求得传播距离为

$$\rho_i = \lambda[N + \Delta\varphi/(2\pi)] \tag{7.25}$$

式中：λ 为载波波长；N 为相位变化的整周数；$\Delta\varphi$ 为相位变化的非整周部分。

包含在 GPS 卫星信息中的载波频率 $L_1 = 1\,785.42$ MHz，$L_2 = 1\,227.60$ MHz，其相应波长分别为 $\lambda_1 = 19.03$ cm，$\lambda_2 = 24.42$ cm。因此，相位测量的精度要比伪距测量的精度高得多，

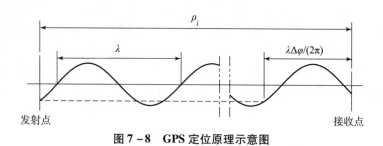

图 7-8　GPS 定位原理示意图

相位测量的精度可达 1~2 mm，其相对定位精度可达 10^{-8}。

实际相位测量只能测量不足整周的相位差 $\Delta\varphi$，因此存在整数周 N 的模糊度问题。另外，在载波相位测量中，必须连续跟踪载波，但由于接收机故障以及外界干扰等因素影响，经常会引起跟踪的暂时中断而产生周跳问题。整周模糊和周跳是载波相位测量的两个主要问题。解决周跳问题可采用比相方法，解决整周模糊度问题可采用平差待定参数法、快速解算法（FARA）、动态法等。

利用 GPS 还可以确定导弹的姿态。通过在导弹上安装三个或更多个天线，测量各自到多个 GPS 卫星的精确载波相位值，在正确解出整周模糊度的条件下，可得到两根或更多仅有毫米级误差的基线的准确空间矢量解，从而实时估计出导弹的姿态。

美国的 JDAM 联合直接攻击弹药、XM982"亚瑟王神剑"155 mm 制导炮弹、SDB 小直径炸弹等多种制导弹药都采用了 GPS 制导方式，在与惯性制导复合的情况下，能够极大地提高命中精度。

7.3.2　北斗卫星导航系统

北斗卫星导航系统（BeiDou Navigation Satellite System，BDS）是我国自主设计的卫星导航系统，于 20 世纪 80 年代开始研究，2000 年建成"北斗"1 号系统，向国内提供服务；2012 年建成"北斗"2 号系统，向亚太地区提供服务；2020 年，建成"北斗"3 号系统，开始向全球提供服务。北斗卫星导航系统可在全球范围内全天候、全天时为各类用户提供定位、导航和授时服务，并且具备短报文通信能力，定位精度为分米、厘米级别，测速精度 0.2 m/s，授时精度 10 ns。

北斗卫星导航系统由空间段、地面段和用户段三部分组成。空间段由地球静止轨道卫星、倾斜地球同步轨道卫星和中圆地球轨道卫星等共 55 颗卫星组成；地面段包括主控站、时间同步/注入站和监测站等若干地面站；用户段包括北斗芯片、模块、天线等基础产品以及终端产品、应用系统与应用服务等。

北斗系统的主要特点包括：①北斗卫星导航系统空间段采用三种轨道卫星组成的混合星座，与其他卫星导航系统相比高轨卫星更多，抗遮挡能力强，尤其低纬度地区性能优势更为明显；②北斗卫星导航系统提供多个频点的导航信号，能够通过多频信号组合使用等方式提高服务精度；③北斗卫星导航系统创新融合了导航与通信能力，具备定位导航授时、星基增强、地基增强、精密单点定位、短报文通信和国际搜救等多种服务能力。

7.4 地图匹配制导

目前使用的地图匹配制导包括地形匹配制导和景象匹配制导两种。地形匹配制导是利用地形信息进行制导,也称为地形等高线匹配(TR-COM)制导;景象匹配制导,或称为景象匹配区域相关器(SMAC)制导,是利用景象信息进行制导。这两种制导方式的基本原理相同,都是利用弹上计算机(相关处理机)预存的地形图或景象图(基准图)与导弹飞行到预定位置时携带的传感器测出的地形图或景象图(实时图)进行相关处理,确定出导弹当前位置偏离预定位置的纵向和横向偏差,形成制导指令,将导弹引向预定区域或目标。

地图匹配制导方式已应用到许多巡航导弹和弹道导弹的制导系统中,但是它一般不能单独使用,而是作为辅助制导手段与惯性制导等构成复合制导。例如,美国"战斧"(Tomahawk)巡航导弹采用了惯性+地形匹配制导,其中有的型号采用了惯性+地形匹配+景象匹配制导;俄罗斯"伊斯坎德尔"(Iskander)导弹采用惯性制导+卫星导航(GPS/GLONASS)+景象匹配制导等多种制导方式;法国"阿帕奇"C巡航导弹采用惯性+GPS+雷达图像制导等。

7.4.1 地形匹配制导

地形匹配制导系统主要包括气压高度表、雷达高度表、计算机以及地形数据存储器等,其简化框图如图7-9所示。

气压高度表用于测量导弹相对于海平面的高度,雷达高度表用于测量导弹距离地面的高度,数字地图提供某些地区的地形特征数据,计算机用于进行地形匹配计算并给出制导指令。

在地形匹配制导中使用的数字地图为数字高程地图(即地形的海拔高度图),图7-10所示为数字地图示意图,其制作方法主要包括:采用大地测量的方法直接从地形上测出高程;利用航空摄影测量照片,通过数字高程判读仪器从两张对应的照片上读取高程;利用卫星摄影测量照片读取高程;从小比例尺普通等高线地形图上读取高程。地形匹配制导弹道如

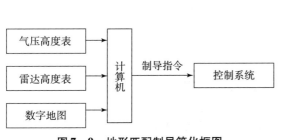

图7-9 地形匹配制导简化框图

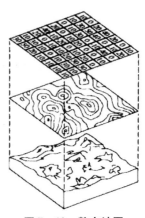

图7-10 数字地图

图 7-11 所示。

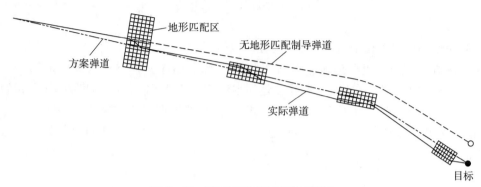

图 7-11　地形匹配制导弹道示意图

如图 7-12 和图 7-13 所示，地形匹配制导系统的工作原理为：通过侦察手段对目标区域和导弹航线下的区域进行立体摄影并制成数字地图（图 7-11 中的地形匹配区），同时把攻击目标所需的航线（图 7-11 中的方案弹道）编成程序，存储到导弹计算机的存储器中。导弹飞行时，通过雷达高度表得到实际航迹下某预定区域的测高数据，通过气压高度表测得该区域内导弹的海拔高度数据，二者相减得到导弹实际飞行弹道下某区域的地形高度数据。

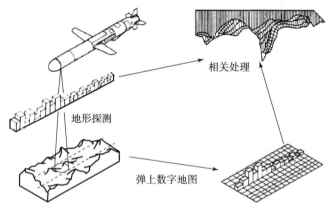

图 7-12　地形匹配制导原理示意图

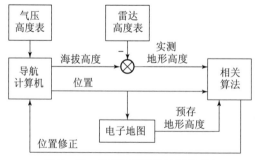

图 7-13　地形匹配制导原理框图

将实测地形高度数据与弹上预存的高度数据进行相关计算，得到测量数据与预存数据的最佳匹配，从而获得导弹的实际弹道与方案弹道之间的偏差。根据偏差形成制导指令，通过控制系统调整导弹的弹道使其沿方案弹道飞行。

地形匹配系统的相关算法一般采用均分差算法（MSD）和互相关算法（COR）。匹配区的面积选取是在匹配条件允许的条件下，适当考虑惯性制导的位置误差和精度要求进行确定，匹配范围可达几十甚至上百平方千米。导弹定位误差主要来自测高系统测高误差和数字地形制作误差，测高误差主要由高度表自身测量误差和地形起伏造成；数字地图制作误差则与网格大小有关，网格越小，精度越高。通常情况下，地形匹配系统定位概率在 0.99 以上，精度可达几十米。

如果航迹下的地形比较平坦，地形高度全部或大部分相等，这种地形匹配方法就不再适用，此时可采用景象匹配方法。

7.4.2 景象匹配制导

景象匹配制导多用于远程巡航导弹的末制导。它是利用弹上传感器获得的目标周围景物图像或导弹飞向目标沿途景物图像与预存的基准图像在计算机上进行匹配比较，得到导弹相对于目标或预定弹道的纵向和横向偏差，将导弹引向目标的一种地图匹配制导技术。目前有模拟式和数字式两种，下面简单介绍数字景象匹配制导系统。

数字景象匹配制导系统主要由敏感器（传感器）、计算机、相关处理机等部分组成，其简要组成如图 7-14 所示。敏感器用于对区域景象进行采集，获取实时景象图；计算机提供景象匹配计算和制导信息；相关处理机用于对数字景物图像与预存的参考图像进行相关处理。

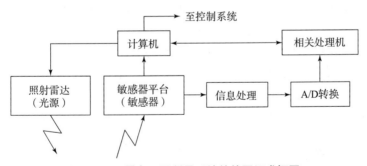

图 7-14 景象匹配制导系统的简要组成框图

景象匹配制导的工作原理与地形匹配制导相似，将导弹飞行过程中实时获取的景物图像其与预存的参考图像进行相关处理，从而确定导弹相对于预定弹道的偏差或相对于目标的位置。景物图像的获取可由不同工作波长的设备完成，因此有雷达区域相关、微波辐射计区域相关等类型的数字地图。

景象匹配系统工作时，首先根据导航要求和可选区域情况在航迹上规划出景象匹配区，制作数字景象匹配图。导弹发射前，把规划弹道和基准图加载到制导系统；导弹发射后，制导系统判断巡航导弹是否进入景象匹配区，进入景象匹配区几秒前发出匹配指令；导弹进入预先规划的景象匹配区时，下视系统开始拍摄导弹航迹下方的地面图像，再与已存入制导系统的基准图进行比较。在基准图上找到最相似的子图位置，即二者配准的位置，得到多帧实时图的配准结果后，采用一致性判断确定其中正确的匹配定位点，从而得到导弹的正确位置。导弹飞出匹配区后，等待下一次匹配指令或准备对目标实施攻击。

一般来说，景象匹配的制导准确受到制导图的可匹配性、匹配参数的设定、实时图的获取及预处理误差、匹配算法的性能等影响。景象匹配区面积小于地形匹配区，通常为几百平方米至几平方千米，定位误差主要来自实时图与基准图的配准误差、实时图中心偏移量及基准图的位置误差等。

数字式景象匹配制导比地形匹配制导的精度高，脱靶量在圆概率误差含义下能达到米级。

7.5 天文制导

天文制导是根据导弹、地球、星体三者之间的运动关系来确定导弹的运动参量，将导弹引向目标的一种自主制导方式。导弹天文制导系统一般分为两种：①通过一部六分仪观测并跟踪一个星体的天文制导系统；②通过两部六分仪分别观测并跟踪两个星体的天文制导系统。下面简要说明天文制导的定位原理。

六分仪是天文制导中的观测装置，根据工作时依据的物理效应不同分为光电六分仪和无线电六分仪。以光电六分仪为例，它一般由天文望远镜、陀螺稳定平台、传感器、放大器、方位框架、俯仰框架以及相应的方位电动机和俯仰电动机等部分组成。天文望远镜通过方位框架和俯仰框架安装在陀螺稳定平台上，通过方位电动机和俯仰电动机控制观测方向。导弹发射前，预先选择一个星体，将光电六分仪的天文望远镜对准选定星体。制导过程中，陀螺稳定平台不断跟踪当地水平面，天文望远镜不断观测和跟踪选定的星体。

如图 7-15（a）所示，如果把某一恒星与地球的中心连一条直线，则这条直线和地球表面相交于一点 A，A 点称为星下点。地球上任意一点的水平面与星光方向的夹角 α 称为这点的星球高度角。星下点处的星球高度角为 $\alpha = 90°$。在某一瞬间，如果认为地球是静止的，则离星下点越远处的星球高度角也越小。如果以星下点为圆心，以任意距离为半径在地球表面作一个圆，则在该圆周上的高度角相等，这个圆称为等高圆，如图 7-15（b）所示。

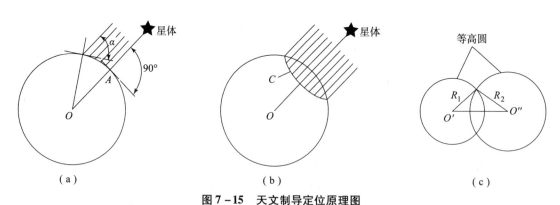

图 7-15 天文制导定位原理图
（a）星下点 A、高度角 α；（b）等高圆 C；（c）通过等高圆定位示意图

六分仪能连续跟踪恒星并确定其高度角。若用两个六分仪同时观测两个星体，则可以得到两个高度角，根据这两个高度角能够得到两个等高圆，则导弹的位置必定位于两个等高圆的交点上，如图7-15（c）所示。两个等高圆有两个交点，由于等高圆的直径一般选得较大，两个交点之间可能相距数千千米，因此在制导过程中很容易区分导弹位于等高圆的哪个点。将两个六分仪测得的星体高度送入计算机，并参照导弹发射时的初始数据和预先方案，即可算出导弹的地理位置（经纬度）。

因此，当预先知道导弹瞬时星下点的位置后，在导弹上用测定星球高度角的方法就可以测定导弹在地球表面的地理位置。由于恒星在宇宙空间的位置和地球的运动规律是已知的，因此可以求出星下点在地球上的变化规律。在飞行中只要知道准确时间，就可由星图表查得星下点的位置。

如图7-16所示，跟踪两个星体的天文制导系统由两部六分仪、方案机构、高度表和弹上控制系统等部分组成。导弹发射前，首先选定两个星体，并将两个六分仪分别对准两个星体。在制导过程中，通过两个六分仪获得导弹的地理位置。将方案机构送来的预定值与测得的导弹瞬时地理位置进行比较，形成导弹的偏航控制信号，送入弹上控制系统，控制导弹按预定弹道飞向目标。

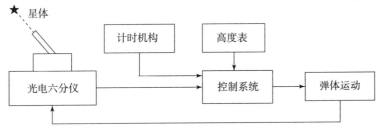

图7-16 天文导航系统的原理图

天文制导系统完全自动化，精度较高，而且弹道误差不随射程的增大而增大。但系统的工作受到气象条件的影响较大，当有云、雾时，难以观测到选定的星体。另外，由于导弹的发射时间不同，星体与地球之间的关系也不同。因此，天文制导系统对导弹的发射时间要求比较严格。为了有效发挥天文制导系统的优点，可将该系统与惯性制导系统复合使用，组成天文惯导系统。天文惯导系统是利用六分仪测定导弹的地理位置，校正惯导所测得的导弹地理位置误差。如果在制导过程中六分仪因气象条件不良或其他原因不能工作时，惯导系统仍能单独进行工作。天文制导系统的设备复杂，质量大，因此一般用于远程导弹。

思 考 题

1. 简述惯性制导的基本原理。
2. 平台式惯性制导系统与捷联式惯性制导系统各有什么特点？
3. 简述伪距法卫星定位原理。
4. 简述地形匹配制导和景象匹配制导的制导原理。
5. 简述天文制导的定位原理。

第8章
遥控制导原理

遥控制导是指在制导站向导弹发出引导信息将导弹导向目标的一种制导技术。按照指令形成装置所处的位置不同，遥控制导一般可分为指令制导和波束制导（也称驾束制导）两类。遥控制导系统主要由目标（导弹）观测跟踪装置、制导指令形成装置、指令发射装置（波束制导系统中没有此设备）、指令接收装置和弹上控制系统等组成。

8.1 遥控指令制导

8.1.1 遥控指令制导概述

遥控指令制导是指从制导站向导弹发出制导指令信号，送给弹上控制系统，把导弹引向目标的一种遥控制导方式。图8-1所示为遥控指令制导系统的工作原理示意图。

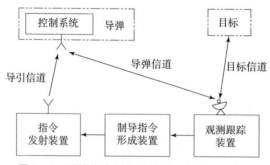

图8-1 遥控指令制导系统的工作原理示意图

制导设备分为制导站引导设备和弹上控制设备两部分。制导站引导设备包括目标和导弹观测跟踪装置、指令形成装置、指令发射装置等。弹上设备包括指令接收装置和弹上控制系统等。

根据指令传输形式的不同，遥控指令制导分为有线指令制导和无线电指令制导两类。

1. 有线指令制导

最典型的有线指令制导是光学跟踪有线指令制导，多用于反坦克导弹。有线指令制导系统中的制导指令通过连接制导站和导弹的指令线传送。

第一代反坦克导弹采用目视瞄准与跟踪、三点法导引、手动操纵、有线传输指令的制导方式。制导站上的观测跟踪装置是一台瞄准仪，导弹发射后，射手能够在瞄准仪中看到导弹和目标的影像。射手将瞄准仪的"十"字线中心对准目标影像，如果导弹影像偏离"十"字线中心，则说明导弹偏离目标和制导站的连线，射手需根据导弹偏离目标视线的大小和方向移动操纵杆，使导弹与目标的影像重新在瞄准仪"十"字线上重合。在此过程中，将产生俯仰和偏航两个方向的制导指令，通过制导站与导弹之间的连线传给导弹的控制系统，控制系统即按照指令要求操纵导弹使其沿制导站与目标的连线飞行。手动操纵的缺点是导弹的飞行速度必须很低（不超过 150 m/s），以便射手在发觉导弹偏离时有足够的反应时间来操纵制导设备。

第二代反坦克导弹采用目视瞄准、红外（电视）测角仪自动跟踪、三点法导引、有线传输指令的制导方式。制导站上的光学跟踪装置包括目标跟踪仪和红外（电视）测角仪，二者装在同一个操纵台上，同步转动。射手根据目标的方位角和高低角转动操纵台，使目标跟踪仪对准目标，此时测角仪也对准目标。当导弹发射后，射手只需使目标跟踪仪的"十"字线中心持续压在目标影像上即可。若导弹偏离瞄准线，测角仪能够自动地测量导弹偏离瞄准线的偏差角，并把偏差角送给计算装置，形成制导指令，通过传输线传给导弹，控制导弹飞行。与手动操纵相比，射手工作量减少，导弹速度可提高 1 倍左右，实际上导弹速度主要受传输线释放速度的限制。

传输线的线圈一般可装在导弹上，导弹飞行时线圈自动放线。传输线可以是金属导线或光纤。光纤的传输频带宽，通信容量大。当采用光纤作为传输线时，一方面导弹可以将飞行中拍摄的图像信息及其他信息通过光纤传输回制导站上进行处理；另一方面制导站将制导指令通过光纤发送给导弹以控制导弹飞行。采用光纤进行制导的原理与下面讲述的电视指令遥控制导类似，二者的主要区别是制导站与导弹之间图像和指令信息的传输方式不同：一种为通过光纤传输；另一种为通过电磁波传输。

有线指令制导系统抗干扰能力强，弹上控制设备简单，导弹成本较低。但是，由于连接导弹和制导站间传输线的存在，导弹飞行速度和射程均受到限制，导弹速度一般不超过 200 m/s，射程一般不超过 4 000 m。

2. 无线电指令制导

与有线指令制导不同，在无线电指令制导系统中制导指令是通过指令发射装置以无线电的方式传送给导弹。无线电指令制导包括雷达指令制导、电视遥控制导等。

1）雷达指令制导

雷达指令制导是指利用雷达跟踪目标、导弹，测定目标、导弹的运动参数的指令制导方式。根据使用雷达数量的不同，雷达指令制导可分为单雷达指令制导和双雷达指令制导。单雷达指令制导又可分为跟踪目标的指令制导、跟踪导弹的指令制导和同时跟踪目标和导弹的指令制导。

（1）跟踪目标的单雷达指令制导。这种制导方式可用于地对空导弹。在导弹发射之前，目标跟踪雷达不断跟踪目标并测出目标的位置、速度等运动参数，将其输入指令计算机，计算机根据这些数据及其变化情况用统计方法计算出目标的预计航线，并根据导弹的速度（可从导弹的设计和试验过程中获得）计算出导弹和目标相遇的时间和地点，以此来确定导弹发射的时间和方向。

导弹发射后，雷达继续跟踪目标，将测得的目标数据输入计算机。计算机将这些数据与预计的目标航线数据进行比较，如果目标的实际航线与预计航线一致，导弹便沿预计弹道飞行；如果目标的实际航线与预计航线之间有偏差，计算机将根据偏差情况形成指令信号，通过指令发射机发送给导弹，导弹根据指令信号调整飞行方向。

由于导弹的速度不能估计得十分准确，因此计算出的导弹发射时间和与目标的相遇点存在误差，由于存在这种误差，导弹发射以后，即使目标的实际航线与预计航线完全一致，导弹沿预计航线飞行，也不能保证导弹与目标相遇。此外，导弹的指令信号只是根据目标实际航线相对于预计航线的偏差形成的，没有计算导弹相对于预计弹道的飞行偏差。因此，当导弹在飞行过程中受到气流扰动或其他干扰影响而偏离预计弹道时，制导系统不能对这种飞行偏差进行纠正，所以这种制导系统的制导准确度较低。

(2) 跟踪导弹的单雷达指令制导。这种制导方式用于地地导弹，攻击的目标是固定的，而且可以预先知道其精确位置。由于目标位置和导弹的发射点是已知的，导弹的飞行轨迹可以预先计算出来。导弹发射之后，导引雷达不断跟踪导弹，测量出导弹的瞬时运动参数，将这些数据输入指令计算机，与预先计算出的弹道数据进行比较，计算出导弹的飞行偏差，并根据飞行偏差形成指令信号，由指令发射机发送给导弹，弹上指令接收装置收到指令信号后，将指令信号传送给弹上控制系统，通过控制系统改变导弹的飞行弹道，使其沿预计的弹道飞向目标。

雷达在跟踪导弹的过程中，不断接收导弹的回波，但是因导弹的有效反射面积很小，导弹对雷达波的反射很弱，于是限制了雷达对导弹的引导距离。为增大雷达的引导距离，可在导弹上安装应答机，应答机是一台外触发式雷达发射机。当导弹接收到指令发射机发出的询问信号后，弹上接收机便将询问信号送给应答机，应答机在询问信号的触发下，向导弹跟踪雷达发射无线电波。应答机的振荡频率在导弹跟踪雷达接收机的工作频率范围内，应答信号比导弹的反射信号要强几千倍，因此雷达对导弹的引导距离可显著增加。

采用这种制导方式的导弹攻击的是固定目标，因此能够在发射导弹前精确计算导弹的预计弹道，使攻击具有一定的准确度。但是，导弹跟踪雷达观测导弹的距离受到地球曲率的影响，不可能很远，所以这种制导系统只能制导近程地地导弹。

(3) 跟踪目标、导弹的单雷达指令制导。同时跟踪目标、导弹的单雷达指令制导用于地对空导弹。要使跟踪雷达同时跟踪两个目标，跟踪雷达必须装有两部独立的接收机，它们分别接收来自目标和导弹的信号。将跟踪雷达获得的目标和导弹的数据输入指令计算机，计算机根据这些数据算出导弹偏离预定弹道的偏差并形成相应的指令信号，利用指令发射机把指令信号发送给导弹。

美国"爱国者"地空导弹采用了一种 TVM (Target Via Missile) 制导，如图 8-2 所示。目标测量装置配置在导弹上，制导站向目标发射跟踪波束，经目标反射给导弹，设在弹上的目标测量装置测出目标在弹体坐标系中的瞬时坐标数据，由信息传输系统（下行线）发送给制导站。制导站同时向导弹发射跟踪波束，获得导弹在测量坐标系中的瞬时坐标。制导站的计算机将目标、导弹的坐标数据进行坐标变换及实时处理，得到制导指令，经指令上行线送给导弹，控制导弹飞向目标。这种制导系统的优点是当导弹远离制导站时，由于导弹接近目标，仍可获得准确的观测结果，产生合理的制导指令。TVM 制导既可以看成是指令制导的发展，也可以看成是半主动制导的发展。

在双雷达跟踪指令制导系统中，两部雷达分别跟踪目标和导弹，测出目标和导弹的运动参数，并将这些参数输入指令计算机。双雷达跟踪指令制导系统指令信号的形成和传送与跟踪目标、导弹的单雷达指令制导系统的情况基本相同。不同之处在于，目标跟踪雷达的波束和导弹跟踪雷达的波束是分开的，它们可以采用不同的扫描方式。在制导过程中，由于导弹

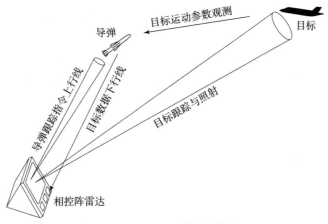

图 8-2 TVM 制导示意图

跟踪雷达波束扫描区域是跟随导弹移动的,导弹就无须被限制在目标跟踪雷达的波束扫描区域内飞行。因此,制导系统就可以采用较理想的导引方法导引导弹,提高制导准确度。这种制导系统对用于攻击高速运动目标的导弹制导效果较好。

常用的雷达观测跟踪设备有线扫描跟踪雷达、单脉冲雷达、边扫描边跟踪雷达以及相控阵雷达等。下面简单介绍某线扫描跟踪雷达的工作原理。

图 8-3 所示的线扫描雷达通过波束扫描测量目标的高低角和方位角坐标,该线扫描雷达的雷达波束参考图 4-24。波束的扫描是通过天线的转动实现的,当天线不转动时,波束也是固定不动的。该雷达波束采用脉冲波,分高低角(ε 角)和方位角(β 角)两个支路。高低角和方位角的扫描范围都为 20°,如图中"十"字探测区所示。由于天线在高低角和方位角方向都有一定的转动范围,因此扫描雷达能在更大范围内探测和跟踪目标,而不仅限于"十"字探测区。

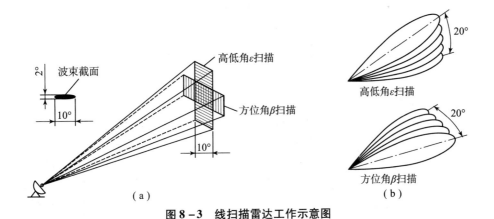

图 8-3 线扫描雷达工作示意图

以高低角支路为例,高频脉冲经收发开关发送至高低角探测天线(垂直抛物面)形成扇形波束,波束宽度垂直方向窄(如 2°)、水平方向宽(如 10°)。该波束遇到目标(或导弹)产生反射信号,被高低角探测天线接收,经收发开关送至接收机。利用回波脉冲与发射脉冲（重复频率一般为几千赫兹）的时间间隔来测量目标的距离（如时间间隔为 100 μs，目标距离雷达为 15 km）。扇形波束以一定的频率（一般为几十赫兹）在 20°高低角范围内循环往复等速扫描（线扫描）。方位角的探测过程与高低角相似。

高低角（或方位角）的测角原理如图 8-4（a）所示。在波束扫描过程中，只有波束扫到目标时才有目标回波脉冲。当波束中心对准目标时，回波信号最强。因此波束每扫描一次，就可以得到一组中间大两边小的回波脉冲群，脉冲群的中心与目标位置相对应，回波脉冲群的中心与扫描起点的时间间隔 t_ε 的大小就代表目标的相对高低角（相对于 20°探测范围的起始点）的大小。

线扫描雷达对目标的高低角的自动跟踪采用双波门平分回波脉冲群的方法，如图 8-4（b）所示。角度脉冲分成前、后相连的两个半波门，与回波脉冲群同时输入到时间鉴别器。如果前、后半波门恰好平分回波脉冲群面积，则时间鉴别器输出的误差为零，角度脉冲的中心的时间位置正好表示目标所在的角度位置。如果目标在高低方向上发生偏移，则前半波门重合的面积小于后半波门重合的面积，鉴别器产生误差电压输入到控制器，控制器产生的控制电压作用于波门产生器，使前、后两个波门及角度脉冲后延，跟上回波脉冲群的中心。后延的角度脉冲的中心就表示了目标所在的新角度位置，从而完成对目标高低角的自动跟踪。对目标的距离跟踪采用的是距离波门分成前、后相连的两半波门与目标回波脉冲相重合的方法，跟踪回路框图与角度跟踪回路的框图相似。

图 8-4 线扫描雷达工作示意图
（a）角坐标测量；（b）角度自动跟踪回路

由于雷达观测导弹的距离受地球曲率的影响，不能长距离跟踪导弹，所以雷达指令制导只能用来制导地空导弹和近程的地地导弹。

2）电视遥控制导

已经装备和发展的电视制导武器的制导方式有两种：电视寻的制导（见第 8 章）和电视遥控制导。电视遥控制导是利用目标反射的可见光信息对目标进行捕获、定位、追踪和导引，是光电制导的一种。电视遥控制导的特征是制导指令形成装置不在弹上，而是在制导站上。电视摄像机拍摄的可见光图像显示在制导站的显示屏上，操作员通过观察显示屏上的目标信息，根据相应的制导律给飞行中的导弹发出制导指令，通过弹上控制系统操纵导弹飞向目标。

按照电视摄像机的安装位置不同，电视遥控制导有两种实现形式：一种称为电视指令遥控制导，电视摄像机安装在导弹头部，制导系统的测量基准在弹上，应用这种制导方式的导弹有英、法联合研制的"玛特尔"空地导弹、美国"秃鹰"空地导弹、以色列"蝰蛇"反坦克导弹等；另一种称为电视跟踪遥控制导，电视摄像机和测量基准均在制导站，应用这种制导方式的导弹有法国"新一代响尾蛇"地空导弹和中国"红箭"-8反坦克导弹等。

电视指令遥控制导由弹上的电视设备观察目标，主要用来制导射程较近的导弹。制导系统由弹上设备和制导站两部分组成，其中弹上设备包括摄像机、电视发射机、指令接收机和弹上控制系统等，制导站设备包括电视接收机、显示器、指令形成装置和指令发射机等，如图8-5所示。

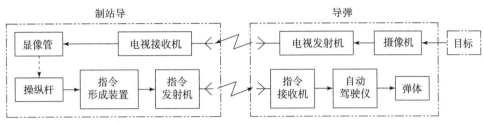

图8-5 电视指令遥控制导系统示意图

导弹发射以后，电视摄像机不断拍摄目标及其周围的图像，通过电视信号发射机发送给制导站。操作员从电视接收机显示屏上可以看到目标及其周围的景象。当导弹对准目标飞行时，目标的影像位于屏幕中心；如果导弹飞行方向产生偏差，目标的影像将偏离屏幕中心。操作员根据目标影像偏离情况移动操纵杆，形成指令，由指令发射装置将指令发送给导弹。导弹上的指令接收装置将收到的指令发送给弹上控制系统，使其操纵导弹，调整导弹的飞行方向。这是早期发展的手动电视制导方式，主要用于攻击固定目标或者大型低速目标。这种制导方式包含两条传输线路，一条是从导弹到制导站的目标图像传输线路；另一条是从制导站到导弹的遥控线路。这种制导方式的传输线容易受到敌方电子干扰，并且制导系统比较复杂。

电视跟踪遥控制导的电视摄像机安装在制导站上，导弹尾部安装有曳光管，由制导站测量导弹和目标偏差。当目标和导弹同时出现在电视摄像机的视场内时，电视摄像机探测导弹尾部曳光管的闪光，并自动测量导弹位置与电视瞄准轴的偏差信息。这些偏差信息发送给制导计算机，经计算形成制导指令，由指令发射机发送给导弹，通过弹上控制系统使导弹沿瞄准线飞行，实现三点法制导律。电视跟踪遥控制导示意图如图8-6所示。

图8-6 电视跟踪遥控制导示意图

电视跟踪遥控制导通常与雷达跟踪系统复合运用，电视摄像机与雷达天线瞄准轴保持一致，在制导中相互补充，夜间和能见度差时采用雷达跟踪系统，雷达受干扰时用电视跟踪系统，从而提高制导系统的总体作战性能。

8.1.2 遥控制导指令形成原理

遥控指令制导系统中，制导指令是根据导弹和目标的运动参数按照所选定的制导律进行变换、运算及综合形成的。形成制导指令时，导弹与目标视线（目标与制导站之间的连线）或与所要求的前置角之间的偏差信号是其中的基本因素。为改善系统的控制性能，需要采取必要的校正和补偿措施，有些情况下还要进行相应的坐标变换。制导指令形成后要发送给弹上控制系统，因此制导指令的发射和接收也是遥控指令制导中的重要问题。

遥控指令制导中的制导指令主要由误差信号、校正信号和补偿信号等部分组成。

1. 误差信号

误差信号的组成随制导系统采用的制导律和雷达工作体制的不同以及有无外界干扰的存在而变化。遥控指令制导的误差信号由线偏差信号和距离角误差信号等组成。距离角误差信号与探测雷达的工作体制有关，这里不作讨论。下面以直角坐标控制的导弹为例介绍采用三点法制导律和前置角法（含半前置角法）制导律时的线偏差指令信号。

导弹、目标观测装置能够直接测量导弹偏离目标视线的角偏差。如图 8 – 7 所示，导弹的偏差一般在观测跟踪装置的测量坐标系 $Ox_Ry_Rz_R$ 中表示。测量坐标系 $Ox_Ry_Rz_R$ 的定义为：以制导站为坐标原点 O；Ox_R 轴指向目标 T 方向；Oy_R 轴位于铅垂平面内并与 Ox_R 垂直；Oz_R 轴方向按右手定则确定。某时刻当导弹位于 D 点时，过 D 作垂直于 Ox_R 轴的平面，该平面称为偏差平面，Ox_R 轴与偏差平面相交于 D' 点，DD' 为导弹偏离目标视线的线偏差。过 D' 分别作 $D'y_r$ 平行于 Oy_R、$D'z_r$ 平行于 Oz_R，则 DD' 在 $D'y_r$ 轴上的投影分量 $h_{\Delta\varepsilon}$ 对制导站的张角 $\Delta\varepsilon$ 即为高低角的角偏差，在 $D'z_r$ 轴上的投影分量 $h_{\Delta\beta}$ 对制导站的张角 $\Delta\beta$ 即为方位角的角偏差，这两个角度可直接由导弹和目标观测装置进行测量。

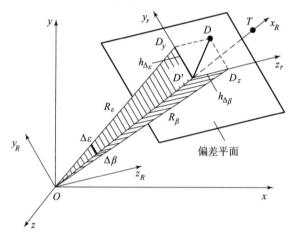

图 8 – 7 三点法导引的偏差示意图

在形成制导指令时一般不采用角偏差信号，而是采用导弹偏离目标视线的线偏差信号，对于直角坐标控制来说，也就是图 8 – 7 中线偏差 DD' 在 $D'y_r$ 轴和 $D'z_r$ 轴的投影分量 $h_{\Delta\varepsilon}$ 和 $h_{\Delta\beta}$。这是因为在角偏差相同的情况下，导弹距离制导站越远，则导弹偏离目标视线的距离越大，因此需要的法向控制力也应该越大，即与线偏差的变化一致。参考图 8 – 8，线偏差分量 $h_{\Delta\varepsilon}$ 和 $h_{\Delta\beta}$ 可通过下式计算：

$$\begin{cases} h_{\Delta\varepsilon} = R_\varepsilon \sin(\varepsilon_T - \varepsilon_D) \approx R_\varepsilon \Delta\varepsilon \approx R_D \Delta\varepsilon \\ h_{\Delta\beta} = R_\beta \sin(\beta_T - \beta_D) \approx R_\beta \Delta\beta \approx R_D \Delta\beta \end{cases} \quad (8.1)$$

式中，ε_D 和 ε_T 分别为导弹和目标的高低角；β_D 和 β_T 分别为导弹和目标的方位角；$\Delta\varepsilon$ 和 $\Delta\beta$

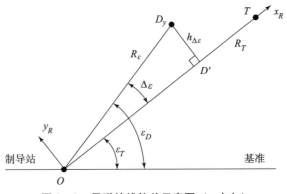

图 8-8　导弹的线偏差示意图（ε 方向）

分别为高低角偏差和方位角偏差；R_D 为导弹与制导站之间的距离，称为斜距。

一般情况下假定导弹的速度变化规律是已知的，因此斜距 R_D 随时间的变化规律也是已知的。

三点法是在导弹飞向目标的过程中，使导弹保持在目标视线（制导站与目标连线）上飞行的导引方法。前置角法是在导弹飞向目标的过程中，导弹视线需超前目标视线一个角度，该角度即为前置角。三点法相当于前置角法中的前置角等于零的情况。根据前置角法和半前置角法的导引关系式（3.34）和式（3.35），高低角（ε 方向）和方位角（β 方向）方向的前置角分别为

$$\begin{cases} \varepsilon_q = -\dfrac{\dot{\varepsilon}_T}{\Delta \dot{R}} \Delta R \\ \beta_q = -\dfrac{\dot{\beta}_T}{\Delta \dot{R}} \Delta R \end{cases} \quad \text{或} \quad \begin{cases} \varepsilon_q = -\dfrac{\dot{\varepsilon}_T}{2\Delta \dot{R}} \Delta R \\ \beta_q = -\dfrac{\dot{\beta}_T}{2\Delta \dot{R}} \Delta R \end{cases} \quad (8.2)$$

以高低角方向的制导为例，前置角法导引时高低角方向的几何关系如图 8-9 所示，图中 ε_q 为前置角法要求的导弹飞行时应具有的前置角。当 $\varepsilon_q = 0$ 时，即表示三点法的导引关系。

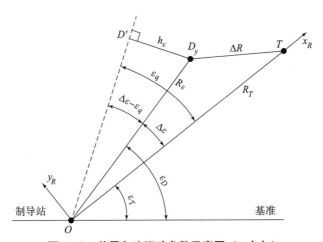

图 8-9　前置角法运动参数示意图（ε 方向）

根据式（8.1）和图 8-9，当采用三点法或前置角法导引时，高低角和方位角方向的线

偏差指令信号 h_ε 和 h_β 可表示为

$$\begin{cases} h_\varepsilon = R_D(\Delta\varepsilon - \varepsilon_q) \\ h_\beta = R_D(\Delta\beta - \beta_q) \end{cases} \tag{8.3}$$

式（8.3）中，当 ε_q 和 β_q 由式（8.2）表示时，表示前置角法导引律的线偏差指令信号；当 $\varepsilon_q=0$ 和 $\beta_q=0$ 时，表示三点法导引律的线偏差指令信号。

式（8.3）中各参数的极性由目标角速度信号的极性以及测量坐标系决定。将该式表示的线偏差作为制导指令的一部分发送给控制系统时，在没有制导误差的情况下即可实现三点法或前置角法的理想弹道。

2. 校正与补偿信号

导弹的实际飞行情况比理想情况要复杂得多，如果仅仅把误差信号发送给到弹上直接控制导弹，并不能使导弹准确地沿理想弹道飞行。影响导弹飞行弹道的因素很多，以下为其中主要的几种。

（1）运动惯性。由于导弹运动存在惯性，再加上制导回路中的很多环节会出现滞后等原因，当导弹的控制系统接收到误差信号后，不能立刻改变飞行方向，即从收到误差信号到导弹获得足够大的控制力以产生所需要的法向加速度需要经过一个过渡过程。

（2）目标机动。攻击机动目标的导弹其理想弹道曲率较大，当导弹沿曲线弹道飞行时，由控制系统产生的法向控制力不能满足所需法向加速度的要求，从而使导弹偏离理想弹道，造成动态误差。

（3）误差信号过大。如果误差信号过大，控制系统将产生很大的控制力，引起弹体剧烈振荡，弹体回复稳定飞行状态所需的时间较长，这样就增加了导弹的过渡过程时间，情况严重时可能造成导弹失控。

（4）重力因素。在俯仰控制方向，由于导弹自身的重力，导弹在实际飞行过程中会产生下沉现象，导弹的实际飞行弹道将偏在理想弹道下方。

下面介绍几种指令制导回路中常用的校正和补偿方法。

（1）微分校正。在指令制导中一般串联如下的微分校正环节：

$$G(s) = \frac{T_{A1}s+1}{T_{A2}s+1} = \frac{(T'_{A1}+T_{A2})s+1}{T_{A2}s+1} = 1 + \frac{T'_{A1}s}{T_{A2}s+1} \tag{8.4}$$

式中：T'_{A1} 为微分校正环节的放大系数；T_{A2} 为时间常数。

一般情况下，T_{A1} 和 T'_{A1} 远大于 T_{A2}，因此由式（8.4）可见，误差信号经微分校正环节后不仅含有原误差信息，而且含有误差的变化速度信息，起到超前控制作用，从而改善导弹的运动特性。

（2）动态误差补偿信号。导弹实际飞行的弹道为动态弹道，动态弹道与理想弹道之间的线偏差为动态误差。动态误差是由于理想弹道的曲率、导弹本身及制导系统的惯性等原因造成的，其中最主要的原因是理想弹道的曲率。下面简要说明动态误差产生的原因。

设目标、导弹在铅垂面内运动，导弹飞行的理想弹道如图 8-10 所示。假设某时刻导弹位于理想弹道上的 D_0 点，此时的误差信号为零。如果不考虑来自外部环境和制导回路内部的各种干扰，则形成的指令信号为零，弹上控制系统不产生控制力，导弹速度方向保持不变，继续沿原方向飞行。若 D_0 点后续理想弹道为弯曲弹道，但是由于在 D_0 点之前没有制导信号，因此，导弹在从 D_0 点开始的一段时间内将继续沿原速度方向飞行，导弹会立即飞出理想弹道，出现弹道偏差。理想弹道曲率越大，造成的偏差也越大。由于制导系统的惯性，对偏差的响应有一定的延迟，导弹飞到 D_1 点时新产生的制导指令才开始产生控制作用，使导弹向理想弹道靠近。但是，此时导弹的控制力是之前某一时刻所要求的控制力，因此并不能使导弹的实际弹道与理想弹道重合。由此可见，当理想弹道为曲线弹道时，导弹飞行的实际弹道与理想弹道时刻都存在偏差。

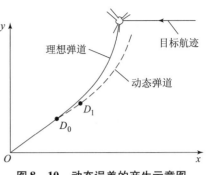

图 8-10　动态误差的产生示意图

若 D_0 点后续的理想弹道为沿飞行速度方向的直线，此时弹道的需用过载为零，导弹的飞行不会产生动态误差。

为消除动态误差，需要通过动态误差补偿的方法产生所需的法向控制力。由上述分析可知，动态误差与导弹沿理想弹道飞行时的需用过载有关，在导弹速度一定的情况下与理想弹道的曲率有关，理想弹道的曲率越大则动态误差越大。影响弹道需用过载的因素主要包括目标的机动性、导引方法和导弹速度等。在导弹速度一定的情况下，采用前置角法导引并且目标机动性较小时产生的动态误差较小。

对动态误差通常采用两种补偿方法，即在制导回路中引入局部补偿回路的方法及由制导回路外加入给定规律的补偿信号的方法。目前，广泛应用的是后一种方法。

如果掌握了动态误差的变化规律，则可以在制导指令中加入一个与动态误差相等的补偿信号。如图 8-11 所示，由制导回路外的电路或装置产生误差补偿信号 u_D^* 加到回路的某点上，该补偿信号使控制系统产生附加的控制作用以对导弹的动态误差进行补偿，使导弹沿理想弹道飞行。

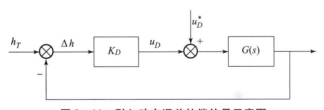

图 8-11　引入动态误差补偿信号示意图

使动态误差完全消除是有困难的，一般只能近似补偿。采用三点法或前置角法时的动态误差补偿信号可表示为

$$\begin{cases} h_{\varepsilon D} = x(t)\dot{\varepsilon}_T \\ h_{\beta D} = x(t)\dot{\beta}_T\cos\varepsilon_T \end{cases} \tag{8.5}$$

式中：$x(t)$ 为根据三点法或前置角法引入的量，可以是常数或随时间变化的量。

（3）重力补偿信号。导弹的重力会给制导回路造成扰动，使导弹偏离理想弹道而下沉，从而产生制导误差。为消除这种误差，可在指令信号中引入重力补偿信号。由于重力只作用在铅垂面，因此重力补偿只在俯仰方向的指令中引入。

如图 8-12 所示，重力在速度方向的分量 $mg\sin\theta$ 仅影响到速度的大小，不会改变导弹的飞行方向；在速度垂直方向的分量 $mg\cos\theta$ 将使导弹产生法向加速度，使实际弹道偏离理想弹道。因此，为了使导弹沿理想弹道飞行，需要产生与 $g\cos\theta$ 方向相反的法向加速度来抵消重力加速度分量。

令重力补偿信号与法向加速度 $g\cos\theta$ 成比例，重力补偿信号可取为

$$h_G = \frac{g\cos\theta}{K_0} \quad (8.6)$$

式中：g 为重力加速度；θ 为弹道倾角；K_0 为制导回路的开环放大系数。

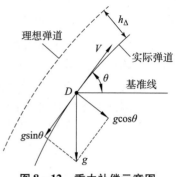

图 8 – 12 重力补偿示意图

除了采用三点法制导的反坦克导弹外，遥控制导的导弹在飞行过程中弹道倾角 θ 一般会发生比较大的变化，因此要做到完全补偿重力加速度比较困难。为便于补偿，可以把重力误差补偿信号取为常数，即在形成指令时 θ 取为常数，并把导弹的质量 m 当作常数。考虑到重力误差比较小，一般只要求在遭遇区进行比较准确的补偿，而在遭遇区 θ 约为 45°，于是重力补偿信号可取 $\theta = 45°$。

对于采用三点法制导的反坦克导弹，其弹道近似在水平面内，于是重力补偿信号可表示为

$$h_G = \frac{g}{K_0} \quad (8.7)$$

3. 制导指令的形成

综合上述几种信号，可得到俯仰和偏航两个方向的制导指令信号为

$$\begin{cases} k_\varepsilon = \dfrac{T_{A1}s + 1}{T_{A2}s + 1}h_\varepsilon + h_{\varepsilon D} + h_G \\ k_\beta = \dfrac{T_{A1}s + 1}{T_{A2}s + 1}h_\beta + h_{\beta D} \end{cases} \quad (8.8)$$

由于在制导回路中串联微分校正环节后制导系统的频带加宽，将使制导系统的起伏误差增大。为了使导弹稳定飞行，消除干扰的影响，常在上述指令信号中进一步引入积分校正环节，即

$$\begin{cases} k_\varepsilon = \left(\dfrac{T_{A1}s + 1}{T_{A2}s + 1}h_\varepsilon + h_{\varepsilon D} + h_G\right)\dfrac{T_{A3}s + 1}{T_{A4}s + 1} \\ k_\beta = \left(\dfrac{T_{A1}s + 1}{T_{A2}s + 1}h_\beta + h_{\beta D}\right)\dfrac{T_{A3}s + 1}{T_{A4}s + 1} \end{cases} \quad (8.9)$$

式中：$(T_{A3}x + 1)/(T_{A4}x + 1)(T_{A3} < T_{A4})$ 为串联的积分校正网络的传递函数。

上述制导指令是在测量坐标系形成的，如果导弹采用"十"字形舵面布局，则导弹的控制坐标系与观测跟踪装置的测量坐标系是一致的，因此不需要进行坐标变换，制导指令直接作为控制信号控制导弹在俯仰和偏航两个方向的运动。如果导弹为"×"形舵面布局，导弹的控制坐标系与观测跟踪装置的测量坐标系成 45°角。此时需要进行坐标变换，将测量坐标系的制导指令信号变换为导弹控制坐标系中的控制信号，其控制信号变换关系和变换矩阵见图 5 – 11 和式（5.1）。

遥控指令制导的导弹其控制系统一般具有滚转角稳定回路，使导弹飞行时的滚转角为

零。观测跟踪装置的光轴或电轴跟踪目标时,其测量坐标系可能会绕竖直方向和水平方向转动。因此,测量坐标系和控制坐标系之间将产生扭转,而不是保持原定的角度(0°或45°)关系。在生成发送给控制系统的制导指令时也需要把这部分角度扭转偏差考虑进去。

8.1.3 遥控指令制导回路

1. 反坦克及反直升机导弹的指令制导回路

对于采用三点法制导律的直瞄式反坦克及反直升机导弹,其制导原理如图 8-13 所示。图中表示的是俯仰通道的控制回路框图,其中加入了重力补偿信号。偏航通道与俯仰通道相似,主要区别是不存在重力补偿信号。

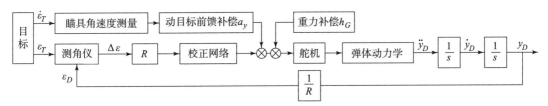

图 8-13 反坦克及反直升机导弹三点法制导原理方框图

y_D—弹高度;ε_T—目标高低角;ε_D—弹高低角;$\Delta\varepsilon$—误差角;R—弹与测角仪距离(可由名义弹道估算)

在图 8-13 所示的制导回路中,由于从导弹的法向加速度 $\ddot{y}_D$ 到位移 y_D 需要进行两次积分,仅这两个积分环节就使开环传递函数的相频特性具有 180° 的相位滞后,因此无论如何选择回路的截止频率,舵机及弹体动力学在截止频率处的相位滞后都会使系统失稳,所以必须在制导回路中增加超前校正网络,如式(8.4)所示的微分校正。校正网络在截止频率处的超前相角与舵机及弹体动力学在截止频率处的滞后相角之差即为系统的稳定裕度。

目标在水平方向或竖直方向的角速度会带来制导静差,为补偿此静差,导弹所需的附加法向加速度 a_y 见式(8.5),具体可表示为导弹的科氏加速度,其值为

$$a_y = 2V\dot{\varepsilon}_T \tag{8.10}$$

式中:V 为导弹速度,其值可由名义弹道得到;$\dot{\varepsilon}_T$ 为视线旋转角速度,其值由瞄具的旋转角速度测量装置给出。

若系统没有瞄具旋转角速度测量装置,也可在校正网络中采用超前—滞后校正,由超前网络解决制导回路的稳定性,由滞后网络通过提高系统在低频段的增益来减小动目标引起的静差。

为了补偿重力带来的静差,防止弹道下沉造成导弹触地,这种系统一般都需要在射面俯仰通道内进行重力补偿,补偿信号见式(8.7)。

采用三点法制导时,导弹攻击的是坦克的前装甲。由于坦克前装甲的防护能力很强,因此又产生了使导弹从防护薄弱的顶装甲对坦克进行攻击的掠飞攻顶三点法制导。该方式在实现上是在纵向通道的指令信号中加上一个对应于导弹掠飞高度的偏置量,使导弹维持在弹-目线上方一定高度飞行。在导弹飞近目标时,依靠非接触激光测距引信和磁引信判断导弹是否到达目标上方,在满足起爆条件后起爆破甲战斗部,从顶部击毁坦克。应用这种掠飞攻顶方式的导弹一般是非旋转弹。典型采用此制导方式的反坦克导弹有瑞典"比尔"(Bill)和美国"陶"-2B(TOW-2B)反坦克导弹。

2. 地空导弹的指令制导回路

由三点法形成的导弹在铅垂面内的导引弹道示意图如图 3-7 所示。为了保持三点法的制导律，要求导弹的高低角 ε_D 与目标的高低角 ε_T 相等。图 8-14 所示为一种三点法导引的遥控指令制导系统的俯仰通道制导回路结构图。

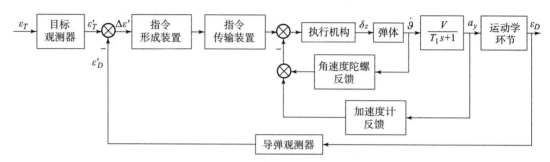

图 8-14 三点法遥控指令制导系统俯仰通道制导回路方框图

整个制导回路主要由以下几部分构成。

（1）雷达测角装置：测量导弹的高低角 ε_D 和目标的高低角 ε_T，获得角偏差 $\Delta\varepsilon' = \varepsilon_T' - \varepsilon_D'$。

（2）表征从制导站到导弹之间距离的机构：根据导弹实际飞行试验结果，可以比较准确地确定导弹到制导站的距离，用 R_D' 表示，R_D' 随着时间的增长而不断增大。

（3）指令形成装置：根据线偏差 $h_{\Delta\varepsilon} = R_D'\Delta\varepsilon'$ 的大小和方向形成指令电压 u_k。

（4）指令发送装置：把指令电压 u_k 变换成指令 c，指令 c 与 u_k 成正比，其符号与 u_k 相同。指令发送装置用无线电把指令发送给导弹。

（5）弹上指令接收装置：接收指令 c，并形成控制电压 u_k'。

（6）弹上自动驾驶仪：按照指令电压 u_k' 的大小和方向产生相应的舵偏角 δ_z。

（7）弹体：按照舵偏角 δ_z 的大小和方向，导弹产生相应的攻角 α，于是导弹产生法向控制力 Y_n 和相应的法向加速度 a_y。

（8）运动学环节：导弹的法向加速度 a_y 使导弹产生法向机动，改变导弹的高低角 ε_D，使之趋近于目标的高低角 ε_T，以消除角偏差 $\Delta\varepsilon$ 和线偏差 $h_{\Delta\varepsilon}$。由于 a_y 引起 ε_D 改变的这一过程称为运动学环节。

上述（1）~（8）的过程即为三点法遥控指令制导的制导过程。指令制导回路的简化方框图如图 8-15 所示，该简化制导系统只包含一个大回路即制导回路。从图中可以看出，指令制导系统的作用就是使导弹的高低角 ε_D 不断地跟随目标的高低角 ε_T。因此，指令控制系统是一个闭环随动系统，其输入为 ε_T，输出为 ε_D。

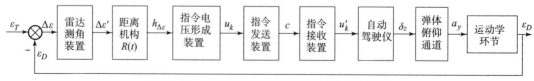

图 8-15 三点法遥控指令制导系统简化方框图

下面简要介绍三点法遥控指令制导系统各环节的传递函数。

（1）目标、导弹观测跟踪装置。目标、导弹观测跟踪装置测量导弹与目标视线的角偏差，其输入量为实际的角偏差，输出量为测量出的角偏差。角偏差的测量精度与观测跟踪装置的形式有关。但是，无论采用雷达的或是光电的测量跟踪方式，观察跟踪装置都是一个机电随动系统或光电随动系统。通常随动系统的设计可以足够精确地保证其跟踪的快速性和稳定性，而目标、导弹的坐标变化较慢，即跟踪器输入信号（目标和导弹的高低角或方位角）的频率较低，远小于随动系统的截止频率，因此在制导系统工作的频率范围内，可以把观测跟踪装置近似看作是一个传递系数为1的比例环节，即

$$W_k(s) = \frac{\Delta\varepsilon'(s)}{\Delta\varepsilon(s)} = 1 \tag{8.11}$$

（2）指令形成装置。指令形成装置输入量为观测跟踪装置测量出的角偏差，输出量为制导指令电压。如式（8.9）所示，在指令形成装置中串联微分、积分校正网络。由于补偿信号是在回路外引入的，可以独立出去而不计入。如果不考虑限幅器，可以把指令形成装置看成线性的。设指令形成装置的放大系数为 K_c，则指令形成装置的传递函数可表示为

$$W_c(s) = \frac{u_k(s)}{h_{\Delta\varepsilon}(s)} = \frac{K_c(T_{A1}s+1)(T_{A3}s+1)}{(T_{A2}s+1)(T_{A4}s+1)} \tag{8.12}$$

对于有线指令制导系统而言，还应考虑射手的延迟，可以增加惯性环节与纯延迟环节来表示这个延迟量。

（3）指令传输装置。指令传输装置包括指令发射装置和指令接收装置。指令发射装置把制导指令电压 u_k 经调制或编码变成指令 c，c 与输入电压成比例。指令发射装置的传递函数可表示为

$$W_m(s) = \frac{c(s)}{u_k(s)} = K_m \tag{8.13}$$

弹上指令接收装置接收指令 K 并对其进行解调或译码，输出量是控制电压 u'_k，指令接收装置的传递函数可以用惯性环节加延迟环节来表示。一般系统的延迟时间只有数十毫秒或更短，因此可忽略延迟的影响，这样接收装置的传递函数可以简化为一个惯性环节，即

$$W_W(s) = \frac{u'_k(s)}{c(s)} = \frac{K_W}{T_W s+1} \tag{8.14}$$

式中：K_W 为传递系数；T_W 为时间常数。

（4）弹体传递函数。根据式（2.74），以俯仰舵偏角 δ 为输入，以弹体俯仰角速度 $\dot{\vartheta}$ 为输出的弹体传递函数可表示为

$$W^{\dot{\vartheta}}_{\delta_z}(s) = \frac{\dot{\vartheta}(s)}{\delta_z(s)} = \frac{K_D(T_1 s+1)}{T_D^2 s^2 + 2\xi_D T_D s + 1} \tag{8.15}$$

以舵偏角 δ_z 为输入、以弹道倾角角速度 $\dot{\theta}$ 为输出的弹体传递函数可表示为

$$W^{\dot{\theta}}_{\delta_z}(s) = \frac{\dot{\theta}(s)}{\delta_z(s)} = \frac{K_D}{T_D^2 s^2 + 2\xi_D T_D s + 1} \tag{8.16}$$

根据图2-9，法向过载 n_y 与弹道倾角角速度 $\dot{\theta}$ 之间的传递函数关系为

$$W^{n_y}_{\dot{\theta}}(s) = \frac{n_y(s)}{\dot{\theta}(s)} = \frac{V}{57.3g} \tag{8.17}$$

（5）运动学环节。采用遥控指令制导时，弹体输出参数（如法向加速度）与制导站观测跟踪装置的导弹高低角、方位角偏差之间存在着固有的耦合关系，描述这一耦合关系的环节称为导弹的运动学环节。图 8-16 所示为导弹在铅垂面内运动的几何关系，图中，θ 为弹道倾角，ε_D 为导弹的高低角，R_D 为导弹的斜距，V 为导弹的速度。

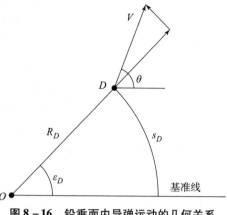

图 8-16 铅垂面内导弹运动的几何关系

根据图 8-16，导弹 D 的运动方程组可表示为

$$\begin{cases} \dot{R}_D = V\cos(\theta - \varepsilon_D) \\ R_D \dot{\varepsilon}_D = V\sin(\theta - \varepsilon_D) \end{cases} \quad (8.18)$$

制导站与导弹的连线 OD 与导弹速度 V 的夹角 $\theta - \varepsilon_D$ 较小，一般不超过 20°，因此式（8.18）可近似化简为

$$\begin{cases} \dot{R}_D = V \\ R_D \dot{\varepsilon}_D = V(\theta - \varepsilon_D) \end{cases} \quad (8.19)$$

以 ε_D 乘以式（8.19）中第 1 个公式的两端可得 $\varepsilon_D \dot{R}_D = V\varepsilon_D$，与第 2 个公式左右两端分别相加，可得

$$R_D \dot{\varepsilon}_D + \varepsilon_D \dot{R}_D = V\varepsilon_D + V(\theta - \varepsilon_D) = V\theta$$

即

$$\frac{d(R_D \varepsilon_D)}{dt} = V\theta$$

式中：$R_D \varepsilon_D = s_D$ 为以 R_D 为半径、从基准线到导弹的弧长，则

$$\frac{ds_D}{dt} = V\theta \quad (8.20)$$

式（8.20）两端对时间求导数可得

$$\frac{d^2 s_D}{dt} = \dot{V}\theta + V\dot{\theta}$$

式中：$\dot{V}\theta$ 为导弹的法向加速度 a_y。

如果假设导弹的速度 V 为常数，则

$$\frac{d^2 s_D}{dt} = a_y$$

如果以法向加速度 a_y 为输入，以弧长 s_D 为输出，则运动学环节的传递函数为

$$W_{a_y}^{s_D}(s) = \frac{s_D(s)}{a_y(s)} = \frac{1}{s^2}$$

根据上述遥控指令制导系统各主要部分的传递函数以及图 8-14 和图 8-15，可得到多回路的制导系统的框图如图 8-17 所示。由图可见，该制导系统除最外部的制导回路外，还包括舵机回路、角速度反馈回路（阻尼回路）和加速度反馈回路，并且在回路中增加了校正网络和限幅放大器。图中舵机、角速度陀螺仪和加速度计的传递函数见第 4 章，其中角速

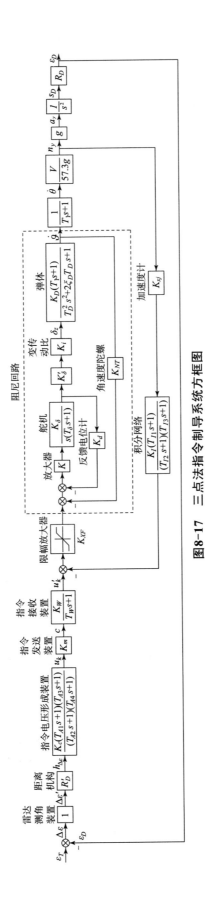

图8-17 三点法指令制导系统方框图

度陀螺仪和加速度计分别简化为传递系数 K_{NT} 和 K_{xj}。在设计和分析制导系统时，对于某个特征点而言，图中的 R'_D 和 R_D 为确定的常量。

下面简要介绍图 8-17 中限幅放大器、加速度反馈回路中的积分网络、积分环节以及气动参数调节装置的作用。

1）限幅放大器

如图 8-17 所示，限幅放大器位于由角速度反馈构成的阻尼回路之前。由第 2 章可知，导弹的气动参数的值在很大程度上随着导弹的飞行速度和高度的变化而改变，所以导弹控制回路的参数在制导过程中是不断改变的。尤其是地空导弹，在整个飞行过程中导弹的高度范围变化很大，导弹控制回路的参数的变化范围也很大。此外，导弹的运动除受控制系统的控制外，还不可避免地要受到各种干扰的作用。阻尼回路的作用是使弹体受扰动后所引起的振荡很快消失，因此必须保证阻尼回路能够一直处于正常工作状态。

在阻尼回路前串联的限幅放大器用来将制导站发送来的控制信号和来自弹体加速度计回路的反馈信号进行放大和限幅，使综合后的信号强度不超过某一个限定值，此限定值所对应的舵偏角小于舵的最大舵偏角。因为舵偏角达到最大角度后，即使角速度陀螺仪有信号输出，也不能使舵偏角发生正常偏转。因此，限幅放大器能够避免导弹的舵偏角指令在进入阻尼回路之前使舵偏角达到饱和，从而为角速度陀螺仪的反馈信号留出适当的舵偏角余量，使阻尼回路能够正常作用，保证导弹飞行时具有较好的过渡过程品质。

2）加速度计反馈回路中的积分网络

由图 8-17 可知，在加速度计反馈回路中串联了积分网络。从第 6 章对自动驾驶仪回路的分析来看，加速度回路本身并不需要此积分网络，此积分网络是制导回路的需要。加速度反馈回路中的积分网络在制导回路中起着微分校正的作用，这一点可以通过图 8-18 所示的积分网络的等效变换进行简单说明。

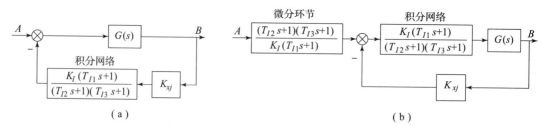

图 8-18 反馈回路中包含积分网络方框图

(a) 反馈回路中包含积分网络；(b) 等效方框图

由图 8-18 可知，在反馈通道中增加积分网络，相当于在制导回路的前向通道中增加微分环节，同时在被反馈通道所包围部分的前向通道上增加积分环节。通过适当配置积分网络的参数，能够使整个制导回路的相位裕度和其他性能指标均满足要求，改善制导系统的稳定性和动态特性。

3）积分环节

如前所述，指令制导回路中导弹的运动学环节是一个双积分环节，因此若不对控制回路进行校正，系统开环传递函数的对数相频特性曲线的相角都在 -180° 以下，不论如何改变开环放大系数，系统的相位稳定裕度都为负值，系统都是不稳定的，这种系统称为结构不稳定系统。为了使系统能够稳定，必须在系统中增加校正网络对制导系统进行校正，使制导系统具有相当的稳定裕度。

制导回路的前向通道中串联微分校正网络后，截止频率提高了，系统频带也随之加宽，这样随机干扰的作用也会增大，会进一步影响到系统的制导准确度，因此系统的频带宽度应有所限制，截止频率的选择也必须适当。

系统稳态误差与系统开环增益成反比，增大系统的开环增益可以减小系统的稳态误差。但是，开环增益增大时，开环对数幅频特性曲线将向上移，使截止频率增大，频带加宽，同样会使随机干扰的影响增大，降低制导准确度。考虑到上述两种情况，为了既不增加系统的频带宽度，又保证一定的开环增益，可以在串联微分校正网络的同时再串联一个积分校正网络。这两个校正网络见图 8-17 中指令电压形成装置中的传递函数。

串联积分校正网络后，可能会降低系统的稳定裕度，这就要求正确选择积分校正网络的参数，在尽量不影响系统稳定性的前提下，提高系统的开环增益，以减小系统的稳态误差。

4) 气动参数调节装置

随着导弹飞行条件的变化，导弹控制回路的参数也将发生变化。如果不采用其他校正方法，仅靠微分校正装置的作用，当导弹飞行高度超过一定限度以后，制导系统可能变得不稳定，或者虽然稳定，但动态特性变得很坏。为了进一步改善制导系统的动态特性，增大系统的相位稳定裕度，保证制导系统在整个工作过程中保持稳定，通常除了采用微分校正外，还可以在导弹上安装气动参数调节装置（或称舵的传动比变化机构），用于自动调节导弹控制回路参量，使它们的数值在给定飞行高度内的变化限制在允许范围内。

8.2 遥控波束制导

在波束制导系统中，由制导站发出引导波束，导弹在引导波束中飞行，由弹上制导系统感受其在波束中的位置并形成制导指令，最终将导弹导向目标。这种遥控波束制导技术也称为驾束制导。目前，应用较广的是雷达波束制导和激光波束制导。图 8-19 所示为波束制导系统的工作原理。

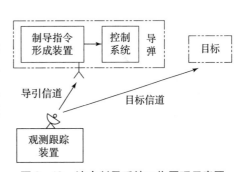

图 8-19 波束制导系统工作原理示意图

8.2.1 雷达波束制导

雷达波束制导中，制导站的引导雷达发出引导波束，导弹在引导波束内飞行。雷达波束制导中引导雷达主要有单脉冲雷达和圆锥扫描雷达，其测角原理见 4.4.3 节的相关内容。

雷达波束制导分为单雷达波束制导和双雷达波束制导。

1. 单雷达波束制导

单雷达波束制导中由一部雷达同时完成跟踪目标和引导导弹的任务，如图 8-20 所示。在制导过程中，雷达向目标发射无线电波，目标回波被雷达天线接收，通过天线收发开关送入接收机，接收机输出信号送给目标角跟踪装置，目标跟踪装置驱动天线转动，使波束的等强信号线跟踪目标。

假设引导雷达为圆锥扫描雷达,如果导弹沿波束等强信号线飞行,在波束旋转的一个周期内,导弹接收到的信号幅值不变;如果导弹偏离等强信号线时,导弹接收到的信号幅值随波束的旋转而发生周期性变化,这种幅值变化的信号就是调幅信号。导弹接收到调幅信号后,经解调装置解调,并与基准信号进行比较,在指令形成装置中形成制导指令信号,控制回路根据指令信号的要求操纵导弹,纠正导弹的飞行偏差,使导弹沿波束的等强信号线飞行。

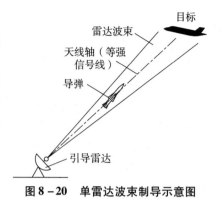

图 8-20　单雷达波束制导示意图

为了能比较准确地将导弹引向目标,对发射天线及其特性以及发射机的稳定性有较高的要求。在发射天线的一个旋转周期内,为了使发射机发射出的信号的强度在等强信号线上保持不变,则要求天线必须形成精确形状的波束,而且发射机的功率必须保持固定不变。

在雷达波束制导系统中,制导准确度随导弹离开雷达的距离增加而减小。在导弹飞离雷达站较远时,为了保证较高的导引准确度,必须使波束尽可能窄,所以在这种导引系统中,应采用窄波束。但是,采用窄波束同时会产生另外一些问题,如导弹发射装置很难把导弹射入窄波束中,并且由于目标的剧烈机动,波束做快速变化时,导弹飞出波束的可能性随之增大。

为保证将导弹射入波束中,可以让引导雷达采用高低不同的两个频率工作,使一部天线产生波束中心线相同的一个宽波束和一个窄波束,宽波束用来引导导弹进入波束,窄波束用来做波束制导。

单雷达波束制导由于采用一部雷达引导导弹并跟踪目标,设备比较简单。但是,由于这种波束制导系统只能用三点法制导律,不能采用前置角法,因而导弹的弹道比较弯曲,制导误差较大。

2. 双雷达波束制导

双雷达波束制导系统也是由制导站和弹上设备两部分组成。制导站通常包括目标跟踪雷达、引导雷达和计算机,如图 8-21 所示。弹上设备包括接收机、信号处理装置、基准信号形成装置、指令信号形成装置和控制回路等。

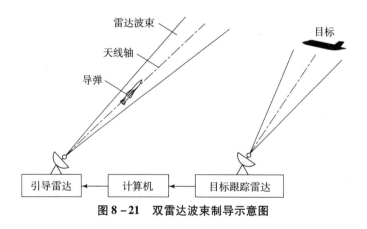

图 8-21　双雷达波束制导示意图

双雷达波束制导可以采用三点法导引导弹，也可以采用前置角法。

采用三点法导引时，目标跟踪雷达不断地测定目标的高低角、方位角等数据，并将这些数据输入计算机，计算机进行视差补偿计算，即计算由于引导雷达和目标跟踪雷达不在同一个位置而引起的测定目标角坐标的误差，进行补偿。在计算机输出信号的作用下，引导雷达的天线转动，使波束等强信号线始终指向目标。

采用前置角法导引时，目标跟踪雷达不断地测定目标的高低角、方位角和距离等数据，并将这些数据送入计算机。计算机根据目标和导弹的运动数据，计算出前置角，并进行视差补偿。在计算机输出信号的作用下，引导雷达的天线转动，使波束的等强信号线始终指向所需的前置角。

不论采用三点法还是采用前置角法，弹上设备都是控制导弹沿波束的等强信号线飞行，弹上设备的工作情况相同。

在双雷达波束制导系统中，一部雷达跟踪目标，另一部雷达引导导弹。如果引导雷达的波束较窄，则需要采取措施消除窄波束在空间过分快的变化。

无论单雷达波束制导还是双雷达波束制导，把导弹引向目标的导引准确度在很大程度上取决于目标跟踪的准确度，而目标跟踪的准确度不仅与波束宽度和发射机稳定性有关，而且也与反射信号的起伏有关。雷达在跟踪运动目标时，跟踪雷达的接收装置的输出端产生反射信号的起伏，反射信号的起伏与目标的类型、大小及其运动的特性有关。为了减小起伏干扰的影响，波束需要快速旋转。

目标跟踪的准确度主要受到在频率上接近波束旋转频率的起伏分量及其谐波分量的限制，而这些分量的大小与跟踪回路的通频带成正比，因此要求把通频带减小到目标运动特性允许的最小程度。跟踪地面和海面上运动较慢目标的雷达应采用较窄的通频带，而跟踪空中运动速度较大的目标时采用较宽的通频带。

雷达波束制导系统的作用距离主要取决于目标跟踪雷达和导弹引导雷达的作用距离，受气象条件影响很小。

雷达波束制导系统沿同一波束同时可以制导多枚导弹，但由于在导弹飞行的全部时间中，跟踪目标的雷达波束必须连续不断地指向目标，在结束对某一个目标攻击之前，不可能把导弹引向其他目标。

雷达波束制导系统的缺点是，导弹离开引导雷达的距离越大，也就是导弹越接近目标时，导引的准确度越低，而此时正是要求提高准确度的时候。为解决这一问题，在导弹攻击远距离目标时，可以采用波束制导与指令制导、半主动寻的制导组合的复合制导系统。此外，制导雷达在导弹整个飞行过程中需要不间断地跟踪目标，容易受到反辐射导弹的攻击，而且缺乏同时对付多个目标的能力。

由于雷达波束制导系统相对来说比较简单，有较高的导引可靠性，因此广泛用于地空、空空和空地导弹。此外，也可以用来导引地地弹道式导弹在弹道初始段上的飞行。

3. 雷达波束制导原理

雷达按照工作波形可分为连续波雷达和脉冲波雷达，这里仅以脉冲体制的圆锥扫描雷达为例说明导弹偏差信号的形成原理。

在雷达波束制导中，偏差信号表示导弹偏离引导雷达等强信号线的情况。偏差信号是在导弹上形成的，导弹在波束中飞行，波束做圆锥扫描时，弹上接收机的输出信号受到幅度调制,调幅信号反映偏差情况。

角偏差形成原理见4.4.3节。弹上接收机输出的低频(脉冲信号包络)信号就是导弹的偏差信号,低频信号的调制深度与导弹飞行角偏差成正比,相位与导弹偏离等强信号线的方位相对应。

在雷达波束制导中,要确定导弹偏离等强信号线的方向,就需要测定偏差信号的相位,而测定相位需要有一个基准。

导弹上的基准信号应该与波束的圆锥扫描完全同步,以便与偏差信号的相位进行比较。根据两个信号的相位关系确定偏差信号的相位,并由此确定出导弹偏离等强信号线的方向。

基准信号形成装置的示意图如图8-22所示,图中基准信号产生器为发电机。制导站波束扫描电动机通过减速器带动天线辐射器和基准信号产生器的发电机转子同步旋转,因此基准信号发生器输出的基准信号与波束的圆锥扫描同步。

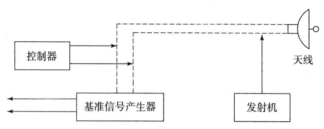

图8-22 基准信号形成装置示意图

产生基准信号的发电机是输出功率很小的微型电动机,电动机的转子为永久磁铁,定子上绕有两对绕组,如图8-23所示。当转子旋转时,绕组便感应出相位相差90°的两个正弦电压,这两个正弦电压便可作为基准信号。

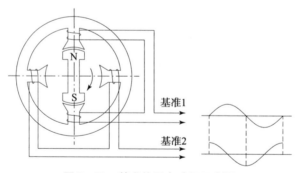

图8-23 基准信号电动机示意图

向导弹传递基准信号时,通常不用单独的基准信号发射机,而是利用引导波束的雷达发射机,这样既不额外增加制导设备,又能减小受干扰的可能性。利用引导波束雷达传递基准信号有两种基本方法:一种是利用基准信号对雷达脉冲进行频率调制的方法;另一种是利用脉冲编码的方法。

1)利用基准信号对雷达脉冲进行频率调制的方法传递基准信号

利用脉冲频率调制传递基准信号的工作原理如图8-24所示。

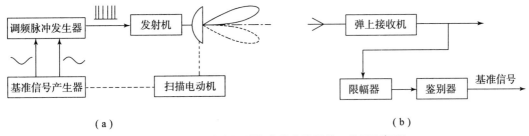

图 8-24 利用脉冲调制传递基准信号的工作原理框图
(a) 控制站；(b) 导弹

天线辐射器和基准信号产生器由扫描电动机带动，二者同步旋转。基准信号产生器输出的基准电压波形如图 8-25 (a) 所示。基准电压控制脉冲发生器的振荡频率，因此脉冲发生器的输出脉冲是调频脉冲，其波形如图 8-25 (b) 所示。调频脉冲经发射机由圆锥扫描天线发射出去。

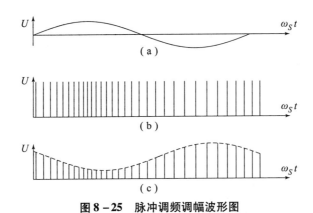

图 8-25 脉冲调频调幅波形图

导弹在等强信号线上飞行时，弹上接收机的输出信号为等幅的调频脉冲信号，其波形如图 8-25 (b) 所示。当导弹偏离等强信号线时，弹上接收机的输出信号则是既调幅又调频的脉冲信号，如图 8-25 (c) 所示。输出信号的幅度调制反映导弹偏离等强信号线的情况，输出信号的频率调制代表相位基准。

为了从既调幅又调频的脉冲信号中分出基准信号，弹上装有基准信号选择装置，其工作原理为：由限幅器对调制的脉冲信号限幅，输出等幅的调频脉冲，加到频率鉴别器，频率鉴别器输出的信号就是基准信号。基准信号经过整形电路后，送入控制信号形成装置。

2) 利用脉冲编码传递基准信号

利用脉冲编码传递基准信号是当雷达天线的波瓣转到 y 轴或 z 轴上时，对发射脉冲进行编码，形成基准信号的射频脉冲码，如图 8-26 (a) 所示。当波瓣中心在 yOz 平面上转到 y 轴或 z 轴上时，基准信号的相位等于 0、$\pi/2$、π、$3\pi/2$。因此，弹上接收机输出的脉冲码的相位与基准信号的四个特殊相位 0、$\pi/2$、π、$3\pi/2$ 相对应，如图 8-26 (b) 所示。

采用这种方法传递基准信号时，不是直接传递正弦波基准信号的全部电压，而是在正弦

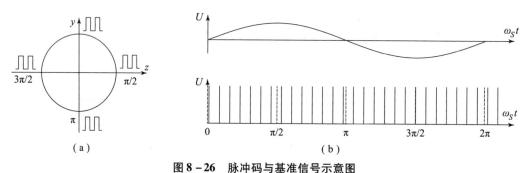

图 8-26 脉冲码与基准信号示意图

(a) 发射脉冲码时波瓣的位置；(b) 脉冲码与基准信号的相位关系

基准信号的四个特殊的相位上传递脉冲码。弹上接收机接收这四个脉冲，便可用来作为偏差信号的相位基准或时间基准。

如果只在一个基准点（如 0 相位点）上，或者两个基准点（如 0、π/2 相位点）上传递脉冲码，弹上接收机也能形成基准电压。但是，当导弹进入间歇照射区或遇到干扰时，就很容易丢失仅有的一组或二组脉冲码，从而中断基准信号的传递。为了可靠地传递基准信号，通常是在前面提到的四个特殊相位点上传递脉冲码。

8.2.2 激光波束制导

激光波束制导又称为激光驾束制导，是除了激光半主动制导之外另一种已实际应用的制导方式。激光波束制导适合在近距离（一般在 10 km 以内）通视条件下使用。所谓"通视"是指从发射点到目标之间存在一个无遮蔽的直视空间。激光波束制导已在地空导弹和反坦克导弹等类型的导弹中得到应用。

如图 8-27 所示，激光波束制导系统包含有跟踪瞄准装置和激光照射器。在制导过程中，跟踪瞄准装置保持对目标的跟踪和瞄准，激光照射器则不断向目标（或预测的前置点）发射经过调制编码的激光束。导弹沿瞄准线发射并被笼罩在编码激光束中，导弹尾部的激光接收机从编码激光波束中感知弹体相对于光束中心的方位，经弹上计算机解算和电信号处理，形成修正飞行方向的制导信号，通过控制系统使导弹沿瞄准线飞行。由于瞄准线（与激光束的中心线基本重合）一直指向目标（或前置点），因此导弹只要保持沿瞄准线飞行即可击中目标。

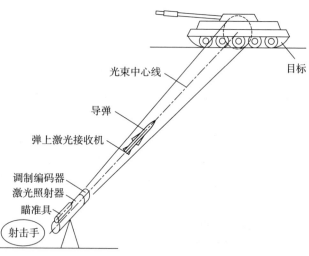

图 8-27 便携式激光波束制导系统示意图

瞄准具是一套可调焦的光学瞄准系统，用于发现和瞄准目标，通过手控或自动跟踪方式使激光波束光轴对准目标。

激光照射器是一台受控激光源，工作在脉冲波或连续波状态。早期近程导弹大多采用波长约为 0.9 μm 的半导体激光器，当前多采用波长为 10.6 μm 的二氧化碳激光器。激光照射器中光束形成装置的焦距通常是可变的，随着导弹飞离制导站，光束形成装置的焦距不断变大，以便使导弹在整个飞行过程中始终处于一个大小不变的光束截面中。

调制编码器是实现激光波束制导的核心器件，是使光束赋予导弹方位信息的主要手段。与任何电磁波一样，激光辐射的特征可以用波长、相位、振幅或强度、偏振四个参数来表示。利用光波长或光相位实现空间调制编码比较困难，所以主要利用光束强度和偏振来编码。使光束强度包含有方位信息的方法有很多，如利用调制频率、相位、脉冲宽度、脉冲间隔等参数来实现对光束的编码，统称为空间强度调制编码。下面简单介绍几种光束编码方式。

（1）条带光束编码。如图 8-28（a）所示，在投射激光束的横截面内，以互相正交的两个矩形条带光束交替地扫描。当条带扫过 $y=z=0$ 坐标位置时，发射同步信号波束（方形光斑）。当导弹处于光束横截面内的不同位置时，弹尾的激光接收机探测到条形扫描光束的时刻不同。将其与同步基准信号相比较，即得到导弹相对于光束中心线的方位信息，据此可以提取误差信号形成制导指令，控制导弹飞行。

（2）飞点扫描。如图 8-28（b）所示，采用一条很细的光束在与瞄准线正交的平面上做方位和高低扫描。在透射光束的横截面上可探测到由扫描细光束形成的小光斑，依据弹上接收机探测到该光斑的时刻，可以提取导弹相对于瞄准线的偏差信息。由于扫描光斑很小，在同一个扫描线上，光斑会两次（往返各一次）通过同一点，根据两次到达的时差即可确定导弹的位置。由于这种方法不需要专门的基准信号，因此对扫描速率偏差要求较低。同时，光束能量非常集中，扫描范围易于控制，具有一定的优势。与其类似的还有螺旋线扫描、玫瑰线扫描、圆锥扫描等。

（3）空间相位调制。如图 8-28（c）所示，借助空间相位和空间光束脉冲宽度的分布来提取导弹相对于瞄准线的方位，这种方法称为空间相位调制，它利用具有一定透光图案的调制盘旋转为导弹提供光束横截面内的方位信息。

（4）空间数字化调频编码。如图 8-28（d）所示，采用调制盘或其他元件使光束横截面内的不同部位具有不同的光脉冲频率，并表现为数字信号。当导弹位于横截面的不同位置时，弹上接收机探测到的数字信号不相同，这种数字信号表示了不同的方位信息。

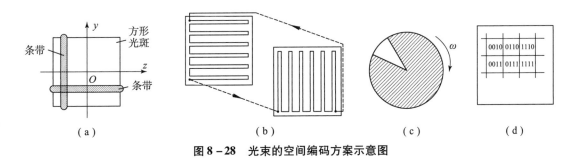

图 8-28 光束的空间编码方案示意图

光束空间编码的目的是让导弹在光束飞行时能测量自身相对光束中心的位置，编码的分辨率决定了导弹偏离光束中心的理论精度。光束编码不能过多，否则会使激光扫描周期延长。

图 8-29 所示为三点法激光波束制导的原理框图。从制导回路看该方法与三点法指令制导相似,主要不同是导弹偏离目标视线的误差不是由测角仪测出,而是由弹上激光接收机从调制编码的激光束中测出。

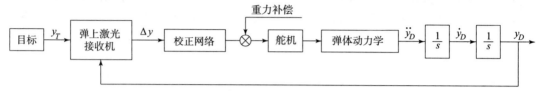

图 8-29 激光波束制导方式制导原理方框图

由于不能从制导站获得目标视线的角速度信息,因此激光波束制导不能从弹外对动目标进行补偿,制导回路的校正网络只能安排在弹上,对动目标的补偿只能靠超前—滞后校正网络中的滞后网络设计来完成。

激光驾束制导地面和弹上设备简单,探测方便,而且最小攻击距离小,可攻击多种类型的目标。此外,由于导弹上的激光接收装置位于导弹尾部,只接收制导装置发射的激光,因此与激光半主动制导相比具有更好的抗干扰性且作用距离更远。

激光波束制导的主要缺点包括:攻击过程中制导站必须始终照射目标,因此制导站容易暴露;激光波束易被大气吸收和散射,同时易受空间环境(烟尘污染)和气象条件(云、雾、雨、雪、霾等)的影响,加上激光照射器功率的限制,射程较近;制导准确度要求导引激光束截面不能过大,而为保证导弹不飞出光束,必须限制瞄准线的角速度,因此激光波束制导难以攻击直升机等高速移动目标。

思 考 题

1. 遥控指令制导系统中,形成制导指令时应用线偏差还是角偏差?为什么?
2. 动态误差是如何形成的?一般如何对其进行补偿?
3. 三点法反坦克导弹制导中如何对目标运动和重力进行补偿?
4. 遥控指令制导中,生成制导指令时为什么要引入微分和积分校正环节?
5. 三点法指令制导系统中加速度计反馈回路包围的前向通道中为什么要加入限幅放大器?加速度计反馈回路中为什么要加入积分网络?
6. 在指令制导回路的前向通道中串联超前校正环节的作用是什么?
7. 简述通过脉冲体制的圆锥扫描雷达实现波束制导的原理。
8. 简述三点法激光驾束制导的制导过程。为什么要对激光束进行调制?

第 9 章
寻的制导原理

遥控制导的导弹虽然可以攻击活动目标，但制导准确度随着导弹接近目标而下降，所以人们寻求一种随着导弹、目标间距离的缩短而制导准确度提高的方法，于是产生了自寻的制导，简称寻的制导。

寻的制导是指导弹利用其自身所携带的设备接收目标辐射或反射的某种能量（如光能、热能、电能、声音等）形成控制信号控制导弹飞向目标的制导方式，也称自动导引。

根据目标辐射或反射的能量形式的不同，可将自动寻的分为光学自动寻的、无线电自动寻的、声学自动寻的三类。

根据有无照射目标的能源及能源所在位置的不同，可将寻的制导分为主动式、半主动式和被动式三类。

导弹的寻的制导虽然根据目标辐射或反射的能量形式不同分为三类，但是，从自动导引系统的组成和工作原理来看，它们之间除了在目标辐射或反射能量的接收和转换上有差别外，其余部分基本是相同的。本章以红外点源制导系统的组成和工作原理作为主要内容对寻的制导原理进行介绍。

9.1 红外寻的制导

9.1.1 红外点源寻的制导

点源是指目标发出的红外辐射在探测器上以点辐射源的形式体现，即等效为辐射强度，而不区分目标的形状、辐射分布等。这种点源式制导方式对探测器的制作工艺和成本要求较低。美国 AIM-9B、AIM-9D 和 AIM-9L "响尾蛇"系列红外制导空空导弹均属于非成像的点源式红外寻的制导导弹。

红外点源制导的 AIM-9B "响尾蛇"空空导弹是世界上最早参加实战的红外自寻的制导导弹，该导弹在总体设计、导引头结构、信息处理电路等方面的设计思想堪称经典，已成为红外制导导弹的设计规范。AIM-9B "响尾蛇"空空导弹主要由导引头舱、舵机舱、战斗部舱、光学引信舱、发动机舱以及外壳等组成，如图 9-1 所示。

为提高导弹的机动能力，AIM-9B "响尾蛇"空空导弹采用舵面在前的鸭式控制布局，"××"翼面和舵面配置方式；导引头稳定平台采用内框架式动力陀螺稳定方式；采用比例导引法，控制方式为直角坐标控制；弹体稳定依靠尾翼上对称配置的四个陀螺舵，其稳定控制原理见 5.3.1 节。

1. 调制盘式红外点源寻的制导原理

以美国 AIM-9B "响尾蛇"空空导弹所用的同轴式红外导引头为例进行说明。同轴式

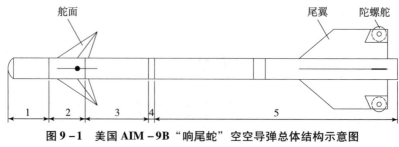

图 9-1 美国 AIM-9B "响尾蛇" 空空导弹总体结构示意图
1—导引头舱；2—舵机舱；3—战斗部舱；4—光学引信舱；5—发动机舱

红外导引头一般由光学系统、调制盘、红外探测器、误差信号处理电路及陀螺角跟踪系统组成，其原理框图如图 9-2 所示。

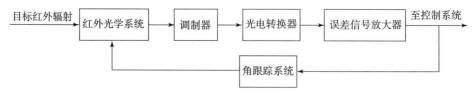

图 9-2 同轴式红外导引头原理框图

导引头中的光学系统、调制盘、红外探测器组成红外位标器。一种同轴式红外位标器的结构如图 9-3 所示。

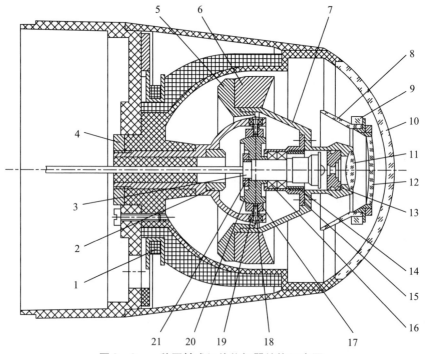

图 9-3 一种同轴式红外位标器结构示意图
1—线包组件；2—限制器；3—探测器与软导线；4—螺母；5—后配重盘；6—磁钢与主反射镜；7—镜筒；
8—伞形光阑；9—阻尼环；10—整流罩；11—校正透镜；12—次反射镜；13—调制盘组件；14—紧固螺母；
15—法兰盘；16—轴承；17—外环；18—螺轴；19—边轴承；20—内环；21—压紧螺母

同轴式红外导引头利用自由陀螺仪的定轴性实现导弹视线的空间稳定，通过陀螺进动性跟踪目标视线。图9-4所示为其总体结构示意图。

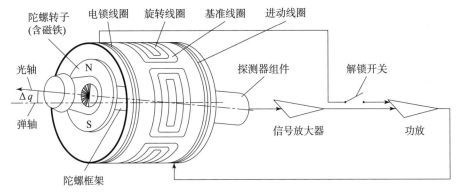

图9-4 同轴式红外导引头总体结构示意图

在导弹跟踪目标过程中，如果目标视线与光轴间出现偏角，由红外探测器将相应的电信号输出给误差信号处理电路。这个信号经放大、滤波等处理，在陀螺进动线圈中产生相应的控制电流，此电流通过线圈产生的磁场与陀螺转子上的永久磁铁的磁场相互作用而产生进动力矩。在进动力矩的作用下，陀螺转子轴向目标方向进动，使光学系统不断地跟踪目标。

下面对红外导引头的红外光学系统、调制器、红外探测器、误差信号处理电路、陀螺跟踪系统、同轴式导引头跟踪回路以及弹体上安装的旋转线圈、基准线圈和电锁线圈等主要组成部分进行简要介绍。

1) 红外光学系统

红外光学系统有多种形式，多采用占用轴向尺寸较小的折返式。红外光学系统位于导引头最前部，用于接收目标辐射的红外能量，并把接收到的能量在调制器上聚焦成一个足够小的像点。光学系统通过镜筒安装成一个整体，一般由整流罩、主反射镜、次反射镜、校正透镜等组成，如图9-5所示。在光学系统的焦平面上放有调制盘，之后有红外探测器。这些元件是同轴的，也就是每一个表面的曲率中心都在一条直线上，这条直线称为光轴。

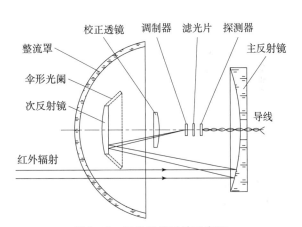

图9-5 红外光学系统示意图

导引头工作时，整流罩与弹体固联在一起，红外探测器相对弹体处于可摆动状态，其余部件则与陀螺转子固联在一起，处于高速旋转又可摆动的状态。

(1) 整流罩。整流罩位于导弹最前端，与弹体固联在一起，把导引头封闭起来，并使弹体具有良好的空气动力性能。整流罩工作条件恶劣，导弹高速飞行时，其外表面与空气摩擦产生高温，内表面因舱内冷却条件好，使整流罩内外温差较大，可能使其软化变形，甚至破坏。高温整流罩会辐射红外线，干扰红外探测器工作。此外，材料选择时要求在所需的红外波长范围内透射率高。

（2）主反射镜。主反射镜用于汇聚光能，一般为球面镜式抛物面镜。为减少能量损失，在反射镜的凹形面上镀有反射层（镀铝或锡）。

（3）次反射镜。次反射镜位于主反射镜的光路中，能够缩短光学系统的轴向尺寸。次反射镜一般为平面镜或球面镜，镀有反射层。

（4）滤光片（滤光镜）。滤光片用于滤除工作波段范围外的光，只使预定光谱范围的辐射光照射到探测器上。目前，多用吸收滤光片（利用材料的吸收性能制成）和干涉滤光片（利用光的干涉原理制成）。

此外，校正透镜用于校正光学系统成像的像差（光学系统的成像与理想像之间的差），提高像质；伞形光阑用于防止目标以外的杂散光的干扰。

红外光学系统的工作过程：目标的红外辐射透过整流罩照射到主反射镜上，通过主反射镜聚焦，反射到次反射镜上，再次反射并经光阑、校正透镜等进一步汇聚，成像于光学系统焦平面上的调制器上。由此可见，光学系统把目标辐射的分散能量汇聚成能量集中的像点，增强了系统的探测能力。

2）调制器

当弹-目距离一定时，导引头所接收到的目标红外辐射能是一个不变的量，而背景（特别是天空）的红外辐射能也是一个相对恒定的值。信号处理系统如果按照一定的阈值来区分目标信号和背景信号，由于背景的辐射强度会随气象条件、季节以及每日时辰等的不同而相差巨大，因而将给使用阈值区分目标和背景的信号处理方法带来困难。为避免阈值选取的困难，一般需要对目标辐射的能量进行某种形式的调制。

调制器是一种对光能（红外辐射）进行调制的器件，广泛应用的调制器是调制盘。调制盘样式繁多，基本都是在一种合适的透明基片上用照相、光刻、腐蚀等方法制成特定图案。对目标像点调制后的辐射能量是时间的周期性函数，即周期振荡的载波。像点经调制盘调制后，恒定的辐射能变换为随时间断续变化的辐射能，调制信号的幅值、频率、相位等参数反映目标在空间的方位变化。

调制盘的作用如下。

（1）使恒稳的光能转变为交变的光能。

（2）对背景的辐射进行空间滤波（抑制背景干扰）。

（3）给出满足自动跟踪和控制系统稳定性和准确度要求的调制曲线。

按调制方式不同，调制盘分为调幅式、调频式、调相式和脉冲编码式调制盘，其中调频式的调制盘输入误差角与输出解调信号之间的线性度最好，而调幅方式的调制盘对小信号跟踪较好。早期研制的红外制导系统大多采用调幅式调制盘。下面以旋转调幅式调制盘为例对调制盘的工作原理进行介绍。

如图9-6所示为一种调幅式调制盘。调制盘以其直径为分界线分为上、下两个部分，其中上半圆为黑白相间的12个辐射状扇形区域，各扇形区域面积相等；下半圆为半透明区。黑色单元能吸收全部红外辐射能量，白色单元可透过全部红外辐射能量，半透明区的红外辐射透过率为50%。

目标在导引头视场角范围之内时成像于调制盘上，调制盘与陀螺转子固联，陀螺转子旋转时，调制盘随之一起旋转。经光学系统聚焦后的目标像点由于调制盘的旋转使连续的红外能量被调制成脉冲信号。脉冲信号的包络频率与陀螺转子的旋转频率相同，载波频率与调制盘图案及调制盘的旋转频率有关。当应用图 9-6 所示的调制盘时，其载波频率为 $12/T$，T 为调制盘的旋转周期。

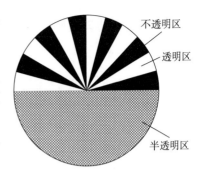

图 9-6 一种调幅式调制盘

如图 9-7（a）所示，假设目标成像于 A 点的总面积为 S，A 点中心距离调制盘中心距离为 ρ。若 ρ 不变，在调制盘旋转过程中，透过调制盘的面积最大值为 S_1，最小值为 S_2。假设目标像点的辐射照度是均匀分布的，则透过的能量的最大值 F_1 与 S_1 成正比，最小值 F_2 与 S_2 成正比，在半透明区透过的能量为 $F/2$，其中 F 为面积 S 在探测器上形成的能量。以透过能量为纵坐标的调制波形如图 9-7（b）所示。

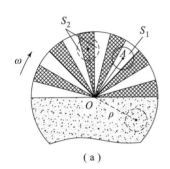 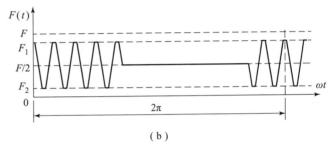

图 9-7 调制信号波形示意图
（a）像点与盘格相对位置；（b）调制波形

为表示信号调制的程度，引入调制深度的概念，即

$$M = \frac{|F_1 - F_2|}{F} = \frac{|S_1 - S_2|}{S} \tag{9.1}$$

因此，调制深度越大，所得到的调制信号的幅值也越大。如果目标像点的面积不变，偏离调制盘中心的距离 ρ 增大，则透过调制盘的面积的最大值 S_1 增大，最小值 S_2 减小，所以调制深度增大，调制信号的幅值也随之增大；反之，距离 ρ 减小，调制深度减小，调制信号的幅值减小。因此，这种调制盘在目标像点面积一定时，所得调制信号的幅值或调制深度是像点在调制盘上的偏离量 ρ 的函数。

在调制盘所在的平面上设置一个固定的平面坐标系，就可以判定目标像点偏离光轴的方向，此方向就是目标偏离导引头方位的真实反映。令半透区与条纹区的分界线为基准线，并假设目标像点为一个几何点，则目标像点偏离的方位角不同，得到的调制脉冲包络信号的初相角也不同。为了比较相位，引入初相角为零的基准信号。图 9-8 和图 9-9 所示为目标在空间的方位角 φ_A、φ_B。由于假设目标像点为几何点，

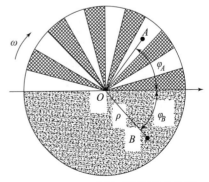

图 9-8 A、B 点相对调制盘的位置

调制信号的波形为矩形波，所以调制信号的初始相位反映了目标像点偏离光轴的方位。

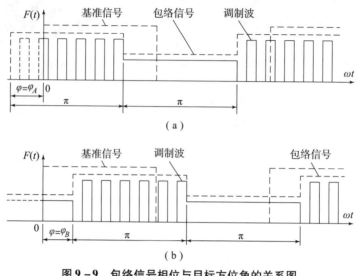

图 9-9 包络信号相位与目标方位角的关系图
（a）目标位于 A 点的调制波形；（b）目标位于 B 点的调制波形

由上述分析可见，调制盘输出的调制信号能够反映目标像点偏离的方位及大小，即目标偏离调制盘轴线的方位及大小，其中调制信号的幅值反映目标偏离的大小，初始相位反映目标偏离的方位。

实际制导系统中使用的调幅式调制盘一般比图 9-6 所示的复杂，如将该调制盘再做径向分格，以减小透射与不透射的面积。图 9-10 所示为美国 AIM-9B "响尾蛇" 空空导弹导引头所采用的棋盘格式调幅调制盘。该调制盘直径为 6.3 mm，上半圆为调制区，分成 12 个等分扇形区，中心扇形区的半径为 1.1 mm。从中心扇形区向外沿半径方向又分为 14 个环带：1~4 环带，各环带间距为 0.2 mm；5~9 环带，各环带间距为 0.15 mm；10~14 环带，各环带间距为 0.1 mm。上半圆各分格在径向和轴向均按照透明区和不透明区交错排列。调制盘下半圆由 62 条宽度为 0.025 mm 的不透明同心半圆黑线组成，各黑线间距也为 0.025 mm。由于目标像点直径通常远大于

图 9-10 AIM-9B "响尾蛇"
导弹的棋盘格式调制盘

0.025 mm，因此可认为这个区域的透过系数无论对目标还是背景都是 50%，即为半透明区。调制盘以 72 r/s 的速度转动，即包络信号频率为 72 Hz。

调制盘透明区和不透明区的划分之所以做得如此复杂，基本目的是消除背景干扰，实现空间滤波。对于棋盘格式调制盘，若背景为均匀辐射，则背景辐射经光学系统入射后成像于整个调制盘上，此时调制盘后面的探测元件接收的光能为一恒定值，故探测元件输出的信号也为恒定值；若背景出现大片云，云辐射成像于调制盘的调制区，一般会盖住几条经线和纬线，同时覆盖多个格，其中透光面积大概占 1/2，而随着调制盘的转动，透光面积仍然占据

大概一半的像面积，因此探测元件输出的信号几乎不变。由于调制盘的半透区的透光量为入射到调制盘上的能量的 1/2，而整个格纹区的辐射能量也为入射到调制盘的能量的 1/2，故在 360°的范围内均不产生调制信号。

由图 4-45 和式（4.54）可知，失调量与失调角之间为一一对应的关系。当失调角很小（制导时一般为这种情况）时，其与失调量之间呈线性关系。失调角 Δq 与调制信号的幅值 u 间的关系曲线称为调制盘的调制曲线。棋盘格式调制盘的调制曲线示意图如图 9-11 所示。

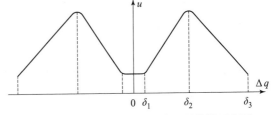

图 9-11　棋盘格式调制盘的调制曲线示意图

图 9-11 中的曲线为调制曲线的大致形状，曲线的峰值位置由像点直径与径向分格宽度的相对大小确定。实际中像点在跨越径向环带的分界处时，有用信号值将显著下降，因此准确的调制曲线还会有许多狭窄的凹陷区。

弹-目距离的变化也将影响调制曲线。对特定目标而言，当目标与光学系统之间的距离变化时，像点的大小和像点能量会同时发生变化。若距离减小，像点面积增加将导致调制深度下降，有用信号值减小。另外，距离减小时光学系统所接收的目标辐射能量增加，这会导致有用信号的增加。由此可见，像点面积和像点能量对调制曲线的影响是相反的。当目标距离很近时，像点面积变大占主导地位，这使得调制深度降低，有用信号减小。例如，美国 AIM-9B"响尾蛇"空空导弹在最后接近目标的 50~100 m 内，由于像点面积急剧增加导致有用信号急剧减小，使得制导信息消失。因此，这段时间内只能依靠惯性飞向目标，这段距离也称为失控距离。

调制曲线的盲区、上升段和下降段对导弹制导系统的性能有较大影响。

（1）盲区。当目标像点直径为定值时，随着失调角 Δq 的减小，调制深度将下降，有用信号值减小。当有用信号减小到接近系统噪声电平时，则不再反映目标信号。将调制盘中心不能反映目标信号的区域称为盲区，这里用 δ_1 表示盲区边界的失调角大小，如图 9-11 所示。

当目标像点落在盲区内时，没有有用信号输出。因此，盲区的大小直接影响了探测系统的角度误差。如果有盲区的调制盘用于测角仪中，则由盲区引起的角度误差就直接影响了测角精度。

当调制盘图案一定时，影响盲区大小的因素是像点的大小，像点越大盲区也越大。由此可见，探测系统的角度误差要求确定以后，盲区的大小就可以确定了。盲区的大小又决定了中心像点的大小，从而对光学系统的设计提出了要求。对于这种中心为辐射状的旋转调制盘系统，必定存在盲区，因此这种调制盘主要用于对测角误差要求不高的导弹的制导系统中。

（2）上升段。当像点从中心向边缘移动时，随着失调角增大，调制深度增大，有用信号值增大，调制曲线出现一段线性上升段，如图 9-11 中 δ_1 到 δ_2 之间的曲线。

当探测系统处于跟踪状态时，目标像点均落在调制曲线的线性段内，因此这段曲线的形状对系统跟踪工作状态有很大影响。从控制系统的工作要求来看，一般希望上升段具有线性特性，即斜率近似为某一个常值。线性段的斜率越大，系统跟踪快速性越好。在斜率一定的情况下，希望上升段宽些，峰值大些，这样导弹跟踪目标的能力也会强些，光学系统轴的跟踪角速度也会大些。当斜率一定时，上升段宽度与调制盘中心扇形区的大小有关，扇形区越长，上升段越宽。但扇形区增大会造成背景干扰的增大。

（3）下降段。若失调角从 δ_2 继续增大，目标像点将进入棋盘格区，此时目标像点直径大于环带宽度，调制深度下降，有用信号随之降低，调制曲线中表现为下降段，如图 9-11 中 δ_2 到 δ_3 之间的一段曲线。

在捕获目标时，目标像点将从调制盘边缘向调制盘中心移动，即像点从调制曲线的下降段逐渐进入上升段，从捕获状态转入跟踪状态。下降段主要是为了扩大视场范围，这段宽度越大，则视场角也越大。图 9-11 所示调制曲线的导引头视场角为 $2\delta_3$。从捕获目标的能力来说，通常希望视场角大。但视场角大会使背景干扰增大，同时还会使分辨多目标的能力降低。

3）红外辐射探测器

红外制导系统中常用的探测器主要有以下几种。

（1）硫化铅（PbS）探测器。硫化铅探测器是目前室温下灵敏度最高、应用最广泛的一种光电导型探测器，也是发展最早和最成熟的红外探测器。硫化铅探测器在美国 AIM-9B/D "响尾蛇"空空导弹上得到应用。红外探测器制冷能提高探测距离和抗背景干扰能力，但探测器制冷带来的缺点是使响应时间增长。制冷硫化铅探测器的响应时间为几十至几百微秒。

早期的红外制导系统采用非制冷硫化铅探测器，只能探测喷气式飞机尾喷管的红外辐射，进行尾部攻角或半球攻击，且很容易受背景云层中反射的阳光的干扰。

（2）锑化铟（InSb）探测器。锑化铟探测器在 $3\sim5~\mu m$ 波段上具有很高的探测能力。它分为光伏型（77K）、光导型（室温与77K）和光磁电型（室温）三种。光伏型比光导型的探测能力高，响应时间约为 $1~\mu s$。光伏型锑化铟可以制成大面积的多元探测阵列。

20 世纪 60 年代后，多采用制冷锑化铟敏感 $3\sim5~\mu m$ 波段的红外辐射。在这一波段，阳光的红外辐射大幅下降，而喷气式飞机、火箭排气等燃烧过程产生的二氧化碳和水蒸气以及目标飞机机头与空气的摩擦热却有强烈辐射。这样，制冷锑化铟可以敏感整个目标各部分的红外线，使应用该探测器的导弹由原来只能尾追攻击改变为可施行全向攻击，战术性能显著提高。

（3）碲镉汞（HgCdTe）探测器。为减少云、雾等对红外制导系统工作的影响，提高全天候作战和抗干扰能力，碲镉汞长波红外探测器得到发展和应用。碲镉汞探测器工作在 $8\sim14~\mu m$ 波段，它有光伏型（77 K）和光导型（77 K）两种。调节碲镉汞材料中镉的含量，可以改变响应波长。目前已可以响应的波长范围为 $0.8\sim40~\mu m$。碲镉汞探测器的噪声小，探测能力强，响应快，适用于高速、高性能设备及探测阵列使用。为降低探测器的噪声，可对碲镉汞探测器进行制冷。

对红外探测器的制冷方法有多种，按照热交换方式可分为：①利用低温液体或气体进行对流换热制冷，属于这种方法的有杜瓦瓶冷液制冷装置、液气双相传输制冷器、节流式制冷器、多种类型的闭式循环制冷器等；②利用固体传导散热制冷的固体制冷器；③利用辐射散热制冷的辐射制冷器；④利用珀尔帖效应制冷的半导体制冷器。

小型短程战术导弹工作时间短且尺寸和质量受到限制，因此要求导引头制冷装置的质量和体积小、启动时间短。采用杜瓦瓶制冷方式能满足这一要求。杜瓦瓶本质上是一个玻璃夹层抽真空的保温瓶内胆，只不过保温瓶内装填的是制冷剂（如液氮、液氧等）。杜瓦瓶的真空夹层内放置探测器并引出信号线，外侧玻璃留出透过红外辐射的保护玻璃窗，而内胆充满制冷剂对夹层进行制冷。杜瓦瓶内的制冷剂需要定期补充，这是杜瓦瓶制冷式探测器使用不方便的地方。

4）误差信号处理电路

由红外探测器输出的电脉冲信号反映了目标在空间相对于导引头光轴的方位，但这种信号很微弱，必须经过误差信号处理电路进行放大与解调处理后才能用来使导引头跟踪目标以及送入控制信号形成电路生成飞行控制信号。

误差信号处理电路中一般包括前置放大器、电压放大器、谐振放大器、检波器、陷波滤波器（双 T 网络）、倒相放大器、推挽功率放大器和自动增益控制电路等，主要具有以下功能。

（1）对目标误差信号进行电流放大和电压放大。
（2）对误差信号做解调变换。
（3）保证跟踪系统的工作不受导弹与目标距离变化的影响。
（4）保证导弹在未发射时陀螺转子轴与弹体轴重合。

下面介绍误差信号处理电路的主要工作过程。

由红外辐射探测器得到的反映目标在空间相对光轴方位的电脉冲信号加到前置高增益放大器进行放大，放大后的信号送给带反馈的阻容耦合电压放大器。由于具有负反馈，所以电压放大器的放大倍数不高，但能使增益稳定，即放大倍数受负载或电源变动的影响较小。

信号经阻容耦合电压放大器后送入谐振放大器，其谐振频率为被信号调制的脉冲的频率（载波频率），也就是调制盘的旋转频率乘以调制盘调制区的扇形个数。例如，调制盘的调制区被分成 12 个角度为 15° 的扇形，调制盘的旋转频率为 72 Hz，则载波频率为 $12 \times 72 = 864$ Hz。

谐振放大器对 864 Hz 的载波频率信号输出最大，可滤除其他频率的干扰信号，如探测器噪声、调制盘图案不均匀带来的干扰以及电子线路的噪声等。

谐振放大器输出的载波频率为 864 Hz、包络频率为 72 Hz 的调幅信号进入信号检波器，通过信号检波器把 72 Hz 的包络信号从 864 Hz 的调幅信号中检出来。

检波器之后的陷波滤波器的作用是进一步滤除 864 Hz 频率的信号，获得波形较为理想的 72 Hz 正弦误差信号。

陷波滤波器后级为倒相放大器，主要作用是得到两个幅值相等、相位相反的 72 Hz 的正弦误差信号，以适应后一级推挽放大器的需要。倒相放大器同时也作为选频放大器，它仅对 72 Hz 的信号进行放大，而对其他频率的信号起到抑制作用。

倒相放大器之后是推挽放大器，其负载是两组相串联的进动线圈及相位检波器（坐标转换器）等。当有误差信号输入推挽放大器时，就有电流流过进动线圈，使陀螺转子进动，光轴跟踪目标。

上述误差信号处理过程没有考虑目标辐射能量的强弱问题。导弹刚发射时，红外导引头在较远的距离上探测目标。随着导弹与目标间距离的缩短，光学系统接收的目标能量强度有很大变化,因此系统的误差信号会不断增强。要使信号处理系统提供这么大的动态范围是很困难的。于是误差信号处理电路的器件可能因过载而损坏,或者误差信号不能正确反映目标偏差的大小。

为防止放大器饱和,减小非线性失真,保证跟踪回路的稳定性,可以在误差信号处理系统中采用自动增益控制(AGC)电路。自动增益控制电路应保证在小信号时放大器放大倍数较大。当误差信号随着导弹与目标间距离的缩短而增强到一定程度时,自动增益控制电路应减小前置放大器的增益。

5)陀螺跟踪系统

陀螺跟踪系统主要由陀螺转子、万向支架、机械锁定器、各种线圈及底座组合件等组成。机械锁定器的作用是保持陀螺转子轴在启动前与弹轴方向一致。底座组合件的主要作用是把陀螺万向支架固定在弹体上。

如图 9-3 所示,陀螺转子主要由永久磁铁(磁钢)、镜筒、光学系统等组成。这些部分固联成一个整体,通过轴承支承在万向支架的内环上,构成内框架式动力陀螺稳定系统。

永久磁铁的磁轴沿图 9-12 所示的长轴方向。永久磁铁质量较大,其转动惯量占整个转子的 1/2 左右,是陀螺转子的主要部件。

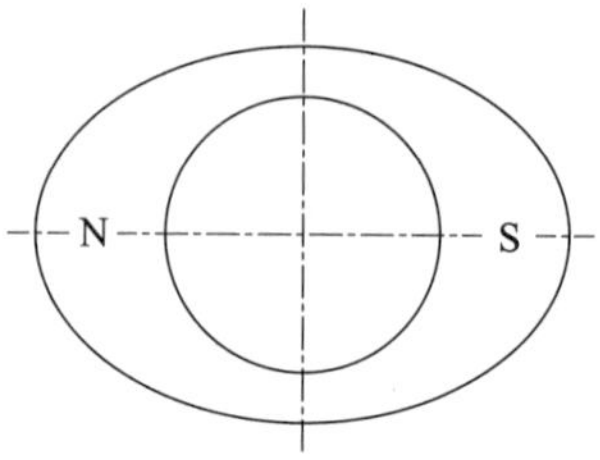

永久磁铁在导引头中的主要功能如下。

(1)与其外部的旋转磁场绕组构成类似于同步电动机的动力装置,带动整个转子旋转。

图 9-12 永久磁铁磁轴示意图

(2)给陀螺转子施加进动力矩。当目标偏离导引头光轴时,会有交变磁场沿陀螺旋转轴方向作用于磁铁,陀螺在磁场作用下发生进动,使导引头不断跟踪目标。

(3)当磁铁旋转和偏转时,将在基准电压线圈或电锁线圈中产生感应电动势,作为基准信号或稳定控制信号。

陀螺跟踪系统的进动线圈是轴向线圈,共有 4 个,分为两组,是误差信号处理系统中功率放大器的负载。误差信号经放大后在这两组线圈中建立起磁场,该磁场强度矢量与导弹纵轴平行,大小和方向随误差信号的大小和极性而变。这个磁场与永久磁铁的磁场相互作用,产生一个力矩加在陀螺转子上,从而使陀螺产生进动,驱动导引头的光轴不断跟踪目标。

图 9-13(a)所示为目标与像点的位置关系示意图。图中 y 是陀螺外环轴的方向,x 是陀螺内环轴方向,z 是转子轴方向。调制盘和永久磁铁的相对位置如图。从 z 轴正方向向负方向看,陀螺转子以角速度 ω 沿顺时针方向旋转,其动量矩为 H。与永久磁铁固联的平面 $\zeta O\xi$ 的 $O\xi$ 轴沿永久磁铁的磁轴方向,$O\zeta$ 轴与 $O\xi$ 轴垂直。目标 A' 的红外辐射经过光学系统后在调制盘上成像于 A 点,OA 轴与 Oy 轴之间的夹角 θ 为目标偏离光轴的方位角。目标视线与光学系统光轴的夹角即失调角为 Δq。

如果以 Oy 轴为计算角度的起始轴,则目标的像点经调制盘调制后,输出的信号波形如图 9-14(a)所示,在红外探测器两端输出的电压波形如图 9-14(b)所示,正弦误差电流信号波形如 9-14(c)所示。电压经放大变换后得到与调制盘旋转频率一致的正弦误差

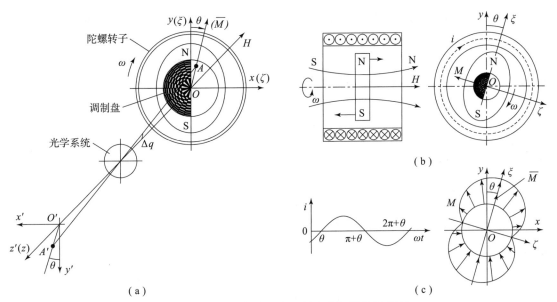

图 9 – 13　动力陀螺稳定式导引头目标跟踪示意图
(a) 目标与像点关系示意图；(b) 进动线圈、调制盘、永久磁铁及力矩示意图；
(c) 进动电流与平均进动力矩示意图

电流信号为

$$i = i_0 \sin(\omega t - \theta) \tag{9.2}$$

式中：$i_0 = K_1 \Delta q$，K_1 为比例系数。

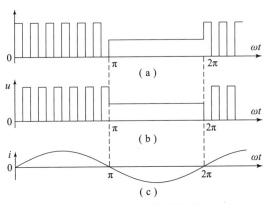

图 9 – 14　调制信号波形

下面说明通过将电流 i 施加到进动线圈上，能够通过该电流产生的磁场作用使陀螺转子向图 9 – 13（a）所示的 AA' 方向进动，即使得光轴 OO' 向减小失调角 Δq 的方向偏转，实现对目标 A' 的跟踪。

如图 9 – 13（b）所示，误差电流 i 进入进动线圈，进动线圈即产生轴向交变磁场，与安装在陀螺转子上的永久磁铁相互作用，产生电磁力矩，使永久磁铁受到一个瞬时转动力矩 M 的作用，此瞬时力矩将引起陀螺进动。

在误差电流 i 作用下产生的瞬时转动力矩 M 如图 9 – 13（c）所示。在陀螺转子旋转一

225

周的过程中，瞬时转动力矩 M 产生周期平均作用力矩 $\bar{M}$，其方向反映了目标偏离光轴的方位角 θ。

根据陀螺进动原理，陀螺转子进动的方向是使陀螺动量矩沿最短路径向外力矩靠近的方向。从图 9-13（a）看，就是使陀螺动量矩 H 向周期平均作用力矩 $\bar{M}$ 方向旋转，从而实现导引头光轴对目标的跟踪。

综上所述，当导弹与目标偏离方位不同时，像点在调制盘上的位置就不同，误差信号的初始相位和幅值也不同。因此，平均作用力矩的方向（$O\xi$ 轴的正方向）和大小就不同，陀螺进动方向和进动速度也不同，但总是向着目标方向进动。

6) 同轴式导引头跟踪回路

同轴式导引头跟踪回路的工作原理如图 9-15 所示，图中 q_M 为导引头光轴方向与惯性参考方向之间的夹角，q_T 为目标视线与惯性参考方向之间的夹角，Δq 为失调角，i 为误差电流信号。

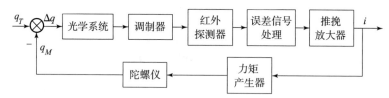

图 9-15 同轴式导引头跟踪回路的工作原理

图 9-15 所示的角跟踪回路的前向通道可简化为一个比例环节，反馈通道可简化为一个积分环节，对跟踪回路的分析过程及结论与 4.5.3 节中对活动式跟踪导引头跟踪回路的分析一致，导引头的输出信号与目标视线角速度之间近似为比例关系，此处输出信号为电流 i，则

$$i(s) = K\dot{q}_T(s) \tag{9.3}$$

式中：K 为反馈回路的放大系数。

应用由该电流生成的控制指令对导弹进行飞行控制可实现比例导引律。

7) 旋转线圈、基准线圈和电锁线圈

如图 9-4 所示，在弹体上安装有旋转线圈、基准线圈和电锁线圈，下面对这三种线圈进行简要介绍。

（1）旋转线圈。旋转线圈为 4 个椭圆形、安装在上下、左右对称方位的径向线圈。当线圈中形成旋转磁场时，该磁场与永久磁铁的磁场相互作用，使永久磁铁跟着旋转磁场一起旋转，从而使陀螺转子旋转。

旋转磁场的产生原理：永久磁铁与导弹壳体上的 4 个径向线圈 M_1、M_2、M_3、M_4 构成一个类似于同步电动机的陀螺电动机，如图 9-16 所示。

当永久磁铁处于图 9-16 所示的位置时，给旋转磁场线圈 M_1 输入电流，产生磁场，永久磁铁在该磁场作用下顺时针旋转；当永久磁铁旋转 90° 后，切断线圈 M_1 的电流，给

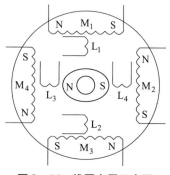

图 9-16 线圈布置示意图

线圈 M_2 通电，永久磁铁在 M_2 的磁场作用下，又继续顺时针旋转。这样，依次给 4 个线圈通、断电，就可以实现永久磁铁以及与其固联的陀螺转子的持续旋转。

（2）基准线圈。基准线圈用来产生将极坐标形式的误差信号向直角坐标转换时的基准信号。

如果寻的制导导弹的弹上执行装置是按照直角坐标方式控制的，就必须将以极坐标形式反映目标相对于导引头光轴偏差的信号转换成直角坐标信号。基准信号所代表的基准坐标与弹上执行装置的坐标相一致。

如图 9-4 及图 9-16 所示，基准线圈由配置在弹体外壳上的 4 个径向线圈 L_1、L_2、L_3 和 L_4 组成，这 4 个线圈按照上下、左右对称的方位安装，位置两两相对的线圈串联。当永久磁铁旋转时，基准线圈的磁通发生变化，在线圈中感应出两个相位上相差 90°、频率与磁铁旋转频率相同的电压。以此电压为基准信号输入到比相电路，与误差信号进行比相，即可确定目标偏差信号的直角坐标方位。

（3）电锁线圈。导弹在载机上未发射时，通常需要使陀螺转子的旋转轴线与弹轴保持一致。但是，由于陀螺的定轴性，当载体振动或改变运动方向时，陀螺转子的指向将保持不变。为了使陀螺转子能够跟随弹轴转动，在弹体上安装有电锁线圈，如图 9-4 所示。

电锁线圈是轴向线圈，它起着敏感元件的作用，敏感弹轴与陀螺转子轴之间的偏离角。当弹轴与陀螺转子轴一致时，永久磁铁在旋转一周的过程中不会在电锁线圈中产生电流，陀螺转子不进动。

当陀螺转子轴与弹轴指向不一致时，永久磁铁的旋转平面将发生偏转，永久磁铁的旋转产生交变磁场，在电锁线圈中感应出一个与转子轴和弹轴的偏离角相对应的信号，其幅值与偏离角的大小成正比，而相位取决于陀螺转子轴的偏离方向。此信号经功率放大后，送给进动线圈，使陀螺转子向减小偏离角的方向进动，直到消除偏离角，保持转子轴与弹轴方向一致。

光学系统捕获到目标后，图 9-4 中的解锁开关断开，电锁信号被切断，此后导引头进动线圈开始接收光学系统送来的信号，驱动陀螺转子进动以跟踪目标。

2. 伺服连接式红外导引头

同轴式红外导引头将光学系统和调制器作为陀螺转子的一部分，直接固定在陀螺转子上，与转子一起旋转，并使光学系统轴与陀螺转子轴相重合。这种导引头由于将光学系统与陀螺转子同轴安装，导致陀螺转子的定轴性限制了光轴的转动速度，难以实现快速搜索跟踪运动。

伺服连接式红外导引头是为解决对目标的快速和大范围搜索问题而设计的，它由一个可控陀螺系统和一个随动框架系统构成，其中陀螺系统包括陀螺转子、红外信号放大器、陀螺偏航和俯仰方向力矩产生器以及陀螺偏航和俯仰测角电位计等，随动框架系统包括框架、红外光学系统、调制器、框架方位和高低方向力矩产生器以及框架方位和高低方向角位置传感器等。

伺服连接式红外导引头的陀螺系统轴与光学系统轴之间通过一个"电轴"角跟踪随动系统相连接，而不是采用同轴式红外导引头中的机械连接。对目标的搜索运动不是通过陀螺进动，而是由随动框架系统完成。进行搜索时，随动框架系统带动光学系统在以导弹为中心的某一区域内迅速搜索；当目标进入搜索区域时，随动框架系统由搜索状态转入跟踪状态，光学系统轴开始跟踪目标。此时，需要控制陀螺转子轴进动使其与光学系统轴方向一致并保持同步运动，陀螺系统轴与光学系统轴之间形成连动关系，其后的制导过程与同轴式导引头类似。

3. 非调制盘式红外点源探测系统

在调制盘红外制导系统中，调制盘上必须制作"透"与"不透"的图案，不透区域的存在会使探测系统对目标能量的利用率减小1/2。另外，由于调制盘占据光学系统的焦平面位置，探测器不得不离开焦平面，为此需要在探测器前引入场镜、浸没透镜等，这不仅使系统复杂，还进一步降低了光能利用率。此外，调制盘中央存在一个盲区，盲区内的目标不能产生制导信号。为克服这些缺点，出现了非调制盘式红外点源探测系统，该系统将探测器按照一定形式排列，通过让目标像点按照某种规律扫描探测器，实现对目标能量的调制和角度信息获取。常见的非调制盘式红外探测系统有十字形、L形和玫瑰线形扫描系统等。

1）十字形和L形探测系统

十字形探测系统由光学系统、探测器及信号处理电路三部分组成。如图9-17所示，光学系统工作方式为圆锥扫描式，具有一定安装角度的次镜绕光轴旋转，在像平面上产生像点扫描圆；像平面上放置4个按照十字形阵列摆放的探测器，分为两组，其中a、b为一组，用于测量方位误差，c、d为一组，用于测量俯仰误差；目标像点以圆形轨迹依次扫过十字形探测器阵列。

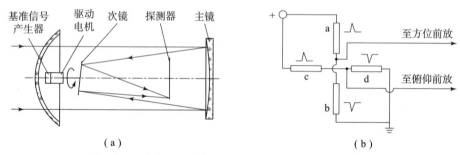

图9-17 十字形红外点源探测器排列及扫描系统示意图
(a) 扫描系统示意图；(b) 探测器连线图

探测器为光敏电阻，当像点扫过某个探测器时，该探测器电阻发生变化，造成其所在通道两元件阻值失衡，于是在该通道输出端出现正或负极性的脉冲信号，如图9-17（b）所示。

若目标位于导引头光轴上，则其像点扫描中心与十字中心点重合，方位、俯仰通道信号脉冲等间隔出现，如图9-18（a）所示，处理电路输出误差信号为零；若目标偏离导引头光轴，如图9-18（b）所示，此时扫描中心偏离十字中心，像点扫过方位通道元件a、b所产生的信号脉冲不等间隔出现。随着目标偏离光轴角度的大小和方向不同，信号脉冲出现的时间先后及脉冲间隔都不相同。

方位和俯仰十字形探测器产生的脉冲调制信号分别输入各自的前置放大器进行放大，然后馈入各自的对数放大器；对数放大器生成的脉冲信号分别经过各自的开关电路后进入采样保持缓冲电路，生成的方波信号对来自基准信号产生器的基准信号电压进行采样、保持，从而产生瞬时的直流误差电压。误差电压的幅值大小反映了目标偏离光轴失调角的大小，极性反映了目标偏离的方向。

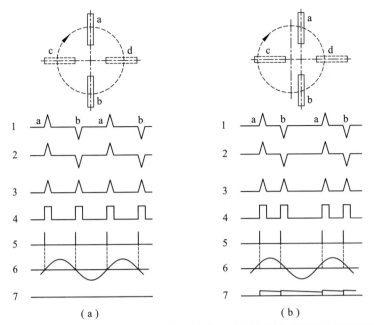

图 9-18 像点扫描中心与十字形探测器中心重合及偏离时输出信号示意图
1—探测器输出波形;2—前置放大器输出波形;3—对数放大器输出波形;4—开关电路输出波形;
5—采样输出波形;6—方位基准信号波形;7—缓冲器输出波形

十字形系统的优点是避免了调制盘带来的能量损失,理论上无盲区,测角精度高,可以达到角秒级。其缺点是失去了调制盘特有的空间滤波功能,探测噪声大。另外,这种系统一周内采样两次,若基准波形不对称,则其局部误差、相位差、采样脉宽等因素都会带来误差。针对这一情况,出现了将探测器排列成L形、一周只采样一次的L形探测器系统。

L形系统的目标信号形式、基准信号形式以及误差信号提取原理都与十字形系统相同,区别在于光点转动一周每个通道只产生一个调制脉冲,在基准信号一个周期内只采样一次。

2) 玫瑰线扫描系统

如图9-19所示,玫瑰线扫描系统可以等效为平行光路中的两个旋转光楔、物镜和探测器,用于实现复杂的像点扫描运动。

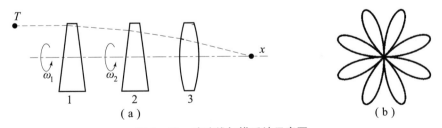

图 9-19 玫瑰线扫描系统示意图
(a) 一种玫瑰线产生方式示意图;(b) 一种玫瑰线图案

在图9-19中,若光楔1、2的材料和倾斜角相同,两者分别以角速度 ω_1 和 ω_2 沿 x 轴转动,则通过设置二者的角速度值便可以得到不同形状的扫描线。

对于由 N 个花瓣组成的多叶玫瑰线扫描图案,视场中心是各叶扫描线的交会处,故每帧有 2N 次脉冲提供目标的位置信息。当目标偏离视场中心后，每帧至少有一次脉冲提供其位置信息，这也是玫瑰线扫描相比调制盘的优越之处。

采用玫瑰线扫描的另一个优势在于采用很小的探测器就能实现较大视场范围内的扫描。由于探测器噪声与其面积的平方根成正比，所以减小探测器尺寸有利于减小探测器噪声。另外，小面积探测器还易于制造、制冷等。美国"毒刺"便携式地空导弹即采用了玫瑰线扫描方案。

4. 红外点源寻的制导系统

红外点源寻的制导是利用目标辐射的红外线作为信号源的被动式自寻的制导方式。第二次世界大战后，随着喷气式战斗机的广泛应用，具有精确制导和自动寻的能力的空空导弹开始登上历史舞台。喷气式战斗机发动机的尾喷管和喷气温度非常高，形成的红外辐射非常强烈，而天空中红外辐射干扰相对较少，因此红外制导最先被应用于空空和空地导弹的制导系统中。

第一阶段的红外制导系统出现在 20 世纪 50 年代初期到 60 年代初期，其探测器采用非制冷的硫化铅材料，信息处理系统为调幅式调制盘系统。这种探测器的工作波段处于 1 ~ 3 μm 的近红外波段，只能探测到飞机发动机的尾喷管，因此灵敏度低、抗干扰能力差、跟踪角速度较低。这一代的典型产品有美国 AIM - 9B "响尾蛇"空空导弹、苏联 AA - 2 空空导弹、美国"红眼睛"地空导弹以及苏联"萨姆"- 7 地空导弹。这一时期红外制导导弹主要用于攻击空中机动性较差的飞机，并且只能从飞机尾部攻击。

第二阶段的红外制导系统出现于 20 世纪 60 年代中期到 70 年代中期，其探测器材料采用制冷的硫化铅或锑化铟，并对调制盘进行了改进以提高跟踪能力。探测器的工作波段已延伸到 3 ~ 5 μm 的中红外波段。其典型代表有美国 AIM - 9D "响尾蛇"空空导弹和法国 R530 "马特拉"空空导弹。这一时期的红外制导空空导弹虽然仍属于尾追攻击型，但导弹的攻击范围扩大，机动性提高。

第三阶段的红外制导系统发展于 20 世纪 70 年代中后期到 90 年代初期，其红外探测器采用了高灵敏度的锑化铟材料，并且采用了圆锥扫描或玫瑰线扫描的非调制盘信号调制方式。这一代红外制导导弹能够攻击机动能力较强的空中目标，并可实现全向攻击。典型产品有美国 AIM - 9L "响尾蛇"空空导弹、苏联 R - 73E 空空导弹、以色列"怪蛇"- 3 空空导弹、美国"毒刺"便携式防空导弹以及法国"西北风"地空导弹等。

1) 红外点源寻的制导的特点

红外线是一种热辐射，是物质内分子热振动产生的电磁波，其波长为 0.76 ~ 1 000 μm，在整个电磁波谱中位于可见光和无线电波之间。任何热力学绝对零度（-273.15 ℃）以上的物体都辐射红外能量，红外辐射能量随温度的上升而迅速增加，物体的温度与其辐射能量的波长成反比关系。

红外点源寻的制导根据目标和背景的红外辐射能量不同对目标和背景进行区分，以达到导引的目的。红外制导导弹攻击的红外目标主要以飞机、军用车辆和舰船为代表。这一类目标的动力装置等部位产生的高温会形成很强的红外辐射，因此成为红外制导导弹的理想目标。红外制导系统最常见的背景可分为天空、地面和海面三类。天空背景是指空中能辐射红外线的自然辐射源构成的红外辐射环境，如太阳、月亮、大气和云团等；地面背景是指大地、草地、森林、雪地和城市建筑等构成的红外辐射环境；海面背景是指以大海或者大面积水域以及岛屿、暗礁等构成的红外辐射环境。背景的红外辐射进入红外装置后会产生背景干扰，妨碍红外装置的正常工作。因此，设计红外装置时需要设法去除背景干扰。

红外点源寻的制导系统广泛应用于空空、地空导弹，也应用于某些反舰和空对地导弹，其优点是：①制导精度高；②可实现"发射后不管"；③弹上制导设备简单，体积和质量小，成本低，工作可靠。缺点是：①受气候影响大，不能全天候作战，雨、雾天气红外辐射被大气吸收和衰减严重，在烟尘、雾、霾的地面背景中其有效性也显著下降；②容易受到激光、阳光、红外诱饵等的干扰和其他热源的干扰；③作用距离有限。一般用于近程导弹的制导系统或远程导弹的末制导系统。

红外点源制导系统一般由红外导引头、弹上控制系统、弹体等组成。红外导引头用来接收目标辐射的红外能量，确定目标的方位及角运动特性，形成相应的跟踪和制导指令。

2）红外点源寻的制导系统

下面以空空红外寻的制导导弹为例介绍红外寻的制导系统，其工作原理图如图9-20所示。该制导系统的导引头即为第4章所介绍的同轴安装式红外导引头。

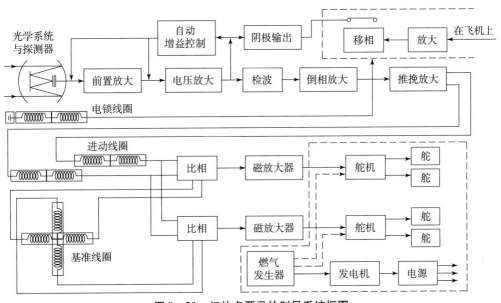

图9-20 红外点源寻的制导系统框图

制导系统的工作过程如下。

飞机起飞后，由飞机给制导系统供电，陀螺旋转系统工作，使装有光学系统的陀螺转子旋转。当转速达到一定值后，陀螺获得定轴性，此时将机械锁定装置解脱，导引头进入接收信号状态。在未收到信号时，导引头的光学系统光轴应与弹轴保持一致，但飞机是机动飞行的，而陀螺又具有定轴性，为此采用电锁装置。如前所述，电锁装置由弹上的电锁线圈、进动线圈以及飞机上的电子线圈共同组成。

当导引头视场内出现目标时，便会在导引头接收线路中得到信号，这个信号自动断开电锁装置，使导引头获得自动跟踪目标的能力。根据所获得的信号，飞行员在进行必要的计算之后，按下发射按钮，接通导弹上的电源，使导弹处于待发状态。待飞机上的设备自动检查导弹上的能源已正常工作后，飞机上的自动控制系统断开飞机上的能源，代之以导弹上的能源，使弹内设备继续正常工作，然后点燃导弹的固体燃料发动机和引信的能源。导弹在发动机推力作用下发射出去。

导弹发射以后，其运动受导引头的控制，导引头继续接收目标的辐射能量，形成误差信号，按预定的导引方法形成控制信号，驱动舵面偏转，使导弹飞向目标。当导弹飞到战斗部威力范围内，引信作用起爆战斗部，完成对目标攻击。

弹上控制系统由相位检波器、功率放大器、执行机构等部分组成。该红外点源寻的制导空空导弹的控制系统未采用自动驾驶仪，导弹的角稳定功能由弹翼外后沿上安装的4个陀螺舵（图9-1、图9-25）完成。图9-21所示为该红外点源寻的制导空空导弹的控制系统原理。

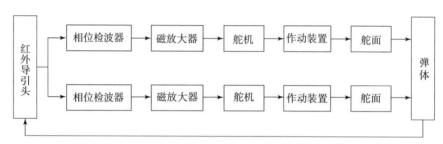

图9-21 红外点源制导空空导弹控制系统原理框图

由红外导引头的跟踪原理可知，导引头误差信号处理电路输出的信号电压可用下式表示：

$$u = K_y \Delta q \sin(\omega t - \theta) = U\sin(\omega t - \theta) \tag{9.4}$$

式中：Δq 为失调角，反映目标相对光轴的偏离量大小；θ 为初相角，反映目标偏离光轴的方位；ω 为陀螺转子旋转频率；K_y 为导引头系统传递系数；U 为误差信号的幅值，$U = K_y \Delta q$。

式（9.4）所示的交流信号表示的是一个极坐标形式的失调角偏差，其中幅值 U 表示偏差角大小，θ 表示偏差方位。对于直角坐标式控制系统来说，需要将代表跟踪偏差角大小的幅值 U 按照初相角 θ 进行直角坐标分解，以形成舵机控制信号。按照图9-22将幅值 U 在导弹的俯仰通道和偏航通道上分解后，有

$$\begin{cases} u_y = U\cos\theta \\ u_z = U\sin\theta \end{cases} \tag{9.5}$$

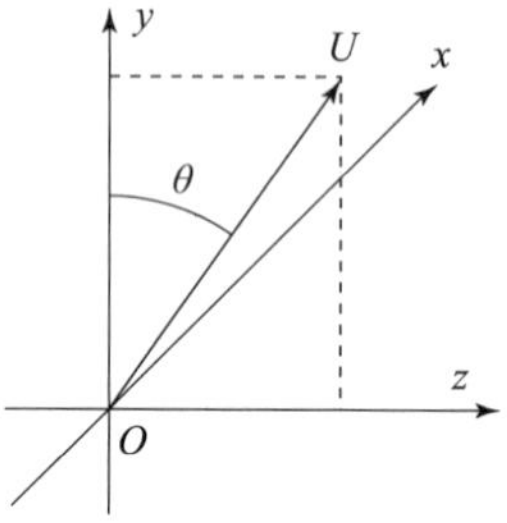

图9-22 目标偏差信号坐标分解

即要求系统产生与 u_y 和 u_z 成比例的直流信号来控制舵面偏转。

将极坐标误差信号转换为直角坐标信号的转换工作由两个完全相同的相位检波器（也称为坐标转换器或比相器）完成。如前所述，导引头陀螺跟踪系统中有两对基准线圈，两对基准线圈分别与两对舵面的位置相对应。将基准线圈输出的基准信号电压与式（9.4）表示的交流误差信号共同输入相位检波器，相位检波器输出的平均电流大小则正比于输入误差信号的幅值乘以误差信号与基准信号相位差的余弦。由于两个基准信号相差90°，所以两个相位检波器的输出在相位上也同样相差90°。这样，就把误差信号进行了正交分解，分别用

于形成俯仰和偏航通道上的两组舵机的控制信号。

由相位检波器输出的控制电流信号比较微弱,必须进行功率放大后才能供舵机使用。在导弹制导控制系统中常采用抗冲击的磁放大器进行功率放大。弹上还设有归零电路,其工作是使导引头在导弹离轨后的片刻(零点几秒)磁放大器不工作,控制系统不输出控制信号,使导弹在发动机推力作用下自由飞行,当导弹离开载机一定距离,速度达到超声速后再转入控制飞行。控制信号形成和放大原理图如图 9-23 所示。

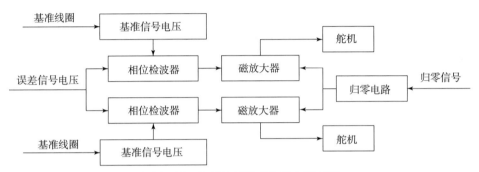

图 9-23 控制信号形成和放大原理图

该空空导弹的执行装置采用第 5 章中介绍的燃气式执行机构,其特点是没有一般执行机构所具有的舵面位置反馈,而是采用气动铰链力矩反馈,即与导引头输入的控制电流成比例变化的控制力矩使舵面偏转,直到这个力矩与气动铰链力矩相平衡时,舵面才稳定。

5. 红外点源寻的制导回路

图 9-24 所示为红外点源寻的制导回路方框图。

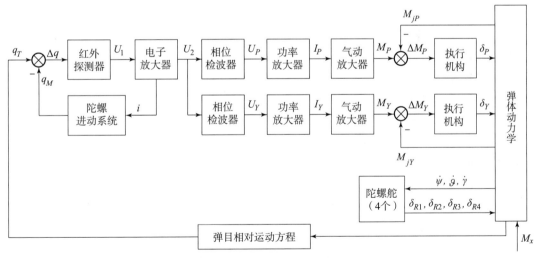

图 9-24 红外点源寻的制导回路方框图

图 9-24 中,i 表示导引头电子放大器输出到陀螺进动线圈中的电流;U_2 表示导引头的输出电压;U_P、U_Y 表示俯仰通道和偏航通道相位检波器的输出电压;I_P、I_Y 分别表示俯仰通道和偏航通道功率放大器的输出电流;M_P、M_Y 分别表示俯仰通道和偏航通道舵机的输出

力矩；δ_P、δ_Y 分别表示俯仰通道和偏航通道舵机的舵偏角；δ_{R1}、δ_{R2}、δ_{R3}、δ_{R4} 分别表示 4 个陀螺舵的舵偏角；M_x 表示作用到导弹上的滚转干扰力矩；$\dot{\gamma},\dot{\vartheta},\dot{\psi}$ 分别表示导弹滚转角速度、俯仰角速度和偏航角速度。

由图 9 - 24 可知，导引头接收来自目标的红外辐射，根据目标偏离导引头光轴的角误差产生电流 i，该电流进入陀螺进动线圈使陀螺进动，驱动光轴跟踪目标。同时，与电流 i 幅值成正比的电压 U_2 通过相位检波器分解为俯仰和偏航控制信号，使导弹产生俯仰和偏航方向的法向控制力，控制导弹向目标机动。

此制导回路具有以下特点。

(1) 由于导引头跟踪回路的作用，能够使导引头输出正比于目标视线角速度的信号，从而实现比例导引律。

(2) 没有采用一般的加速度计和角速度陀螺仪形式的姿态控制回路，而是采用力矩平衡式舵机和舵面气动铰链力矩反馈，组成一个简单的稳定回路，以起到补偿稳定回路静态增益（导弹法向过载与舵机力矩之比）使其不随导弹飞行高度和速度的变化而变化的作用。

(3) 在导弹尾部四个后翼翼展的尾端各安装有一个风轮式陀螺舵（见 5.3.1 节和图 9 - 25），其舵轴（进动轴）与弹体纵轴成 45°角，因而能阻尼导弹绕其三个弹体轴的角振荡。

图 9 - 25　尾翼上的四个陀螺舵

9.1.2　红外成像寻的制导

红外成像寻的制导是利用目标的红外辐射形成的红外图像进行目标捕获与跟踪，并将导弹引向目标。这种制导方式能够区分目标的红外辐射分布和形状，因此相比非成像红外制导具有更强的目标识别和抗干扰能力，已经成为现代制导武器常用的一种制导方式。

20 世纪 80 年代以来，红外成像探测器、高速微型处理器、图像处理及图像跟踪技术的飞速发展，为第四代红外成像制导系统的发展奠定了基础。特别是 128 × 128 分辨率以上的锑化铟或碲镉汞面阵探测器件的研制成功和 8 ~ 14 μm 波段远红外探测器的工程化，大幅提高了红外制导系统的目标探测距离和探测分辨率。当前用于红外成像导引头的探测器主要工作于 3 ~ 5 μm 波段和 8 ~ 14 μm 波段，主要应用锑化铟器件和碲镉汞器件。

相比之前的点源红外制导系统，红外成像寻的制导系统具有更高的抗干扰能力和真正意义上的全向攻击能力以及"发射后不管"能力。这一代红外制导武器的典型代表有美国 AIM - 9X、英国 ASRAAM、法国"麦卡"改进型、以色列"怪蛇" - 4 和俄罗斯 AA - 11 "射手"等空空导弹，以及北约"崔格特"、美国 AGM - 14"海尔法"改进型和"标枪"等反坦克导弹。

1. 红外成像制导的特点

由于红外成像制导具备获取目标红外辐射图像的能力，因此可获得更加丰富的目标信息,为目标的精确识别和抗干扰奠定了基础。红外成像制导具有如下特点。

(1) 抗干扰能力强。红外成像制导系统探测目标和背景之间微小的温差或辐射率差异引起的热辐射分布图像,可以在复杂的背景环境中区分和识别目标。因此,干扰红外成像制导系统比较困难。

(2) 空间分辨率和制导精度高。红外成像制导系统一般采用二维扫描成像方式或凝视成像方式,探测器每个探测元对应的空间视场角更小,通常可以达到 0.05°的角分辨率,这使其具有很高的分辨能力和制导准确度。

(3) 探测距离远,具有准全天候作战能力。与可见光相比,红外成像系统多工作在 8～14 μm 远红外波段,这一波段红外线穿透雾、雨、烟尘的能力比可见光强,因此具有更远的作用距离。另外,红外成像制导不受自然光照条件的限制,昼夜都可以工作,因此具有全天时和准全天候(除浓雾和浓烟等极端恶劣天气)作战能力。

(4) 环境和任务适应能力强。红外成像制导可用于空中、地面和海面上的各种目标,突破了红外点源制导主要用于攻击空中目标的限制。此外,红外成像制导系统攻击不同目标时的适应性很强,根据目标的不同只需更换识别软件即可。

2. 红外成像导引头的基本组成

红外成像导引头一般由整流罩、光学系统、成像探测器、图像处理系统和制导计算机等部分构成。为了保证成像质量,多数红外成像导引头具有稳定平台或半捷联平台。此外,对某些需要制冷的红外成像导引头,还安装有制冷系统。红外成像制导系统的组成结构如图 9-26 所示。

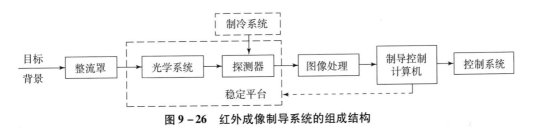

图 9-26 红外成像制导系统的组成结构

其中,光学系统多为不改变目标形状特性的透镜系统,探测器多为阵列式探测器或通过扫描方式成像的探测器。图像处理单元的主要功能是将原始采集的图像进行适当的处理,提高信噪比,并区分出目标与背景,从而获得目标的方位信息。

3. 红外成像方式

目前红外成像制导武器主要采用两种成像方式:一类是以美国 AGM-65D"幼畜"空地导弹为代表的多元红外探测器线阵扫描成像系统,即扫描式成像系统;另一类是以美国"坦克破坏者"反坦克导弹和"海尔法"空地导弹为代表的多元红外探测平面阵列成像系统,即红外凝视成像系统。

1) 红外扫描式成像系统

扫描式成像系统按照对成像分解方式不同可分为三类:光机扫描、电子束扫描(如显示屏接收的视频光栅成像)及固体自扫描(如固体面阵 CMOS 摄像接收器件等)。

(1) 光机扫描成像系统。光机扫描成像系统的原理是使用一个固定的小型红外探测单元接收辐射,通过改变入射扫描反射镜的偏转角度,实现对大视场范围的顺次扫描。其基本结构包括光学系统、探测器、信号处理电路和扫描器等。扫描光学系统按扫描器所在的位置可分为物方扫描和像方扫描两种方式，分别如图 9-27（a）（b）所示。两者的区别在于扫描反射镜在成像透镜的外侧还是内侧。

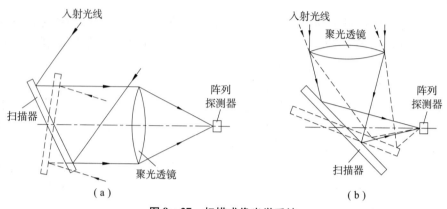

图 9-27　扫描成像光学系统
(a) 物方扫描；(b) 像方扫描

光机扫描方式的优点：通过扫描反射镜的机械扫描实现大视场探测，用一个小型红外探测器即可实现大范围成像，从而降低硬件成本和复杂度。主要缺点是：一方面对扫描机构的动态特性要求高；另一方面光机扫描过快会使探测器对目标单位面积的探测时间减少，从而降低信噪比，容易使图像出现噪点。针对这一问题，在光机扫描方式中常采用多元探测器来提高信号幅值或降低扫描速度，进而提高光电成像系统的信噪比。

（2）电子束扫描成像系统。电子束扫描方式的光电成像系统采用真空类型的摄像管构成图像采集器，如热释电摄像管。在这种成像方式中，景物空间的整个观察区域在摄像管的靶面上同时成像，图像信号通过电子束检出。只有电子束触及的单元区域才有信号输出，摄像管的偏转线圈控制电子束沿靶面扫描，这样便能依次拾取整个区域的图像信号。

电子束扫描方式的特点是光敏靶面对整个视场内的景物辐射同时接收，由电子束的偏转运动实现对景物图像的分解。电子束扫描方式的原理类似于传统显像管电视机扫描的原理。

（3）固体自扫描成像系统。固体自扫描方式的光电成像系统采用的是各种面阵固体摄像器件。面阵摄像器件中的每个单元对应景物空间的一个相应小区域，整个面阵摄像器件对应所观察的景物空间。

面阵摄像管器件对整个视场内的景物辐射同时接收，并通过对阵列中各个单元器件的信号顺序采样实现对景物图像的读取。

2）红外凝视成像系统

红外凝视成像系统是指系统在所要求覆盖的范围内，用红外探测器面阵充满物镜焦平面的方法实现对目标成像。这种系统消除了光机扫描，采用单元数足够多的探测器面阵，使探测器单元与系统观察范围内的目标空间单元一一对应。

由于取消了扫描机构，红外凝视成像系统的性能能得到改善：①系统的热灵敏度提高至单元探测器时的 $\sqrt{n_H n_V}$ 倍，n_H、n_V 是面阵水平和竖直方向的单元个数；②能最大限度地发挥探测器快速响应的特性。理论上，这种系统对景物辐射的响应时间只受探测器时间常数的限制,不再受扫描机构动态特性的影响。红外凝视成像系统所能达到的快速响应能力是光机扫描式成像系统无法比拟的。此外,红外凝视成像系统结构简单,体积小,可靠性高。

红外焦平面阵列(FPA)探测器是红外探测器发展史上的一个里程碑。它有两个显著特征:一是探测元数量大,达到 $10^3 \sim 10^6$ 数量级,以致可以直接置于红外物镜的焦平面上实现大角度"凝视",而不需要光机扫描机构;二是有一部分信号处理功能由与探测器芯片互连在一起的集成电路完成,提高了系统的集成性。

假设要制成一个面阵探测器件,面阵探测元件个数为 625×625,每个探测元件对应景物中相应的场元。如果采用传统的一个探测元件一个输出的形式,则需要近 40 万根引线。即使不考虑工艺难度,要将这么多引线放置在焦平面附近的有限空间内也是不可能的。1970 年,发明的 CCD 利用 MOS(金属 – 氧化物 – 半导体)器件实现电荷包的转移,将探测器中产生的光生电荷信号转移读出,减少了电极引线,解决了大型阵列探测器的信号引出难题。

利用硅材料制成的 CCD 是可见光和红外辐射的焦平面阵列成像探测的核心器件。图 9 – 28 所示的焦平面成像器件包含敏感辐射的探测器阵列及其相应的信号处理电路,可直接输出图像数据。

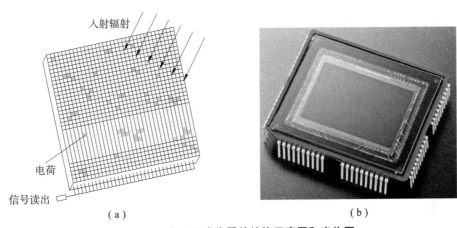

图 9 – 28 焦平面成像器件结构示意图和实物图
(a) 结构示意图;(b) 实物图

4. 红外图像处理

红外图像处理主要包括信号预处理、目标识别和目标跟踪三个方面。

1) 信号预处理

预处理是目标识别和跟踪的前期模块,包括模/数(A/D)转换、自适应量化、图像滤波、图像分割、瞬时动态范围偏量控制、图像的增强和阈值检测等,其中图像分割是主要环节,是识别、跟踪处理的基础。

(1) 图像分割。图像分割可理解为将目标区域从背景中分离出来,或将目标及其类似物与背景区分开来。图像分割的依据是建立在相似性和非连续性两个概念基础上。相似性是指图像的同一区域中的像点是相似的,用这种方法确定边界把图像分割开来。非连续性是指从一个区域变到另一个区域时发生某种量的突变,从而在区域间找到边界对图像进行分割。

(2) 图像滤波。图像滤波的目的：①平滑随机空间噪声；②保持、突出某种空间结构。图像滤波常用的方法是用 $K \times K$ 的模板对全图像做折积运算。

(3) 图像增强。图像增强是对图像的某些特征（如对比度、边缘、轮廓等）进行强调或尖锐化，以使图像清晰，易于判断。一般采用改变高频分量和直流分量比例的办法，提高对比度，使图像的细微结构和背景之间的反差增强，从而使模糊的画面变得清晰。

2）目标识别

自动目标识别对于"发射后不管"导弹的红外成像导引头是最重要、同时也最为困难的环节。

要识别目标，首先需要找出目标和背景的差异，对目标进行特征提取；其次是比较、选取最佳特征，并进行决策分类处理。其中，目标特征提取是关键。归纳起来，可供提取的目标物理特征主要包括目标温差和目标灰度分布特征、目标形状特征（外形、面积、周长、长宽比、圆度、大小等）、目标运动特性（相对位置、相对角速度、相对角加速度等）、目标统计分布特征、图像序列特征及变化特征等。

此外，红外成像导引头的识别软件还需解决点目标段（远距目标）和成像段（近距目标）的衔接问题、远距离目标提供的像素很少时的识别问题等。

3）目标跟踪

目标跟踪的关键是跟踪算法。理论上的跟踪算法较多，如边缘跟踪、峰值跟踪、形心跟踪、矩心跟踪、差分跟踪、自适应跟踪等。

在跟踪处理中，需要计算出目标在每一帧图像中的位置，并将每一帧图像中的目标位置信号输出，实现序列图像中的目标跟踪。

一般在导弹发射之前，由制导站的红外前视装置搜索和捕获目标，根据视场内各种物体热辐射的差别在制导站显示器上显示出图像。目标的位置被确定后，导引头便跟踪目标。导弹发射后，导引头取得目标的红外图像并进行处理，得到数字化的目标图像，经过图像处理和目标识别，区分出目标、背景信号，识别出真假目标并抑制假目标。跟踪装置按照预定的跟踪方式跟踪目标，并送出制导系统的制导指令，使导弹按照制导律要求的弹道飞向目标。

9.2 雷达寻的制导

雷达寻的制导是由安装在导弹头部的雷达导引头根据目标反射或辐射的电磁波信息捕获并跟踪目标，进而导引导弹攻击目标的制导技术。被动式和主动式雷达寻的是雷达制导的主要发展方向，半主动式雷达制导由于性能价格比优良，目前仍得到广泛使用。发射信号波形包括非相参脉冲（在某些早期系统中使用）、连续波和相参脉冲多普勒。现役系统中应用最广泛的是连续波半主动式雷达寻的制导。

9.2.1 微波雷达自寻的制导

1. 主动式雷达自寻的制导

微波主动式寻的制导导弹在导引头内装有雷达发射机和接收机，可以独立地捕获和跟踪目标，具有"发射后不管"的能力。由于采用寻的制导方式，导弹越接近目标，对目标的角位置分辨能力越强，因而具有较高的制导准确度。但是，由于弹上设备体积、质量和功率受到限制，因此弹载雷达发射机功率较小，作用距离较近，而且易受噪声干扰机的影响。此外，由于导引头安装发射机和接收机，使得导引头结构复杂、造价昂贵，而且为了实现收发天线的共用必须采取收发隔离措施。

主动式雷达寻的制导通常用于导弹的末制导，而用雷达指令制导、波束制导以及半主动式寻的制导作为中段制导。微波主动式寻的制导导弹雷达导引头的工作频率通常为 8～16 GHz。

雷达主动寻的制导在早期主要采用圆锥扫描或隐蔽圆锥扫描（发射波束不扫，仅接收波束做锥扫，有时称为假单脉冲），后期几乎全部采用跟踪精度高、又能对付倒相欺骗的单脉冲体制。目前，采用的单脉冲主动寻的制导雷达主要有以下几种工作方式。

（1）固定频率工作方式。这种工作方式的发射频率是固定的，其数值可以在生产时装定或调定，也可以在使用时调定。发射后弹上频率不能改变，易受干扰。早期弹多采用此种方式。

（2）频率分集工作方式。这种工作方式采用两部发射机和两部接收机，其工作频率为两个固定值。每个脉冲周期内同时或依次发射两个高频脉冲，接收两个回波脉冲。这种方式可以改善因慢起伏（采用固定频率时军舰目标的回波往往如此）引起的捕捉概率降低，改善抗海杂波能力。

（3）频率捷变工作方式。它采用一部发射机，其频率在脉冲之间随机跳动。这种雷达在改善大目标角闪烁效应引起的跟踪误差、消除海杂波的相关性、减小天线罩引起的瞄准误差、消除多部同频段雷达之间相互干扰以及提高抗干扰能力等方面具有优势。

使用主动式微波雷达寻的制导，特别是在末制导中使用这种制导方式的武器很多，其中典型的代表有法国"飞鱼"反舰导弹、意大利"奥托马特"反舰导弹、美国"捕鲸叉"反舰导弹、以色列"伽伯列"反舰导弹、瑞典"RBS-15"反舰导弹等。经过实战考验的法国"飞鱼"反舰导弹在距离目标 12～15 km 时从 9～15 m 的巡航高度下降到 2.5～8 m 进行掠海飞行，同时弹上主动雷达开机搜索目标，进入末制导。

2. 半主动式雷达自寻的制导

半主动式雷达自寻的制导的雷达发射机装在地面雷达站或其他载体如飞机、军舰或雷达车上，雷达发射机向目标发射无线电波，导弹上的接收机接收目标雷达回波，从而测量目标位置及运动参数。

照射雷达可以是连续波的，也可以是单脉冲雷达，或者采用相控阵雷达。下面简单介绍采用连续波雷达照射目标的半主动式制导，这种雷达在导弹发射时和制导过程中，发射连续波信号，其主瓣照射目标，旁瓣照射导弹。

雷达照射波束除了照射目标和导弹外，还不可避免地有旁瓣和尾瓣照射到地面或海面背景上。导弹导引头除了接收到目标的反射回波外，还会接收到来自地面或海面的发射回波，即杂波，并且杂波可能比目标信号高出多个数量级。为提高抗地物和海面杂波的能力，半主动式雷达制导系统一般采用能获得目标相对运动速度信息的多普勒雷达工作体制。如果目标与导弹的相对速度与地面或海面等静止背景与导弹的相对速度不同，则它们的多普勒频率就不同，对回波中各种不同频率成分的分量进行分离即可检测出目标信号。对于特定的应用而言，杂波的多普勒频率范围是可以预先知道的，在设计上可以使得目标的多普勒频率跳出杂波区，从而有利于对目标的检测。

基本的半主动连续波雷达寻的制导系统的工作原理如图 9-29 所示。在制导过程中，照射器使目标始终处于雷达波束内。导弹头部的回波天线接收目标反射的回波，后视直波天线接收直接照射的样本值。头尾信号进行相参检波，产生包含目标多普勒频移信号的频谱，并且信号频率大致正比于目标的接近速度。窄带频率跟踪仪搜索该频谱，锁定目标回波并从中提取制导信息。根据多普勒频率，使用连续波雷达能在杂波中识别目标，因而具有低空拦截能力。

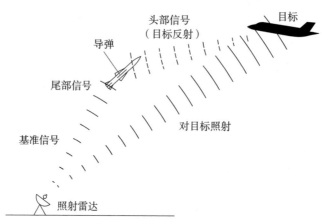

图 9-29 半主动连续波雷达导的制导系统的原理示意图

连续波多普勒制导雷达主要由多普勒频率提取电路、速度跟踪电路、回波天线控制系统和指令形成电路组成，其组成框图如图 9-30 所示。直波天线和回波天线分别用来接收照射雷达旁瓣的照射信号和目标的回波信号；多普勒频率提取电路用来提取反映导弹和目标运动的多普勒频率；速度跟踪电路用来以多普勒频率进行预定、搜索和跟踪；指令形成电路用于形成制导指令信号；回波天线控制系统用于控制回波天线自动跟踪目标。

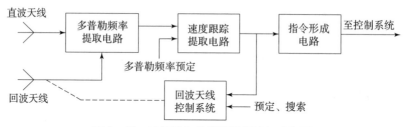

图 9-30 连续波多普勒制导雷达组成框图

导弹发射前，制导站根据测定的目标运动要素换算成相应的多普勒频率信号，加到弹上的速度跟踪回路，使其处于预先跟踪状态，以便导弹发射后尽快跟踪预定目标。导弹发射后，直波天线不断接收照射雷达的直波信号，回波天线不断接收由照射雷达发射的、经目标反射的回波信号。由于目标、导弹和制导站之间存在相对运动，多普勒频率提取电路就可以从直波信号和回波信号中提取反映这种运动的多普勒频率。若在速度跟踪电路的记忆时间内截获预定目标的多普勒频率，则速度跟踪电路保持跟踪状态，否则将通过搜索实现对目标多普勒频率的捕捉和跟踪。速度跟踪电路处在跟踪状态时，目标信息能顺利通过。通过速度跟踪电路后的目标信息，一路送到回波天线控制系统，控制回波天线跟踪目标；另一路送到指令形成电路，根据预先选定的制导律形成制导指令，通过控制系统操纵导弹飞向目标。

半主动雷达寻的制导的主要特点是制导准确度较高、全天候能力强、作用距离较大。与主动式雷达寻的制导相比，减少了弹上发射机，可以减小弹上设备的质量和降低造价。在照射雷达大功率大增益天线的照射下，对目标的作用距离可以很远。

半主动雷达制导的缺点在于依赖外部雷达对目标进行照射，因此增加了受干扰的可能。而且在整个制导过程中，照射雷达波束始终要对准目标，容易遭受反辐射导弹的打击。此外，这种制导方式不能适应对多个目标同时攻击的要求，也使其应用受到限制。早期曾有过几种半主动式制导的反舰导弹，现在除防空导弹还采用外，反舰导弹已几乎不用。

3. 被动式雷达自寻的制导

被动式雷达自寻的制导系统中，导弹上的高灵敏度宽频带接收机利用目标雷达、通信设备和干扰机等辐射的微波波束能量及其寄生辐射电波作为信号源，捕获、跟踪目标，提取目标角位置信号，使导弹攻击目标。采用该制导方式的导弹以微波辐射源、特别是雷达作为主要攻击对象，因而常称为反辐射导弹和反雷达导弹。

用来摧毁地面雷达设施的反辐射导弹由飞机在空中发射，射程一般为 8～50 km。目前装备的大多数反辐射导引头的天线方向是固定的，因此，大部分反辐射导弹对地面雷达站的发现及瞄准由载机完成。下面简单介绍采用被动式寻的制导的反辐射导弹的工作原理。

携带反辐射导弹的攻击机同时携带能对地面防空系统的电磁辐射进行探测、识别和定位的设备，以便精确测定地面雷达与载机之间的距离及方位，截获雷达的发射频率、功率、脉冲宽度、脉冲重复周期等参数。根据这些参数确定反辐射导弹发射时的前置角以及被动雷达导引头的有关参数，使发射后的反辐射导弹利用雷达辐射的电磁波跟踪目标，沿着电磁波的照射方向摧毁地面雷达。

反辐射导弹的导引头上可安装上、下、左、右 4 个探测器。地面雷达发射的电磁波照射到反辐射导弹上，4 个方向探测器将接收到电磁波信号。通过对 4 个接收信号进行比较和处理可以确定导弹运动方向与弹-目方向的偏差角，形成控制信号控制舵机的相应动作。若 4 个接收信号的强度相等，导弹按原来的指向飞行；若导弹偏离目标方向，则上下方向或左右方向的探测器接收到的信号强度不相等，产生水平或俯仰误差信号，驱动方向舵或俯仰舵偏转，操纵导弹改变飞行方向，直到 4 个接收信号的强度相等为止。图 9 – 31 所示为俄罗斯 Kh – 31P 反辐射导弹的被动式雷达导引头。由图可见，该导引头比较复杂，在活动式平台上安装有 7 个电磁波探测器。

图 9 – 31 被动式雷达导引头

由于雷达照射波束的扫描，或者雷达为了躲避导弹而有意进行开、关机控制，导弹会暂时或一直丢失雷达信号。在丢失信号的时间内，导弹将以原来得到的目标角度数据为基准，按照已选定的制导律对目标进行攻击。当导弹再次捕获雷达发射的电磁波时，立即对误差进行修正。

目前，反辐射导弹已发展了四代。第三代反辐射导弹于 20 世纪 80 年代装备部队，主要特点是导引头频带宽、灵敏度高，采用复合制导，射程远，速度快，战术使用灵活，典型型号为美国的"哈姆"反辐射导弹。AGM-88"哈姆"反辐射导弹（AGM-88 HARM Anti-Radiation Missile）如图9-32所示，该导弹主要用于压制、摧毁地面和舰上防空导弹系统的雷达和高炮控制雷达，飞行最高速度可达3马赫，能实现比例制导律。"哈姆"反辐射导弹采用鸭式气动布

图9-32　AGM-88"哈姆"反辐射导弹示意图

局，弹体中部布置4片双三角形的切尖控制舵，尾部布置4片前缘后掠的梯形尾翼，控制舵和尾翼为"××"配置。导弹从头部依次为导引头舱、战斗部舱、飞行控制舱和发动机舱。导引头舱内有宽频带被动雷达导引头，包括1个固定式的天线阵列、10个微波集成电路插件和1个射频信号数字处理机。"哈姆"反辐射导弹飞行控制系统包括数字式自动驾驶仪和机电控制舵机。由于复合了捷联式惯性制导方式，即使在飞行过程中敌方雷达关机，"哈姆"反辐射导弹仍然能够按计算出的飞行弹道飞向目标。

"哈姆"反辐射导弹可以采用三种攻击方式：①自卫方式。这是"哈姆"的基本攻击方式。载机上的雷达告警接收机探测到辐射源信号后，由机载发射指令计算机对辐射源目标进行分类、威胁判断和攻击排序，然后向导弹发出数字指令，将确定的重点目标的有关参数装入导弹并显示给飞行员，只要目标进入导弹射程就可以发射导弹（不管目标是否在导弹导引头视场内），导弹在数字式自动驾驶仪控制下按预定的弹道飞行，确保导弹导引头能截获目标。这种方式属于"发射后锁定"（Lock On After Launch，LOAL）方式。②预置方式。向已知辐射源目标的位置发射导弹，也是一种"发射后锁定"方式。导弹导引头按照预定程序搜索、识别、分类探测到的所有辐射源，自动锁定到预先确定的目标上，并对其进行跟踪直至摧毁。如果导弹无法命中目标，导弹战斗部内的自毁装置将使导弹爆炸以实现保密。③随遇方式。载机飞行过程中导弹导引头处于工作状态，利用它比一般雷达告警接收机高得多的灵敏度对辐射源进行探测、定位和识别，并向飞行员显示相关信息，由飞行员瞄准威胁最大的目标并发射导弹。这种方式属于"发射前锁定"（Lock On Before Launch，LOBL）方式。

第四代反辐射导弹以美国的"默虹"为代表。"默虹"类似于巡航导弹，在探测到雷达信号之前，它按预定航线飞行，若对方雷达开机则对其实施攻击；若对方雷达关机，它可以升空盘旋，等待对方雷达开机或寻找和攻击新的辐射源。新研制的反辐射导弹有美国"默虹"AGM-136、北约"斯拉姆"、俄罗斯AS-17以及以色列"星"-1和德国ARAMIS反辐射武器系统等，采用毫米波制导技术，其覆盖频段大幅扩展，具有远距离发射、自主搜索和锁定目标及巡逻能力，而且可截获多种体制的雷达信号。

9.2.2　毫米波雷达自寻的制导

毫米波通常是指波长为1~10 mm的电磁波，其对应的频率为30~300 GHz。毫米波段处于电磁频谱的微波波段和红外波段之间。因此，毫米波探测系统在一定程度上既具有微波的全天候的特点，又具有光学探测精度高的特点，在雷达制导领域具有广阔的应用前景。

由于毫米波的波长短，在晴天传播时会被空气中的氧分子和水蒸气谐振吸收，在云、

雨、雾、霾等气象条件下传播时,会被凝结或悬浮在空气中的水珠吸收或散射。因此,毫米波在空间传播时的衰减比微波大。理论和实践证明,毫米波传播时的大气衰减随频率的不同而不同,在整个毫米波波段,有 4 个大气衰减较小的传播"窗口"(大气窗口),其中心频率分别为 35 GHz、94 GHz、140 GHz 和 220 GHz。在这 4 个窗口内,毫米波透过大气的损失比较小,而且毫米波穿透战场烟尘的能力比可见光、红外、激光强。目前,毫米波雷达和导引头使用的是 35 GHz 和 94 GHz 这两个窗口频率。

1. 毫米波制导系统的特点

(1) 穿透大气的损失较小。相对于光电制导来说,毫米波制导全天候作战能力较强,且具有较高的制导准确度和抗干扰能力。但毫米波在大气中尤其在降雨时其传播衰减比微波大,因而作用距离还是有限,不像微波那样有全天候作战能力,只具备有限的全天候作战能力。

(2) 制导设备体积和质量小。微波、毫米波的元器件大小基本上与波长成一定比例,所以毫米波元器件的尺寸比微波的小。

(3) 测量精度高、分辨能力强。雷达分辨目标的能力取决于天线波束宽度,波束越窄,则分辨率越高。天线波束宽度(波束主瓣半功率点的波宽)为

$$\theta = K\frac{\lambda}{D}$$

式中:K 为与天线照射函数有关的常数,一般为 0.8~1.3;λ 为波长;D 为天线直径。

例如,直径为 $D = 12$ cm 的天线,对于 10 GHz 的微波其波束宽度约为 18°,而对于 94 GHz 的毫米波其波束宽度约为 1.8°。所以,当天线尺寸一定时,毫米波导引头的波束宽度比微波的要窄得多。由此可见,毫米波导引头能提供较高的测角精度和角分辨率。当然,毫米波的分辨能力比光电制导的分辨能力差,但在实际应用中足以分辨出坦克、装甲等目标。

(4) 抗干扰和抗杂波能力强。毫米波相应于 35 GHz、94 GHz、140 GHz 和 220 GHz 的 4 个大气窗口的频带宽度分别为 16 GHz、23 GHz 和 26 GHz 和 70 GHz,即每一个窗口所占频带很宽,这样选择工作频率的范围较大,有利于避开干扰。即使探测到毫米波信号,就目前的干扰机功率而言,要产生大功率的毫米波干扰也是很困难的。

由于毫米波工作频率高,绝对通频带宽,故可以采用窄脉冲探测。采用窄波束技术照射的背景区域的面积变小,由背景产生的杂乱回波的影响减弱。

(5) 鉴别金属目标能力强。被动式毫米波导引头是依靠目标和背景辐射的毫米波能量的差别来鉴别目标。物体辐射毫米波能量的能力取决于本身的温度和物体在毫米波段的辐射率,可以用亮度温度 T_B 来表示,即

$$T_B = xT \tag{9.6}$$

式中:T 为物体本身的热力学温度;x 是物体的辐射率。

由式(9.6)可知,物体本身的温度直接影响辐射能量。即使为同一温度,不同物体也会因辐射率不同而有不同的辐射能量。处于热平衡状态的物体其辐射率为

$$x = \alpha = 1 - \rho$$

式中:α 为物体的吸收率;ρ 为物体的反射率。

电导率大的物质如金属、水、人体等对毫米波的反射率大,因而辐射率小;电导率小的

物质如土壤、沥青等对毫米波的反射率小，因而辐射率大。根据不同物质的不同辐射率就可以对物质做出鉴别。当用被动式毫米波辐射计探测地面金属目标时，无论金属目标处于高温还是低温，由于其毫米波辐射率为零，故其辐射温度也为零。它仅能反射天空的毫米波辐射温度，该温度往往比地面温度低得多，因此很容易从地面检测到金属目标。对于红外波，只有金属目标本身发热时才易于检测，当金属目标与周围地面温度相同时，红外探测器无法检测和区分地面上的金属目标。

毫米波制导的主要缺点是探测目标的距离短，即使在晴朗的天气导引头所能达到的探测距离也有限。

2. 毫米波寻的制导

毫米波制导可采用指令制导和波束制导遥控制导方式以及主动式、被动式和半主动式寻的制导方式。

主动式寻的制导的作用距离较远，但由于角闪烁效应及其他一些造成指向摆动的因素会影响制导精度。被动寻的制导没有角闪烁效应，制导精度高，但作用距离有限。采用复合制导方式可以达到更好的效果，即用主动寻的模式解决远距离目标捕获问题，并避免被动寻的在远距离时易被干扰的缺点。在接近目标时，转换为被动模式，防止目标对主动寻的雷达波束能量反射呈现有多个散射中心引起的目标闪烁不定问题。

主动式毫米波导引头实际上是一部毫米波雷达，一般由天线罩、天线、发射机、接收机及信号处理电路等部分组成。从雷达天线的工作特性上看有圆锥扫描式跟踪雷达、单脉冲雷达和相控阵雷达。系统工作原理与微波雷达导引头系统类似，雷达发射机发射毫米波段的无线电波，接收目标反射的回波，从而测出目标的方位，并据此进行跟踪和导引。典型的主动式毫米波雷达制导系统的工作原理如图 9 - 33 所示。

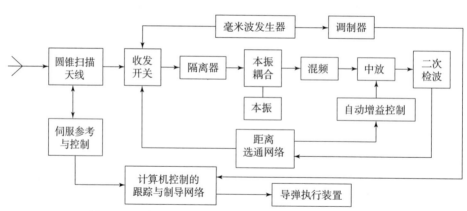

图 9 - 33 主动式毫米波雷达制导系统的工作原理方框图

主动式毫米波导引头因采用的结构不同可以分为两种：①方位角与高低角跟踪系统，它需要比较复杂的陀螺稳定系统；②动力陀螺跟踪系统。

主动式毫米波导引头的探测距离与天线尺寸、发射功率和频率等因素有关，目前这种导引头的探测距离与微波雷达探测相比还较短，但随着毫米波振荡器功率、噪声抑制以及其他相关技术水平的提高，探测距离将进一步增大。

9.3 激光寻的制导

激光寻的制导是由弹外或弹上的激光束照射到目标上，弹上的激光导引头利用目标漫反射的激光实现对目标的跟踪，同时将偏差信号送给弹上控制系统，通过控制系统操纵导弹飞向目标。

激光具有方向性强、单色性好、强度高的特点，因此激光寻的制导系统的制导准确度高，目标分辨率高，抗干扰能力强。激光制导方式易受云、雾和烟尘的影响，不能全天候使用。

激光寻的制导包括激光半主动制导和激光主动制导，其中应用最多的是激光半主动制导，而激光主动制导由于激光图像构建的困难还处于研制阶段，仅有个别样机进入试验阶段。

激光半主动制导是利用制导站的激光照射器照射目标，导弹导引头接收目标反射的激光回波信号，获取目标方位信息，从而控制导弹飞向目标。制导站的激光照射器可能位于发射平台处，也可能位于其他固定或移动平台上。激光照射器用来指示目标，故又称为激光目标指示器。激光目标指示器主要由激光发射器和光学瞄准器等组成。只要瞄准器的"十"字线对准目标，激光发射器发射的激光束就能照射到目标上，光斑大小由照射距离和激光束发散角决定。激光与普通光一样，是按几何学原理反射的。

一般军事目标（飞机、舰船、飞机、碉堡等）对照射激光束的反射率与观察方向有关，通常存在一个以目标为顶点、以照明光束方向为对称轴的圆锥形角空域。激光半主动制导导弹必须投入此角空域内导引头才能搜索到目标，此角域通常称为光篮。光篮开口大小与目标的粗糙程度等表面特性有关，光篮开口越小导弹投入光篮越困难，反之则越容易。

制导过程中激光目标指示器需要保持对目标进行稳定照射。手持式激光指示器一般只能用于攻击静止目标，而攻击运动目标时需要有方位、俯仰机构和稳定系统，以实现对活动目标的跟踪和角位置测量。特别是机载、车载和舰载的激光目标指示器还要采用陀螺稳定平台，以确保当载体运动和颠簸时，照射光束不受载体的姿态变化影响，能够稳定地对准目标。

为提高抗干扰能力，并且在导引头视场内出现多个目标时也能准确地攻击指定目标，激光指示器发射的是经过编码的激光束，导引头中有与之对应的解码电路。在有多个目标的情况下，按照各自的编码导弹只攻击与其对应的指示器指示的目标。为了夜间工作的需要，激光指示器还可配置前视红外系统。

激光半主动制导系统主要由弹上激光半主动导引头、控制系统、弹外载体以及安置在载体上的激光目标指示器等部分构成，如图9-34所示。

激光半主动导引头通常以球形整流罩封装于导弹前端，接收目标反射的激光，测量目标和导弹之间的视线角偏差或视线角速度。导引头一般由光学接收系统、激光探测器、稳定平台、指令形成装置和处理电路等组成。稳定平台用于对光学接收系统的光轴进行稳定，使其免受弹体姿态运动的影响。为了便于探测目标和减小干扰，激光半主动导引头通常具有大小两种视场，大视场（一般为几十度）用于捕获目标，小视场（一般为几度或更小）用于跟踪目标。在光学接收系统中有滤光片，滤光片只能透过特定波长的激光，可以在一定程度上

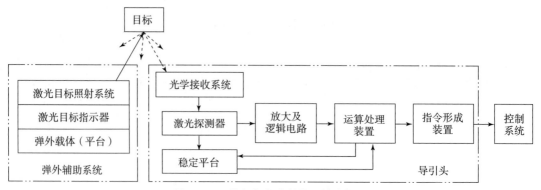

图 9-34 激光半主动制导系统方框图

排除其他光源的干扰。探测器用于将接收到的激光信号转换成电信号输出。处理电路包括解码电路和误差信号处理电路等,其中解码电路保证解码与激光目标指示器的激光编码相匹配。指令形成装置根据视线偏差角或视线角速度以及制导律等生成制导指令,并将其发送给控制系统。

美国 AGM-114A "海尔法"(Hellfire,也翻译为"地狱火")反坦克导弹是激光半主动制导导弹的典型代表。"海尔法"反坦克导弹的激光半主动导引头的基本结构与 AIM-9B "响尾蛇"空空导弹的导引头类似,都是将光学接收系统和永久磁铁等作为陀螺转子的一部分,应用万向支架支承在弹体上,利用陀螺稳定原理稳定光轴;根据失调角大小产生的磁场与永久磁铁的磁场之间的相互作用实现光轴进动,对目标进行跟踪。

激光导引头的探测器可以是旋转扫描式的(带调制盘),但更多的是采用四象限探测器阵列。探测元件常采用硅光电二极管和雪崩式光电二极管,4 个探测器位于直角坐标系 4 个象限中,以光学系统的轴为对称轴,每个二极管代表一个象限。一种典型情况是把探测器阵列位于焦平面附近,直径约 10 mm,二极管之间的距离为 0.13 mm。

导引头接收的从目标反射的激光能量由光学系统汇聚到四象限探测器上,形成一个近似圆形的激光光斑。一般情况下,4 个相互独立的光电二极管都能接收到一定的光能量,并输出一定的光电流,电流大小与每个二极管上的入射激光功率成比例,也就是与相应象限被激光覆盖的面积成比例。图 9-35 所示为探测器的偏差信号输出原理示意图,其中 4 个探测元件的输出需分别经过前置放大器放大,并且各放大器增益必须匹配,否则即使光斑位于四象限中心也会有信号输出,得出错误的输出结果。

由于光斑很小,可以用近似的线性关系求得目标的方位坐标 y、z,得到俯仰和偏航两个通道的误差信号为

$$\begin{cases} \Delta_y = \dfrac{(I_A + I_B) - (I_C + I_D)}{I_A + I_B + I_C + I_D} \\ \Delta_z = \dfrac{(I_A + I_C) - (I_B + I_D)}{I_A + I_B + I_C + I_D} \end{cases} \quad (9.7)$$

式中:I_A、I_B、I_C、I_D 分别为 4 个二极管输出电流的峰值。

若目标像点的中心与导引头的光学系统的光轴重合,则光斑位于四象限探测元件的中心,误差信号为零;若目标像点偏离光轴,则将出现误差信号。误差信号经过处理后送入控

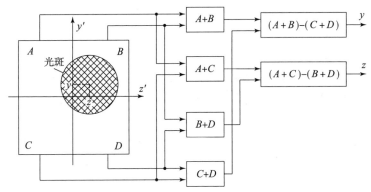

图 9-35　四象限探测元件偏差信号输出示意图

制系统的俯仰和偏航两个通道，分别控制舵机偏转。在信息处理过程中用了除法运算，目的是使输出信号的大小不受激光脉冲能量随弹-目距离变化的影响。

采用四象限的激光半主动探测器结构简单、成本低，但对 4 个象限元件的一致性要求很高，并且对灵敏度、响应速度和暗电流都有一定要求。特别是当 4 个象限探测器的面积较大时这种不一致会严重影响探测精度，但面积太小又会限制导引头的瞬时视场。为了解决这一问题，人们提出了八象限探测器，即中心采用高精度的四象限探测器，在四象限探测器周围安装 4 个面积较大的环状半导体二极管。外围的环状探测器用于扩大导引头的瞬时视场，提高导引头的捕获范围；当目标视角接近光轴时，利用中心的四象限探测器进行精确测量。

当前装备的激光制导系统基本都采用掺钕的钇铝石榴激光器，工作于 1.06 μm 近红外波段，具有脉冲重复频率高（可以使导引头获得足够的数据）、功率适中的特点，但其正常工作受气象条件和烟尘影响。目前正在发展的工作于 10.6 μm 远红外波段的二氧化碳激光器能够改善全天候作战能力和抗烟雾干扰的能力。

激光半主动制导弹药具有技术成熟、成本较低和命中精度高等特点，是目前装备最多的激光制导武器。但是，激光半主动制导必须在导弹攻击的一段时间内持续照射目标，不能实现"发射后不管"，使照射方的安全性受到一定威胁。常用的激光半主动制导弹药有激光制导炸弹、激光制导空地导弹和激光制导炮弹等，比较典型的如美国 Paveway "宝石路" 制导炸弹、M172 "铜斑蛇" 末制导炮弹、AGM-65C "幼畜" 空地导弹和 AGM-114A "海尔法" 反坦克导弹等。

9.4 电视寻的制导

电视寻的制导是以导弹头部的电视摄像机拍摄目标和周围环境的图像，从具有一定反差的背景中选出目标并借助跟踪波门对目标实施跟踪。当目标偏离波门中心时，产生偏差信号，形成制导指令，控制导弹飞向目标。

波门是在摄像机所接收的整个景物图像中围绕目标所划定的范围，如图 9-36 所示。划定波

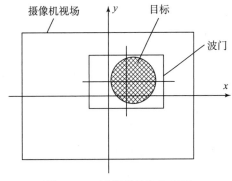

图 9-36　波门的几何示意图

门的目的是排除波门以外的背景和干扰信息，而只对波门内的目标相关信息进行处理，起到选通作用。这不仅能提高目标的信号特征，避免虚假信号源对目标跟踪的干扰，同时能显著降低图像处理的运算量。

电视寻的制导系统的导引头一般由电视摄像机、光电转换器、误差信号处理电路和伺服机构等组成，如图9-37所示。摄像机把目标光学图像投射到摄像靶面上，并用光电转换器件把投影在靶面上的目标图像转换为视频信号。误差信号处理器从视频信号中提取目标方位信息，该信息一方面发送给伺服机构，使摄像机光轴对准目标；另一方面发送给控制系统，通过控制系统操纵导弹飞行。制导站上有显示器，用于使操作者在发射导弹前对目标进行搜索、截获，在发射导弹后观察跟踪目标的情况。

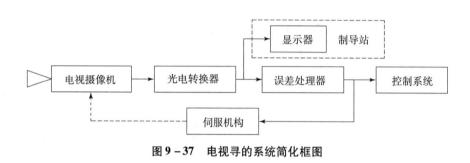

图9-37 电视寻的系统简化框图

常用的光电转换器件分为真空成像器件和固体成像器件两种。真空成像器件包括光电导摄像管、硅靶摄像管、硅靶电子倍增摄像管；固体成像器件包括CCD和电荷注入器件（CID）。

电视图像跟踪常采用形心跟踪、边缘跟踪和相关跟踪等跟踪算法，构成相应的电视图像跟踪器。

一般来说，在天气晴好的条件下，电视摄像机能够在15~20 km远处识别尺寸为50 m×50 m的目标。

电视寻的制导一般利用目标反射的可见光信息进行制导。由于可见光图像的边缘、色彩和纹理信息丰富、分辨率高、抗电磁干扰能力强且成本较低，因此在20世纪中后期被广泛应用于多种型号的空地导弹中。

电视寻的制导属于被动制导方式，并且制导指令在弹上形成，因此具有很好的隐蔽性。电视寻的制导的缺点是只能在白天或能见度较好的情况下使用，且容易受到强光和烟尘雾霾等的干扰，无法全天候和在复杂作战环境中使用。

思 考 题

1. 红外点源制导系统中调制盘的作用是什么？调幅式调制盘上的透明和不透明区为什么要进行复杂的分格？除使用调制盘外，还有哪些常见的红外点源探测系统？

2. 红外点源制导系统调幅式调制盘的调制曲线可以分为哪几部分？各部分对制导有什么影响或作用？

3. 动力陀螺稳定式导引头的稳定和跟踪原理是什么？其输出的误差信号如何用于导引头跟踪和导弹控制？
4. 毫米波制导系统具有什么特点？
5. 简要描述激光半主动寻的制导的工作原理。
6. 四象限激光探测元件偏差信号是如何形成的？

第 10 章
制导控制系统仿真

系统仿真（System Simulation）是指通过构造一个"模型"来模拟实际系统内部的动态过程，这种建立在模型系统上的试验技术就称为仿真技术或模拟技术。仿真本身并不是一种新技术，因为人类很早就采用各种基于模型仿真技术的方法来认识和研究客观世界。但直到 20 世纪 40 年代以后，仿真技术才由于计算机技术的发展而得到迅速发展，系统仿真逐步成为一门独立的学科。

航空、航天技术领域研究的复杂性和特殊性使其成为仿真技术应用最广泛的领域之一。从某种意义上来说，正是由于航空、航天等技术领域研究的需求牵引，才促使仿真技术水平得以迅速提高。

在导弹研制过程中，仿真技术被广泛应用于选择系统方案和参数、检验产品性能、拟定飞行试验计划和安全范围、进行飞行试验结果分析、鉴定和改进导弹系统、培养导弹操作使用人员、指导作战使用等。可以说，在导弹武器研制和使用的全寿命过程中，仿真技术都发挥着重要的作用，是必不可少的技术手段。

在导弹武器系统仿真中，制导控制系统仿真始终处于主要地位。

10.1 制导控制系统仿真概述

所谓系统仿真，就是建立系统模型，利用模型运行完成工程试验与科学研究的全过程。按照所使用的模型类型不同，系统仿真分为数学仿真、半实物仿真和实物仿真。

数学仿真又称为计算机仿真，是整个系统仿真的基础。导弹制导控制系统设计初期和某些专题研究都离不开数学仿真。

半实物仿真是指有实物参与仿真试验的仿真过程。通常主要参与的实物是导弹末制导系统（如采用雷达、红外、激光、电视等制导方式），有时也可能包括惯性系统、卫星定位系统等。半实物仿真在型号研制和一些复杂的专题试验研究中都占有极其重要的地位。

实物仿真是传统的试验方法，主要用于导弹制导控制系统的鉴定试飞和模拟打靶等场合。

导弹制导控制系统仿真是在实验室条件下进行的。整个仿真由简单到复杂，由粗略到完善，贯穿着制导控制系统研制的全过程。从数学仿真到半实物仿真，其基本研制过程如下。

（1）用简化的线性模型进行数学仿真，以优化方法选择系统结构和参数。

（2）把主要元件的非线性环节（磁滞、时延、间隙等）加入回路，完成数学仿真，初步检查回路性能。

(3) 把加速度反馈回路模型加入回路，完成数学仿真，检查姿态控制回路的动态性能是否满足设计指标。

(4) 进行三个通道（俯仰、偏航、滚转）的姿态控制回路数学仿真，分析各回路性能。

(5) 将弹载计算机、舵系统等接入回路进行姿态控制回路半实物仿真。

(6) 采用制导控制系统简化模型进行类似（1）的数学仿真，以优化制导回路参数，检查制导控制系统性能。

(7) 使用完整的制导控制系统模型进行数学仿真，分析各环节和回路间的协调性。

(8) 使用完整的制导系统模型，选择杀伤空域中的典型点进行数学仿真，研究系统制导精度（计算空域中某点的落入概率）。

(9) 将主要制导控制部件接入回路，完成整个制导控制系统的半实物仿真试验，以检查系统各设备间动态性能的协调性、系统功能和性能，并修正数学仿真模型。

在导弹制导控制系统的研制中，可按照各阶段的设计任务和特点来选用不同的仿真方法，即数学仿真、半实物仿真和实物（全物理）仿真，如图 10-1 所示。

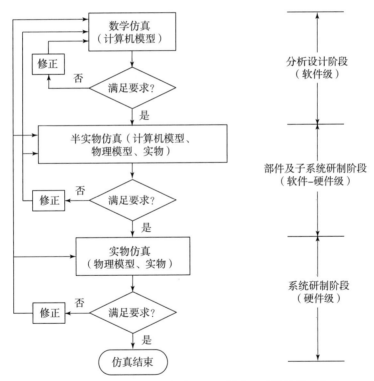

图 10-1 导弹制导控制系统不同研制阶段采用的仿真方法

图 10-1 中，物理模型是指根据系统之间的相似性建立起来的模型。物理模型的种类很多，典型的有：①缩比模型，如风洞试验中的导弹模型、飞机模型，试验池中的船体模型等；②研制过程中的部件原理样机，如导弹导引头、飞控计算机、舵机等；③"直接模拟"模型，例如利用力学系统、水力学系统等与电学系统之间存在的相似性，由于电学系统容易改变，因此用电学系统模型来研究力学系统。

10.2 制导控制系统数学仿真

数学仿真是以数学模型和仿真计算机为基础的仿真方法,它涉及系统、模型和计算机三个方面的关系。这里的系统是导弹制导控制系统,为仿真对象;模型包括一次模型化后的数学模型和二次模型化后的仿真模型;仿真计算机通常有三类,即模拟机、数字机和混合机,其中应用数字机的数字仿真已成为计算机仿真的主流。

制导控制系统的设计指标提出、方案论证以及各部分设计中的参数优化等一般都离不开数学仿真。数学仿真的主要目的是通过数学模型初步检验系统在各个飞行段、全空域内的性能,包括稳定性、快速性、抗干扰性、机动能力和容差等,发现设计问题,修正并完善系统设计。

按照仿真阶段的不同,对仿真输出结果的分析包括动态输出结果分析和稳态输出结果分析,其分析方法大致相同,一般采用统计分析法、系统辨识法、贝叶斯分析法、相关分析法及频谱分析法等。

10.2.1 系统数学模型及其验证

在制导控制系统仿真中,常用的模型有三种形式,即连续系统数学模型的微分方程、传递函数和状态方程,以及离散系统数学模型的差分方程、z 传递函数和离散状态方程。采用哪种模型形式视具体仿真任务而定。

对于采用不同制导方式和导引方法的导弹,其制导控制系统的组成一般差别很大。但是,制导控制系统数学仿真的模型框架基本相同,如图 10-2 所示。

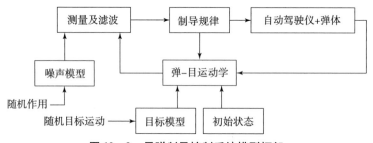

图 10-2 导弹制导控制系统模型框架

1. 弹体动力学及运动学模型

数学仿真中,弹体动力学模型及运动学模型是最基本和最重要的,通常为描述导弹推力、重力、气动力、操纵力等与导弹运动参数之间关系的六自由度刚体(或弹性体)方程,包括导弹动力学方程、运动学方程、质量方程等,其中关键是气动力系数(导数)的建立。

2. 弹-目相对运动模型

该模型描述导弹接近目标的运动规律。根据不同的制导方式和导引方法,弹-目相对运动学模型包括导弹与目标的接近距离、接近速度、高低角偏差、方位角偏差、弹-目视线角及视线角速度等的数学模型。

3. 目标运动学模型

目标运动学模型一般分为水平直线等速运动和机动运动两类，机动运动（S形、蛇形、锯齿、阶跃等）又分为水平机动和垂直机动两种。其主要参数为机动时刻和机动过载。目标运动数学模型对导弹制导控制影响很大，一定程度上决定着导弹制导方式和导引方法的选取。

4. 自动驾驶仪数学模型

自动驾驶仪数学模型描述了制导指令、执行装置和弹体运动之间的关系，是通过控制算法实现制导律的关键环节，其数学模型通常包括俯仰、偏航和滚转三个通道。

5. 导弹和目标的测量跟踪及指令形成装置的数学模型

这部分模型将反映导弹制导律及由此而形成的制导指令。其原始依据是对导弹的目标运动参数的不断测量及预先确定的导引律。从导弹控制的角度来看，寻的制导最终归结为建立俯仰和偏航两个通道的分解指令模型，而遥控指令制导则需要根据对目标和导弹的探测结果以及补偿信号、校正网络等生成高低和方位两个方向的遥控指令。

6. 干扰噪声模型

产生随机干扰的因素一般包括：目标反射信号幅度和有效中心的摆动；无线电设备的内噪声；敌方施放的电子干扰等。目标反射信号幅度和有效中心摆动反映了目标的起伏特性，它取决于多种因素，如目标的几何形状、尺寸和飞行速度、高度、大气状态、雷达载频等。

7. 误差模型

这种误差是指引起系统慢变干扰的设备误差，一般包括：天线罩瞄视误差；零位误差，包括导引头、指令形成装置、自动驾驶仪等弹上控制设备的零位误差，它们一般符合正态分布；斜率误差，包括导引头、自动驾驶仪、地面制导站等探测与控制设备的斜率误差，一般符合正态分布。此外，误差模型还应包括发射角误差、发动机推力偏差、导弹质心偏差模型等。

对系统仿真来说，一个缺乏置信度的系统建模与仿真是没有意义的。对于复杂仿真系统，置信度保证尤为重要，被视为建模与仿真的生命线。因此，校核、验证与确认（VV&A）技术及其应用是国内外仿真界关心和研究的重点之一。

VV&A 是指系统建模与仿真的校核（Verification）、验证（Validation）与确认（Accreditation）。VV&A 技术及其应用简称为 VV&A 活动，是对系统建模与仿真过程的全面监控，从而保证系统建模与仿真的有效性（Validity）、可信性（Credibility）和可接受性（Acceptability）。模型在使用前的整个开发阶段，必须完成一系列 VV&A 活动，即经过严格的校核、验证和确认阶段。

10.2.2 数学仿真系统的组成

与一般数学仿真系统一样，导弹制导控制系统的数学仿真系统由硬件和软件两部分构成。如图 10-3 所示，硬件包括仿真计算机系统、输入设备、输出设备及其他辅助设备；软件主要包括各种相关模型如目标运动学模型、弹-目相对运动模型、导弹动力学与运动学模型、制导控制系统模型（包括弹上设备模型和地面或载机制导站模型）、自动驾驶仪模型、环境模型（包括噪声模型、误差模型、量测模型等）以及管理控制软件、仿真应用软件等。

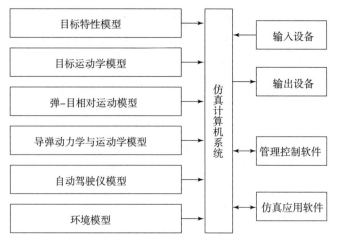

图 10-3　导弹制导控制系统数学仿真系统构成示意图

由图 10-3 可知，仿真计算机系统是数学仿真的核心部分，它要求计算机具有较大计算容量，较快的运算速度和较高的运算精度等。

输入设备常用来把各种图表数据等传送到仿真系统中，一般有键盘、鼠标、扫描仪等。输出设备主要用于输出各种形式的仿真结果以便保存和分析，如打印机、绘图仪、数据存储设备等。

仿真应用软件用于仿真建模、仿真环境形成以及信息处理和结果分析等方面，是数学仿真的重要组成部分。目前可应用的仿真软件很多，可归结为程序包和仿真语言，如 GAPS、CSSL、ICSL、IHSL、GPS 和 SIMULA 等。此外，还有很多应用开发软件，如 MATRIXx、Matlab/Simulink、MeltiGen、Vega 和 3D – Max 等。

10.2.3　数学仿真实例

仿真过程是指数学仿真的工作流程，主要包括系统定义（或描述）、数学建模、仿真建模、计算机装载、模型运行与结果分析等。

数学建模是指通过数学方法来确定制导控制系统的模型形式、结构和参数，得到正确描述系统特征的数学表达式。

仿真建模是指根据数学模型形式、仿真计算机类型及仿真任务，通过一定的算法或仿真语言将数学模型转变为仿真模型并建立起仿真试验框架，以便在计算机上顺利、正确地运行。

图 10-4 所示为一个简化的采用比例导引的自寻的制导控制系统数学仿真结构图。该数学仿真主要包括运动学与动力学模块、气动力计算模块、目标运动模块、导引头模块、制导指令生成模块、飞行控制模块、脱靶量计算模块以及弹 – 目运动轨迹动态显示模块等。图中，C_t^b 和 C_e^b 分别表示地面坐标系和速度坐标系与弹体坐标系之间的坐标变换矩阵，a_{cx_1} 和 a_{cy_1} 分别表示弹体的法向加速度指令，其他各符号同本书其他章节。

图 10-5 所示为应用 Matlab/Simulink 可视化仿真软件根据图 10-4 所示的结构建立的制导控制数学仿真程序。仿真建模过程中应用的数学模型主要包括第 2 章中的运动学与动力学模型、第 3 章中的制导律模型、第 4 章中的导引头模型以及第 6 章中的控制模型等。

第10章 制导控制系统仿真

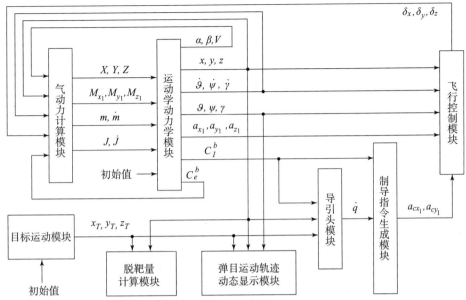

图 10-4 比例导引自寻的制导控制系统简化数学仿真结构图

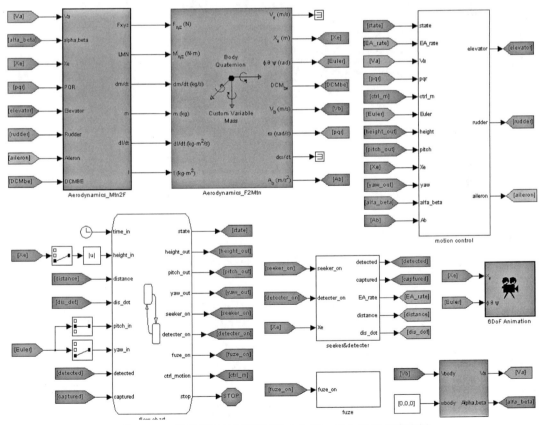

图 10-5 导弹制导控制系统 Matlab/Simulink 数学仿真实例

在导弹的制导控制数学仿真中,建立正确的运动学与动力学仿真模型是进行制导控制系统数学仿真的基础,而动力学仿真模型中的空气动力和空气动力矩的计算又是数学仿真是否具有有效性和可信性的重要依据。空气动力和空气动力矩计算表达式的组成及相关气动力系数应反映导弹的实际飞行情况,其计算结果应尽可能与飞行中受到的气动力和气动力矩保持一致。

图 10-5 的仿真实例中导弹的飞行分为三个阶段,分别为定高飞行阶段、导引头搜索目标阶段以及导引头捕获目标之后的比例导引阶段。仿真过程按照选定的仿真算法循环往复进行,当脱靶量达到设定条件时仿真终止。图 10-6 所示为某次仿真过程中滚转、偏航和俯仰舵偏角的输出结果,图 10-7 所示为仿真过程中输出的导弹与目标的运动轨迹图片。

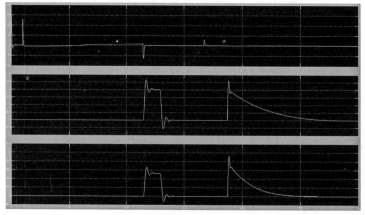

图 10-6　导弹舵偏角图片

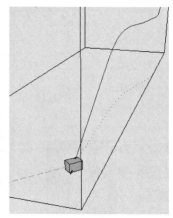

图 10-7　导弹与目标运动轨迹图片

数学仿真由于不涉及实际系统的任何部件,因此具有经济性、灵活性和通用性的突出特点,在制导控制系统仿真中占有相当重要的地位。随着建模方法及验模方法的成熟,仿真模型的精度及置信度的不断提高,数学仿真在弹药制导控制系统研制过程中的作用将更加显著。

10.3　制导控制系统半实物仿真

半实物仿真,即硬件(实物)在回路中的仿真(Hardware In-the-Loop Simulation, HILS),又称为物理-数学仿真。半实物仿真系统在工作时将所研究系统的部分实物接入系统回路,使之成为仿真系统的一个组成部分。因此,在半实物仿真系统中,一部分为仿真计算模型和设备,另一部分为参试设备或部件。

半实物仿真系统与数学仿真系统的主要区别在于:用制导控制系统实物代替该部分的数学模型;目标特性用模拟器代替;增加若干模拟环境的物理效应装置等。

半实物仿真对于导弹制导控制系统和测控系统来说尤其必要和重要。为进行半实物仿真,需要设计和建造昂贵的半实物仿真系统。

10.3.1 半实物仿真的特点与应用

导弹制导控制系统的半实物仿真与其他复杂系统的半实物仿真相似,是计算机、数学模型、系统实际部件(或设备)与环境物理效应装置相结合的仿真,其主要特点如下。

(1) 使无法准确建立数学模型的实物部件如导引头、自动驾驶仪等直接进入仿真回路。

(2) 可通过物理效应装置,如飞行模拟转台、光电制导模拟器、射频目标模拟器、成像目标模拟器、气压高度模拟器、负载模拟器等提供更为逼真的物理试验环境,包括:飞行运动参数;探测系统电磁波发射、传输、反射(散射)及其干扰特性;红外、可见光和无线电射频的目标及其相应环境限制等。

(3) 直接检验制导控制系统各组成部分如陀螺仪、舵机系统、自动驾驶仪、导引头、弹载计算机等的功能、性能和工作协调性、可靠性。

(4) 通过模型和实物之间的切换及仿真数据补充等手段进一步校准数学模型。

半实物仿真主要用于研究用数学模型解决不了的制导控制系统问题,并在互相补充下更充分地发挥数学模型的作用。制导控制系统半实物仿真的作用包括:①检验制导控制系统更接近实战环境下的功能;②研究某些部件和环节特性对制导控制系统的影响,提出改进措施;③检验各子系统特性和设备的协调性及可靠性;④补充制导控制系统建模数据和检验已有数学模型。

10.3.2 半实物仿真系统组成

制导控制系统的半实物仿真系统组成在很大程度上取决于导弹采用的制导体制和目标探测方式。按照所采用的制导方式(雷达、红外、激光、电视、惯性、卫星定位以及它们的复合型式等)设计与建造的半实物仿真系统包括射频制导半实物仿真系统、红外制导半实物仿真系统和光电制导半实物仿真系统等。这些半实物仿真系统一般由以下5个部分组成。

(1) 仿真设备。主要包括仿真计算机系统、目标模拟器、飞行模拟转台、舵负载模拟器、数据库及仿真软件等。

(2) 参试设备。指制导控制系统的部件、设备和有关数学模型,如导引头、自动驾驶仪、舵系统、弹载计算机系统、惯性测量系统、导弹的动力学和运动学模型、各种干扰模型及系统评估模型等。

(3) 各种接口设备。如 A/D 转换器、D/A 转换器、DIO 口、数字通信接口、反射内存网等。

(4) 试验控制台。试验控制台通常称为总控台,主要负责监控试验运行的状态和进程,并对相关试验数据进行存储等。

(5) 支持服务系统。如记录、测试、显示、数据处理系统及分析设备等。

这5个部分之间的关系如图 10-8 所示。

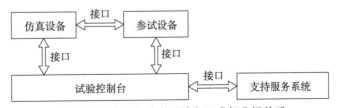

图 10-8 半实物仿真系统各组成部分间关系

下面对半实物仿真系统的主要设备和模型进行简要介绍。

1. 仿真计算机系统及其软件

仿真计算机系统是半实物仿真系统的核心部分，主要担负着实时导弹动力学与运动学计算、目标运动学计算、弹－目相对运动学计算以及实时仿真通信等任务，有的仿真系统中还需进行目标特性计算。与数学仿真中的计算机相同，半实物仿真计算机也分为模拟机、数字机和混合机三类，其中数字机已成为当今半实物仿真的主流。

自从半实物仿真系统广泛应用数字计算机以来，仿真软件就已成为系统的重要组成部分。为保证系统能够正确可靠和高效地运行，仿真软件一般应满足如下基本要求：①实时运算和计算精度要求；②能够提供支持半实物仿真系统的各类库，如模型库、算法库、数据库和文档库等；③具有高效的管理系统；④具有完善的支持服务系统。

典型的仿真语言、一体化建模与仿真环境和智能化仿真软件包括 ICSL、IHSL、TESS、MAGEST、SMEXS、NESS、SESSA、SIMAN、SEEWHY、IIMSE、MeltiGen、Matlab/Simulink、MATRIXx、Vega、Stage 等。

2. 目标模拟器

目标模拟器用于仿真目标的物理效应，可能是射频的、红外的、成像的、光电的等，需要模拟目标的散射特性、角闪烁、振幅起伏、背景等相对导引头的实时变化情况以及各种有源或无源干扰等。

所有目标模拟器的仿真都基于"相对等效原理"，即仿真目标与真实目标相对于导弹的空间运动特性相同；射频或红外辐射空间特性的仿真等效：仿真目标在导引头上形成的效应与真实目标相等；射频或红外辐射光谱特性等效：在工作波段内真实目标与仿真目标在导引头接收系统入瞳处的辐射通量相等。

目标模拟器有多种形式。例如，按目标信号的馈入方式分为辐射式和注入式；按辐射信号的物理性质分为微波、毫米波、红外、紫外、红外图像和可见光图像等；按结构分机械式、阵列式、机电混合式、平行光管和复合扩束式等；按注入频率分为中频、视频和低频注入等。通常指令制导半实物仿真系统采用注入式目标模拟器，而寻的制导半实物仿真系统采用辐射式目标模拟器。目前，得到广泛应用的目标模拟器在射频寻的仿真中有阵列式目标模拟器，在红外寻的仿真中有复合扩束目标模拟器及红外成像目标模拟器。

3. 通信及接口设备

通信及接口设备在半实物仿真系统中的主要作用是将各仿真设备和参试设备相互连接起来，完成信息的传递和交换。对通信及接口设备的基本要求是实时性、精确性、抗干扰性和可靠性。在半实物仿真系统中使用的通信方式多种多样，既有传统的模拟信号的传递，又有数字信号的传递；既有传统的 RS232、RS422 等串行接口的使用，又有新型的 CAN 总线、光纤通信接口和反射内存网等的应用。

4. 飞行模拟转台

飞行模拟转台又称为姿态模拟器，简称转台，主要用于地面实验室中模拟弹体在空中飞行时的姿态运动，它利用台体的各运动框架轴的旋转运动模拟导弹飞行时的姿态角的变化。在半实物仿真系统中转台上安放陀螺仪、寻的导引头等参试设备或部件。

按照转台的旋转自由度可将转台分为单轴转台、双轴转台、三轴转台和五轴转台等。单轴转台只能绕一个坐标轴转动，仿真弹体绕某一弹体坐标轴的运动。双轴转台主要与三轴转台配合使用，用于专门目的的仿真试验。三轴转台是半实物飞行仿真试验中应用最广泛的一种设备，它利用 3 个可以独立转动的框架来模拟弹体空间运动时绕 3 个弹体坐标轴的转动。

三轴转台通常有两种基本结构形式，分别为立式结构和卧式结构。立式三轴转台（图 10 – 9）的特点是外框架轴线为竖直方向，模拟弹体的偏航运动；中框架轴线为水平方向，模拟弹体的俯仰运动；内框架模拟弹体的滚转运动。由于立式三轴转台的内框架与地面坐标系之间的转换关系与导弹的弹体坐标系与地面坐标系之间的转换关系一致，因此转台的 3 个框架角直接对应于弹体的 3 个姿态角，即偏航角 ψ、俯仰角 ϑ 和滚转角 γ，不需要进行解算。卧式三轴转台的外框架为水平方向。

三轴转台按照动力源可分为液压转台和电动转台，目前多采用由无刷交流力矩电动机驱动的电动转台。转台的技术性能指标主要包括负载安装尺寸及安装条件、负载能力、系统动态性能、框架转角范围、最大角速度和角加速度、位置精度、机械误差等。

五轴转台是将安装有目标模拟器（红外或可见光等）的两轴运动框架集成到三轴转台上而形成的，如图 10 – 10 所示。五轴转台一般用于仿真具有寻的功能的导引头的工作情况，通过五轴转台模拟弹 – 目的相对运动学关系，为导引头提供相对真实的目标运动特性。与传统使用三轴转台和目标模拟器分立构成的仿真系统相比，五轴转台具有工作空间需求小、精度高、稳定性好等优点。

图 10 – 9　立式三轴转台

图 10 – 10　五轴转台

5. 舵负载模拟器

舵负载模拟器用于给参试舵机施加气动力矩（水中为水动力矩），用以模拟导弹飞行过程中作用在舵机上的铰链力矩。舵负载模拟器根据工作原理可以分为两类：一类是定点式舵负载模拟器；另一类是随动式舵负载模拟器。

定点式舵负载模拟器的工作原理比较简单，利用了弹簧工作时的胡克定律。当舵系统工作时，带动所连接的弹簧一端运动，使弹簧发生变形，于是便有弹簧反作用力施加到舵系统上。图 10 – 11 所示的四轴扭杆式舵负载模拟器即属于定点式舵负载模拟器，其负载与扭杆的转角成比例。定点式舵负载模拟器结构简单，容易实现，一般用于负载特性变化不大的场合或舵系统研制的初始阶段。

随动式舵负载模拟器有两种基本方案：一种是利用位置闭环的间接控制方式；另一种是利用力矩闭环的直接控制方式。位置闭环的舵负载模拟器其反馈信号为位置信号，即把力矩的控制转换为对位置的控制。使用这种控制方式时，一般要求舵系统和负载模拟器之间的连接刚度应保持很好的线性度和反应灵敏度，系统的力矩测量通过测量舵系统和负载模拟器之间的位置差来间接获得。利用力矩闭环的直接控制方式是随动式舵负载模拟器的主要模式，它直接将力矩/力传感器的测量信号作为控制反馈。根据执行机构的不同，又分为电液负载模拟器和电动负载模拟器。图10-12所示为一种四轴电动负载模拟器。

图10-11 扭杆式舵负载模拟器

图10-12 电动负载模拟器

利用力矩闭环的直接控制式负载模拟器其系统比较复杂，实现难度较高，特别是需要解决好负载模拟器设计中一个特有的问题——多余力矩问题。这一问题是由于舵机与负载模拟器之间互为负载造成的，其存在严重影响了负载模拟器的静态和动态性能，解决不好甚至可能引起系统的振荡、发散。因此，这类负载模拟器控制系统设计的一个重要任务就是有效地抑制多余力矩，尽量降低多余力矩对系统的不利影响。

6. 线加速度模拟台

线加速度模拟台实质上是一台离心机，用于线加速度计的静态标定、动态性能检测和加速度计接入制导回路的半实物仿真。

7. 气压高度模拟器

气压高度表的工作机理是通过气压的变化来测量飞行高度的变化。目前，在实验室内一般通过控制固定容腔内的压力的变化来模拟飞行高度的变化，这样就可以在实验室使用气压高度表进行半实物仿真。

气压高度模拟器是一套气压伺服仿真设备，传统的驱动机构是真空泵，它的特点是工作的时间常数较大，因而响应气压控制指令的速度较慢。比较新型的气压高度模拟器使用真空发生器，与真空泵相比其最大优点是响应灵敏，可以模拟高度的快速变化。

8. 惯组模拟器

惯组模拟器是用于对捷联惯性导航系统进行测试和仿真的一种专用设备。导弹的捷联惯性导航系统一般由惯性测量元件和弹载计算机组成，惯性测量元件包括3个速率陀螺仪和3个加速度计，其测量信号送入弹载计算机后通过解算获得导弹的姿态信息以及在惯性空间的三维坐标和速度信息。由于弹体飞行过程中的三轴加速度和三轴角速度难以通过实体模拟器进行实时模拟，因此在捷联惯性导航算法开发阶段常使用惯组模拟器。

惯组模拟器一般由控制计算机和信号产生器两部分组成。控制计算机主要负责接收仿真计算机给出的3个姿态角速度和3个加速度信号，并将其转换为信号产生器所能接收的数字信号。控制计算机还可根据需要对数字信号加入传感器噪声信号。信号产生器主要负责将控制计算机给出的数字信号按照接口要求转换成电信号,然后发送到捷联惯性导航系统弹载计算机的相应输入接口。

9. 卫星导航模拟器

卫星导航定位是目前在各类军用和民用领域普遍使用的一种导航定位方式,能够提供载体的三维位置、速度和时间信息。卫星导航模拟器是用来在实验室内模拟产生导航卫星发出的导航信号,为卫星导航定位系统的研制、测试和导航仿真提供一个模拟环境。

卫星导航模拟器的工作体制目前主要有两种形式,一种是信息和信号都由软件产生,另一种是由软件模拟各种信息模型,信号由硬件产生。在第一种工作体制下,各种模型的模拟和信号的产生都是首先由计算机软件进行计算后存储到存储器中;然后再由硬件的 D/A 转换器将计算机产生的数据转换为中频信号或射频信号。在第二种工作体制下,计算机软件对卫星轨道、接收机运动和各种误差进行建模仿真,仿真结果送入卫星导航模拟器硬件模拟出各种效应。目前,国内外已有多种类型的卫星导航模拟器产品。

10.3.3 半实物仿真系统实例

1. 激光半主动末制导炮弹制导控制系统半实物仿真系统

激光半主动末制导炮弹半实物仿真系统的原理图如图 10-13 所示。整个半实物仿真系统由仿真计算机系统、激光目标模拟系统、舵负载模拟器、三轴转台、弹-目运动模拟器等部分组成,参试设备为激光导引头、陀螺、自动驾驶仪和舵机。

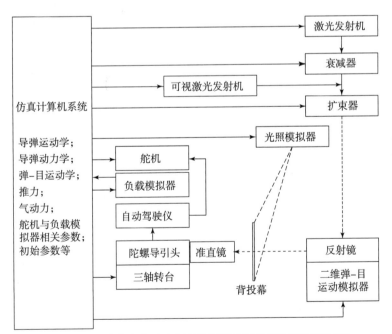

图 10-13 激光半主动末制导炮弹半实物仿真系统的原理图

由于在末制导段该末制导炮弹以一定的低转速旋转,因此三轴转台必须是内轴连续旋转且转速可控的。激光目标模拟系统由激光发射机、衰减器、扩束器、反射镜、二维弹-目运动模拟器和背投幕组成。其中,激光发射机要按照实际系统所要求的波长、脉冲宽度及间隔调制发射激光束，通过衰减器动态控制弹-目接近过程中导引头接收到的能量变化，通过扩束器控制飞行中观察到的光斑尺寸变化。平面反射镜安装在二维弹-目运动模拟器上，将光束投射到背投幕的不同位置，模拟目标反射光束相对导引头的入射角位置。叠加可视激光的目的是显示目标光斑在背投幕上的位置，便于观察。光照模拟器用于模拟环境光照。为考察系统分辨真假目标的能力，可用另一套独立的激光目标模拟系统向同一背投幕上投射，这种情况下需要在两套模拟系统上附加变延迟装置。模拟更复杂的由大气扰动引起的闪烁效应则要求二维弹-目运动模拟器具有极高的动态频率响应能力。

2. 可见光制导控制系统半实物仿真系统

图10-14所示为某教学用可见光制导控制系统半实物仿真系统的结构图。该系统的仿真设备主要包括仿真计算机系统、可见光目标环境模拟器、舵负载模拟器、三轴转台、加速度信号模拟器、GPS/北斗信号模拟器、视景计算机、主控计算机、监测计算机以及各种通信及接口设备等，参试设备包括弹载计算机、CCD导引头、姿态航向传感器、舵机和加速度计。半实物仿真系统中通信接口的类型包括反射内存网、以太网、RS422和RS232串口通信等。

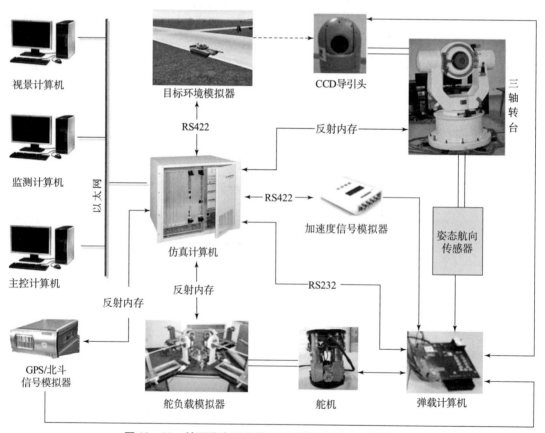

图10-14 某可见光制导控制系统半实物仿真系统结构图

仿真计算机系统是整个半实物仿真系统的核心，其上运行VxWorks实时操作系统。经过编译后的仿真模型在仿真计算机上运行。此外，仿真计算机还负责与目标环境模拟器、舵负载模拟器、三轴转台和 GPS/北斗信号模拟器、加速度信号模拟器以及视景计算机、主控计算机和监测计算机等仿真设备进行通信。

主控计算机负责 Matlab/Simulink 模型修改并将编译结果下载到仿真计算机上；视景计算机通过动画实时显示导弹运动场景、导弹运动姿态、弹-目运动轨迹以及毁伤效果等；监测计算机用于在线监测仿真参数。

三轴转台为立式台体结构，弹体姿态角与转台框架角相等，因此按照弹体姿态角对转台框架角进行控制即可模拟弹体姿态。可见光 CCD 导引头和姿态航向传感器安装在三轴转台的内框架上。舵负载模拟器为扭杆式力矩加载器，四轴舵机安装在舵负载模拟器上，舵机的4个输出轴分别与舵负载模拟器的4个输出轴连接。

加速度信号模拟器采用数字注入方式进行加速度仿真，即不建立加速度模拟实体平台，而是对自动驾驶仪的实际加速度通道实施软件屏蔽，通过专用调试仿真接口向弹载计算机输入由仿真计算机解算出的加速度数字信号，用于进行加速度闭环控制，检验制导控制系统性能。

目标环境模拟器为可见光投影系统，以可见光图像的形式在投影屏幕上动态模拟装甲目标及地面环境。

仿真过程由仿真计算机系统实施控制，以一定的仿真步长循环进行。具体仿真过程为：在给定的初始条件下，弹体动力学模型实时解算弹体姿态、加速度、速度、位置以及铰链力矩、弹体与目标间的相对位置等参数，然后将各参数通过接口设备分别输出给三轴转台、目标环境模拟器、舵负载模拟器以及加速度信号模拟器等，分别模拟弹体角运动、弹-目相对运动、舵机系统负载、加速度信号等；将舵面偏角及弹体运动、姿态参数输出给视景计算机，显示弹体的三维运动；GPS/北斗信号模拟器模拟并发送 GPS/北斗信号，由接收机接收；导引头实时跟踪目标模拟器模拟的可见光图像目标，将目标视线角速度信息等发送给弹载计算机；弹载计算机生成制导指令，根据弹体加速度、角速度和弹体姿态等信息通过控制算法得到舵机指令，驱动舵面偏转对导弹进行控制；仿真计算机收集舵偏角等信息准备进行下一轮解算。该过程循环往复，直至满足终止条件后结束仿真。

思 考 题

1. 按照所使用的模型类型系统仿真可分为哪三类？
2. 导弹制导控制系统半实物仿真系统的主要仿真设备一般有哪些？各仿真设备的主要作用是什么？一般包含哪些参试设备？
3. 为什么要对导弹制导控制系统进行数学仿真和半实物仿真？

参 考 文 献

[1] 孟秀云. 导弹制导与控制系统原理 [M]. 北京：北京理工大学出版社，2003.
[2] 祁载康，曹翟，张天桥. 制导弹药技术 [M]. 北京：北京理工大学出版社，2002.
[3] 李洪儒，李辉，李永军，等. 导弹制导与控制原理 [M]. 北京：科学出版社，2016.
[4] 卢晓东，周军，刘光辉，等. 导弹制导系统原理 [M]. 北京：国防工业出版社，2015.
[5] 李新国，方群. 有翼导弹飞行动力学 [M]. 西安：西北工业大学出版社，2005.
[6] 毕开波，杨兴宝，陆永红，等. 导弹武器及其制导技术 [M]. 北京：国防工业出版社，2013.
[7] 于秀萍，刘涛. 制导与控制系统 [M]. 哈尔滨：哈尔滨工程大学出版社，2014.
[8] 史震，赵世军. 导弹制导与控制原理 [M]. 哈尔滨：哈尔滨工程大学出版社，2002.
[9] 胡生亮，贺静波，刘忠，等. 精确制导技术 [M]. 北京：国防工业出版社，2015.
[10] 张鹏，周军红. 精确制导原理 [M]. 北京：电子工业出版社，2009.
[11] 刘兴堂，戴革林. 精确制导武器与精确制导控制技术 [M]. 西安：西北工业大学出版社，2009.
[12] 张年松，曹兵. 导弹制导与控制系统基础 [M]. 北京：北京理工大学出版社，2015.
[13] 杨军，杨晨，段朝阳，等. 现代导弹制导控制系统设计 [M]. 北京：航空工业出版社，2005.
[14] 刘兴堂. 导弹制导控制系统分析、设计与仿真 [M]. 西安：西北工业大学出版社，2006.
[15] 符文星，于云峰，黄勇，等. 制导控制系统仿真 [M]. 西安：西北工业大学出版社，2010.
[16] 李向东，郭锐，陈雄，等. 智能弹药原理与构造 [M]. 北京：国防工业出版社，2016.
[17] 钱杏芳，等. 导弹飞行力学 [M]. 北京：北京理工大学出版社，2000.
[18] 雷虎民. 导弹制导与控制原理 [M]. 北京：国防工业出版社，2006.